中学入試 算数 実力突破

受験研究社

この本の特色としくみ

有名国立・私立中学校の入試を突破するためには，基本を理解し，実際の入試問題を多く解いて，応用力をつけることが重要です。本書は，有名中学校の入試問題の中から，重要な問題，よく出る問題を選び，実力が確実につくようくふうしました。

実力強化編

最重要ポイント

入試問題を解くうえで必要な最低限の重要なことがらをまとめてあります。

重要なことがらを「最重要ポイント」よりもくわしく説明してあります。

入試重要度

項目ごとに入試での重要度を★で示しました。★3つが最重要です。

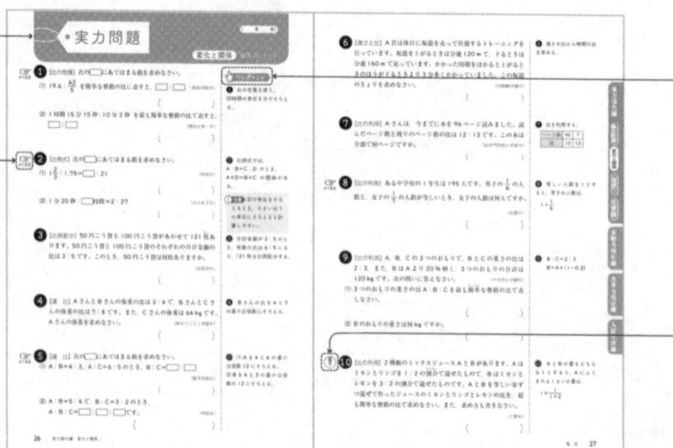

くわしく

より深く理解するために参考になる内容です。

例題トレーニング

よく出題される典型的な入試問題を取り上げ，解法のコツや解き方と答えを示してあります。

重要

覚えておくとよい重要なことがらや公式です。

実力問題

例題の類題で，標準レベルの問題を取り上げています。

ワンポイント

問題を解くヒントや手がかり，注意点を簡潔に入れています。

よく出る

入試でよく出題される問題です。

記述式の問題です。

実戦力強化編

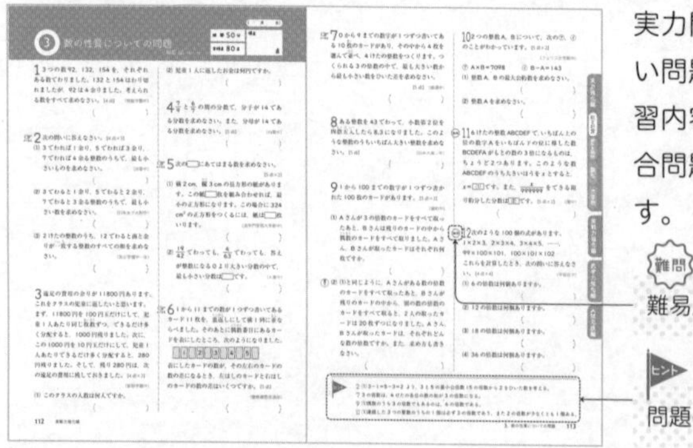

実力問題よりレベルの高い問題や，いろいろな学習内容が入り混じった融合問題を取り上げています。

難問

難易度が高い問題です。

ヒント

問題のヒントを入れました。

思考力強化編

問題文が長く，思考力や読解力が問われる問題を分野別に取り上げています。

入試完成編

実力をたしかめるための模擬テストです。制限時間を守りながら，本番の入試のつもりでチャレンジしましょう。

チェックカードの使い方

付録として，チェックカードを設けています。入試直前に重要事項をくり返しチェックできます。右の図のように，切り取り線で切りはなし，とじ穴をあけ，リングなどを通すと，持ち運びに便利なカード集ができます。

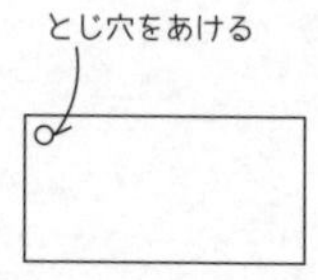

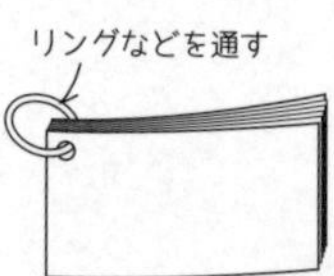

もくじ

実力強化編

実戦力強化編

思考力強化編

入試完成編

本書に関する最新情報は，小社ホームページにある**本書の「サポート情報」**をご覧ください。（開設していない場合もございます。）
なお，この本の内容についての責任は小社にあり，内容に関するご質問は直接小社におよせください。

数と計算 1 実力強化編

〔　　月　　日〕

数の計算

最重要ポイント

1 計算の順序 ★★（入試重要度）

①計算は，ふつう左から右へ順にする。

②×，÷は，＋，−より先に計算する。

③かっこの中は，先に計算する。

2 小数と分数の混合算 ★★

小数と分数の混合算は，全体を見て計算しやすいほうにそろえて計算する。ふつう，小数を分数になおして計算するほうが簡単（かんたん）になることが多い。

3 x の値（あたい）の求め方 ★★

x の値を求めるときは，次のように式を逆算して求めていく。

□＋x＝○ → x＝○−□

x−□＝○ → x＝○＋□

□−x＝○ → x＝□−○

□×x＝○ → x＝○÷□

x÷□＝○ → x＝○×□

□÷x＝○ → x＝□÷○

例題トレーニング

例題 1 計算の順序（整数の計算）

次の計算をしなさい。

(1) $39-14\times15\div30+5$ 〔甲南女子中〕

(2) $3\times\{3+(3\times6-3)\div5\}\div3\times9$ 〔東京女学館中〕

解法のコツ かっこは，（ ）の中 → ｛ ｝の中 の順に計算する。

(1) $39-14\times15\div30+5$

$=39-7\times\underbrace{2\times15\div30}_{=1}+5$

$=39-7+5=37$

答 37

(2) $3\times\{3+(3\times6-3)\div5\}\div3\times9$

$=3\times(3+15\div5)\div3\times9$

$=3\times6\div3\times9=54$

答 54

例題 2 分数の計算

$\frac{3}{4}\div\left\{\frac{3}{14}\div\left(\frac{2}{3}-\frac{4}{7}\right)\times\frac{2}{3}+\frac{9}{5}\right\}$ を計算しなさい。〔東大寺学園中〕

解法のコツ 計算のとちゅうで約分できるときは約分する。

$\frac{3}{4}\div\left\{\frac{3}{14}\div\left(\frac{2}{3}-\frac{4}{7}\right)\times\frac{2}{3}+\frac{9}{5}\right\}$

$=\frac{3}{4}\div\left(\frac{3}{14}\div\frac{2}{21}\times\frac{2}{3}+\frac{9}{5}\right)=\frac{3}{4}\div\left(\frac{3\times21\times2}{14\times2\times3}+\frac{9}{5}\right)$

$=\frac{3}{4}\div\left(\frac{3}{2}+\frac{9}{5}\right)=\frac{3}{4}\times\frac{10}{33}=\frac{5}{22}$

答 $\frac{5}{22}$

要点チェック

●整数の計算

整数の計算では，計算の順序に気をつける。

①ふつう，左から順に計算する。

②×，÷は，＋，−より先に計算する。

③かっこの中は，先に計算する。

重要 かっこが3種類ある式は，（ ）→｛ ｝→〔 〕の順に計算する。

●分数の計算

①分数の計算でも，計算の順序は，整数・小数のときと同じである。

②かけ算とわり算の混じった計算では，わり算をかけ算になおして，1つの分数の形にまとめて計算する。

例題 3　小数と分数の混合算

次の計算をしなさい。

(1) $1.75\times2-\frac{1}{8}\times4-1$　〔東京女学館中〕

(2) $\left\{\left(1\frac{1}{2}+1.75\right)\times\frac{2}{13}-\frac{1}{8}\right\}\div2.25$　〔立教池袋中〕

解法のコツ 混合算は，計算しやすいほうにそろえて計算する。

(1) $1.75\times2-\frac{1}{8}\times4-1=3.5-0.5-1=2$　（小数にそろえて計算）

答 2

(2) $\left\{\left(1\frac{1}{2}+1.75\right)\times\frac{2}{13}-\frac{1}{8}\right\}\div2.25$

$=\left\{\left(\frac{3}{2}+\frac{7}{4}\right)\times\frac{2}{13}-\frac{1}{8}\right\}\div\frac{9}{4}=\left(\frac{13}{4}\times\frac{2}{13}-\frac{1}{8}\right)\div\frac{9}{4}$　（分数にそろえて計算）

$=\left(\frac{1}{2}-\frac{1}{8}\right)\times\frac{4}{9}=\frac{3}{8}\times\frac{4}{9}=\frac{1}{6}$

答 $\frac{1}{6}$

●小数と分数の混合算

小数と分数の混じった計算では，小数か分数のどちらかになおして計算する。

①ふつう，小数は分数になおして計算する。

②分数を小数になおして計算するほうが，計算が簡単になることもある。

くわしく よく出る小数はどんな分数になるか覚えておこう。

$0.2=\frac{1}{5}$，$0.5=\frac{1}{2}$

$0.25=\frac{1}{4}$，$0.75=\frac{3}{4}$

$0.125=\frac{1}{8}$，$0.875=\frac{7}{8}$

例題 4　x の値の求め方

次の x の値を求めなさい。

(1) $15-3\times(x-1)=6$　〔東京学芸大附属竹早中〕

(2) $100-6\times x+48\div6=30$　〔帝塚山学院中〕

(3) $\{(2019-x)\times0.06+26\}\div7=14$　〔甲南中〕

解法のコツ 逆算の考えや，等式の性質を利用して求める。

(1) $15-3\times(x-1)=6$

$3\times(x-1)=15-6$

$3\times(x-1)=9$

$x-1=9\div3$

$x-1=3$

$x=3+1$

答 $x=4$

(2) $100-6\times x+48\div6=30$

$100-6\times x+8=30$

$108-6\times x=30$

$6\times x=108-30$

$6\times x=78$

$x=78\div6$

答 $x=13$

(3) $\{(2019-x)\times0.06+26\}\div7=14$

$(2019-x)\times0.06+26=14\times7$

$(2019-x)\times0.06=98-26$

$2019-x=72\div0.06$

$x=2019-1200$

答 $x=819$

● x の値の求め方

x の値の求め方は，次のようにするとよい。

①（　）の中や，×，÷で結ばれているところは，1つの数として考える。

② x に関係ない部分の計算を先にして，式を簡単にする。

③式の中の x の値を，逆算の考えを使って求める。

実力問題

〔　月　日〕

数と計算　解答１ページ

1【整数の計算】次の計算をしなさい。

(1) $12 \div 3 + (4+5) \times 6 - 7 + 89$ 〔滝川中〕

(2) $16 - \{12 - 4 \times (3+6) \div 6 + 4\}$ 〔広島城北中〕

(3) $667 \div \{221 \div 13 + (71-53) \div 3\}$ 〔東大寺学園中〕

(4) $\{(51-36) \times 5 + 4\} \div 2 - (32-13)$ 〔桐蔭学園中〕

2【小数の計算】次の計算をしなさい。

(1) $81 \div (2.3 - 0.68)$ 〔広島女学院中〕

(2) $3.2 \div 0.4 \times 4.5 - 1.5 \times 1.8$ 〔大阪教育大附属平野中〕

(3) $12.8 \times 5.7 - (6.54 - 3.9) \div 0.12$ 〔慶應義塾中〕

(4) $\{1.02 - 2.8 \div (6.3 + 4.9)\} \div 1.1$ 〔智辯学園和歌山中〕

よく出る

3【分数の計算】次の計算をしなさい。

(1) $2 - \frac{6}{7} \div 3\frac{5}{13} \times \frac{14}{15} - \frac{10}{11}$ 〔國學院大久我山中〕

(2) $\left(\frac{7}{3} + \frac{7}{4} + \frac{11}{12}\right) \div \left(\frac{5}{4} + \frac{5}{6} + \frac{5}{12}\right)$ 〔関西学院中〕

(3) $1\frac{3}{4} \times 2\frac{2}{7} + 6\frac{2}{3} \div \left(4 - 1\frac{1}{2}\right) - 4\frac{2}{3}$ 〔立教池袋中〕

(4) $5\frac{20}{21} \div \left(7 - \frac{4}{7}\right) - \left(2\frac{1}{3} - \frac{1}{6}\right) \times \frac{2}{9}$ 〔帝塚山学院泉ヶ丘中〕

(5) $1 \div \left\{10 - 2\frac{4}{5} \div \left(\frac{3}{5} - \frac{1}{4}\right)\right\}$ 〔大阪桐蔭中〕

ワンポイント

1 整数の計算では，計算の順序に気をつける。
①左から順に右へ
②×，÷を＋，－より先に
③かっこの中を先に
計算する。
かっこは，(　)→{　}の順に計算していく。

2 小数の計算では，答えの小数点の位置に気をつける。
(1)かっこの中のひき算を先に計算し，それからわり算をする。
(4)(　)→{　}の順に計算する。

3 分数の計算の順序も，整数・小数のときと同じである。

注意 ①答えが約分できるときは必ず約分する。
②計算のとちゅうで約分できるときは，約分する。
③かけ算・わり算では，帯分数は，仮分数になおして計算する。

(2)かっこの中を，12で通分する。

よく出る

4 【小数と分数の混合算】次の計算をしなさい。

(1) $1\frac{1}{6}\div\left(1\frac{2}{9}-0.6\right)-1.75$ 〔武庫川女子大附中〕

(2) $5.2\div\left\{\left(2.4-1\frac{3}{5}\right)\times3\frac{5}{8}-0.3\right\}$ 〔立命館中〕

(3) $2\frac{1}{10}\div1.4+\left\{\frac{5}{8}-(3-2.6)\right\}\times6\frac{2}{3}$ 〔品川女子学院中〕

5 【小数と分数の混合算】次の計算をしなさい。

(1) $2\frac{1}{3}-1.25\times\left\{2-\left(1.6-\frac{1}{4}\right)\div4\frac{1}{2}\times\frac{8}{3}\right\}$ 〔高槻中〕

(2) $\left(9.6-2.25\times\frac{3}{5}\right)\times1\frac{9}{11}-2\div\left(\frac{1}{2}-\frac{1}{3}\right)$ 〔帝京大中〕

(3) $\frac{2}{3}\times\left\{2.25\div\left(\frac{3}{4}-\frac{2}{3}\div1\frac{1}{9}\right)\times\frac{1}{2}-3.3\right\}\div\frac{14}{3}$ 〔大阪星光学院中〕

(4) $43.75\div50+\left(2.1-\frac{7}{20}\right)\times0.5-2\times\left(1.75\div0.3-\frac{21}{4}\right)$

〔早稲田大高等学院中〕

よく出る

6 【x の値(あたい)の求め方】次の式の x の値を求めなさい。

(1) $2.5\times\left(x-\frac{5}{6}\right)\div\left(6\frac{2}{3}-3.75\right)+\frac{3}{7}=2$ 〔早稲田中〕

(　　　　　　)

(2) $\left\{x-\left(1\frac{3}{8}-\frac{1}{4}\right)\div1.5\right\}\times1.6=\frac{2}{5}$ 〔日本女子大附中〕

(　　　　　　)

(3) $\frac{5}{32}\div\left\{\frac{3}{5}\times\left(\frac{3}{8}+x\right)-\frac{1}{4}\right\}=\left(1\frac{1}{8}+\frac{3}{4}\right)\times\frac{2}{3}$ 〔聖光学院中〕

(　　　　　　)

(4) $\left(x-\frac{3}{5}\right)\div\frac{8}{5}-\left(1.25-\frac{3}{4}\right)\times\frac{3}{7}=\frac{9}{14}$ 〔桐蔭学園中〕

(　　　　　　)

4 小数と分数の混合算では，ふつう，分数にそろえてから計算するほうが，計算が簡単(かんたん)である。

(1) $0.6=\frac{6}{10}=\frac{3}{5}$

$1.75=1\frac{75}{100}=1\frac{3}{4}=\frac{7}{4}$

(3) $3-2.6=3-2\frac{3}{5}$ としないで，$3-2.6=0.4=\frac{2}{5}$ とする。

5 計算の順序を正しく守り，少しずつ計算していく。

(1)小数を分数になおす。

$2\frac{1}{3}-1\frac{1}{4}\times\left\{2-\left(1\frac{3}{5}-\frac{1}{4}\right)\div4\frac{1}{2}\times\frac{8}{3}\right\}$

帯分数を仮分数になおす。

$\frac{7}{3}-\frac{5}{4}\times\left\{2-\left(\frac{8}{5}-\frac{1}{4}\right)\div\frac{9}{2}\times\frac{8}{3}\right\}$

(4) $43\frac{3}{4}\times\frac{1}{50}+\left(2\frac{1}{10}-\frac{7}{20}\right)\times\frac{1}{2}-2\times\left(1\frac{3}{4}\div\frac{3}{10}-\frac{21}{4}\right)$

6 逆算する前に，計算できる部分は計算して，もとの式をできるだけ簡単にしておく。

> **注意** もとの式の計算の順序を考え，それを逆に計算していく。

(1) $\frac{5}{2}\times\left(x-\frac{5}{6}\right)\div\underbrace{\left(\frac{20}{3}-\frac{15}{4}\right)}_{\text{計算しておく}}$

$=\underbrace{2-\frac{3}{7}}_{\text{計算しておく}}$

実力強化編 / 数と計算 / 変化と関係 / 図形 / 文章題 / 実戦力強化編 / 思考力強化編 / 入試完成編

数と計算

2 いろいろな計算

〔　　月　　日〕

最重要ポイント

1 計算のくふう ★★★

①分配のきまりを利用すると，計算が簡単（かんたん）になることがある。

分配のきまり　$(a+b)\times c=a\times c+b\times c$

$(a-b)\times c=a\times c-b\times c$

②分数を２つの分数の差に分けるときがある。

例　$\frac{1}{1\times2}=1-\frac{1}{2}$，$\frac{1}{2\times3}=\frac{1}{2}-\frac{1}{3}$

2 いろいろな単位 ★★★

①長さ　$1\,\text{km}=1000\,\text{m}$　$1\,\text{m}=100\,\text{cm}$

②面積　$1\,\text{km}^2=100\,\text{ha}=1000000\,\text{m}^2$

$1\,\text{ha}=100\,\text{a}=10000\,\text{m}^2$　$1\,\text{m}^2=10000\,\text{cm}^2$

③体積・容積　$1\,\text{kL}=1000\,\text{L}=1\,\text{m}^3$

$1\,\text{L}=10\,\text{dL}=1000\,\text{mL}=1000\,\text{cm}^3$

④重さ　$1\,\text{t}=1000\,\text{kg}$　$1\,\text{kg}=1000\,\text{g}$

⑤時間　1時間＝60分＝3600秒

例題トレーニング

例題 1　計算のくふう ①

次の計算をしなさい。

(1) $\left(\frac{2}{5}-\frac{1}{6}\right)\times30$　〔神戸山手女中〕

(2) $3.2\times7-3.2\times3+6.4\times3$　〔女子聖学院中〕

解法のコツ　分配のきまり　$a\times b+a\times c=a\times(b+c)$　を使う。

解き方と答え

(1) $\left(\frac{2}{5}-\frac{1}{6}\right)\times30=\frac{2}{5}\times30-\frac{1}{6}\times30=12-5=7$　答 7

（↑分配のきまりを使う）

(2) $3.2\times7-3.2\times3+(3.2\times2)\times3$

$=3.2\times7-3.2\times3+3.2\times6=3.2\times(7-3+6)$

（↑結合のきまりを使う　↑分配のきまりを使う）

$=3.2\times10=32$　答 32

例題 2　計算のくふう ②

$\frac{1}{2}+\frac{1}{6}+\frac{1}{12}+\frac{1}{20}+\frac{1}{30}+\frac{1}{42}$ を計算しなさい。　〔修道中〕

解法のコツ　$\frac{1}{12}=\frac{4-3}{3\times4}=\frac{1}{3}-\frac{1}{4}$ の方法を利用する。

（連続する整数の積↑　↑分数の差）

解き方と答え

分母の数は，$2=1\times2$，$6=2\times3$，$12=3\times4$，……，$42=6\times7$ のように，連続する整数の積になっている。

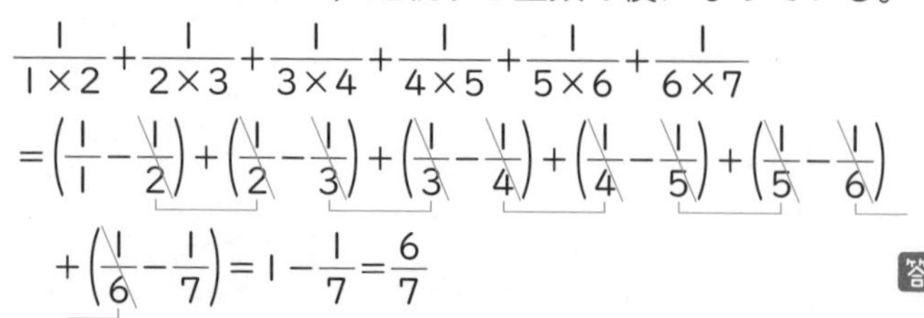

$\frac{1}{1\times2}+\frac{1}{2\times3}+\frac{1}{3\times4}+\frac{1}{4\times5}+\frac{1}{5\times6}+\frac{1}{6\times7}$

$=\left(\frac{1}{1}-\frac{1}{2}\right)+\left(\frac{1}{2}-\frac{1}{3}\right)+\left(\frac{1}{3}-\frac{1}{4}\right)+\left(\frac{1}{4}-\frac{1}{5}\right)+\left(\frac{1}{5}-\frac{1}{6}\right)$

$+\left(\frac{1}{6}-\frac{1}{7}\right)=1-\frac{1}{7}=\frac{6}{7}$　答 $\frac{6}{7}$

要点チェック

●計算のきまり

①交換（こうかん）のきまり

$a+b=b+a$

$a\times b=b\times a$

②結合のきまり

$(a+b)+c=a+(b+c)$

$(a\times b)\times c=a\times(b\times c)$

③分配のきまり

$(a+b)\times c=a\times c+b\times c$

$(a-b)\times c=a\times c-b\times c$

● ２つの分数に分ける

分母が２つの整数の積になるとき，２つの分数の差に分けることができる。

①連続する整数の積のとき，

$\frac{1}{42}=\frac{1}{6\times7}=\frac{7-6}{6\times7}$

$=\frac{7}{6\times7}-\frac{6}{6\times7}=\frac{1}{6}-\frac{1}{7}$

②差が２の整数の積のとき，

$\frac{2}{15}=\frac{2}{3\times5}=\frac{5-3}{3\times5}$

$=\frac{1}{3}-\frac{1}{5}$

例題 3 約束記号による計算

$a★b=(a+b)\times a+b$ とするとき，2★3 の表す数は何ですか。　〔大谷中(大阪)〕

解法のコツ 文字に数字をあてはめて式をつくる。

解き方と答え $a=2$，$b=3$ として式をつくると，

$2★3=(2+3)\times2+3=5\times2+3$

$=10+3=13$

答 13

●**約束記号**

＋，－，×，÷以外に，その問題で約束された記号を使って計算をする。

例 A◎B＝A×B－A とすると，

2◎3＝2×3－2＝4

例題 4 いろいろな単位

次の□にあてはまる数を求めなさい。

(1) 0.92 km^2 は□ m^2 です。　〔樟蔭中〕

(2) 22028 秒＝□時間□分□秒　〔追手門学院大手前中〕

解法のコツ $1\ km^2=1\ km\times1\ km=1000\ m\times1000\ m=1000000\ m^2$

(1) $0.92\ km^2=(1000000\times0.92)m^2=920000\ m^2$

答 920000

(2) 1 時間＝3600 秒だから，

22028÷3600＝6 余り 428 より，

22028 秒＝6 時間 428 秒

428 秒＝7 分 8 秒より，

22028 秒＝6 時間 7 分 8 秒

答 6，7，8

●**面積の単位**

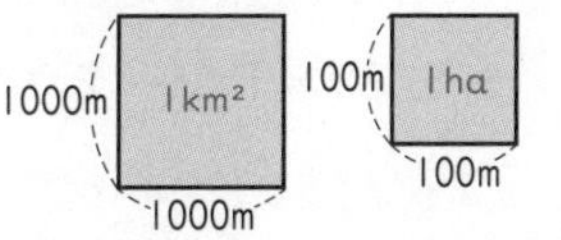

10m
1a
10m

$1\ km^2=1000000\ m^2$

$1\ ha=10000\ m^2$

$1\ a=100\ m^2$

例題 5 量の計算

次の□にあてはまる数を求めなさい。

(1) $0.22\ ha-2.2\ a+22\ m^2=$□ m^2　〔大妻中〕

(2) $150\ dL+0.25\ m^3\times0.2-350\ mL\div0.01=$□ L

〔日本女子大附中〕

解法のコツ $1\ ha=100\ m\times100\ m=10000\ m^2$　$1\ a=100\ m^2$

$1\ dL=0.1\ L$　$1\ mL=0.001\ L$　$1\ m^3=1000\ L$

(1) $0.22\ ha-2.2\ a+22\ m^2$

$=(10000\times0.22)m^2-(100\times2.2)m^2+22\ m^2$

$=2200\ m^2-220\ m^2+22\ m^2=2002\ m^2$

答 2002

(2) $150\ dL+0.25\ m^3\times0.2-350\ mL\div0.01$

$=(0.1\times150)L+(1000\times0.25\times0.2)L$

$-(0.001\times350\div0.01)L$

$=15\ L+50\ L-35\ L=30\ L$

答 30

●**体積・容積の単位**

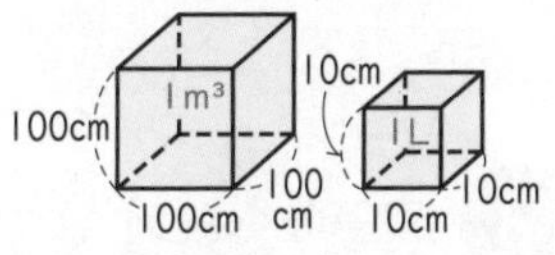

$1\ m^3=1000000\ cm^3$

$=1000\ L$

$1\ L=1000\ cm^3$

$=1000\ mL$

$=10\ dL$

実力問題

〔　　月　　日〕

数と計算　解答２ページ

よく出る

1【計算のくふう】次の計算をしなさい。

(1) $77\times357\div231\div119$　〔広島女学院中〕

(2) $3\times3\times3.14\times12-2\times2\times3.14\times12$　〔文京学院大女子中〕

(3) $670\times1.8+12\times67$　〔筑波大附中〕

(4) $47\times4.28+58\times8.56-63\times4.28$　〔青雲中〕

(5) $3.37\times1.45-2.74\times1.3+0.23\times1.45-0.16\times1.3$　〔高槻中〕

よく出る

2【計算のくふう】次の計算をしなさい。

(1) $7\frac{1}{2}\times1.4-1\frac{2}{5}\times1.1+1.4\times3.6$　〔実践女子学園中〕

(2) $9\times8\times7\times6\times5-8\times7\times6\times5\times4-7\times6\times5\times4\times3-6\times5\times4\times3\times2$　〔修道中〕

(3) $223\div0.125+22.3\times3.75+2.23\times62.5$　〔洛南高附中〕

3【計算のくふう】次の計算をしなさい。

(1) $\frac{1}{10\times11}+\frac{1}{11\times12}+\frac{1}{12\times13}+\frac{1}{13\times14}$　〔関西大第一中〕

(2) $\frac{2}{3\times5}+\frac{2}{5\times7}+\frac{2}{7\times9}+\frac{2}{9\times11}$　〔初芝富田林中〕

(3) $\frac{1}{4}+\frac{1}{28}+\frac{1}{70}+\frac{1}{130}+\frac{1}{208}$　〔立教女学院中〕

(4) $\frac{4}{1\times3\times5}+\frac{4}{3\times5\times7}+\frac{4}{5\times7\times9}$　〔京都産業大附中〕

ワンポイント

1 計算のきまりを利用すると，複雑な式の計算も，簡単(かんたん)になることがある。

(1)交換(こうかん)・結合のきまりを使って，計算を簡単にできる。

$77\times357\times\frac{1}{231}\times\frac{1}{119}$

$=\left(77\times\frac{1}{231}\right)\times\left(357\times\frac{1}{119}\right)$

(2)分配・交換のきまりを使うとよい。

$(9-4)\times3.14\times12$

$=5\times12\times3.14$

$=60\times3.14$

2 (1)分数を小数になおして，分配のきまりを使う。

$7.5\times\underline{1.4}-\underline{1.4}\times1.1+\underline{1.4}\times3.6$

$=\underline{1.4}\times(7.5-1.1+3.6)$

(2)積になっている４つの数に共通している６×５で分配のきまりを使うとよい。

3 ２つの分数の差に分けて，計算を簡単にする。

(1) $\frac{1}{10\times11}=\frac{11-10}{10\times11}=\frac{1}{10}-\frac{1}{11}$

(2) $\frac{2}{3\times5}=\frac{5-3}{3\times5}=\frac{1}{3}-\frac{1}{5}$

(3) $\frac{1}{4}+\frac{1}{28}+\cdots\cdots+\frac{1}{208}$

$=\frac{1}{1\times4}+\frac{1}{4\times7}+\cdots\cdots+\frac{1}{13\times16}$

差が３　差が３　差が３

(4) $\frac{4}{1\times3\times5}=\frac{5-1}{1\times3\times5}$

$=\frac{1}{1\times3}-\frac{1}{3\times5}$ と変形する。

4【虫食い算】右の□の中に，0，1，3，5，6，7，9 の 7 個の数字を 1 つずつ入れて，計算が成り立つようにしなさい。〔東京学芸大附属小金井中〕

```
  2 あ 8 い
+     う 4
-----------
  え お か き
```

(　　　　)

よく出る **5**【約束記号】$a★b=(a+b)\times(a-b)$ のとき，20★(4★1) はいくつですか。〔捜真女学校中〕

(　　　　)

6【約束記号】整数 x を 9 でわったあまりを〔x〕で表すとします。例えば，〔10〕=1，〔18〕=0，〔31〕=4 です。
このとき，〔〔30〕+〔2018〕×〔113〕〕の計算結果を求めなさい。〔箕面自由学園中〕

(　　　　)

7【いろいろな単位】次の□にあてはまる数を求めなさい。

(1) 0.3 m^2=□ cm^2 〔和歌山信愛中〕

(　　　　)

(2) 1 日 9 時間 1740 秒=□分 〔須磨学園中〕

(　　　　)

8【量の計算】次の□にあてはまる数を求めなさい。

(1) 0.35 m^3+35 dL=□ L 〔東京学芸大附属竹早中〕

(　　　　)

(2) 3 時間 12 分 24 秒−1 時間 46 分 56 秒=□時間□分□秒 〔甲南中〕

(　　　　)

よく出る **9**【量の計算】次の□にあてはまる数を求めなさい。

(1) 25 mL+0.28 L×2−376 cm^3=□ dL 〔慶應義塾湘南藤沢中〕

(　　　　)

(2) 380000000 cm^2−0.27 ha+2150 m^2=□ a 〔洛南高附中〕

(　　　　)

(3) 19 時間 23 分 38 秒÷7=□時間□分□秒 〔大谷中(大阪)〕

(　　　　)

---

4 虫食い算は，答えがわかるところから順に調べていくことで，解決できる。

5 (4★1) から計算して，求める。

6 30÷9=3 あまり 3 だから，〔30〕=3 となる。

7 (1) 1 m^2=100 cm×100 cm
=10000 cm^2
0.3 m^2=0.3×10000 cm^2
(2) 1 日 9 時間=33 時間
=(33×60) 分
1740 秒=(1740÷60) 分

8 量の計算は，求める単位にそろえて計算する。

9 (2) 380000000 cm^2
=(380000000÷1000000)a
=380 a
0.27 ha=27 a

数と計算

3 数の性質

〔　　月　　日〕

最重要ポイント

1 概数 ★★

およその数のことを**概数**という。概数にするには，切り捨て，切り上げ，四捨五入の３つの方法がある。

2 約数と公約数 ★★★

ある整数をわり切ることのできる整数を，その数の**約数**といい，２つ以上の整数に共通な約数を**公約数**という。

3 倍数と公倍数 ★★★

ある整数を整数倍した数を，その数の**倍数**といい，２つ以上の整数に共通な倍数を**公倍数**という。

4 最大公約数と最小公倍数の求め方 ★★★

次のように，１以外でわれなくなるまで公約数でわっていく。

〔２つの数のとき〕

```
2) 24  36
2) 12  18
3)  6   9
    2   3
```

最大公約数

2×2×3＝12

最小公倍数

2×2×3×2×3＝72

〔３つの数のとき〕

```
2) 12  18  24
3)  6   9  12
2)  2   3   4
    1   3   2
```

最大公約数

2×3＝6

最小公倍数

2×3×2×1×3×2＝72

例題トレーニング

例題 1　概数

２つの整数ＡとＢがあります。一の位を四捨五入すると，Ａは 170，Ｂは 80 になります。このとき，もとの整数ＡからＢをひいた差は［①］以上［②］以下です。

［　］にあてはまる数を求めなさい。　〔滝川中〕

解法のコツ 四捨五入→５以上は切り上げ，４以下は切り捨てる

解き方と答え 整数Ａは 165 以上 174 以下の数，Ｂは 75 以上 84 以下の数である。よって，ＡからＢをひいた差は，(165－84) 以上 (174－75) 以下だから，81 以上 99 以下である。

答 ①81　②99

例題 2　約数と公約数

(1) 36 の約数の個数を求めなさい。

(2) 12 と 16 の公約数の和を求めなさい。　〔英数学館中〕

解法のコツ 公約数は，すべて最大公約数の約数になっている。

(1) 36 を２つの整数の積で表してみる。

36＝1×36，2×18，3×12，4×9，6×6 だから，36 の約数は 1，2，3，4，6，9，12，18，36 の９個ある。

答 ９個

要点チェック

●概数

①およその数のことを**概数**という。

②**四捨五入**とは，求める位の１つ下の位の数が４以下のときは切り捨て，５以上のときは切り上げること。

くわしく

以上…その数と，その数より大きい数を表す。

以下…その数と，その数より小さい数を表す。

未満…その数より小さい数を表す。

●公約数と最大公約数

①公約数の中で，最大の数を**最大公約数**という。

(2) 12 と 16 の公約数は，12 と 16 の最大公約数 4 の約数だから，1，2，4
その和は，1＋2＋4＝7　　答 7

```
2) 12  16
2)  6   8
    3   4
```

例題 3　倍数と公倍数

次の□にあてはまる数を求めなさい。
(1) 4 けたの数で，いちばん大きい 7 の倍数は□　〔帝塚山学院中〕
(2) 12，18 の公倍数の中で，100 に最も近い数は□　〔日向学院中〕

解法のコツ 公倍数は，すべて最小公倍数の倍数になっている。

(1) いちばん大きい 4 けたの数は 9999 だから，
9999÷7＝1428 余り 3
よって，9999－3＝9996　　答 9996
(2) 12 と 18 の最小公倍数は 36 だから，
100÷36＝2 余り 28　36×2＝72，36×3＝108
これより，100 に最も近い数は 108　　答 108

例題 4　倍数の個数

1 から 100 までの整数の中で，6 でわり切れる数は全部で何個ありますか。また，101 から 200 までの整数の中で，6 でわり切れる数は全部で何個ありますか。

解法のコツ 1 から 100 までの中の a の倍数の個数は 100÷a の商。

1 から 100 までの中に 6 の倍数は，
100÷6＝16 余り 4 より，16 個。
1 から 200 までの中に 6 の倍数は，
200÷6＝33 余り 2 より，33 個。
これより，101 から 200 までの中にある 6 の倍数は，
33－16＝17(個)　　答 16 個，17 個

例題 5　公倍数の利用

5 でわると 2 余り，7 でわると 4 余る整数のうち，最も小さい整数を求めなさい。　〔立教女学院中〕

解法のコツ 5－2＝7－4＝3 より，5 と 7 の最小公倍数より 3 小さい数を求める。

求める整数に 3 をたすと，5 でも 7 でもわり切れる数になる。
これより，求める整数は 5 と 7 の最小公倍数 35 より 3 小さい数になるから，35－3＝32　　答 32

---

②公約数は，すべて最大公約数の約数になっている。
例 12 と 18 の公約数は，12 と 18 の最大公約数 6 の約数 1，2，3，6

●公倍数と最小公倍数
①公倍数の中で，最小の数を**最小公倍数**という。
②公倍数は，すべて最小公倍数の倍数になっている。
例 2 と 3 の公倍数は，2 と 3 の最小公倍数 6 の倍数 6，12，18，24，…

●偶数と奇数
①**偶数**…2 でわると余りが 0 になる整数。
②**奇数**…2 でわると余りが 1 になる整数。
③ある整数が偶数か奇数かは，一の位の数字でわかる。

●倍数の個数
1 から 100 までの中に，
① **2 の倍数**…100÷2＝50 より，50 個。
② **3 の倍数**…100÷3＝33 余り 1 より，33 個。
③ **4 の倍数**…100÷4＝25 より，25 個。

●公倍数の利用
12，18 のどちらでわっても 3 余る数は，(12 と 18 の公倍数)＋3 で求められる。

実力問題

〔　月　日〕

数と計算　解答3ページ

よく出る **1**【概　数】A市の人口は千の位を四捨五入すると38万人で，B市の人口は百の位を四捨五入すると24万4千人です。次の問いに答えなさい。〔プール学院中〕

(1) A市とB市の人口の和は，最も少なくて何人ですか。

(　　　　　)

(2) A市とB市の人口の差は，最も多くて何人ですか。

(　　　　　)

よく出る **2**【約数と公約数】次の□にあてはまる数を求めなさい。

(1) 72の約数の和は□です。〔神戸龍谷中〕

(　　　　　)

(2) 54と180の公約数のすべての和は□です。〔大谷中（大阪）〕

(　　　　　)

(3) 79と209のどちらをわっても1余る整数は□個あります。〔甲南女子中〕

(　　　　　)

3【商と余り】8でわると商と余りが等しくなる整数の合計を求めなさい。〔フェリス女学院中〕

(　　　　　)

4【約数と公約数】りんごが26個，みかんが145個あります。何人かの子どもに同じ数ずつ分けると，みかんが2個残りました。子どもは何人いますか。〔プール学院中〕

(　　　　　)

よく出る **5**【倍数と公倍数】次の問いに答えなさい。

(1) 4でわっても6でわっても1余る整数で，100にいちばん近い整数を求めなさい。〔東京学芸大附属竹早中〕

(　　　　　)

(2) たて15cm，横18cmの長方形の紙を同じ向きにすきまなく並べて，できるだけ小さい正方形をつくると，1辺の長さは何cmですか。〔武庫川女子大附中〕

(　　　　　)

ワンポイント

1 A市の人口は，37万5千人以上38万4999人以下。B市の人口は，24万3500人以上24万4499人以下。

2 (1) 72を2つの整数の積の形で表す。1×72, 2×36, ……, 8×9
(2) 54と180の公約数は，すべて，54と180の最大公約数18の約数である。
(3) 79−1=78, 209−1=208より，78と208の最大公約数をまず求める。

3 8でわると商と余りが等しくなる整数をA，商をBとすると，A=8×B+Bと表すことができる。

4 子どもに分けられたのは，りんご26個と，みかん(145−2)個。

5 (1) 4でわっても6でわっても1余る整数は，(4と6の公倍数)+1
(2) 15と18の最小公倍数になる。

6【偶数(ぐうすう)と奇数(きすう)】連続した25個の整数があり，そのうち偶数だけの和から奇数だけの和をひくと44になりました。この25個の整数の和を求めなさい。〔渋谷教育学園渋谷中〕

(　　　　　　)

7【倍数と公倍数】1から60までの整数の中で，2でも3でもわり切れないものの個数を求めなさい。〔浅野中〕

(　　　　　　)

8【公倍数の利用】ある駅では，電車は6分おきに，バスは8分おきに発車します。午前8時に，電車とバスが同時に発車しました。次の問いに答えなさい。〔京都教育大附属桃山中〕

(1) この次に電車とバスが同時に発車する時刻(じこく)は何時何分ですか。

(　　　　　　)

(2) このあと，午前9時から午前11時までに電車とバスが同時に発車するのは何回ありますか。

(　　　　　　)

(3) 午後1時を過ぎて最初に電車とバスが同時に発車する時刻は何時何分ですか。

(　　　　　　)

9【公倍数】3でわると1余り，5でわると3余り，7でわると5余る3けたの数の中で，いちばん小さい数を求めなさい。〔筑波大附中〕

(　　　　　　)

10【約　分】59個の分数 $\frac{1}{60}$，$\frac{2}{60}$，$\frac{3}{60}$，……，$\frac{58}{60}$，$\frac{59}{60}$ について，次の問いに答えなさい。〔立教新座中〕

(1) 約分できない分数は何個ありますか。

(　　　　　　)

(2) 約分できない分数をすべて加えると，いくつになりますか。

(　　　　　　)

---

6 偶数の和－奇数の和＝44 より，25個の整数は，偶数で始まり，偶数で終わっている。

7 60－(2または3の倍数の個数) を計算する。

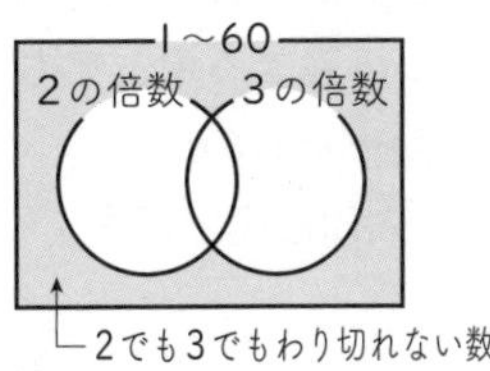

8 6と8の最小公倍数おきに，電車とバスは同時に発車している。

9 3－1＝5－3＝7－5＝2 だから，3，5，7の公倍数より2小さい数を考える。

10 (1)分母の60を素数の積で表すと，60＝2×2×3×5
(2)約分できない分数のうち，$\frac{1}{60}$ から $\frac{30}{60}$ までの和と，$\frac{31}{60}$ から $\frac{59}{60}$ までの和を考える。

〔　　月　　日〕

単位量あたりの大きさ

最重要ポイント

1 平　均 ★★

平均＝合計÷個数
合計＝平均×個数

2 単位量あたり ★★

2つの異(こと)なる単位をもつ量の一方を，もう一方でわったもの。

例 人口密度(みつど)，速さ

3 速　さ ★★★

①**時速(分速・秒速)**…1時間(1分間・1秒間)あたりに進む道のり。

②**速さ＝道のり÷時間**
道のり＝速さ×時間
時間＝道のり÷速さ

例題トレーニング

例題1 平　均 ①

あるクラスで算数のテストを行ったところ，男子21人の平均点は76点，女子15人の平均点は88点でした。このクラス全体の平均点は何点ですか。〔土佐中〕

解法のコツ 男子の合計点＝男子の平均点×男子の人数

解き方と答え 男子21人の合計点は，76×21＝1596(点)
女子15人の合計点は，88×15＝1320(点)
よって，クラス全体の平均点は，
(1596＋1320)÷(21＋15)＝81(点)
(1596＋1320：クラスの合計点，21＋15：クラスの人数)

答 81点

例題2 平　均 ②

Aさんは，算数のテストを5回受けました。4回目までの点数は，82点，75点，87点，68点で，5回のテストの平均点が79点となりました。5回目のテストの点数は何点ですか。〔西南学院中〕

解法のコツ 5回目の点数＝5回の合計点－4回目までの合計点

解き方と答え 4回目までのテストの合計点は，
82＋75＋87＋68＝312(点)
5回のテストの合計点は，79×5＝395(点)
よって，5回目のテストの点数は，395－312＝83(点)

答 83点

要点チェック

●平　均

①いくつかの数や量を，同じ大きさになるようにならしたものを，それらの数や量の**平均**という。

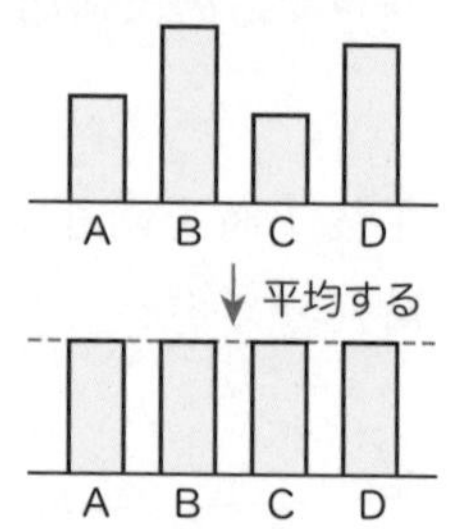

②平均がわかっているとき，
合計＝平均×個数
で合計を求めることができる。

③全体の平均は
全体の合計÷全体の個数
で求める。

例題 3 人口密度

太郎さんは，自分の住んでいるＡ市ととなりのＢ市の面積と人口を調べ，表にまとめました。人口密度が高いのはどちらの市ですか。〔長崎大附中〕

	面積(km^2)	人口(万人)
Ａ市	406	45
Ｂ市	109	12

解法のコツ 人口密度＝人口÷面積（人口←人，面積←km^2）

Ａ市の人口密度は，450000÷406＝1108.3…(人)
Ｂ市の人口密度は，120000÷109＝1100.9…(人)

答 Ａ市

例題 4 速　さ ①

次の速さのうち，いちばん速いのはどれですか。

ア 時速５km　**イ** 分速 90 m　**ウ** 秒速 120 cm

〔大阪教育大附属平野中〕

解法のコツ ア，ウの速さを，分速になおして比べる。

ア 5 km＝5000 m より，
分速は 5000÷60＝83.3…(m)
ウ 120 cm＝1.2 m より，分速は 1.2×60＝72(m)
よって，**イ**の分速 90 m がいちばん速い。

答 **イ**

例題 5 速　さ ②

(1) 3 km の道のりを，行きは毎時 6 km，帰りは毎時 4 km の速さで往復した。往復するのに何分かかりますか。〔近畿大附中〕

(2) 180 km の道のりを，行きは５時間，帰りは４時間かかった。平均の速さは毎時何 km ですか。〔武庫川女子大附中〕

解法のコツ 平均の速さ＝往復の道のり÷往復の時間

(1) 往復にかかった時間は，
3÷6＋3÷4＝1.25(時間)＝75(分)

答 75 分

(2) 往復の道のりは，180×2＝360(km)
往復の時間は，5＋4＝9(時間)
平均の速さは，毎時 360÷9＝40(km)

答 毎時 40 km

●単位量あたりの大きさ

①２つの異なった単位の関係で表す量を，**単位量あたりの大きさ**という。

②単位量あたりの大きさは，割合の考え方で，ある量が１つのきまった量(単位量)に対してどれだけの量にあたるかを表したものである。

③ 1 km^2 あたりの人口を**人口密度**という。

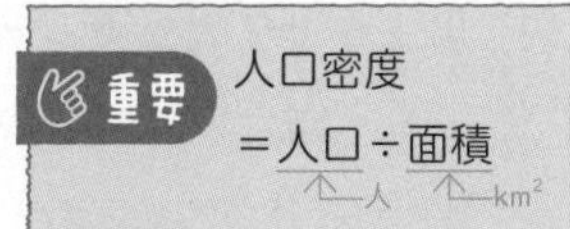

●速　さ

①速さは，単位時間に進む道のりで表す。
(時速，分速，秒速)

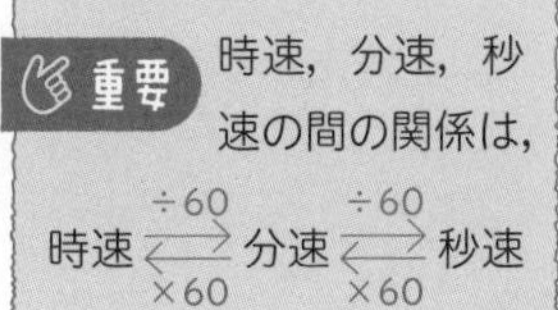

②往復の平均の速さは，
往復の道のり÷往復の時間 で求める。
行きと帰りの速さの平均をとってはいけない。

実力問題

〔　　月　　日〕

変化と関係　解答5ページ

よく出る **1**【平　均】計算テストを何回か受けて，平均点は 78.4 点でしたが，今回のテストで 98 点取ったので，平均点は 79.8 点となりました。計算テストの回数は全部で何回ですか。〔甲南女子中〕

(　　　　　)

2【平　均】次の問いに答えなさい。

(1) 男子が 15 人，女子が 20 人の合計 35 人のクラスで算数のテストをしました。男子の平均点は 80 点，クラス全員の平均点は 82 点でした。このとき，女子の平均点は何点ですか。〔桐朋中〕

(　　　　　)

(2) A，B 2 人の平均点は 66 点，B，C 2 人の平均点は 71 点，A，C 2 人の平均点は 67 点です。A，B，C 3 人の平均点は何点ですか。〔東洋英和女学院中〕

(　　　　　)

よく出る **3**【単位量あたり】次の問いに答えなさい。

(1) 5 m の重さが 7 kg の鉄の棒(ぼう)があります。この鉄の棒 4.2 kg の長さは何 m ですか。〔松蔭中〕

(　　　　　)

(2) $\frac{1}{3}$ dL のペンキで $\frac{3}{4}$ m^2 のかべをぬることができました。$\frac{1}{2}$ dL では何 m^2 ぬることができますか。〔京都文教中〕

(　　　　　)

(3) 4 人である品物を 4.8 kg 買いました。店の人が 40 円まけてくれたので，1 人あたり 1850 円になりました。この品物は 200 g あたり何円ですか。〔青山学院中〕

(　　　　　)

(4) A さんが自宅(じたく)から 2.6 km はなれた学校まで歩くと，34 分 40 秒かかります。A さんの歩く速さは毎分何 m ですか。〔桐朋中－改〕

(　　　　　)

ワンポイント

1 面積図で考えると，㋐と㋑の部分が同じ面積となる。

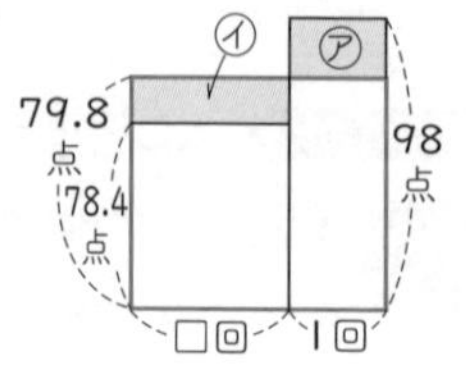

2 (1)合計点＝平均点×人数で求められる。
(2) A と B，B と C，A と C の合計点をそれぞれ求める。そして，それら 3 つの式を加える。

3 (1) 1 kg あたりの長さを求める。
(2) 1 dL のペンキでぬることのできる面積を求める。
(3)まけてもらう前の代金を求める。そして 1 kg あたりの値段(ねだん)から，200 g あたりの値段を考える。
(4) 34 分 40 秒を分で表す。

4【人口密度】右の表は，A 町，B 町の面積と 1 km^2 あたりの人口密度(みつど)を表したものです。今年から，この 2 つの町は合併(がっぺい)して 1 つの新しい市になりました。新しい市の 1 km^2 あたりの人口密度は何人ですか。

	面積 (km^2)	1 km^2 あたりの人口密度(人)
A 町	230	160
B 町	170	120

〔智辯学園中〕

(　　　　　)

5【速　さ】ひろしさんはラーメン屋まで自転車で行きました。毎時 12 km で行き，45 分で食事をすませ，同じ道を毎時 10.5 km で帰りました。このとき，出発してから帰ってくるまでの時間はちょうど 2 時間でした。ラーメン屋までの道のりは何 km ですか。

〔弘学館中〕

(　　　　　)

よく出る

6【速　さ】次の□にあてはまる数を求めなさい。

(1) 時速 12 km は分速□ m です。〔京都女子中〕

(　　　　　)

(2) 音の速さ，秒速 340 m を時速で表すと，時速□ km です。

(　　　　　)

(3) 13.5 km の道のりを，45 分で走った自転車の速さは分速[①] m で，84 km の道のりを 1 時間 20 分で走った自動車の速さは時速[②] km です。〔武庫川女子大附中〕

(　　　　　)

(4) 家から図書館までの 6.2 km の道のりを，はじめの 20 分は分速 100 m で歩き，そのあと分速□ m で走ったところ，家を出発してから 40 分後に図書館に着きました。〔帝塚山学院中〕

(　　　　　)

よく出る

7【平均の速さ】A 町から B 町までの道を，行きは時速 10 km，帰りは時速 15 km で往復しました。このとき，往復の平均の速さは時速何 km ですか。

〔同志社香里中〕

(　　　　　)

4 人口密度＝人口÷面積であるから，
人口＝人口密度×面積
である。

5 実際に進んだ時間は，1 時間 15 分になる。

6 (1) 12 km＝12000 m
(2) 1 時間＝3600 秒
(3) 1 時間 20 分を時間で表す。
(4)走った道のりを求める。

7 A 町から B 町までの道のりを①と定めて，往復にかかった時間を求める。

実力強化編　数と計算　変化と関係　図形　文章題　実戦力強化編　思考力強化編　入試完成編

〔　　月　　日〕

5 割　合

最重要ポイント

1 割合と百分率・歩合 ★★★

①割　合…もとにする量を1とみたときの比べる量を，小数や分数または百分率や歩合で表したものを**割合**という。

②割合の3用法

割合＝比べる量÷もとにする量(第1用法)

比べる量＝もとにする量×割合(第2用法)

もとにする量＝比べる量÷割合(第3用法)

③小数・分数・百分率・歩合の関係

小　数	分　数	百分率	歩　合
0.1	$\frac{1}{10}$	10％	1割
0.01	$\frac{1}{100}$	1％	1分
0.001	$\frac{1}{1000}$	0.1％	1厘
0.37	$\frac{37}{100}$	37％	3割7分

例題トレーニング

例題1 割　合①

かずおさんは，ある本を読んでいます。今までに全体の$\frac{3}{5}$読みましたが，まだ92ページ残っています。この本のページ数は，全部で何ページですか。〔福岡教育大附中〕

解法のコツ もとにする量＝比べる量÷割合

92ページが全体の $1-\frac{3}{5}=\frac{2}{5}$ の割合

だから，本のページ数は，

$92\div\frac{2}{5}=230$(ページ)

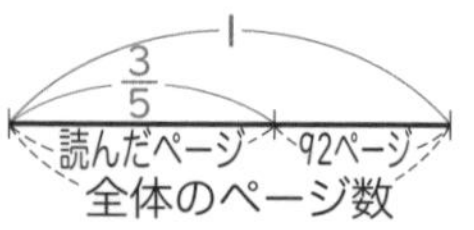

答 230ページ

例題2 割　合②

ひさしさんは貯金をしています。貯金額の20％の3000円でCDを買いました。ひさしさんの貯金額はいくらでしたか。また，CDの金額は残金の何％にあたりますか。〔高知大附中〕

解法のコツ 割合(％)＝CDの金額÷残金×100
（CDの金額…比べる量　残金…もとにする量）

ひさしさんの貯金額は，

3000÷0.2＝15000(円)

よって，残金は，

15000－3000＝12000(円)

3000÷12000×100＝25(％)

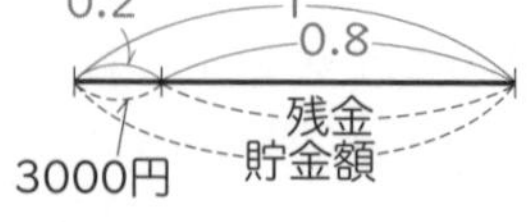

答 15000円，25％

別解 残金の割合は 1－0.2＝0.8 だから，0.2÷0.8＝0.25

要点チェック

●割　合

①割合では，基準にする量をもとにする量，割合にあたる量を比べる量という。

重要 割合の第1用法

$$割合＝\frac{比べる量}{もとにする量}$$

②割合は，3倍，0.7倍，$\frac{3}{4}$倍などのように，整数や小数，分数で表すほか，百分率や歩合，比を使って表すこともある。

③割合の第2用法

比べる量

＝もとにする量×割合

④割合の第3用法

もとにする量

＝比べる量÷割合

⑤割合，比べる量，もとにする量のうち，どれか2つがわかれば，あと1つは計算で求めることができる。

例題 3 歩　合

定価 1000 円の品物を 2 割引きで売ったところ，300 円の利益がありました。仕入れ値(ね)を答えなさい。〔金城学院中〕

解法のコツ 2 割=0.2 より，2 割引きは 1−0.2 になる。

解き方と答え 売り値は 1000×(1−0.2)=800(円)だから，
仕入れ値は 800−300=500(円)（300 ← 利益）　**答** 500 円

例題 4 割合の 3 用法

(1) A 球場の観客動員数は 3 万 5 千人でした。B 球場の観客動員数は 4 万 3 千 4 百人でした。B 球場の観客動員数は A 球場の観客動員数より何 % 多いですか。〔昭和学院秀英中〕

(2) A さんは持っているお金の $\frac{5}{7}$ を使いましたが，まだ 120 円残っています。A さんが初めに持っていたお金はいくらになりますか。

(3) 400 円の 30 % は[①]円で，これは[②]円の 2 割です。
[　]にあてはまる数を求めなさい。〔蒼開中〕

解法のコツ 割合の 3 用法にあてはめて考える。

(1) (43400−35000)÷35000=0.24　**答** 24 %

(2) 残ったお金は，初めに持っていたお金の $1-\frac{5}{7}=\frac{2}{7}$

よって，$120\div\frac{2}{7}=420$(円)　**答** 420 円

(3) ①比べる量だから，400×0.3=120(円)（0.3 ← 30 %）
②もとにする量だから，120÷0.2=600(円)（0.2 ← 2 割）
答 ① 120　② 600

例題 5 百分率

M 中学校は，男子生徒の割合が全体の 60 % で，女子生徒の 30 % にあたる 45 人が自転車通学をしています。M 中学校全体の生徒数は何人ですか。〔明治大付属明治中〕

解法のコツ まず，女子生徒の人数を求め，次に全体を求める。

女子生徒の人数は 45÷0.3=150(人)
女子生徒の割合は 100−60=40(%) だから，
全体の生徒数は 150÷0.4=375(人)　**答** 375 人

●歩　合

①もとにする量の 0.1 倍を **1 割**，0.01 倍を **1 分**(ぶ)，0.001 倍を **1 厘**(りん)と表す表し方を**歩合**という。

例 野球の打率や売買の利益率。

重要
0.1=1 割
0.01=1 分
0.001=1 厘

②歩合の計算

仕入れ値×(1+利益率)
=定価
定価×(1−割引率)
=売り値

●百分率

①もとにする量を 100 としたとき，それに対する 1 の割合を 1 % として表す表し方を**百分率**という。

②百分率は，小数で表した割合を 100 倍して求める。

小数		百分率
1	⟶	100 %
0.1	⟶	10 %
0.01	⟶	1 %

重要 百分率 (%)
$=\frac{比べる量}{もとにする量}\times100$

実力問題

〔　月　日〕

変化と関係　解答6ページ

よく出る **1**【百分率・歩合】次の□にあてはまる数を求めなさい。

(1) 300円の□%は75円です。〔土佐女子中〕

(　　　　)

(2) □kgの8割は96gです。〔立命館中〕

(　　　　)

(3) 定価1200円の3割引きは□円です。〔高知中〕

(　　　　)

よく出る **2**【百分率・歩合】次の□にあてはまる数を求めなさい。

(1) □円の9%は1800円の3割になります。〔樟蔭中〕

(　　　　)

(2) 3.2kgの30%は□gで，これは□kgの80%です。〔追手門学院中〕

(　　　　)

(3) 3080円の4.5割は□円の72%です。〔神戸龍谷中〕

(　　　　)

3【割合】けいこさんがリボンを持っています。そのうち$\frac{3}{8}$を使ったとき，残りのリボンの長さをはかったら，15mありました。初めにあったリボンの長さは何mですか。〔東京学芸大附属世田谷中〕

(　　　　)

4【割合】蘭子さんは1日の行動の予定を考えました。次の問いに答えなさい。〔金蘭会中－改〕

(1) 睡眠時間を1日の$\frac{1}{3}$にしました。蘭子さんの睡眠時間は何時間ですか。

(　　　　)

(2) 睡眠時間が(1)で，学校へ行っている時間を10時間とします。残りの時間の40%を勉強時間にしました。蘭子さんの勉強時間は何時間ですか。

(　　　　)

ワンポイント

1 割合＝比べる量÷もとにする量の式にあてはめて考える。

2 (1)□×0.09が1800円の3割になる。
(3)□×0.72が3080円の4.5割になる。

3 残りのリボンの長さは，初めの$\frac{5}{8}$

4 比べる量＝もとにする量×割合の式にあてはめて考える。

5【割　合】正月にもらったお年玉のいくらかを使い，$\frac{2}{3}$ を残しました。さらに残りの $\frac{5}{8}$ を貯金したところ，手元に 2400 円残りました。もらったお年玉は何円でしたか。〔弘学館中〕

（　　　　　）

5 2400 円はもらったお年玉のどれだけになるかを考える。

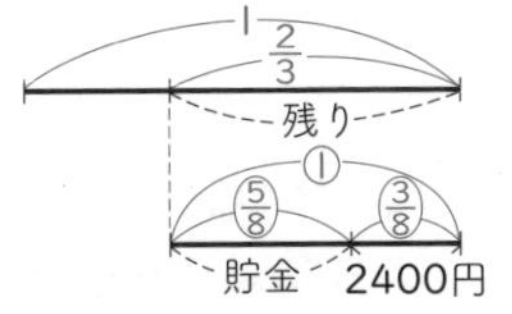

よく出る **6**【割　合】トキ子さんはおこづかいを 3000 円もらいました。その $\frac{1}{4}$ で筆箱を買い，さらに，残りの $\frac{3}{5}$ で本を買いました。本の代金はいくらですか。また，最後に残っている金額はいくらですか。〔トキワ松学園中〕

（　　　　　）

6 本の代金は，(3000 円－筆箱の代金)×$\frac{3}{5}$

よく出る **7**【割　合】紙が 50 枚（まい）あります。これを A 君，B 君，C 君の 3 人に分けるのに，まず A 君が何枚かとり，その残りの $\frac{1}{3}$ を B 君がとり，C 君は最後に残った枚数の $\frac{3}{4}$ より 1 枚多くとったので，残りは 5 枚になりました。C 君は何枚の紙をとりましたか。〔日本大第二中〕

（　　　　　）

7 C 君が最後に残った枚数の $\frac{3}{4}$ をとったとすれば，5＋1＝6(枚) 残ることになる。

8【割　合】ある商店の 6 月の売上高は 5 月に比べて 15 % 減少しましたが，7 月の売上高は 6 月に比べて 12 % 増加しました。7 月の売上高は 5 月に比べて何 % の減少になりますか。〔青山学院中〕

（　　　　　）

8 6 月の売上高
＝5 月の売上高×(1－0.15)

9【百分率（ひゃくぶんりつ）】ある中学校のクラスで，携帯（けいたい）型ゲーム機と携帯電話を持っている人の数を調べました。右の表は，その人数の一部を書きこんだものです。次の問いに答えなさい。〔立教池袋中〕

		携帯型ゲーム機		合計
		持っている	持っていない	
携帯電話	持っている	㋐		
	持っていない		7	24
合　計			12	40

(1) ㋐にあてはまる数はいくつですか。

（　　　　　）

(2) 携帯型ゲーム機を持っているが，携帯電話を持っていない人は，全体の何 % ですか。

（　　　　　）

9 表のあいているところで，わかるところは，先にうめてから考える。

変化と関係

6 比

〔　月　日〕

最重要ポイント

1 比・比の値(あたい) ★★

AのBに対する割合(わりあい)を，A：Bと表したものを**比**といい，A÷Bを**比の値**という。

2 比の性質 ★★★

比A：Bにおいて，AとBに0でない同じ数をかけても，AとBを0でない同じ数でわっても，比は等しい。

A：B＝(A×C)：(B×C)

A：B＝(A÷C)：(B÷C)　※Cは,0でない数

3 逆比(反比) ★★

A：Bの逆数の比 $\frac{1}{A}:\frac{1}{B}$ を，A：Bの**逆比**という。

4 比例式 ★★

比例式A：B＝C：Dにおいて，A×D＝B×Cが成り立つ。

5 連(れん)　比(ぴ) ★★

3つ以上の数量の比をまとめた比を**連比**といい，A：B：Cなどと表す。

例題トレーニング

例題1 比の性質

次の比を最も簡単(かんたん)な整数の比で表しなさい。

(1) $0.4:\frac{1}{4}$　〔比叡山中〕

(2) $8.4:\frac{14}{5}$　〔城星学園中〕

解法のコツ　比の性質を利用して，比を簡単にする。

(1) $0.4:\frac{1}{4}=\frac{2}{5}:\frac{1}{4}=\left(\frac{2}{5}\times20\right):\left(\frac{1}{4}\times20\right)=8:5$

答 8：5

(2) $8.4:\frac{14}{5}=(8.4\times5):\left(\frac{14}{5}\times5\right)=42:14=3:1$

答 3：1

例題2 比例式

次の□にあてはまる数を求めなさい。

(1) $2\frac{1}{2}:3=\square:6$　〔昭和学院中〕

(2) $3:\frac{7}{2}=\frac{\square}{7}:4$　〔大阪信愛学院中〕

解法のコツ　A：B＝C：D のとき，A×D＝B×C が成り立つ。

(1) $\frac{5}{2}\times6=3\times\square$ より，$\square=\frac{5}{2}\times6\div3=5$　答 5

(2) $3\times4=\frac{7}{2}\times\frac{\square}{7}$ より，$\square=3\times4\times2=24$　答 24

要点チェック

●**比の性質**

比の前項(ぜんこう)と後項(こうこう)に，0でない同じ数をかけても，また0でない同じ数でわっても，比は等しい。

例 $\frac{1}{2}:\frac{1}{3}=3:2$（×6）

$18:15=6:5$（÷3）

●**比例式**

比例式 A：B＝C：D で，内側の項BとCを**内項**(ないこう)，外側の項AとDを**外項**(がいこう)という。

重要 比例式では，内項の積と外項の積は等しい。

例題 3　連　比

A：B＝3：8，B：C＝12：19 のとき，A：C を最も簡単な整数の比で表しなさい。〔報徳学園中〕

解法のコツ 共通な B の値 8，12 の最小公倍数 24 にそろえる。

A：B＝9：24，B：C＝24：38 になるから，

A：B：C＝9：24：38

A	:	B	:	C
3×3		8×3		
		12×2		19×2
9	:	24	:	38

答　9：38

●**連　比**

① 3 つ以上の項でつくられた比を**連比**という。

② 2 つの比 A：B，B：C がわかれば，比の性質を使って，A：B：C を求めることができる。

例題 4　逆比（反比）

兄が 80 m 歩く間に，弟は 60 m 歩きます。

(1) 兄と弟の速さの比を求めなさい。

(2) 兄と弟が同じ道のりを歩くのにかかる時間の比を求めなさい。

(3) 兄と弟が同じ時間で歩いたときの道のりの比を求めなさい。

解法のコツ 同じ道のりでは，速さの比と時間の比は逆比になる。

(1) 80：60＝4：3　　答　4：3

(2) 同じ道のりを歩くのにかかる時間の比は，速さの比の逆比になるから，兄と弟の時間の比は，3：4　　答　3：4

(3) 同じ時間で歩く道のりの比は，速さの比と同じなので，4：3　　答　4：3

●**逆　比**

A：B の**逆比**は

$\frac{1}{A}:\frac{1}{B}=B:A$ である。

例　2：3 の逆比は，

$\frac{1}{2}:\frac{1}{3}=\left(\frac{1}{2}\times 6\right):\left(\frac{1}{3}\times 6\right)$

$=3:2$

例題 5　比例配分

縦（たて）と横の長さの比が 3：5 で，周りの長さが 96 cm の長方形の面積は何 cm^2 ですか。〔帝塚山学院中〕

解法のコツ ある数量を a：b に比例配分するとき，

$$a\text{ にあたる数量}=\text{ある数量}\times\frac{a}{a+b}$$

長方形の周りの長さ＝(縦＋横)×2 だから，縦と横の長さの和は，96÷2＝48(cm)

縦の長さ：横の長さ＝3：5 より，

縦の長さは，$48\times\frac{3}{3+5}=18$(cm)

横の長さは，$48\times\frac{5}{3+5}=30$(cm)

よって，面積は，18×30＝540(cm^2)　　答　540cm^2

●**比例配分**

ある数量を，一定の割合に応じて分けることを**比例配分**という。

重要 ある数量を $a:b$ に比例配分するとき，

b にあたる数量

$=\text{ある数量}\times\frac{b}{a+b}$

実力問題

〔　月　日〕

変化と関係　解答7ページ

よく出る **1** 【比の性質】次の□にあてはまる数を求めなさい。

(1) $19.6 : \frac{42}{5}$ を簡単（かんたん）な整数の比に表すと，□：□ 〔昭和学院中〕

（　　　　）

(2) 1時間15分15秒：10分2秒 を最も簡単な整数の比で表すと，□：□ 〔関西大第一中〕

（　　　　）

よく出る **2** 【比例式】次の□にあてはまる数を求めなさい。

(1) $1\frac{2}{3} : 1.75 =$ □ $: 21$ 〔甲南中〕

（　　　　）

(2) 1分20秒：□時間＝2：27 〔共立女子中〕

（　　　　）

3 【比例配分】50円こう貨と100円こう貨があわせて121枚（まい）あります。50円こう貨と100円こう貨のそれぞれの合計金額の比は3：5です。このとき，50円こう貨は何枚ありますか。 〔桜美林中〕

（　　　　）

4 【連　比】AさんとBさんの体重の比は3：4で，BさんとCさんの体重の比は7：8です。また，Cさんの体重は64 kgです。Aさんの体重を求めなさい。 〔熊本マリスト学園中〕

（　　　　）

よく出る **5** 【連　比】次の□にあてはまる数を求めなさい。

(1) A：B＝4：3，A：C＝6：5のとき，B：C＝□：□ 〔京都聖母学院中〕

（　　　　）

(2) A：B＝5：4で，B：C＝3：2のとき，A：B：C＝□：□：□です。 〔甲南中〕

（　　　　）

ワンポイント

1 比の性質を使う。
(2)時間の単位を分でそろえる。

2 比例式では，A：B＝C：D のとき，A×D＝B×C の関係がある。

注意 (2)で単位をそろえるとき，小さいほうの単位にそろえると計算しやすい。

3 合計金額が3：5のとき，枚数の比は6：5になる。121枚を比例配分する。

4 Bさんの比を4と7の最小公倍数にそろえる。

5 (1)Aを4と6の最小公倍数12にそろえる。
(2)Bを4と3の最小公倍数12にそろえる。

6【速さと比】A君は休日に坂道を走って往復するトレーニングを行っています。坂道を上がるときは分速 120 m で，下るときは分速 160 m で走っています。かかった時間をはかると上がるときのほうが下るときより 3 分多くかかっていました。この坂道のきょりを求めなさい。〔四條畷学園中〕

(　　　　　　　)

6 速さの比から時間の比を求める。

7【比の利用】Aさんは，今までに本を 96 ページ読みました。読んだページ数と残りのページ数の比は 12：13 です。この本は全部で何ページですか。〔追手門学院大手前中〕

(　　　　　　　)

7 比を利用する。

ページ数	96	?
比	12	13

よく出る

8【比の利用】ある中学校の 1 年生は 195 人です。男子の $\frac{1}{6}$ の人数と，女子の $\frac{1}{7}$ の人数が等しいとき，女子の人数は何人ですか。

(　　　　　　　)

8 等しい人数を 1 とすると，男子の人数は，

$1 \div \frac{1}{6}$

9【比の利用】A，B，C の 3 つのおもりで，B と C の重さの比は 2：3，また，B は A より 20％軽く，3 つのおもりの合計は 120 kg です。次の問いに答えなさい。

(1) 3 つのおもりの重さの比 A：B：C を最も簡単な整数の比で表しなさい。

(　　　　　　　)

(2) B のおもりの重さは何 kg ですか。

(　　　　　　　)

9 B：C＝2：3

B＝A×(1－0.2)

10【比の利用】2 種類のミックスジュース A と B があります。A はミカンとリンゴを 1：2 の割合(わりあい)で混ぜたもので，B はミカンとレモンを 3：2 の割合で混ぜたものです。A と B を等しい量ずつ混ぜて作ったジュースのミカンとリンゴとレモンの比を，最も簡単な整数の比で求めなさい。また，求め方も書きなさい。〔大妻中〕

(　　　　　　　)

10 A と B の量をどちらも 1 とすると，A にふくまれるミカンの量は，

$1 \times \frac{1}{1+2}$

実力強化編　数と計算　変化と関係　図形　文章題　実戦力強化編　思考力強化編　入試完成編

変化と関係

〔　月　日〕

7 比例と反比例

最重要ポイント

1 比　例 ★★

ともなって変わる２つの数量 x, y があって,

①x の値(あたい)が２倍, ３倍, ……となると, y の値も２倍, ３倍, ……となるとき, x と y は**比例する**という。

比例の式→ **y＝きまった数×x**

②対応する値をとると, その商はどこをとっても常に一定になっている。

2 反比例 ★★

ともなって変わる２つの数量 x, y があって,

①x の値が２倍, ３倍, ……となると, y の値は $\frac{1}{2}$, $\frac{1}{3}$, ……となるとき, x と y は**反比例する**という。

反比例の式→ **y＝きまった数÷x**

②対応する値をとると, その積はどこをとっても常に一定になっている。

例題トレーニング

例題 1 比　例 ①

x と y の関係を式に表し, 比例しているものをあげなさい。

(1) 時速 60 km で走る車は, x 時間に y km 走ります。

(2) 円の直径が x cm の円周は y cm です。(円周率は 3.14)

(3) 底辺が x cm, 高さが y cm の三角形の面積は 40 cm^2 です。

(4) １辺の長さが x cm の正方形の周りの長さは y cm です。

解法のコツ 比例の関係を表す式は, y＝きまった数×x

(1)

x(時間)	1	2	3	…
y(km)	60	120	180	…

(2)

x(cm)	1	2	3	…
y(cm)	3.14	6.28	9.42	…

(3)

x(cm)	1	2	4	…
y(cm)	80	40	20	…

(4)

x(cm)	1	2	3	…
y(cm)	4	8	12	…

答 (1) $y=60\times x$　(2) $y=3.14\times x$　(3) $y=80\div x$　(4) $y=4\times x$

比例している…(1), (2), (4)

例題 2 比　例 ②

ばねののびる長さは, つるす物の重さに比例します。長さが 20 cm のばねに 30 g のおもりをつるしたところ, ばねの長さは 24 cm になりました。このばねのおもりを 75 g のおもりにかえると, ばねの長さは何 cm になりますか。〔福岡教育大附中〕

要点チェック

●**比　例**

ともなって変わる２つの数量があって, 一方の値(あたい)が２倍, ３倍, ……になると, 他方の値も２倍, ３倍, ……になるとき, この２つの数量は**比例する**という。

例 時速 40 km で走る車が, x 時間に y km 走るとき, $y=40\times x$ で表される。

表は,

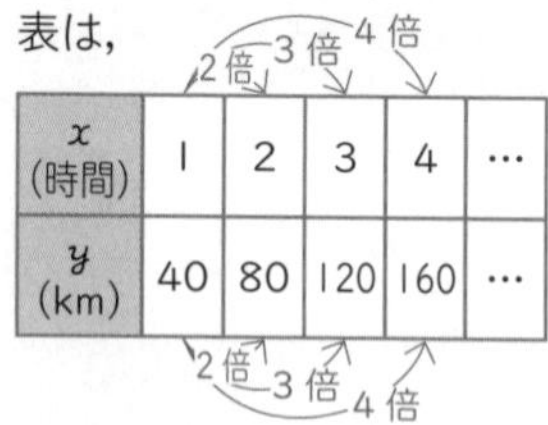

x(時間)	1	2	3	4	…
y(km)	40	80	120	160	…

●**比例の式**

比例する２つの量 x, y の間では, $y\div x$ の値がつねに一定になっている。

重要 比例する２つの量 x, y の関係を表す式は, **y＝きまった数×x**

解法のコツ ばねは，のびた部分だけが比例する。

30 g のおもりでのびたばねの長さは，24－20＝4(cm)
75 g は 30 g の，75÷30＝2.5(倍) だから，
4×2.5＝10(cm) よって，20＋10＝30(cm) 答 30cm

例題 3 比例のグラフ

あるアルミの棒(ぼう)について，長さと重さの関係を調べてグラフに表したところ，右のようになりました。このアルミの棒 1 g あたりの長さは何 cm ですか。また，このアルミの棒が 38 cm のとき，その重さは何 g ですか。〔大阪教育大附属天王寺中〕

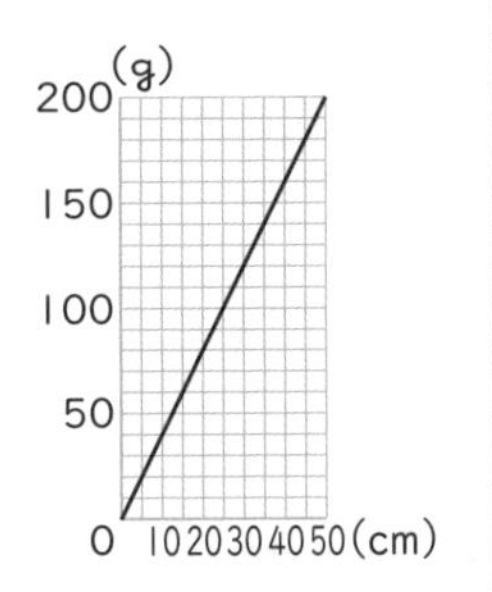

解法のコツ 比例のグラフでは，2 つの量は同じ割合(わりあい)で増えている。

10 cm の重さが 40 g だから，10÷40＝0.25(cm)
（0.25 ← 1 g あたりの長さ）
1 cm あたりの重さは 40÷10＝4(g)だから，
4×38＝152(g) 答 0.25 cm，152 g

例題 4 反比例

2 つの歯車 A，B がかみあっていて，A の歯数は 24，B の歯数は 36 です。A が 18 回まわるとき，B は何回まわりますか。〔開明中〕

解法のコツ かみあった歯車の歯数と回転数は反比例する。

24×18÷36＝12(回) 答 12 回
（24×18 ← きまった数）

例題 5 反比例のグラフ

水そうに水を入れるのに，1 分間にはいる水の量 x L と，いっぱいになるまでの時間 y 分の関係をグラフに表すと，右のようななめらかな曲線になります。〔武庫川女子大附中〕

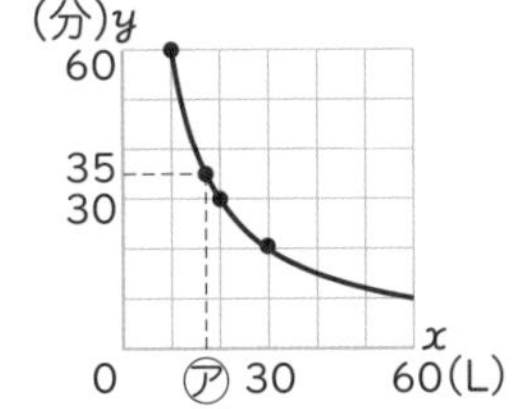

(1) x と y の関係を，式に表しなさい。
(2) 右のグラフの㋐の値はいくつですか。

解法のコツ x と y が反比例するとき，y＝きまった数÷x

(1) $x\times y=10\times 60$ より，$x\times y=600$
答 $x\times y=600$（$y=600\div x$，$x=600\div y$ でもよい。）

(2) ㋐×35＝600　㋐＝600÷35＝$17\frac{1}{7}$ 答 $17\frac{1}{7}$

●比例のグラフ

①比例する 2 つの量の関係をグラフに表すと，原点を通る直線になる。
（原点 ← x，y の値がともに 0）

例 下のグラフは，時速 60 km で走る自動車の，走った時間と進む道のりの関係を表したものである。

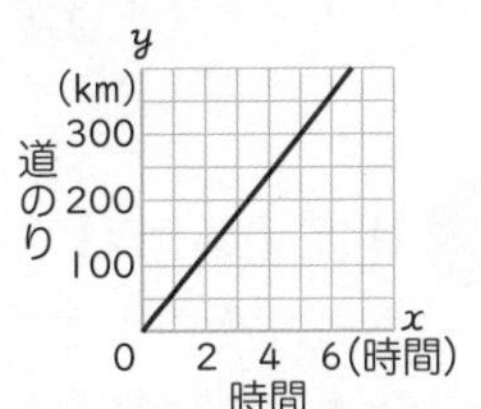

②比例のグラフをかくときは，対応する x，y の値の組を表す点を直線で結ぶ。

●反比例とグラフ

例 縦(たて) x cm，横 y cm の長方形の面積が 12 cm² であるとき，

①式　$x\times y=12$(一定)
$y=12\div x$
（12 ← きまった数）

②表

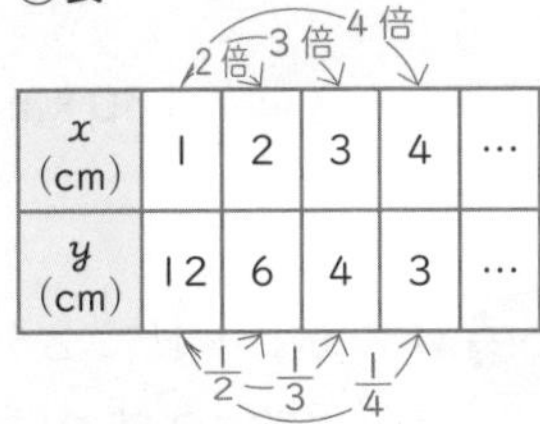

x (cm)	1	2	3	4	…
y (cm)	12	6	4	3	…

③グラフ

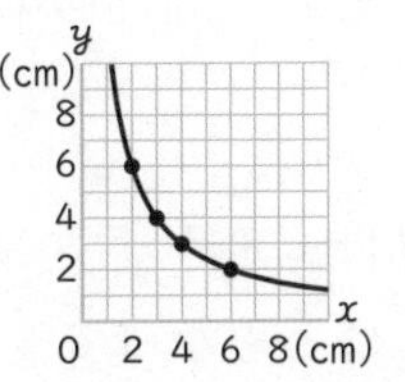

なめらかな曲線になる。

実力問題

〔　月　日〕

変化と関係　解答 8 ページ

1【比　例】ある針金（はりがね）について，長さと重さの関係を調べると，右の表のようになりました。次の問いに答えなさい。〔佐賀大附中〕

長さ(m)	0.5	1	1.5	3	4
重さ(g)	40	80	120	240	320

(1) 7.6 m の重さは何 g ですか。　(　　　　)

(2) x m の重さを y g として，その関係を式に表しなさい。

(　　　　)

よく出る

2【比例のグラフ】右のグラフは，鉄の棒（ぼう）の長さと，その重さの関係を表したものです。次の問いに答えなさい。〔京都教育大附属桃山中〕

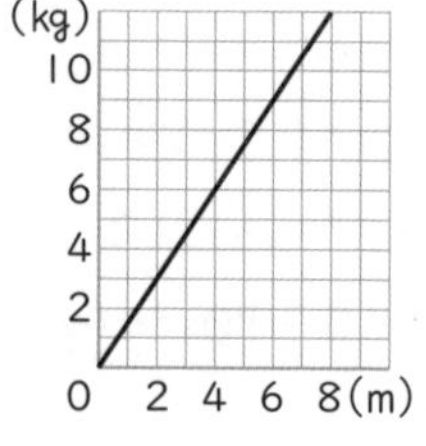

(1) 2 m の鉄の棒の重さは，何 kg ですか。

(　　　　)

(2) 9 kg の鉄の棒の長さは，何 m ですか。　(　　　　)

3【比例のグラフ】右のグラフは，ある電車が走った時間と道のりの関係を表しています。次の問いに答えなさい。

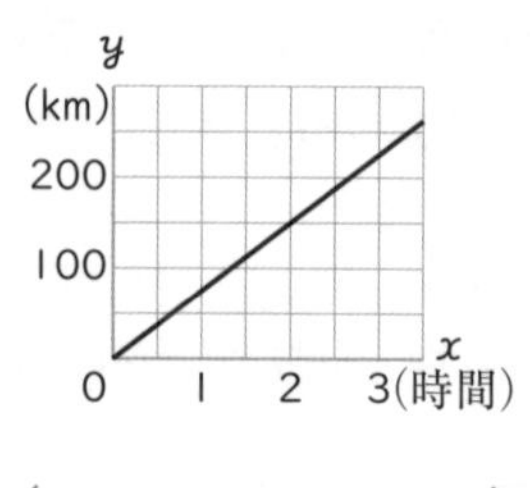

(1) x 時間に走った道のりを y km として，x と y の関係を式に表しなさい。

(　　　　)

(2) この電車が 180 km 走るのに，何時間何分かかりますか。

(　　　　)

4【比　例】1 日に 2 分おくれる時計があります。この時計をある日の午前 10 時の時報にあわせると，その日の午後 6 時の時報のとき何時何分何秒を示していますか。〔広島城北中〕

(　　　　)

よく出る

5【比　例】右の表の A，B はともなって変わる 2 つの量で，比例の関係です。

A	1	2	3	4	5
B	(1)	3	4.5	(2)	7.5

表の(1)，(2)にあてはまる数を求め，A，B の関係を式で表しなさい。〔西南女学院中〕

(　　　　)

ワンポイント

1 表から，長さ 1 m の針金の重さは 80 g とわかる。

2 グラフから，鉄の棒の重さや長さを読みとる。

注意 (1)横軸（よこじく）の 2 から真上にあがってグラフと交わる点を見つける。

3 (1)グラフから，$x=2$ のとき，$y=150$ を読みとる。

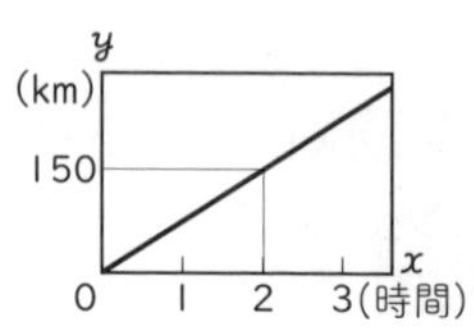

4 24 時間で 2 分おくれるから，1 時間では，120 秒÷24 より，5 秒おくれる。

5 A が 2 倍，3 倍，……と変化すると，B も 2 倍，3 倍，……と変化する。

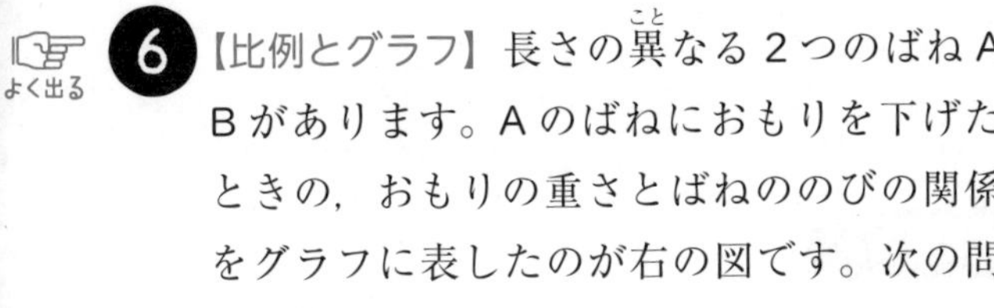

よく出る

6【比例とグラフ】長さの異(こと)なる2つのばねA，Bがあります。Aのばねにおもりを下げたときの，おもりの重さとばねののびの関係をグラフに表したのが右の図です。次の問いに答えなさい。〔福山暁の星女子中－改〕

ばねののび(cm)
10
5
0　10 20 30 40 50 60
おもりの重さ(g)

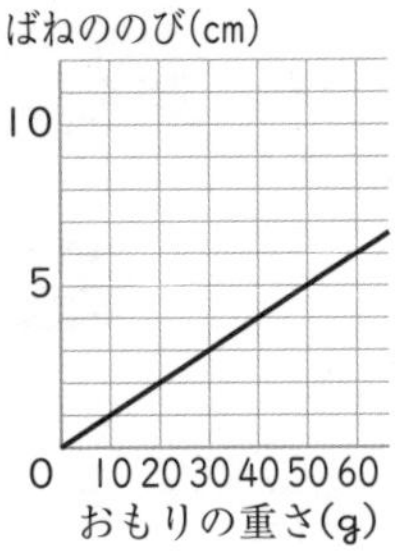

(1) Aのばねについて，おもりの重さが1g増えると，ばねは何cmのびますか。また，60gのおもりを下げたときのばねの長さは16cmでした。おもりを下げないときのばねの長さは何cmですか。

(　　　　　　　　)

(2) Bのばねののびは，おもりの重さに比例します。20gのおもりを下げたときのばねの長さは11cm，60gのおもりを下げたときのばねの長さは17cmでした。Bのばねについて，おもりの重さが1g増えると，ばねは何cmのびますか。また，おもりの重さと，ばねののびの関係を表すグラフを図の中にかきなさい。

(　　　　　　　　)

よく出る

7【反比例】歯の数が52個の歯車Aと，歯の数が□個の歯車Bがかみあっていて，歯車Aが5回転する間に歯車Bは4回転します。□にあてはまる数を求めなさい。〔比治山女子中〕

(　　　　　　　　)

8【反比例】歯車AとBがかみあって回っています。Bは一定の速さで回っています。Aの歯の数を6だけ増やすとAの回転数は1割(わり)減ります。Aのもとの歯の数は何個ですか。〔大阪星光学院中〕

(　　　　　　　　)

9【反比例のグラフ】右のグラフは，容積が24 m^3 の水そうに水を入れるときの，1時間に入れる水の量 x m^3 と，水そうをいっぱいにするのにかかる時間 y 時間との関係を表したものです。次の問いに答えなさい。〔日本大豊山中〕

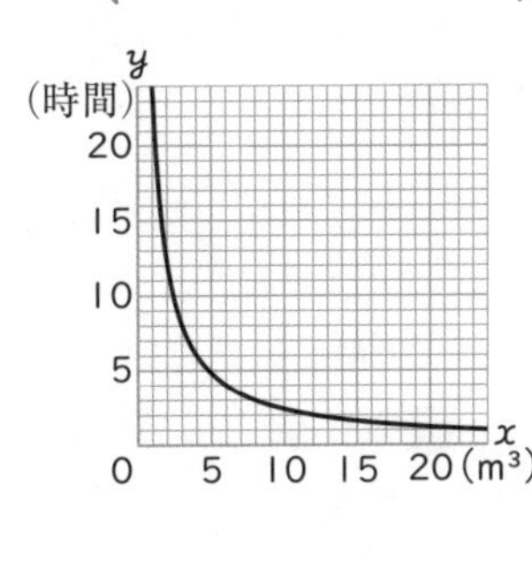

(1) 1時間に入れる水の量が12 m^3 のとき，何時間で水そうがいっぱいになりますか。

(　　　　　　　　)

(2) 7時間12分で水そうがいっぱいになりました。1時間に入れた水の量を求めなさい。

(　　　　　　　　)

6 (1) Aのばねについて，グラフから10gのおもりの重さで1cmのびることがわかる。
(2) Bのばねについて，おもりが1g増えると何cmのびるかを，下の表から求める。

おもりの重さ(g)	20	60
ばねの長さ(cm)	11	17

7 かみあっている歯車A，Bについて，
Aの歯数×Aの回転数
＝Bの歯数×Bの回転数

8 歯数×回転数 は一定である。

9 容積が24 m^3 の水そうに水を入れるから，
$x \times y = 24$

場合の数

〔　月　日〕

最重要ポイント

① 並べ方 ★★★

いくつかのものの中から何個かを選び，あたえられた条件にしたがって順序よく並べるとき，何通りの並べ方があるかを考える。

② 組み合わせ方 ★★★

いくつかのものの中から何個かを選び，その組み合わせを考えるとき，何通りの組み合わせ方があるかを考える。

例題トレーニング

例題 1　並べ方

0，1，3，5 の数を 1 つずつ書いたカードが 4 枚あります。この 4 枚から 3 枚選んで並べ，3 けたの数をつくります。

〔久留米大附中－改〕

(1) 3 けたの数は何個できますか。

(2) 5 の倍数は何個できますか。

解法のコツ (1)いちばん上の百の位から，順に考えていく。

(1) 百の位の数が 1 である 3 けたの数は，右の樹形図から，6 通りできる。

百　十　一
1 ─ 0 ＜ 3, 5
1 ─ 3 ＜ 0, 5
1 ─ 5 ＜ 0, 3

百の位の数が 3，5 のときも同様だから，

全部で 6×3＝18(通り)　**答** 18 個

別解 すべてのけたが異なる数のとき，計算で求められる。百の位に入るのは，0 以外の 1，3，5 の 3 通り。十の位に入るのは，百の位以外の数なので 3 通り。一の位に入るのは，百と十の位以外の 2 通り。

よって，3×3×2＝18(通り)

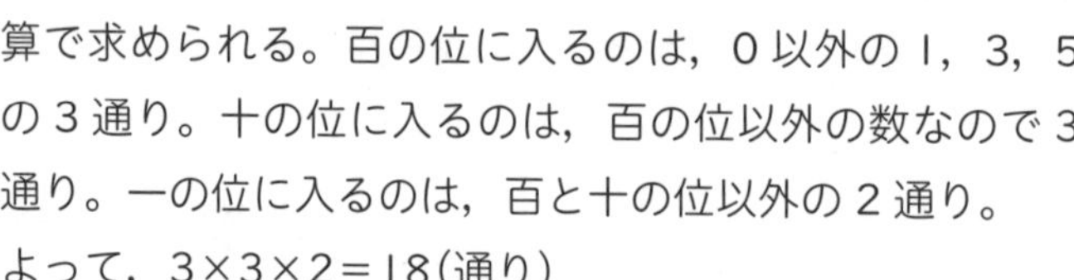

(2) 一の位の数が 0 か 5 のとき，5 の倍数となる。右の樹形図より，全部で 6＋4＝10(通り)

答 10 個

一　十　百
0 ─ 1 ＜ 3, 5
0 ─ 3 ＜ 1, 5
0 ─ 5 ＜ 1, 3

一　十　百
5 ─ 0 ＜ 1, 3
5 ─ 1 ─ 3
5 ─ 3 ─ 1

別解 一の位は 0 か 5 である。

一の位が 0 のとき，百と十の位の並べ方は，

3×2＝6(通り)

一の位が 5 のとき，百の位と十の位の並べ方は，

2×2＝4(通り)

よって，6＋4＝10(通り)

要点チェック

●場合の数

ことがらの起こり方が全部で何通りあるかを表したものを**場合の数**という。

重要 場合の数を求めるときは，**落ちや重なりがない**ように，順序よく考えること。

●並べ方

① A，B，C を 1 列に並べるとき，その並べ方を樹形図にかくと，

A ＜ B─C, C─B　B ＜ A─C, C─A
C ＜ A─B, B─A

並べ方は，2×3＝6(通り)

② A，B，C を円形に並べるとき，下の 3 つの図は，同じ並べ方と考え，どれか 1 つを固定して数える。

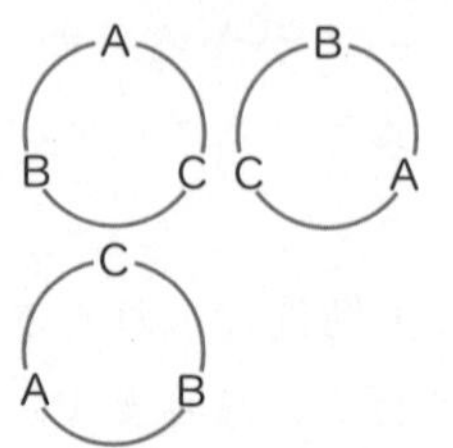

C
A　B

並べ方は，A を固定して，2×1＝2(通り)

例題 2　組み合わせ ①

ブドウ味のゼリーが５つ，ミカン味のゼリーが２つあります。この中から３つ選ぶとき，選び方は全部で何通りですか。

〔十文字中〕

解法のコツ ３つのゼリーの組み合わせを考える。

解き方と答え 表にまとめると，全部で３通りある。

ブドウ味	3	1	1
ミカン味	0	1	2

答 ３通り

例題 3　組み合わせ ②

10人の生徒がいます。次の問いに答えなさい。

〔千葉日本大第一中－改〕

(1) 10人の中から２人の委員を選ぶ方法は何通りですか。

(2) 10人の中から３人の委員を選ぶ方法は何通りですか。

解法のコツ (1) 10人から２人並べて，順番がなくなるように考える。

(1) 10人から２人選んで並べると，10×9＝90(通り)
選ぶときには順番は関係ないので，２人の並び方の，
2×1＝2(通り) でわる。
よって，２人の委員の選び方は，90÷2＝45(通り)

答 45通り

(2) 10人から３人選んで並べると，10×9×8＝720(通り)
３人の並び方は，3×2×1＝6(通り) あるので，３人の委員の選び方は，720÷6＝120(通り)

答 120通り

●組み合わせ方(選び方)

① A，B，C，D，E の５人から２人を選んで並べると，
5×4＝20(通り)
AB，BA の並べ方は同じ組み合わせなので，５人から２人を選ぶときの選び方は，
20÷2＝10(通り)

② A，B，C，D，E の５人から３人選んで並べると，
5×4×3＝60(通り)
ABC，ACB，BAC，BCA，CAB，CBA の６通り (3×2×1＝6) の並べ方は同じ組み合わせなので，５人から３人を選ぶときの選び方は，
60÷6＝10(通り)

くわしく ５人から３人を選ぶのは，選ばない２人を選ぶのと同じことなので，２人を選ぶのと同じく10通りになる。

例題 4　組み合わせ ③

100円玉が２個，50円玉が５個，10円玉が６個あります。260円にするには，何通りの方法がありますか。〔香蘭女学校中〕

解法のコツ 条件にあう３種類のこう貨の組み合わせを考える。

解き方と答え 表にまとめると，全部で６通りある。

答 ６通り

100円(2個)	2		1				0					
50円(5個)	1	0	3	2	1	0	5	4	3	2	1	0
10円(6個)	1	6	1	6	~~11~~	~~16~~	1	6	~~11~~	~~16~~	~~21~~	~~26~~

実力問題

〔　月　日〕

変化と関係 解答９ページ

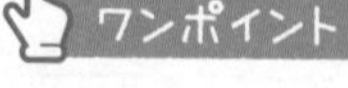

1 【並べ方】赤，青，黄，緑のうちの３色を使って，右の図の㋐，㋑，㋒の部分をぬり分けたいと思います。全部で何通りのぬり分け方がありますか。

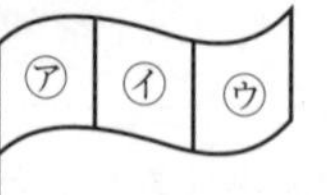

（　　　　）

よく出る

2 【並べ方】0，1，2，3，5，8の６枚のカードから３枚を選び，それらを並べて３けたの数をつくります。このとき，偶数は何通りつくれますか。〔海城中〕

（　　　　）

3 【組み合わせ】次の問いに答えなさい。

(1) ５人の生徒から２人の図書係を選ぶ選び方は何通りありますか。〔天理中〕

（　　　　）

(2) ５個のりんごを３人の子どもA，B，Cで分けます。何通りの分け方がありますか。ただし，１人１個はもらうものとします。〔龍谷大付属平安中〕

（　　　　）

(3) 右の図のように，円周上に６つの点があります。この６つの点のうち３つの点を直線で結ぶと，三角形ができます。このようにしてできる三角形は，全部でいくつありますか。〔法政大第二中〕

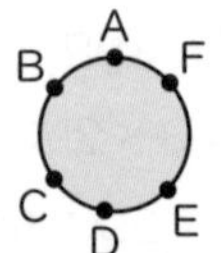

（　　　　）

4 【組み合わせ】A，B，C３種類の折り紙があり，１枚あたりの値段はそれぞれ５円，７円，10円です。次の場合，A，B，Cをそれぞれ何枚買えばよいか，すべて答えなさい。また，求め方も書きなさい。ただし，消費税は考えないものとします。〔金蘭千里中〕

(1) ９枚を68円で買う。

（　　　　）

(2) 14枚を103円で買う。

（　　　　）

ワンポイント

1 ４色のうち，３色を順番に並べることを考える。

2 一の位の数が０，２，８の場合に分けて考える。

3 (1)５人をA，B，C，D，Eとし，２人の選び方を樹形図などにかいて求める。
(3)三角形は全部で(6×5×4)個できるが，同じ三角形が何回も数えられている。

4 一の位が８円，３円になるのは，
7×4＝28
28＋5＝33
または，
7×9＝63
63＋5＝68

5 【並べ方】次のように玉を並べる方法は全部で何通りありますか。

〔報徳学園中〕

(1) 赤玉５個と白玉１個の計６個を横１列に並べる方法

(　　　　　　　)

(2) 赤玉４個と白玉２個の計６個を横１列に並べる方法

(　　　　　　　)

6 【さいころ】右の図のような五角形ABCDEがあります。点Pは，はじめ頂点Aにあり，さいころを投げて出た目の数だけ頂点を時計回りに進むものとします。例えば，さいころを１回投げて，２の目が出たら頂点Pは頂点Cに進みます。

〔帝塚山学院中〕

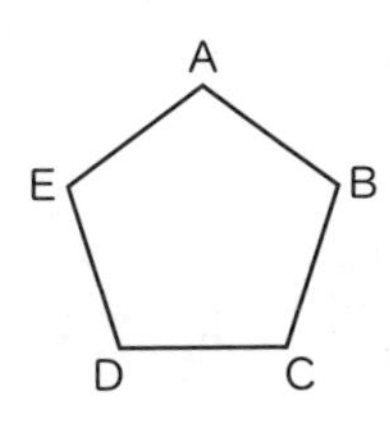

(1) さいころを１回投げたあと，点Pが頂点Bにある目の出方は何通りありますか。

(　　　　　　　)

(2) さいころを２回投げたあと，点Pが頂点Cにある目の出方は何通りありますか。

(　　　　　　　)

7 【並べ方】右の図のような８枚のカードがあります。このうちの何枚かを使って，数をつくるとき，次の問いに答えなさい。ただし，小数点以下の最後の位には０はこないものとします。

[1] [2] [3] [3] [6] [0] [0] [.]
(小数点)

〔京都教育大附属桃山中〕

(1) カードを４枚使って，数をつくります。つくった数の中で，４番目に大きい数を答えなさい。

(　　　　　　　)

(2) カードを５枚使って，数をつくります。つくった数の中で，0.1より大きく，0.2より小さい数は，何個ありますか。

(　　　　　　　)

5 白玉の置き方が何通りになるかを考える。

6 １周以上する場合も考える。

7 (1)カードを４枚使ってできるいちばん大きい数は，6332である。
(2)まず，[0]，[.]，[1]の３枚のカードで，0.1をつくる。

実力強化編　数と計算　変化と関係　図形　文章題　実戦力強化編　思考力強化編　入試完成編

データの整理

〔　月　日〕

最重要ポイント

1 データの整理 ★★

①**度数分布表**…階級ごとの個数（人数）を調べた結果をまとめている表。

②**柱状グラフ（ヒストグラム）**…棒の長さを利用して，分布のようすを表すグラフ。このグラフは，分布のちらばりのようすがよくわかる。

2 代表値 ★

①**平均値**…合計÷個数

②**最頻値**…データの中で最も多く出てくる値。

③**中央値**…データの大きさを順に並べたときに中央にくる値。

3 帯グラフ・円グラフ ★

帯グラフや円グラフは，全体と部分，部分と部分の割合がよくわかるように表したグラフです。

例題トレーニング

例題1 度数分布表

右の表は，ある小学校の６年生男子全員の体重を調べた結果です。

(1) 40 kg 以上 44 kg 未満の児童は全体の何 % ですか。

(2) A 君の体重は 48 kg です。A 君より体重の多い人は，何人いますか。（A 君と同じ体重の人があれば，その人も人数に入れることにします。）

体重(kg)（以上～未満）	人数
28 ～ 32	2
32 ～ 36	4
36 ～ 40	7
40 ～ 44	16
44 ～ 48	11
48 ～ 52	6
52 ～ 56	3
56 ～ 60	1
計	50

解法のコツ　度数分布表から，条件にあう人数を求める。

(1) 割合(%)＝比べる量÷もとにする量×100 なので，
16÷50×100＝32(%)　　答 32 %

(2) A 君の体重 48 kg は，48 kg 以上 52 kg 未満のはん囲にはいるから，(6－1)＋3＋1＝9(人)　　答 9 人

例題2 代表値

次の表は，9 人の生徒の算数のテストの結果です。

62　72　66　72　84　91　84　72　90(点)

平均値，最頻値，中央値はいくつですか。

要点チェック

●**度数分布表**

下の表のように，全体をいくつかの区間に分け，その区間に属する人数や個数（←度数という。）をまとめたものを**度数分布表**という。

ソフトボール投げ

きょり(m)（以上～未満）	人数(人)
5 ～ 15	6
15 ～ 25	14
25 ～ 35	10
合計	30

●**代表値**

資料の特ちょうを表すものに，**平均値**，**中央値**，**最頻値**があり，これらをまとめて**代表値**という。

くわしく　データが偶数個の中央値

データが偶数個のときは，真ん中の２つの数の平均値を中央値とする。例えば８人いたとき，４番目と５番目のデータの平均値が中央値となる。

解法のコツ 中央値を求めるときはデータ（点数）を小さい順に並べる。

解き方と答え 平均値は，$(62+72+66+72+84+91+84+72+90)\div 9$
$=77$（点）

最頻値は，72 点が 3 人いていちばん多いので 72 点。

小さい順に並べると，

62，66，72，72，72，84，84，90，91 となり，9 人の中央なので，5 番目の値が中央値となる。

答 平均値…77 点，最頻値…72 点，中央値…72 点

●**柱状グラフ（ヒストグラム）**

グラフは，横軸に区間，縦軸に度数をめもり，区間のはばを横，度数を縦とする長方形で表したもの。

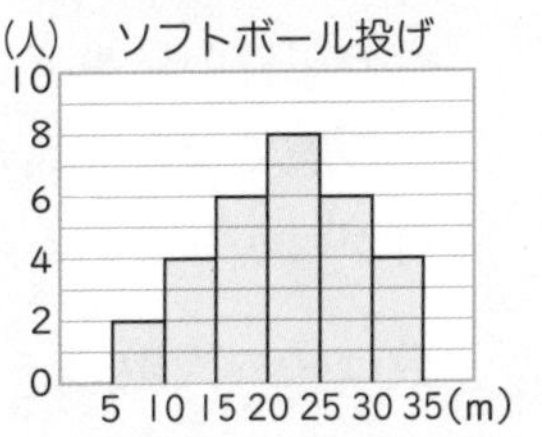

柱状グラフに表すと，全体のちらばりのようすがよくわかる。

例題 3 柱状グラフ

右のグラフは，中学 1 年生の女子の身長を調べてグラフにしたものです。たとえば，130 cm 以上 135 cm 未満は 5 人います。

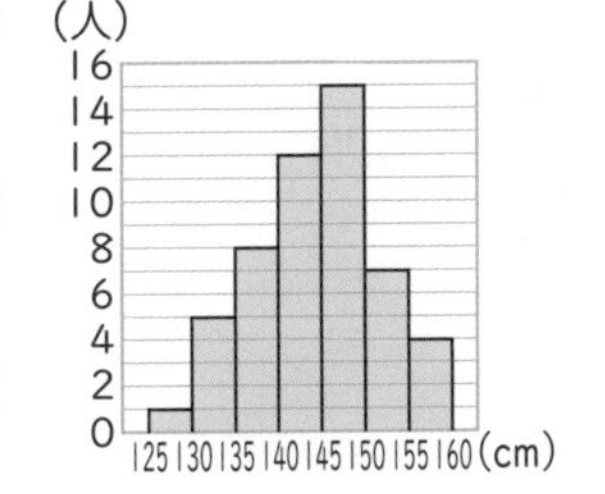

(1) 身長 145 cm 未満の人は全部で何人ですか。

(2) ゆかさんの身長は 148.9 cm です。ゆかさんは身長の高いほうから数えて，何番目から何番目のはん囲にいますか。

解法のコツ ゆかさんは，145 cm 以上 150 cm 未満のはん囲にはいる。

解き方と答え (1) 柱状グラフから，145 cm 未満の人は，
$1+5+8+12=26$（人） **答** 26 人

(2) 150 cm 以上は，$4+7=11$（人）より，150 cm 未満は 12 番目からで，145 cm 以上は $4+7+15=26$（人）になる。 **答** 12 番目から 26 番目

●**帯グラフと円グラフ**

①全体を細長い帯のような長方形で表し，それを部分にあたる割合で区切って，割合を表したグラフを**帯グラフ**という。

例 ある食品の成分

炭水化物（43%）	たんぱく質（32%）	しぼう（16%）	その他（9%）

②全体を円で表し，それを部分にあたる割合で半径で区切って，割合を表したグラフを**円グラフ**という。

例題 4 円グラフ

右の円グラフは，ある中学校の全生徒の男女別の人数を表しています。また，女子の 80 % は市内に住んでいます。市内に住んでいる女子は全生徒の何 % ですか。

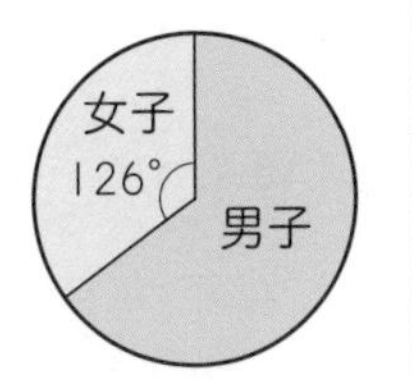

解法のコツ 円グラフの中心角から女子の割合を求める。

解き方と答え 女子の割合は $126\div 360=0.35$ だから，市内に住んでいる女子の割合は，$0.35\times 0.8=0.28$ **答** 28 %

重要 円グラフでは，1 % が中心角 3.6° のおうぎ形で表される。

実力問題

〔　　月　　日〕

変化と関係　解答 10 ページ

1【度数分布表】右の表は，ある小学校の６年生男子 55 人について，50 m 走の記録の結果をまとめたものです。この表では，人数のらんの㋐，㋑の所がわかりません。しかし，㋐の人数は㋑の人数の $\frac{3}{5}$ であることがわかっています。次の問いに答えなさい。〔福岡教育大附中－改〕

50 m 走の記録

時　間(秒)	人数(人)
以上　　未満	
6.5 ～ 7.0	1
7.0 ～ 7.5	2
7.5 ～ 8.0	3
8.0 ～ 8.5	㋐
8.5 ～ 9.0	㋑
9.0 ～ 9.5	14
9.5 ～ 10.0	7
10.0 ～ 10.5	3
10.5 ～ 11.0	1

(1) 9.0 秒以上かかった人は全体の何 % ですか。(四捨五入(ししゃごにゅう)して小数第１位まで求めなさい。)

(　　　　　　)

(2) 表の中の㋐の人数を求めなさい。

(　　　　　　)

(3) 表の中の㋑の人数を求めなさい。

(　　　　　　)

2【柱状グラフ】右の柱状グラフは，ある学級のソフトボール投げの記録です。次の問いに答えなさい。

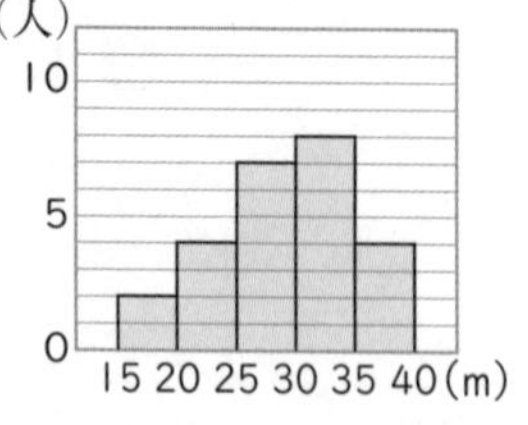

(1) この学級は何人ですか。

(　　　　　　)

(2) 30 m 以上の人は，全体の何 % ですか。

(　　　　　　)

(3) 記録のよい順に見て，13 番目の人の記録は，何 m 以上何 m 未満ですか。

(　　　　　　)

ワンポイント

1 (1)度数分布表から，9.0 秒以上かかった人は，(14＋7＋3＋1) 人いることがわかる。

2 この柱状グラフは，横(よこ)軸(じく)にソフトボール投げの記録，縦(たて)軸(じく)に度数(人数)がある。

3【代表値(だいひょうち)】下の表は，あるクラスの計算テストの結果です。平均値，最頻値(さいひんち)，中央値それぞれ求めなさい。

点数	4	5	6	7	8	9	10
人数	1	3	3	9	7	4	3

（　　　　　　　　　　　　　　　　　　　　　　　）

4【帯グラフ】下の帯グラフは，図書室にある本の分類を表したものです。このグラフを見て，次の問いに答えなさい。〔梅花中－改〕

社会 27%	文学 25%	科学 15%	芸術	その他 23%

(1) 芸術は全体の何 % になりますか。

（　　　　　　　）

(2) 文学の本の数が 800 冊あるとき，図書室にある本は全部で何冊ありますか。

（　　　　　　　）

(3) 全体の帯グラフの長さを 12 cm とするとき，科学の帯グラフの長さは何 cm にすればいいですか。

（　　　　　　　）

5【円グラフ】ある 40 人のクラスで，「国語，数学，英語，理科，社会のなかで，いちばん好きな教科はどれですか。1 つ選んでください。」というアンケートを行いました。40 人のアンケートの結果を円グラフにすると，右の図のようになりました。次の問いに答えなさい。〔田園調布学園中－改〕

(1) 国語と答えた生徒は全体の何 % ですか。

（　　　　　　　）

(2) 数学と答えた生徒は何人ですか。

（　　　　　　　）

3 全体の人数が偶数(ぐうすう)のとき，中央値は真ん中の 2 人の平均にする。

4 (2) 25 % が 800 冊にあたるので，そこから全体の冊数を求める。
(3) 100 %＝12 cm から，1 %＝0.12 cm と考えると簡単になる。

5 (1) $\frac{27}{360}=\frac{3}{40}$ より，国語は全体の $\frac{3}{40}$ であることがわかる。

図形

10 平面図形の性質

〔　　月　　日〕

最重要ポイント

1 三角形 ★★★

①**直角三角形**…１つの角が直角。

②**正三角形**…３つの辺の長さが等しい。また，３つの角がすべて 60°

③**二等辺三角形**…２つの辺の長さが等しい。また，２つの角の大きさも等しい。

2 多角形の対角線の数 ★★

(頂点(ちょうてん)の数－3)×頂点の数÷2

3 四角形 ★★★

①**台形**…向かいあった１組の辺が平行。

②**平行四辺形**…向かいあった２組の辺が平行。

③**ひし形**…４つの辺の長さがすべて等しい。

④**長方形**…４つの角がすべて直角で等しい。

⑤**正方形**…４つの辺の長さ，４つの角の大きさがすべて等しい。

4 円の性質 ★★★

①１つの円の半径はすべて等しい。

②**円の直径＝半径×2**

③**円周＝直径×円周率**

＝半径×2×円周率

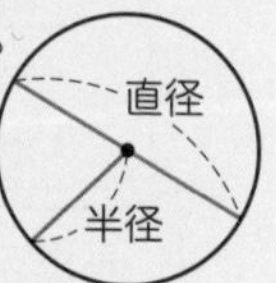

例題トレーニング

例題 1　三角形の性質

右の図のように，円の内側に，きちんとはまる正六角形をかきました。

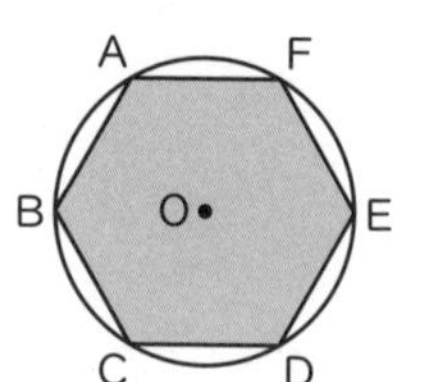

(1) 三角形 OAC はどんな三角形ですか。

(2) 三角形 OAB はどんな三角形ですか。

(3) 三角形 ACF はどんな三角形ですか。

解法のコツ　角 AOB＝角 BOC＝……＝角 FOA＝360°÷6＝60°

解き方と答え

(1) OA と OC は円の半径だから，長さが等しい。

答 二等辺三角形

(2) OA と OB は円 O の半径だから長さが等しい。

また，角 AOB＝360°÷6＝60°

よって，角 OAB＝角 OBA＝60°になる。　答 正三角形

(3) 角 BAC＝30°より，角 CAF＝60°×2－30°＝90°

よって，三角形 ACF は角 CAF＝90°の直角三角形。

答 直角三角形

例題 2　多角形の対角線の数

六角形，八角形の対角線の数を，それぞれ求めなさい。

解法のコツ　多角形の対角線の数＝(頂点(ちょうてん)の数－3)×頂点の数÷2

解き方と答え

六角形…(6－3)×6÷2＝9(本)　答 9 本

八角形…(8－3)×8÷2＝20(本)　答 20 本

要点チェック

●三角形の性質

①直角三角形

角 C＝90°

より，

角 A＋角 B＝90°

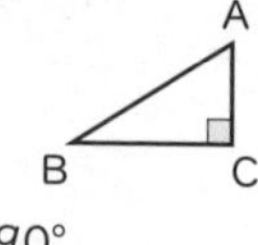

②正三角形

AB＝BC

＝CA

角 A＝角 B

＝角 C＝60°

③二等辺三角形

AB＝AC

角 B

＝角 C

＝(180°－角 A)÷2

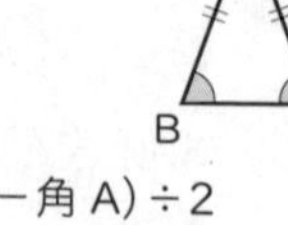

●多角形の対角線の数

五角形の対角線は，各頂点から，２本ひける。

(5－3)×5÷2＝2×5÷2

＝5(本)

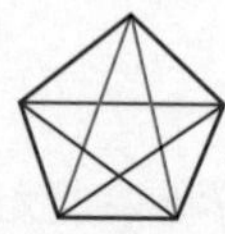

例題 3 四角形の性質

次の四角形について，あとの問いに記号で答えなさい。

ア 正方形　**イ** 長方形　**ウ** ひし形　**エ** 平行四辺形

(1) 4つの辺の長さがすべて等しい四角形はどれですか。

(2) 対角線の長さが等しい四角形はどれですか。

(3) 対角線が垂直(すいちょく)な四角形はどれですか。

解法のコツ　四角形の形をかいて，辺や角の関係を考える。

解き方と答え　**ア** 正方形　**イ** 長方形　**ウ** ひし形　**エ** 平行四辺形

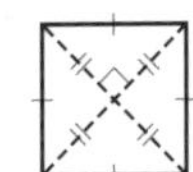
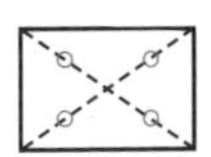
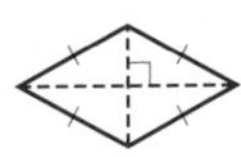
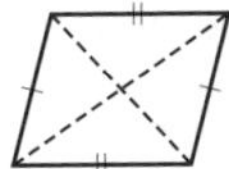

答 (1)**ア，ウ**　(2)**ア，イ**　(3)**ア，ウ**

例題 4 三角定規

3つの角の大きさが 30°，60°，90°の同じ大きさの三角定規2枚(まい)を重ならないように並(なら)べて，いろいろな図形をつくります。次のうちで，つくることができないものを，すべて記号で選びなさい。〔南山中女子部〕

ア 二等辺三角形　**イ** 直角三角形　**ウ** 正三角形

エ 平行四辺形　**オ** 長方形　**カ** ひし形

解法のコツ　つくることができる図形を見つける。

解き方と答え

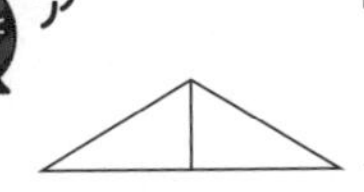

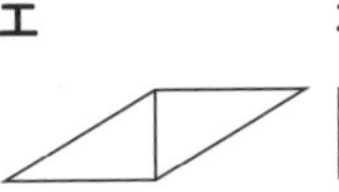

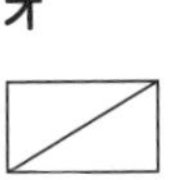

答 **イ，カ**

例題 5 円の性質

右の図のように，半径1cmの2つの円がくっついています。円周率を3.14とするとき，図の太線の長さは何cmですか。

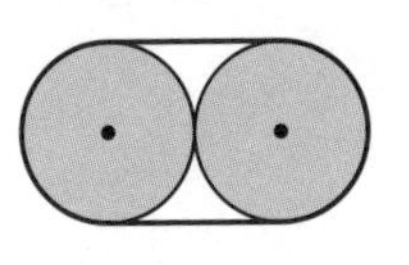

〔京都教育大附属京都中〕

解法のコツ　太線の長さ＝曲線部分の長さ＋直線部分の長さ

解き方と答え　曲線部分は半円2つ分だから，円周と等しい。

$2\times3.14=6.28$(cm)

直線部分は，$1\times2\times2=4$(cm)

これより，$6.28+4=10.28$(cm)

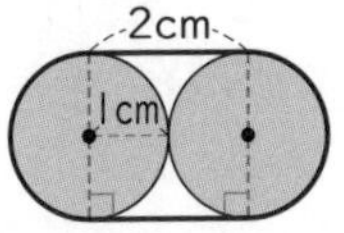

答 10.28 cm

●**四角形の性質**

①**正方形**

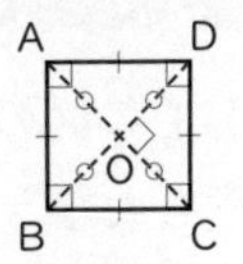

②**長方形**

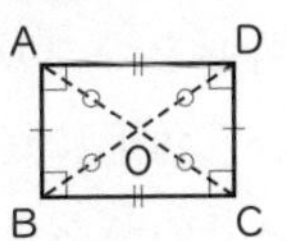

③**ひし形**

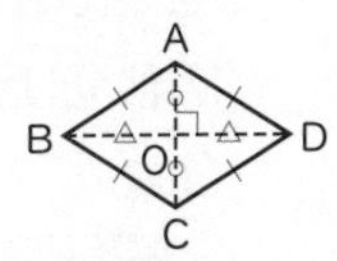

④**平行四辺形**

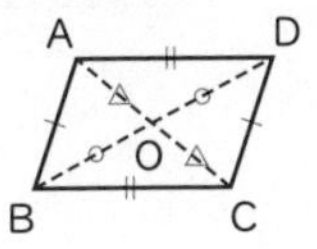

●**三角定規**

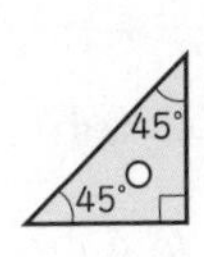

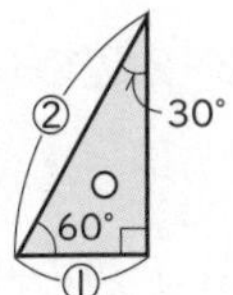

●**円の性質**

① 1つの円の半径はすべて等しい。

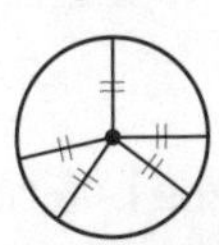

②**おうぎ形の曲線部分の長さ**

$=$直径×円周率×$\frac{中心角}{360}$

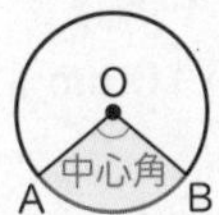

実力問題

〔　月　日〕

図形　解答 11 ページ

1【三角形】右の図のように色紙を２つに折って，はさみで形も大きさも同じ三角形を２つ切り取りました。この２つの三角形を用いて，下にある**ア**～**カ**の図形をつくりたいと思います。しかし，どんな形の三角形に切り取っても，**ア**～**カ**の中にはつくることのできないものがあります。

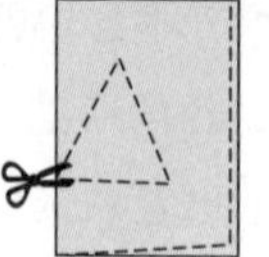

つくることができないものをすべて記号で選びなさい。ただし，図の□の部分は色紙の裏側(うらがわ)を表しています。〔筑波大附中〕

ア 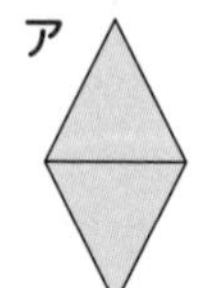 **イ** 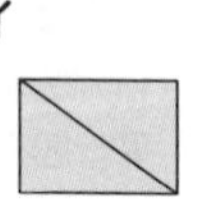 **ウ** 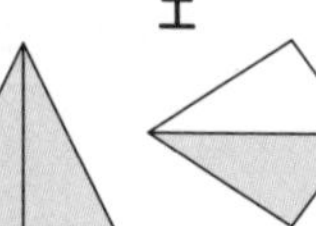 **エ** 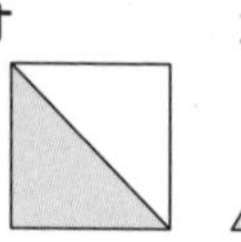 **オ** 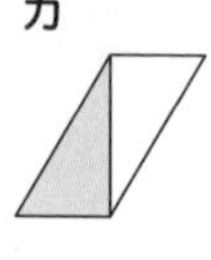 **カ**

（　　　　　）

2【正三角形の性質】１辺の長さが４cm の正三角形について，正しいものには○を，まちがっているものには×をつけなさい。（よく出る）

(1) ３つの角はすべて等しい。（　　）

(2) ２辺の長さがそれぞれ４cm，１つの角の大きさが 60° の三角形は，すべてこの正三角形になる。（　　）

(3) １辺の長さが４cm の正方形を対角線で切ってできる三角形より，面積が大きい。（　　）

(4) １辺の長さが１cm の正三角形をちょうど 16 個しきつめてつくれる形である。（　　）

(5) この正三角形を紙でつくり，２つの辺をぴったり重ねるように折ると，二等辺三角形ができる。（　　）

3【周りの長さ】底面の半径が５cm である円柱の棒(ぼう)７本を，ひもで束ねて結びます。右の図は，それを上から見たものです。ひもの長さは最低何 cm 必要ですか。ただし，結び目の部分にはひもが 10 cm 余計に必要です。また，円周率は 3.14 とします。（よく出る）

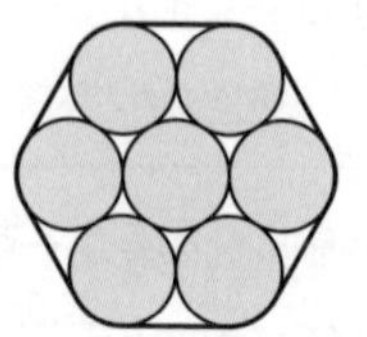

〔桐蔭学園中〕

（　　　　　）

ワンポイント

1 切り取った三角形には，表と裏があることに注意する。

2 正三角形の性質

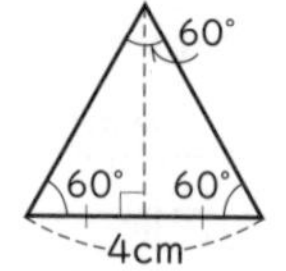

それぞれ，図をかいて考える。

(3)

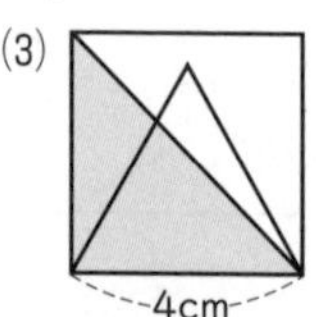

(4)

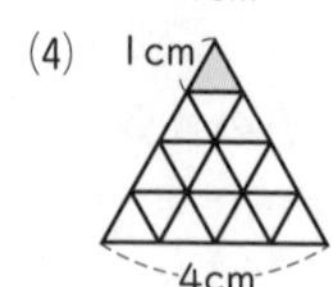

3 円周＝直径×円周率
＝半径×２×円周率
円柱上で，ひもと接している部分の円の中心角は 60° である。

4【円周率の説明】半径 1 cm の円の円周率について，次の問いに答えなさい。〔甲南中〕

(1) 次の□にあてはまることばを答えなさい。

円周率は□が□の何倍にあたるかを表す数です。

(　　　　　)

(2) 図の正六角形をもとに，円周率が 3 より大きいことを説明しなさい。

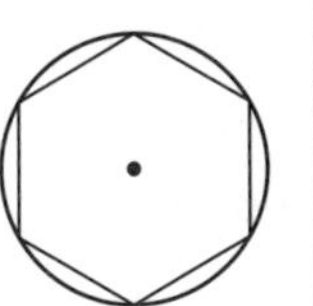

(3) 図の円を利用して，円周率が 4 より小さいことを説明しなさい。

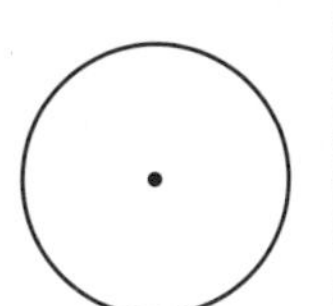

よく出る

5【四角形の性質】横が 5 cm の縦(たて)に長い長方形を，右の図 1 のように①，②，③，④の 4 つの部分に切り分けると，図 2 のように正方形に並(なら)べかえることができました。もとの長方形の縦の長さは何 cm ですか。〔白陵中〕

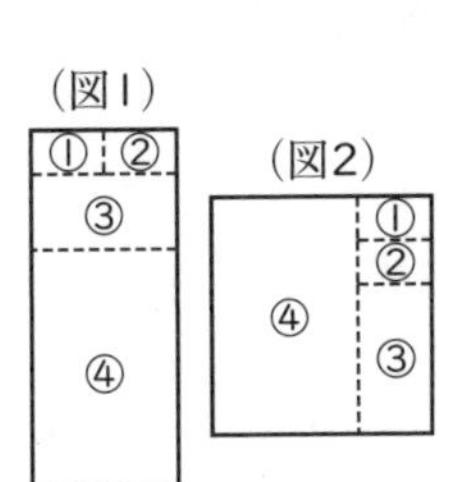

(　　　　　)

6【周りの長さ】右の図のように半径 2 cm の円が 6 個あります。となり合う円はすべてぴったりとくっついているとします。周りにひもをたるまないようにかけました。このひもの長さを求めなさい。円周率は 3.14 とします。〔桜蔭中〕

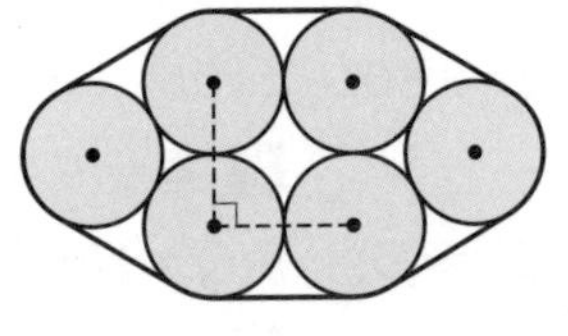

(　　　　　)

7【多角形の性質】下の図のような，1 辺が 1 cm の正三角形を 4 つ使った 2 種類の平行四辺形 A，B と，1 辺が 1 cm の正三角形を 3 つ使った台形 C を，それぞれたくさん作ります。

1 辺が 4 cm の正六角形の内部を，これらの平行四辺形と台形を合計 26 個用いてしきつめることができました。このとき，台形 C を何個用いたか答えなさい。〔開成中〕

A 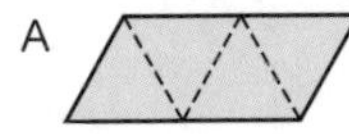 B 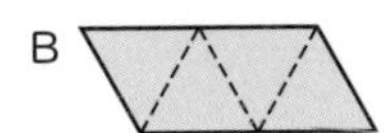 C 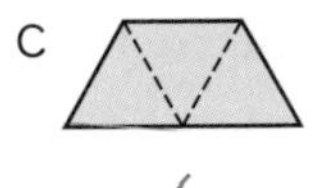

(　　　　　)

4 (2)円の内側にぴったりはいる正六角形の 1 辺の長さは半径に等しい。

正三角形
半径
60°

5 長方形の横が 5 cm で，①と②の横が同じ長さなので，5÷2＝2.5(cm)

6 直線部分の長さの合計と，曲線部分の長さの合計の和を求める。曲線部分になる 6 個のおうぎ形の中心角の和を求める。

7 1 辺 4 cm の正六角形をかいて考える。この中に，1 辺 1 cm の正三角形が何個あるかを求める。

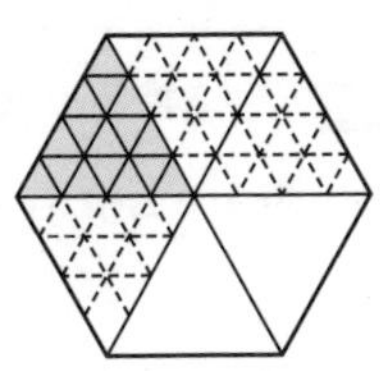

図形

11 図形と角

〔　月　日〕

最重要ポイント

1 直線と角 ★★

①２つの直線が交わってできる**対頂角は等しい。**

②平行な２つの直線に１つの直線が交わるとき，**同位角は等しく，錯角も等しい。**

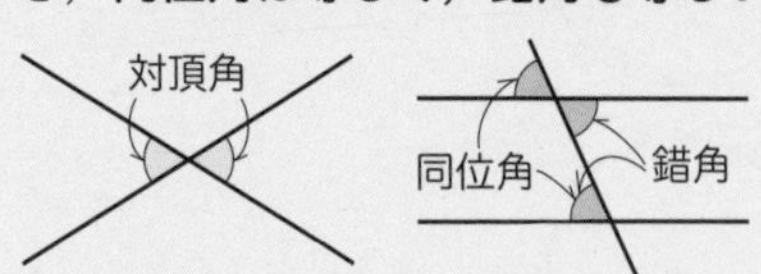

2 多角形の角 ★★

①三角形の内角の和は，**180°**である。また，

角 a＋角 b＝角 c

②四角形の内角の和は，**360°**

③n 角形の内角の和は，**180°×($n-2$)**

3 時計の針のつくる角 ★★

長針は毎分 **6°**，短針は毎分 **0.5°** 進む。

例題トレーニング

例題 1 対頂角，平行線と角

次の図で，角 x と角 y の大きさを求めなさい。

(1)

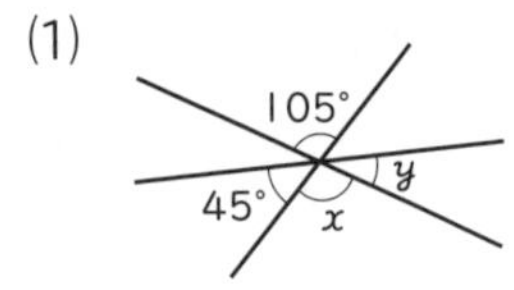

(2)

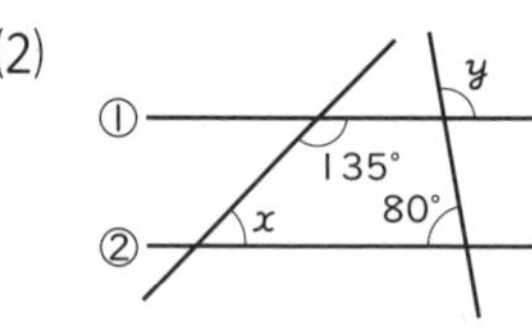

（直線①と②は平行。）

解法のコツ 対頂角，平行線における同位角・錯角は等しい。

(1) 角 x＝105°　角 y＝180°－(105°＋45°)＝30°

（角 x＝105° ←対頂角は等しい）

答 角 x…105°，角 y…30°

(2) 角 x＝180°－135°＝45°　角 y＝180°－80°＝100°

答 角 x…45°，角 y…100°

例題 2 三角形の角

次の図で，角 x，角 y の大きさは何度ですか。

(1)

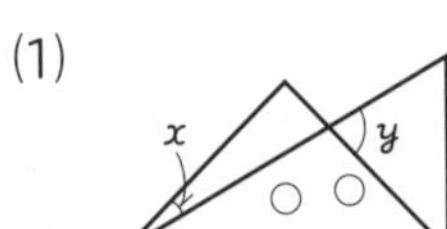

（１組の三角定規）〔土佐女子中〕

(2)

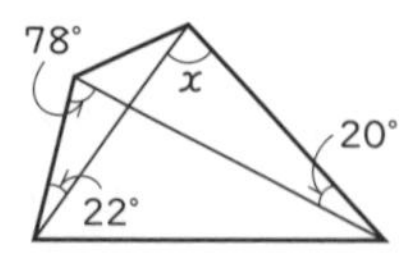

〔帝塚山学院中〕

解法のコツ 三角形の外角は，それととなりあわない２つの内角の和に等しい。

(1) 角 x＝45°－30°＝15°　角 y＝30°＋45°＝75°

答 角 x…15°，角 y…75°

(2) 角 x＋20°＝78°＋22°＝100°

角 x＝100°－20°＝80°

答 角 x…80°

要点チェック

●対頂角の性質

対頂角は等しい。

角 a＝角 c，角 b＝角 d

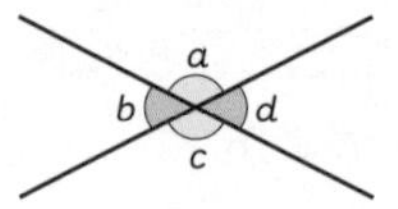

●平行線の性質

①同位角は等しい。

角 a＝角 c

②錯角は等しい。

角 b＝角 c

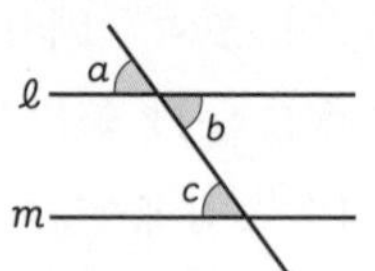

（直線 ℓ と m は平行）

●三角形の角

①角 a＋角 b＋角 c＝180°

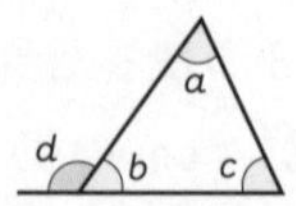

②角 d＝角 a＋角 c

③二等辺三角形の２つの角は等しい。

角 a＝角 b

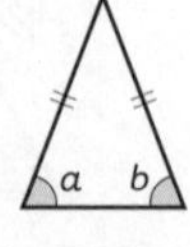

例題 3 四角形の角

右の図のように一辺の長さが同じ正三角形と正方形でできた図形があります。x の角の大きさを求めなさい。〔立命館宇治中〕

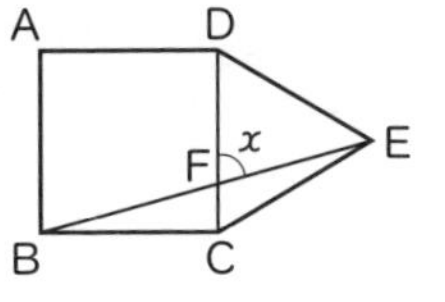

解法のコツ 上の図の正方形の辺と正三角形の辺はすべて等しい。

三角形 CBE は二等辺三角形で，角 BCE＝$90°+60°=150°$

角 CEB＝$(180°-150°)÷2=15°$　角 ECF＝$60°$

三角形の外角は，それととなりあわない 2 つの内角の和に等しいから，

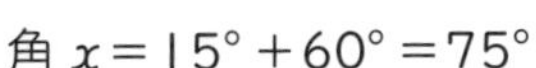

角 $x=15°+60°=75°$

答 75°

例題 4 多角形の角

右の図は，正五角形です。角 x，角 y の大きさを求めなさい。〔共立女子第二中〕

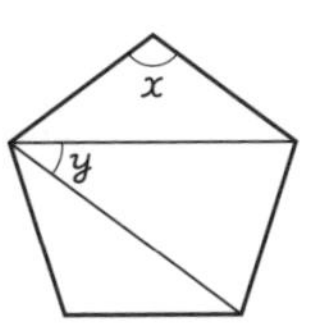

解法のコツ 正 n 角形の 1 つの内角の大きさは，180°×(n−2)÷n

五角形の内角の和は $180°×(5-2)=540°$

正五角形の 5 つの内角の大きさはすべて等しいから，

角 $x=540°÷5=108°$

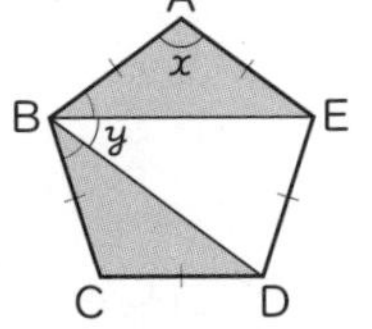

右の図で，三角形 ABE と三角形 CBD は二等辺三角形だから，

角 ABE＝角 CBD＝$(180°-108°)÷2=36°$

角 $y=108°-36°×2=36°$　答 角 x…108°，角 y…36°

例題 5 折り返しと角

右の角 x の大きさを求めなさい。長方形 ABCD を FG で折り返しています。〔神戸山手女子中〕

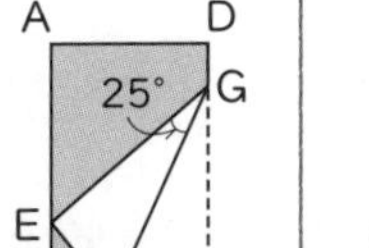

解法のコツ 折り返した角は，もとの角に等しい。

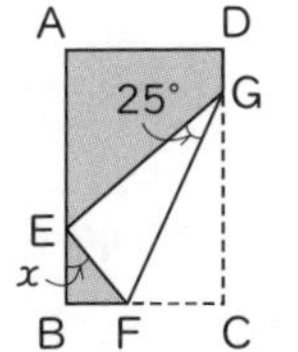

右の図で，

角 GFE＝角 GFC＝$180°-(90°+25°)=65°$

角 BFE＝$180°-65°×2=50°$

角 $x=180°-(90°+50°)=40°$　答 40°

●四角形の角

①正方形，長方形の 4 つの角はすべて 90° である。

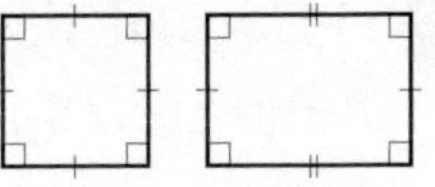

②平行四辺形の向かい合う角の大きさは等しい。

角 a＝角 c

角 b＝角 d

角 a＋角 b＝180°

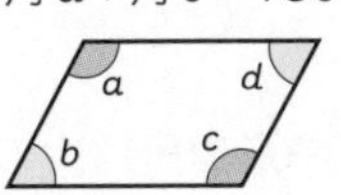

●多角形の角

①多角形の内角の和は，

180°×(辺の数−2)

で求められる。

例 四角形の内角の和は，

$180°×(4-2)=360°$

五角形の内角の和は，

$180°×(5-2)=540°$

六角形の内角の和は，

$180°×(6-2)=720°$

②どんな多角形でも外角の和は **360°** になる。

●紙を折り曲げたときにできる角

折り返した角は，もとの角に等しい。

例 AC で折り曲げる。

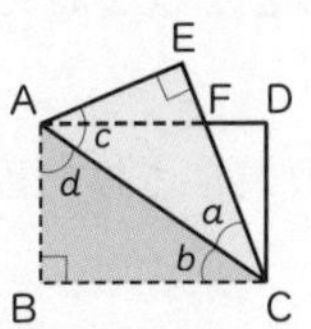

角 a＝角 b　角 c＝角 d

角 B＝角 E

実力問題

〔　　月　　日〕

図形 解答 12 ページ

1 【平行線と角】次の図の角 x の大きさを求めなさい。

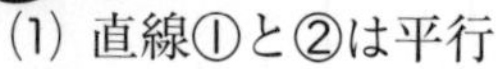

(1) 直線①と②は平行

(2) 四角形 ABCD は平行四辺形

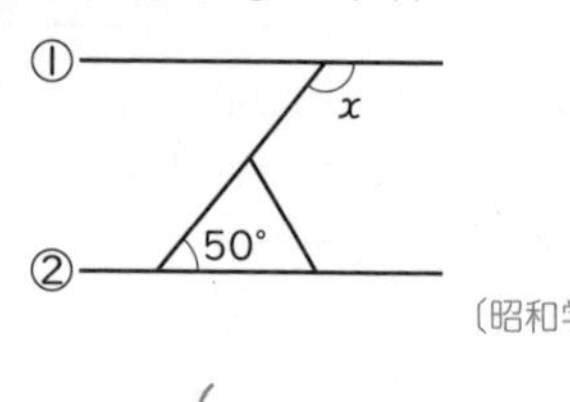

〔昭和学院中〕

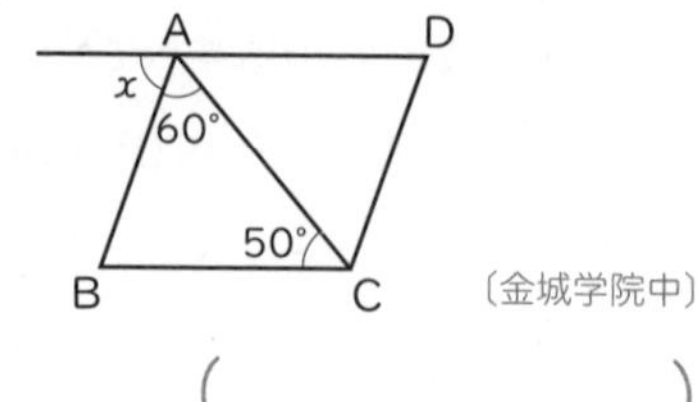

〔金城学院中〕

(1)（　　　　　）　(2)（　　　　　）

2 【三角形の角】次の図の角 x の大きさを求めなさい。

(1)

33°　20°　x　105°

〔明星中(大阪)〕

(2)

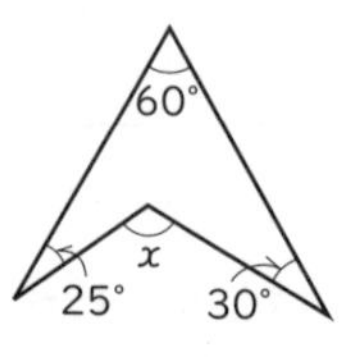

〔昭和学院中〕

(1)（　　　　　）　(2)（　　　　　）

よく出る

3 【三角定規と角】右の図のように，市販（しはん）されている三角定規を重ねます。x の角度を求めなさい。

〔筑波大附中〕

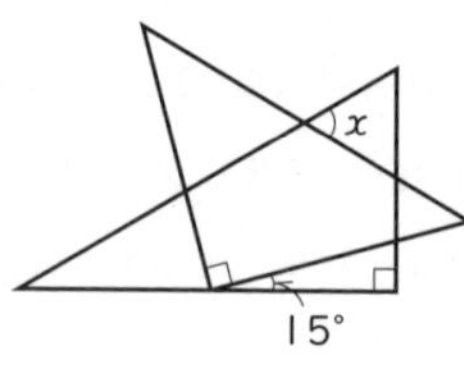

（　　　　　）

よく出る

4 【多角形の角】右の図は，正六角形と正三角形を重ねた図形です。次の問いに答えなさい。

〔高田中〕

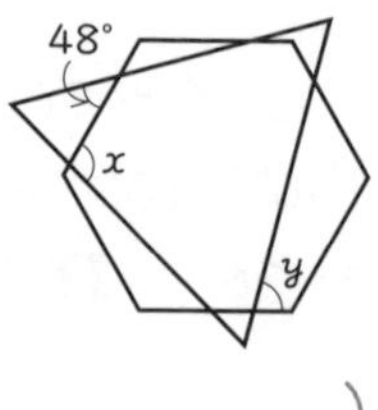

(1) 角 x の大きさは何度ですか。

（　　　　　）

(2) 角 y の大きさは何度ですか。

（　　　　　）

5 【多角形の角】右の図のように，円を利用して正八角形をかきました。次の問いに答えなさい。

〔立教池袋中〕

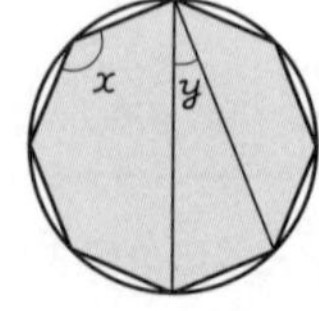

(1) 角 x の大きさは何度ですか。

（　　　　　）

(2) 角 y の大きさは何度ですか。

（　　　　　）

ワンポイント

1 平行線では，同位角（どういかく）や錯角（さっかく）はそれぞれ等しい。

2 (1)三角形の外角は，そのとなりにない 2 つの内角の和に等しい。
(2)補助線（ほじょせん）をひいて，2 つの三角形に分けて求める。

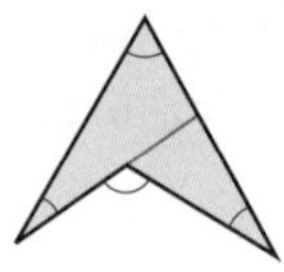

3 三角定規の角度は，下の図のように，きまっている。

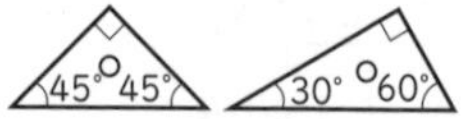

4 正 n 角形の内角の和は，
$180° \times (n-2)$
正 n 角形の 1 つの内角の大きさは，
$180° \times (n-2) \div n$

5 正八角形の 1 つの内角の大きさは，
$180° \times (8-2) \div 8$
で求められる。

6【多角形の角】次の図の角 x の大きさを求めなさい。

(1)

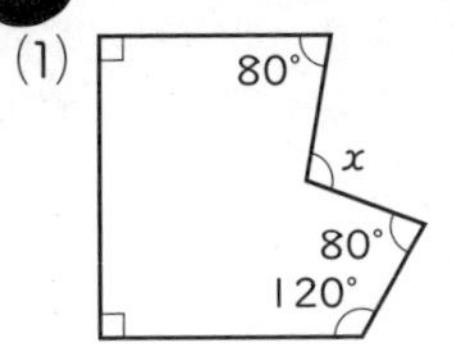

〔浅野中〕

(　　　　　　　)

(2) 正三角形と正五角形が重なる。

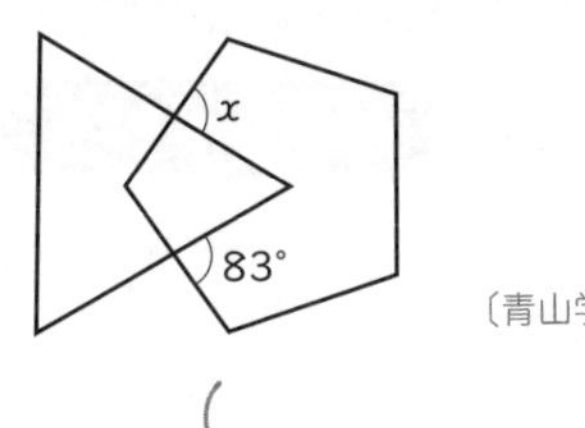

〔青山学院中〕

(　　　　　　　)

7【三角形・四角形の角】右の図のように，1 辺の長さが等しい正方形 ABCD と正三角形 BCE，CFD があります。頂点（ちょうてん）E と頂点 F を結んだとき，角 x の大きさを求めなさい。〔和洋国府台女子中〕

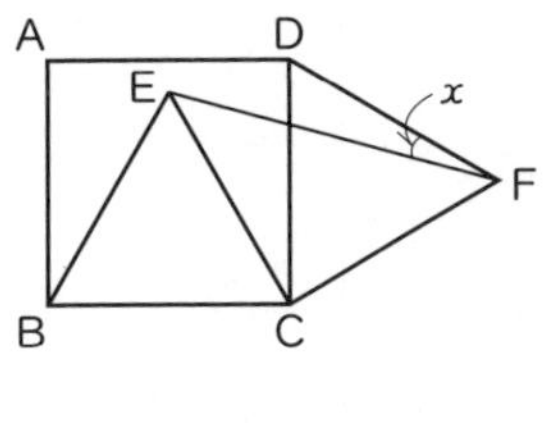

(　　　　　　　)

8【折り返しと角】次の問いに答えなさい。

(1) 三角形 ABC を線分 DE で折り曲げ，頂点 A を辺 BC の上にもってきました。右の角 x, 角 y の大きさを求めなさい。

〔金蘭会中〕

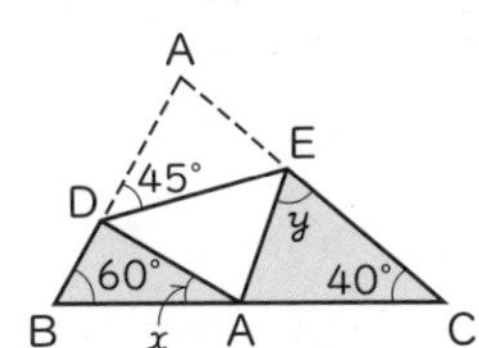

(　　　　　　　)

(2) 右の図のように，直角三角形の紙を折り曲げました。x の角の大きさを求めなさい。

〔清風中〕

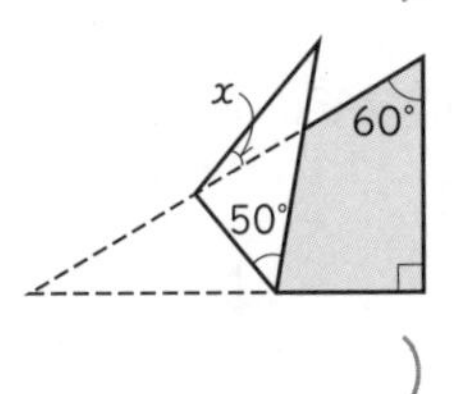

(　　　　　　　)

9【三角形・四角形の角】右の図は，正方形を 6 つ並（なら）べて長方形を作ったものです。次の問いに答えなさい。〔和歌山信愛中〕

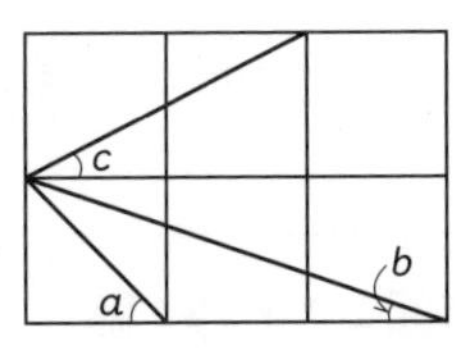
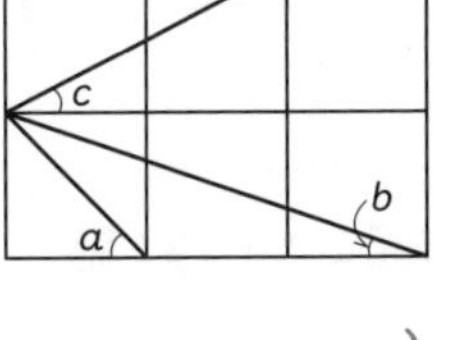

(1) a の角度は何度ですか。

(　　　　　　　)

(2) b の角度と c の角度の和は何度ですか。

(　　　　　　　)

---

6 (1)図形は六角形であり，その内角の和は，

180°×(6−2)

(2)正五角形の 1 つの内角の大きさは，

180°×(5−2)÷5

で求められる。

7 CE＝CF より，三角形 ECF は二等辺三角形で，

角 ECF＝角 ECD＋角 DCF

＝角 ECD＋角 BCE

8 折り返した角の大きさは，もとの角の大きさに等しい。

(1)角 A＝180°−(60°＋40°)

で求められる。

9 (1) a の角をふくむ三角形は直角二等辺三角形。

(2)下の図のような補助線（ほじょせん）をひく。

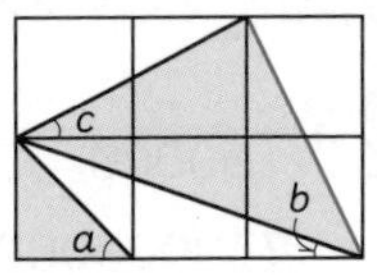

〔　　月　　日〕

12 図形の合同と拡大・縮小

最重要ポイント

1 対称な図形 ★

①**線対称な図形**…対称の軸を折り目として折ったとき，ぴったり重なる図形

②**点対称な図形**…対称の中心を中心として，180°回転するとぴったり重なる図形

2 拡大図・縮図 ★★★

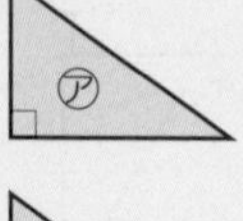

①㋐は㋑の**拡大図**という。また，㋑は㋐の**縮図**といい，縮めた割合を**縮尺**という。

②拡大図や縮図では，対応する辺の比は等しく，対応する角はそれぞれ等しい。

③拡大図や縮図のように，形は同じだが，大きさがちがう２つの図形を**相似**という。

3 三角形の合同条件 ★★

次のどれかを満たす２つの三角形は合同である。

・３組の辺の長さがそれぞれ等しい。

・２組の辺の長さとその間の角度がそれぞれ等しい。

・１組の辺の長さとその両はしの角度がそれぞれ等しい。

4 三角形の相似条件 ★★

次のどれかを満たす２つの三角形は相似である。

・２組の角がそれぞれ等しい。

・２組の辺の比とその間の角がそれぞれ等しい。

・３組の辺の比がすべて等しい。

例題トレーニング

例題 1 対称な図形

右の太線で囲まれた図形について，次の図形をかきなさい。〔広島女学院中〕

(1) 直線 ℓ を対称の軸とする線対称な図形

(2) 点Ａを対称の中心とする点対称な図形

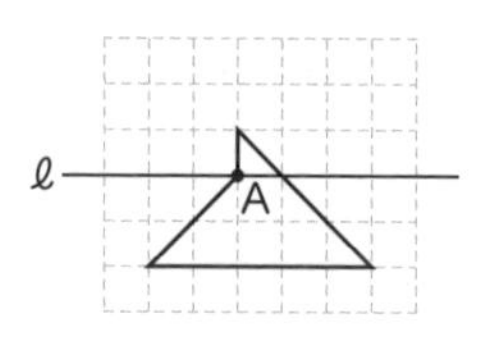

解法のコツ 対称な図形をかくとき，対応する点を見つける。

対応する点をかいてから，それらの点を順に結ぶ。

答 (1)　(2)

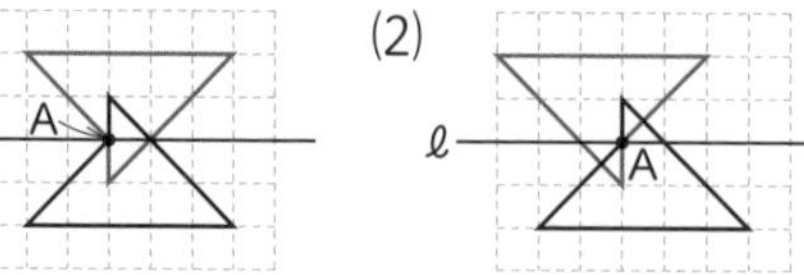

例題 2 縮 尺

縮尺５万分の１の地図で，3 cm² である畑の実際の面積は何 ha ですか。〔青山学院中〕

解法のコツ 実際の面積＝縮図上の面積÷縮尺÷縮尺

$3 \div \frac{1}{50000} \div \frac{1}{50000} = 3 \times 50000 \times 50000$

$= 7500000000(cm^2) = 750000(m^2)$

$1 \text{ ha} = 10000 \text{ m}^2$ より，$750000 \text{ m}^2 = 75 \text{ ha}$　答 75 ha

要点チェック

●**対称な図形**

①**線対称な図形**

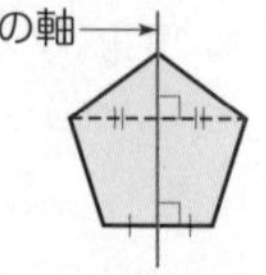

②**点対称な図形**

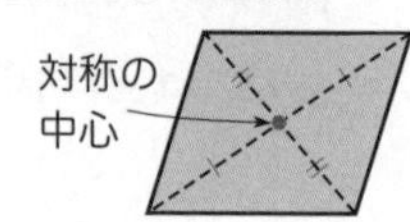

●**縮　尺**

実際の長さを縮めた割合のことを**縮尺**という。次のような表し方がある。

①分数　$\frac{1}{50000}$　②比　1：50000

例題 3 三角形の合同条件

次の三角形から，合同な三角形の組み合わせを 3 組答えなさい。

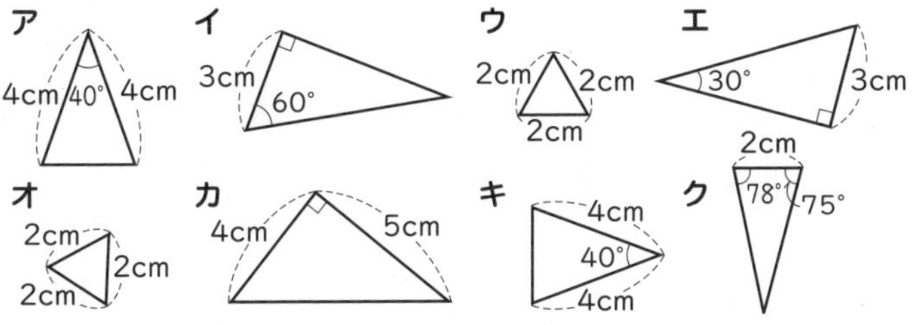

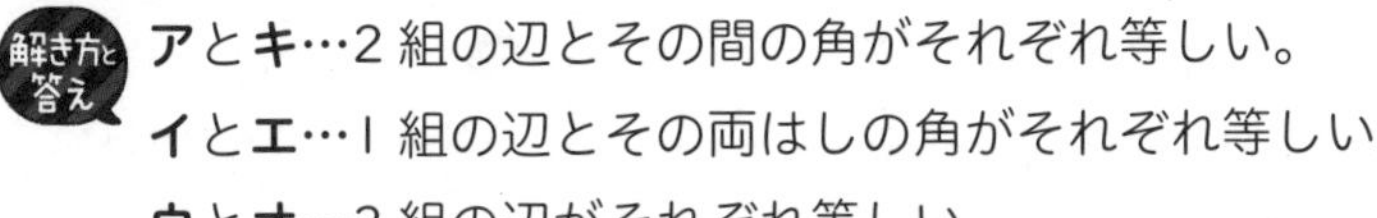

解法のコツ 合同条件にあてはまる組み合わせを考える。

解き方と答え **アとキ**…2 組の辺とその間の角がそれぞれ等しい。
イとエ…1 組の辺とその両はしの角がそれぞれ等しい。
ウとオ…3 組の辺がそれぞれ等しい。

答 **アとキ，イとエ，ウとオ**

例題 4 拡大・縮小 ①

右の図で，㋐の長さは何 cm ですか。

〔日向学院中〕

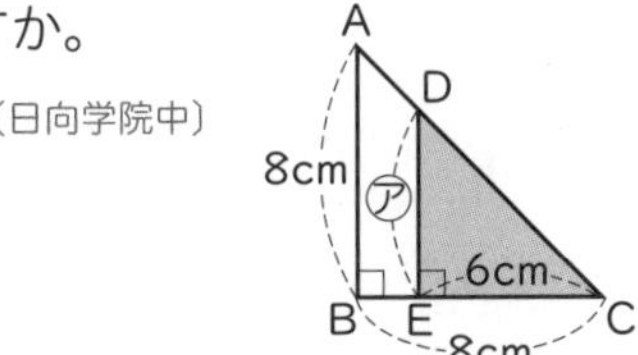

解法のコツ 相似な図形の対応する辺の比はすべて等しい。

解き方と答え 三角形 ABC と三角形 DEC は相似である。
BC：EC＝8：6＝4：3 だから，AB：DE＝4：3＝8：㋐
よって，㋐＝6 cm

答 6 cm

例題 5 拡大・縮小 ②

右の図において，角 x と角 y の大きさが等しいとき，EC の長さを求めなさい。

〔関西大第一中〕

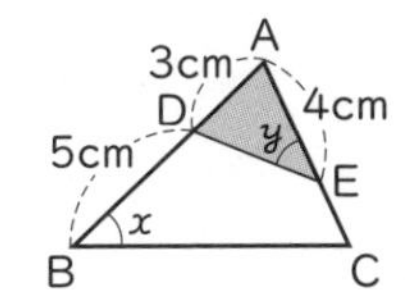

解法のコツ 相似な三角形を見つける。

解き方と答え 三角形 ABC と三角形 AED の角 x と角 y の大きさが等しく，角 A が共通だから，この 2 つの三角形は，相似である。
AB：AE＝8：4＝2：1 だから，
AC：AD＝2：1＝AC：3　AC＝6
よって，EC＝6－4＝2(cm)

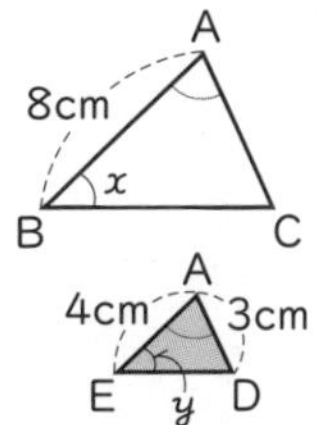

答 2 cm

重要 縮図と実際の大きさとの関係は，
縮図上の長さ
＝実際の長さ×縮尺
縮図上の面積
＝実際の面積×縮尺×縮尺
実際の面積
＝縮図上の面積÷縮尺÷縮尺

●三角形の合同条件

① **3 組の辺がそれぞれ等しい。**

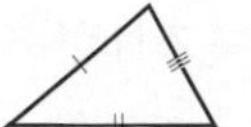
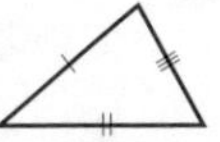

② **2 組の辺とその間の角がそれぞれ等しい。**

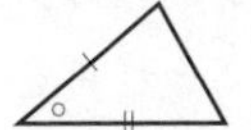
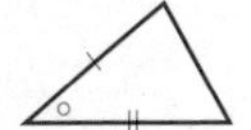

③ **1 組の辺とその両はしの角がそれぞれ等しい。**

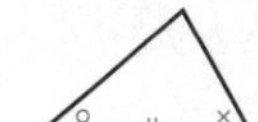
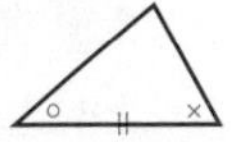

●三角形の相似条件

① **2 組の角がそれぞれ等しい。**

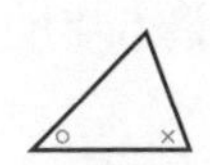
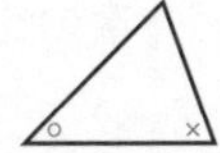

② **2 組の辺の比とその間の角がそれぞれ等しい。**

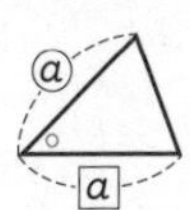
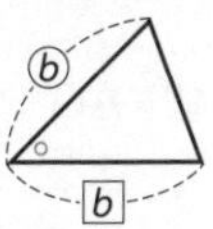

ⓐ：ⓑ＝a：b

③ **3 組の辺の比がすべて等しい。**

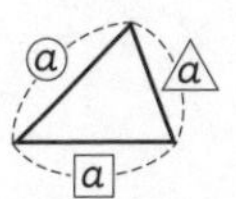
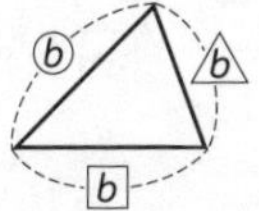

ⓐ：ⓑ＝a：b＝△a：△b

実力問題

〔　　月　　日〕

図形　解答 13 ページ

❶【点対称(てんたいしょう)な図形】右の図のような，それぞれのかどが直角である図形があります。この図形を，点 A を中心に 180° 回転したとき，もとの図形と重なる部分の長さは，全部で何 cm ですか。〔東京学芸大附属竹早中〕

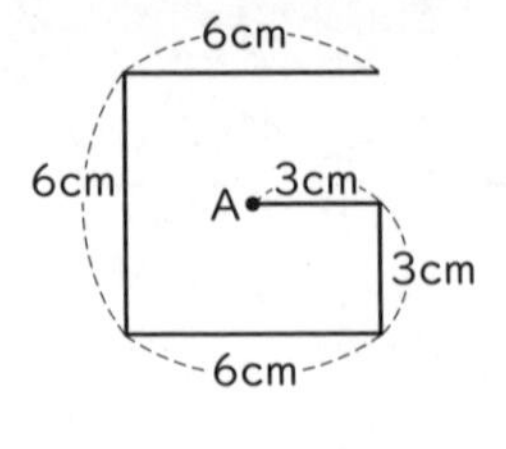

(　　　　　　)

❷【合同な図形】右の図のように 16 個の正方形からできているマス目があります。このマス目を全部使い，点線にそって，例のように同じ形をした 4 個の図形に分けたいと思います。これ以外にも 3 通りの分け方がありますが，それらをすべて図示しなさい。ただし，4 個の図形に分けられた正方形を回したり裏返(うらがえ)したりして同じになるものは，すべて同じとみなすことにします。〔筑波大附中〕

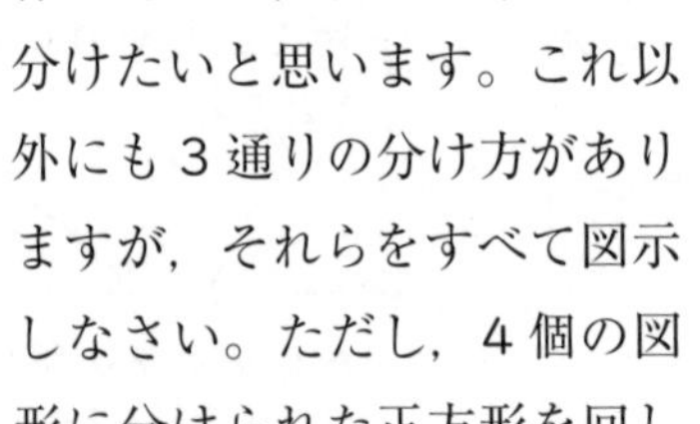

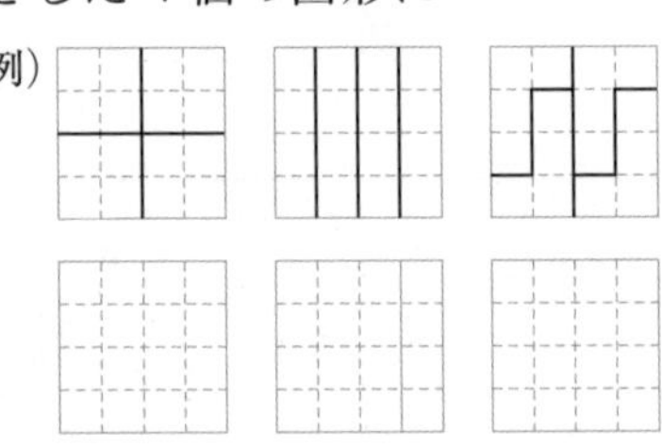

よく出る ❸【縮図(しゅくず)と辺の比】四角形 ABCD は正方形で，BC＝CH，AF：FD＝3：1 です。次の比を最も簡単(かんたん)な整数の比で表しなさい。〔岡山白陵中〕

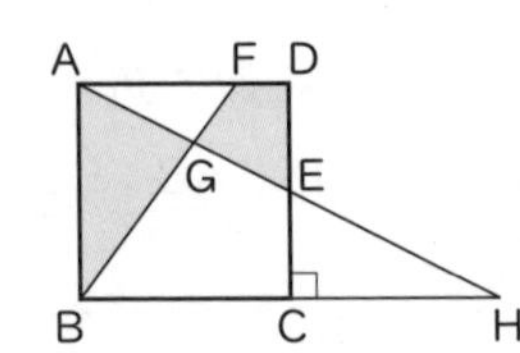

(1) FG：GB

(　　　　　　)

(2) AG：GE

(　　　　　　)

❹【拡大・縮小】右の図で BD の長さを求めなさい。〔滝川中〕

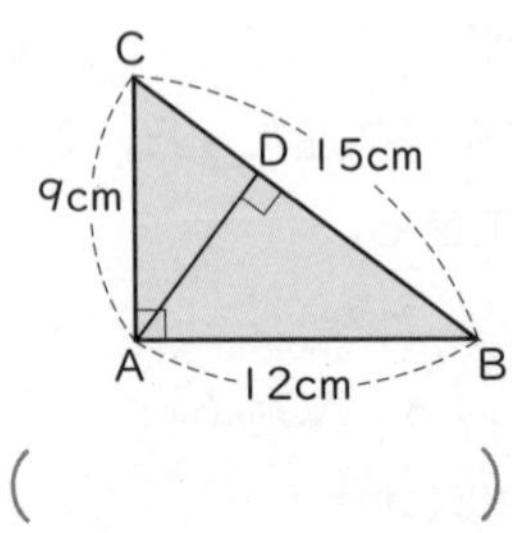

(　　　　　　)

❶ 重なるのは，下の図の太線の部分になる。

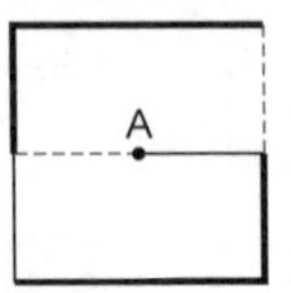

❷ 4 つの合同な図形の 1 つ分は，下の 4 種類できる。

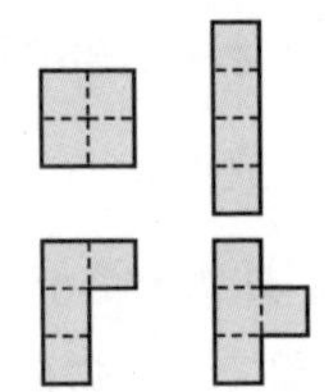

❸ 三角形 AGF と三角形 HGB は相似である。

❹ 三角形 ABC と三角形 DBA は相似である。

よく出る

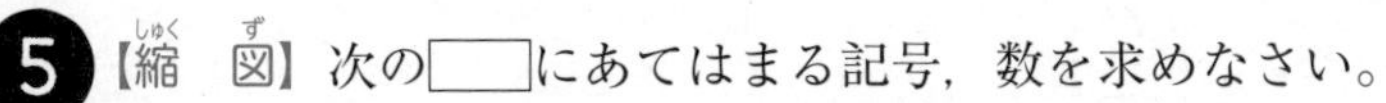

5【縮図】次の□にあてはまる記号，数を求めなさい。

(1) 直角三角形ABCがあります。Bの角が直角で，Cの角が70°です。BCの長さが3 mのとき，ABの長さは□mです。必要ならば右の縮図を用いて，最も近いものを次の**ア**～**オ**の中から選び，記号で書きなさい。〔共立女子中〕

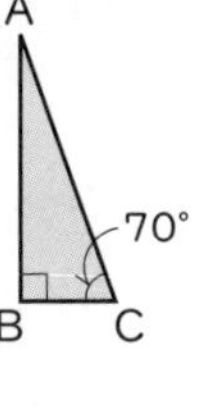

ア 2.7 m　　**イ** 4.1 m　　**ウ** 6 m　　**エ** 8.2 m　　**オ** 9 m

(　　　　)

(2) 5万分の1の地図で，縦□cm，横3 cmの長方形の実際の土地の面積は6 km^2です。〔雙葉中〕

(　　　　)

6【拡大・縮小】右の図は，直角三角形ABCの中に，正方形DECFをかいたものです。次の問いに答えなさい。〔比叡山中〕

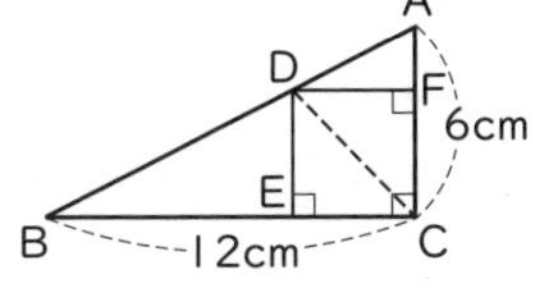

(1) 直角三角形ABCの面積を求めなさい。(　　　　)

(2) 正方形DECFの1辺の長さを求めなさい。(　　　　)

7【縮図と面積】次の問いに答えなさい。〔南山中男子部〕

(1) 三角形の高さを3等分して，㋐，㋑，㋒に分けました。㋐，㋑，㋒の面積の比を，最も簡単な整数の比で表しなさい。(　　　　)

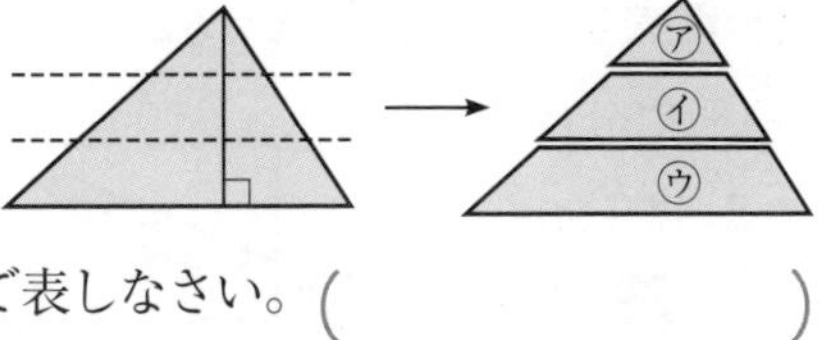

(2) 台形の高さを3等分して，㋓，㋔，㋕に分けました。㋓，㋔，㋕の面積の比を，最も簡単な整数の比で表しなさい。

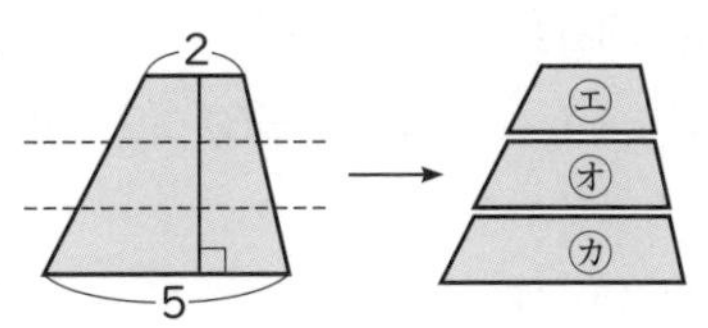

(　　　　)

よく出る

8【縮図の利用】地面に垂直に高さ6 mの街路灯APが立っています。Aから8 mはなれたBに2 mの棒を垂直に立てるとかげBCができ，次にCにこの棒を垂直に立てると，かげCDができました。かげBCとかげCDの長さの差は何mですか。〔同志社香里中〕

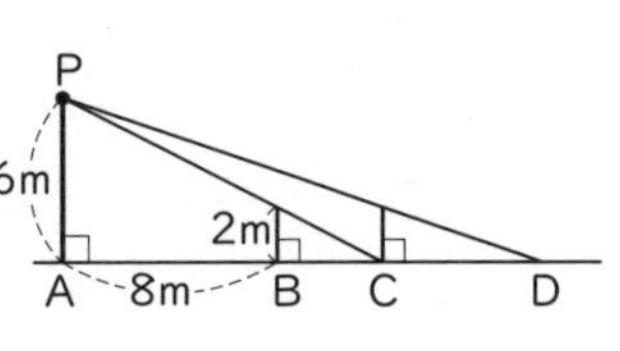

(　　　　)

5 (2)地図上の面積は，実際の面積×縮尺×縮尺で求められる。

6 (2)三角形ADFと三角形ABCは相似だから，対応する辺の長さの比は等しい。

7 (1)㋐：(㋐+㋑)：(㋐+㋑+㋒) を求める。

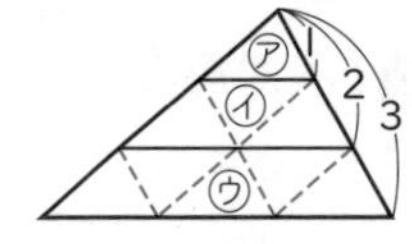

!注意 相似な2つの図形の辺の長さの比が1：2のとき，面積の比は，(1×1)：(2×2)

8 相似な三角形の組を見つけ，対応する辺の長さの比をとる。

図形

13 面積

〔　月　日〕

最重要ポイント

❶ 面積を求める公式 ★★★

長方形の面積＝縦(たて)×横

正方形の面積＝１辺×１辺

平行四辺形の面積＝底辺×高さ

ひし形・正方形の面積＝対角線×対角線÷２

台形の面積＝(上底(じょうてい)＋下底(かてい))×高さ÷２

三角形の面積＝底辺×高さ÷２

円の面積＝半径×半径×円周率

おうぎ形の面積＝半径×半径×円周率×$\frac{中心角}{360}$ （半径×半径×円周率…円の面積）

❷ 面積の求め方のくふう ★★

複雑な図形の面積は，補助線(ほじょせん)によっていくつかの基本的な図形に分けて，面積の和や差で求めたり，等積変形(とうせきへんけい)によって求めることができる。

例題トレーニング

例題 1　図形の面積 ①

次の図の色のついた部分の面積を求めなさい。

(1)

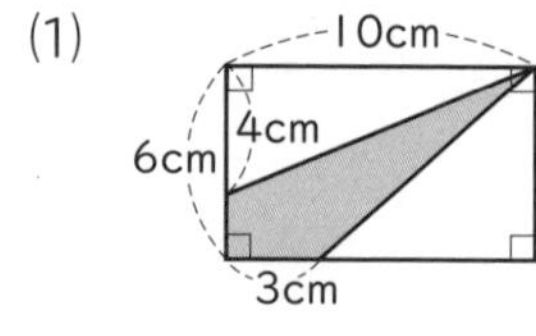

(2)

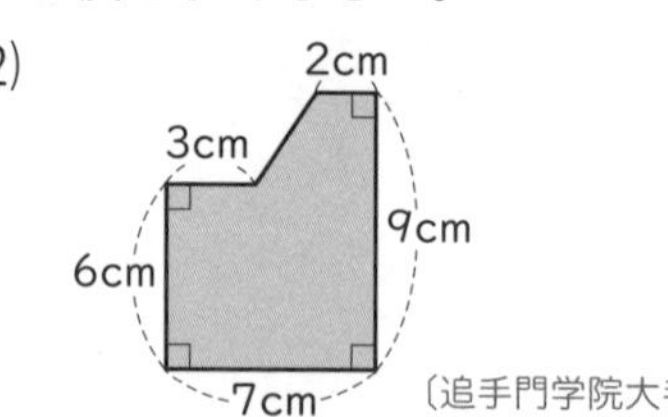

〔追手門学院大手前中〕

解法のコツ 色のついた部分を補助線(ほじょせん)をひいて分けて考える。

(1) 対角線で２つの三角形に分けると，

$2\times10\div2+3\times6\div2=19(cm^2)$

答 $19\ cm^2$

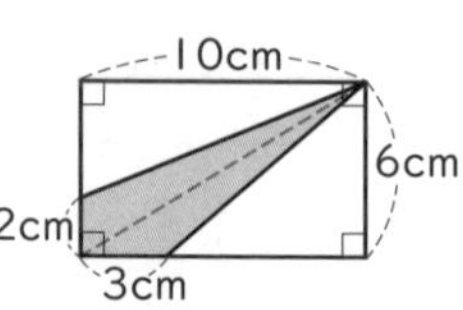

(2) 上の台形と下の長方形に分けると，

台形の面積は，$\{2+(7-3)\}\times(9-6)\div2=9(cm^2)$

長方形の面積は，$6\times7=42(cm^2)$

よって，$9+42=51(cm^2)$

答 $51\ cm^2$

例題 2　図形の面積 ②

右の図のように，半径 10 cm の半円の中に正方形があります。色のついた部分の面積は何 cm^2 ですか。円周率は3.14とします。

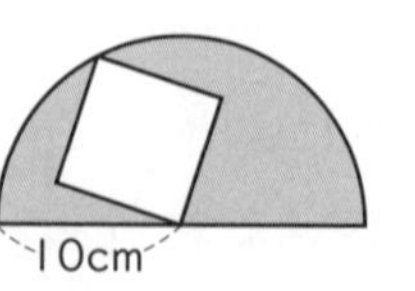

〔甲南女子中〕

解法のコツ 正方形の面積は，対角線×対角線÷２ で求められる。

正方形の対角線は半円の半径だから，その長さは 10 cm

正方形の面積は $10\times10\div2=50(cm^2)$ だから，

$10\times10\times3.14\div2-50=107(cm^2)$

答 $107\ cm^2$

要点チェック

●四角形の面積

①ひし形・正方形の面積

＝対角線×対角線÷２

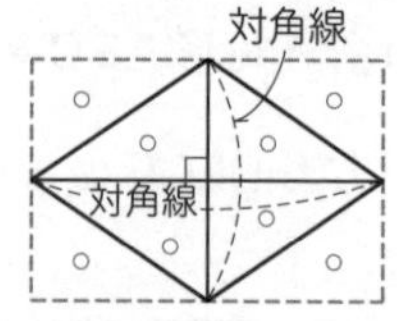

②台形の面積

＝(上底＋下底)×高さ÷２

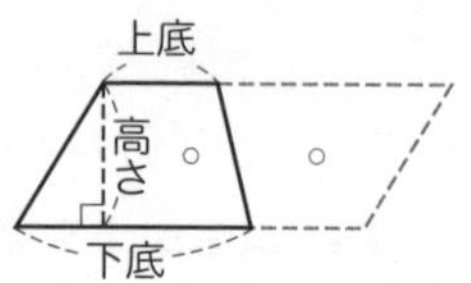

●等積変形

同じ底辺の三角形は，高さが等しければ，その面積はすべて等しくなる。

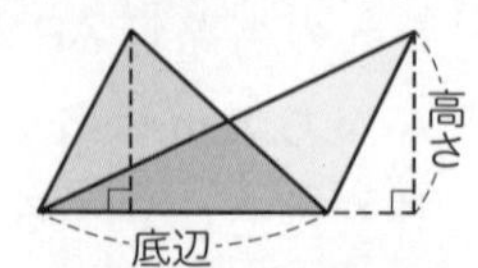

このように，面積を変えずに図形の形を変えることを**等積変形**(とうせきへんけい)という。

例題 3　複雑な図形の面積 ①

次の図の色のついた部分の面積を求めなさい。(円周率は3.14)

(1)

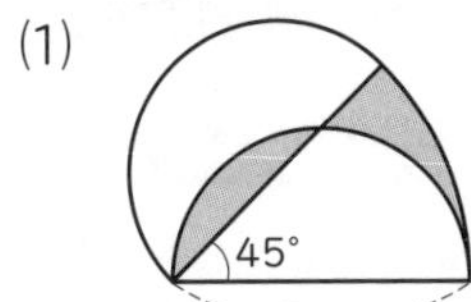

(2)

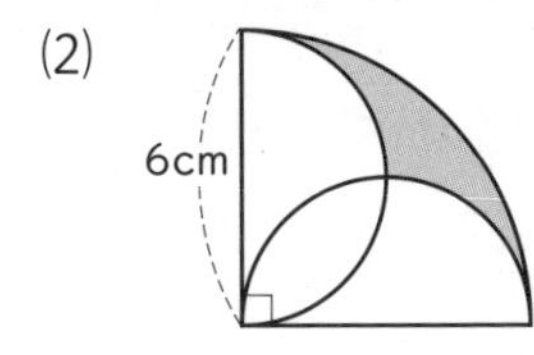

〔三田学園中〕

解法のコツ　適切な補助線をひいて，面積を求めやすくする。

(1) 右の図のような補助線をひくと，㋐と㋑の面積は等しいから，色のついた部分の面積は，おうぎ形から三角形を除いた部分の面積と等しい。

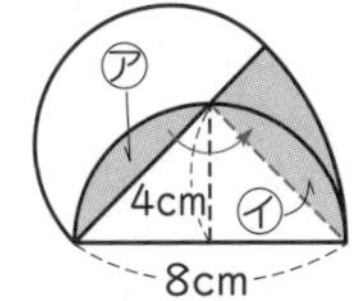

$8\times8\times3.14\times\frac{45}{360}-8\times4\div2=9.12(cm^2)$

答 $9.12\ cm^2$

(2) 右の図のような補助線を2本ひくと，白い部分は，1辺3cmの正方形と半径が3cmの4分の1の円2つをあわせた形になる。その面積は，

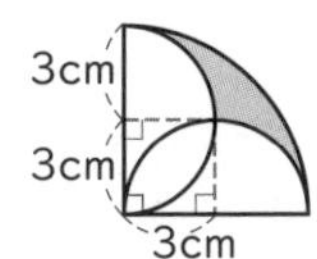

$3\times3+3\times3\times3.14\div4\times2=23.13(cm^2)$

よって，色のついた部分の面積は，半径6cmの4分の1の円から，白い部分をひけばよいので，

$6\times6\times3.14\div4-23.13=5.13(cm^2)$　答 $5.13\ cm^2$

例題 4　複雑な図形の面積 ②

縦の長さが10m，横の長さが15mの長方形の庭があります。この庭に，右の図のような池と道をつくり，他の部分をしばふにします。池は直径4mの円で，道は同じはばでできているものとします。このとき，しばふとなる部分の面積を求めなさい。(円周率は3.14)〔金城学院中－改〕

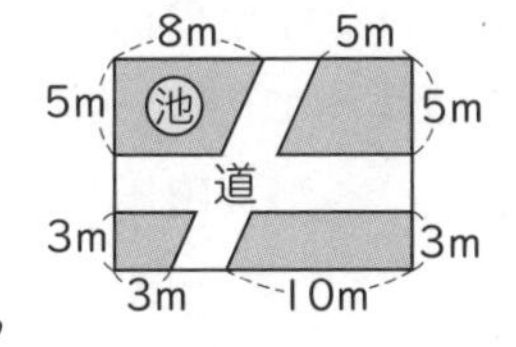

解法のコツ　道を除いた部分の面積は，道をはしに移して考える。

右の図のように，道をはしに移して考えると，

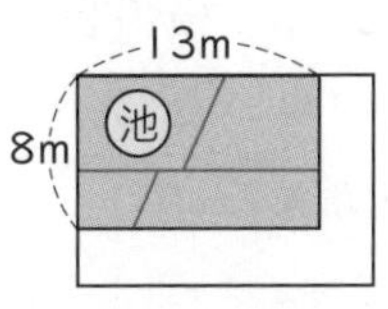

$(5+3)\times(8+5)-\underline{2\times2\times3.14}$ ←池の面積

$=91.44(m^2)$

答 $91.44\ m^2$

●円・おうぎ形の面積

①円の面積
＝半径×半径×円周率

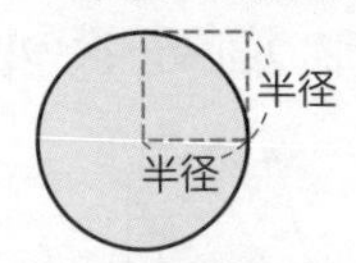

②おうぎ形の面積
＝半径×半径×円周率
$\times\frac{中心角}{360}$

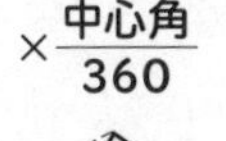
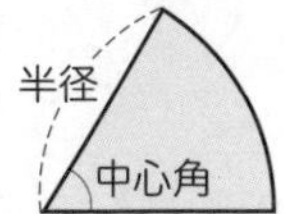

●複雑な図形の面積

①補助線をひいて，いくつかの図形に分けたり，全体の形から一部欠けたものとみなしたりして面積を求める。

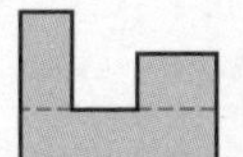
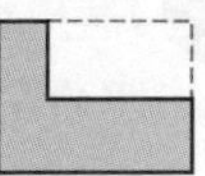

②図形の面積を変えないで，図形の形を面積を求めやすい形になおして求める。

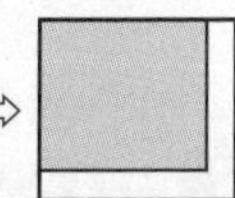

③図形の一部を移動させて，基本的な図形になおして，面積を求めやすくする。

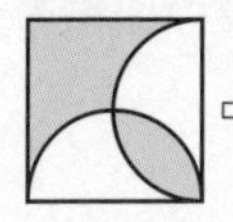

実力問題

〔　月　日〕

図形　解答 14 ページ

1【図形の面積】次の図の色のついた部分の面積を求めなさい。（よく出る）

(1)

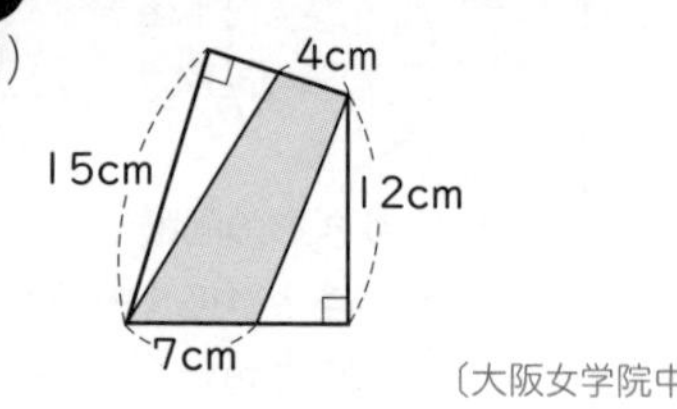

〔大阪女学院中〕

(2)

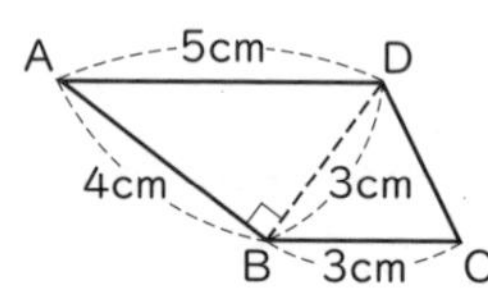

〔立命館中〕

（　　　）　（　　　）

2【図形の面積】右の図の四角形 ABCD は，AD と BC が平行な台形です。この四角形の面積は何 cm^2 ですか。

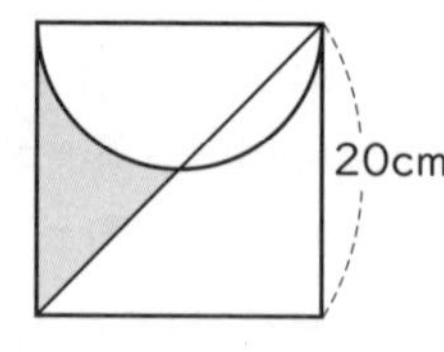

〔帝塚山学院泉ヶ丘中〕

（　　　）

3【複雑な図形の面積】1 辺 20 cm の正方形と直径 20 cm の半円を，右の図のように重ねました。円周率を 3.14 とすると，図の色のついた部分の面積は何 cm^2 ですか。

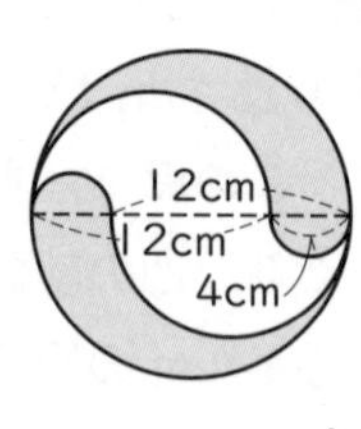

〔広島学院中〕

（　　　）

4【等積変形】右の図で色のついた部分の面積を求めなさい。ただし，曲線はすべて円の一部であり，点線は円の直径です。また，円周率は 3.14 とします。（よく出る）

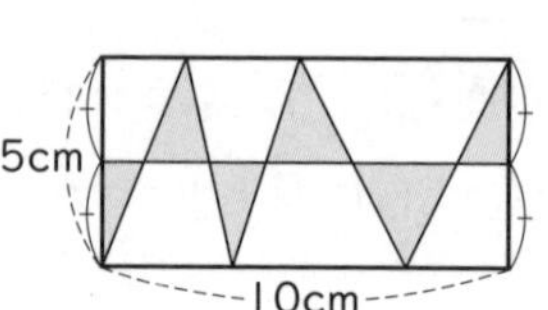

〔金蘭千里中〕

（　　　）

5【等積変形】右の図のような長方形があります。縦の長さが 5 cm，横の長さが 10 cm のとき，色のついた部分の三角形の面積の合計を求めなさい。

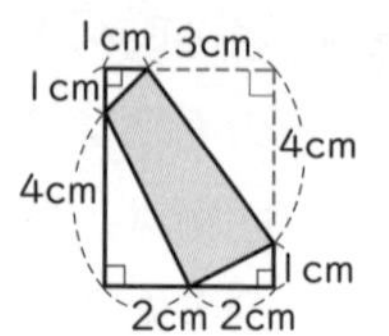

〔共立女子第二中〕

（　　　）

ワンポイント

1 (1)色のついた部分を 2 つの三角形に分けて考える。
(2)長方形をつくり，まわりの三角形の面積を除く。

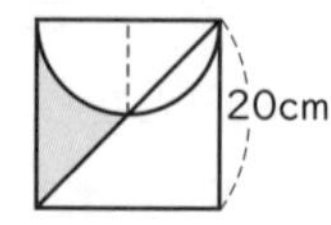

2 AD を底辺としたときの，三角形 ABD の高さを求める。

3 下の図のように，補助線をひくと，面積の求め方が簡単になる。

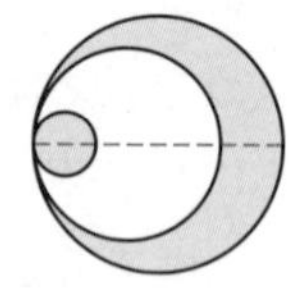

4 下の図のように等積変形すると，考えやすい。

5 下側にある三角形をすべて上側に移動した図形で考える。

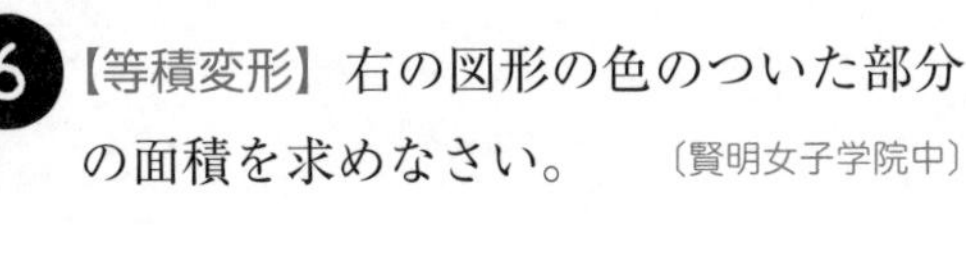

よく出る **6**【等積変形】右の図形の色のついた部分の面積を求めなさい。〔賢明女子学院中〕

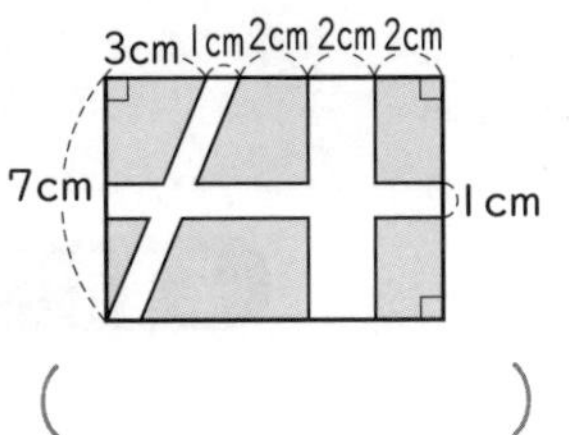

(　　　　　　　　)

6 色のついた部分の面積は，白い部分をはしに移して考える。

よく出る **7**【円と正方形の面積】右の図のように，1 辺の長さが 10 cm の正方形がちょうどぴったり入る円があります。この円の面積は何 cm^2 ですか。円周率は 3.14 とします。〔滝川中〕

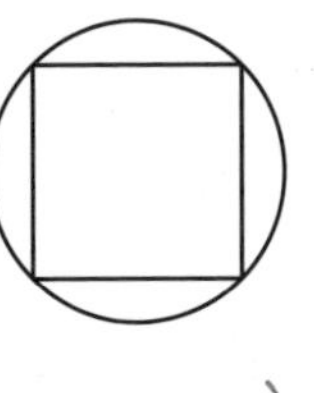

(　　　　　　　　)

7 正方形の対角線は，円の直径になっている。

8【面積の差】右の図で，四角形 ABCD は 1 辺が 10 cm の正方形です。㋐と㋑の面積の差は何 cm^2 ですか。円周率は 3.14 とします。〔日本大第二中〕

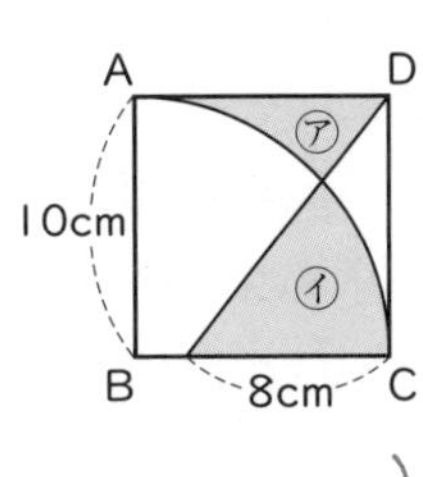

(　　　　　　　　)

8 下の図で，㋐+㋒，㋑+㋒の面積を求める。

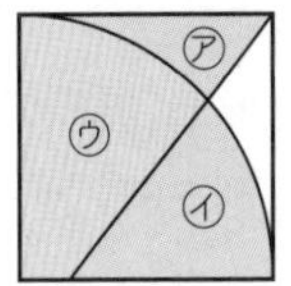

9【等積変形】右の図は，正三角形と半円を組み合わせたものです。色のついた部分の面積の合計を求めなさい。円周率は 3.14 とします。〔関西大第一中〕

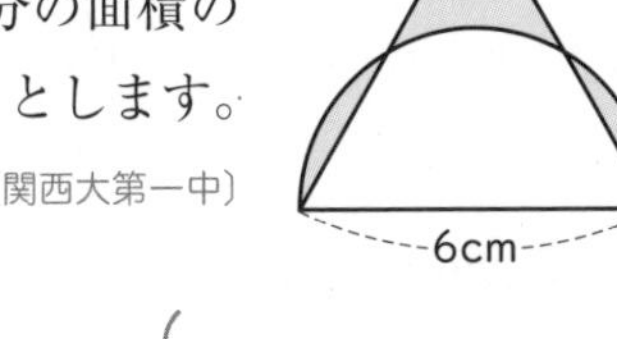

(　　　　　　　　)

9 下の図のように，補助線をひいて考える。

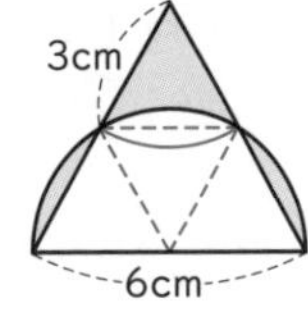

10【複雑な図形の面積】右の図は，半径 8 cm の半円，半径 4 cm の半円と直線を組み合わせたものです。次の問いに答えなさい。円周率は 3.14 とします。〔関西大倉中〕

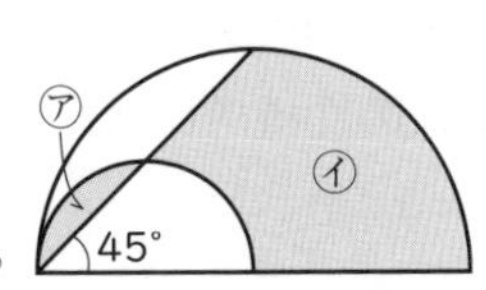

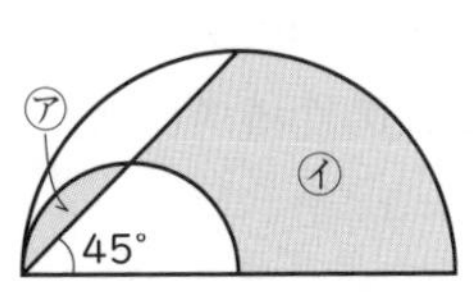

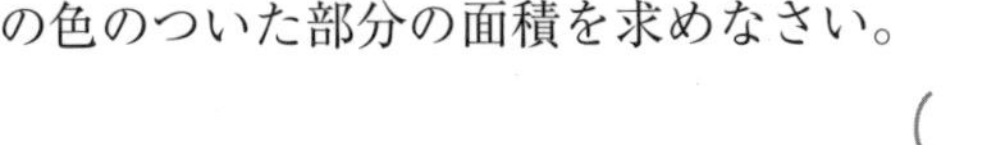

(1) ㋐の色のついた部分の面積を求めなさい。

(　　　　　　　　)

(2) ㋑の色のついた部分の面積を求めなさい。

(　　　　　　　　)

10 下の図のように，補助線をひいて，面積を求めやすくする。

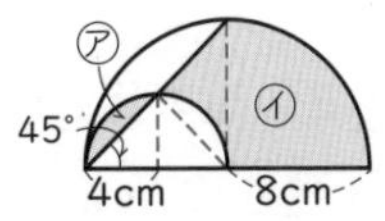

図形

14 面積と比

〔　月　日〕

最重要ポイント

❶ 辺の比と面積の比 ★★★

右の図で，
BD：DC＝1：2 のとき，
三角形 ABD と三角形 ADC の面積の比も，1：2 になる。

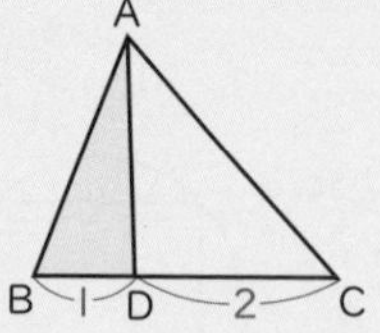

❷ 拡大(かくだい)・縮小(しゅくしょう)と面積の比 ★★

右の図の三角形 ABC と三角形 DBE において，辺の比が 1：2 のとき，面積の比は，
(1×1)：(2×2)＝1：4

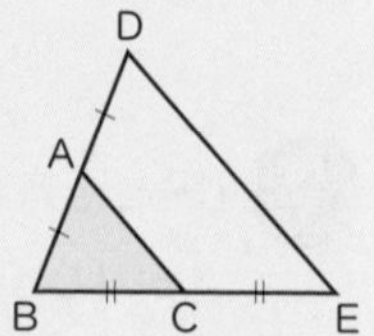

例題トレーニング

例題 1　辺の比と面積の比 ①

右の平行四辺形 ABCD の面積は 60 cm² で，AF：FG：GD＝2：2：1 です。

〔明治大付属中野中〕

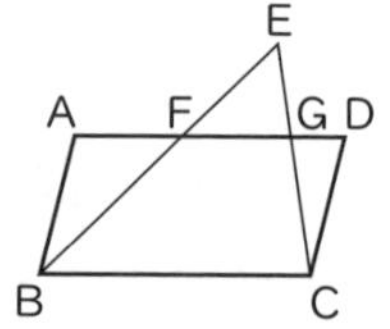

(1) 四角形 BCGF の面積を求めなさい。

(2) 三角形 EFG と三角形 CDG の面積の比を最も簡単(かんたん)な整数で表しなさい。

解法のコツ 辺の比と面積の比の関係を考える。

(1) 右の図のような面積の比になるから，
平行四辺形 ABCD：四角形 BCGF
＝(②＋②＋⑤＋①)：(②＋⑤)
＝⑩：⑦

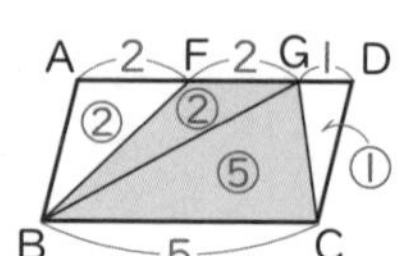

よって，$60\times\frac{7}{10}=42(\text{cm}^2)$

答 42 cm²

(2) BC：FG＝5：2 より，右の図のようになる。三角形 EFG と三角形 CDG の高さの比は[2]：[3]だから，三角形 EFG と三角形 CDG の面積の比は，
(2×2)：(1×3)＝4：3

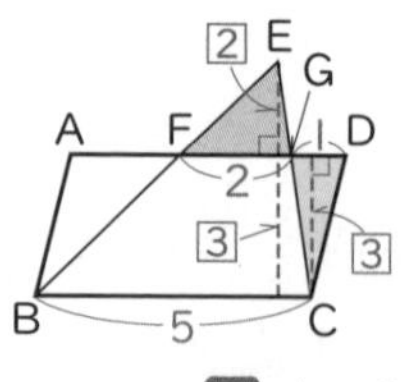

答 4：3

例題 2　辺の比と面積の比 ②

面積が 27 cm² の三角形 ABC があります。この三角形の辺 AB，AC をそれぞれ 3 等分した点を，右の図のように結びます。色のついた部分の面積は何 cm² ですか。〔久留米大附中〕

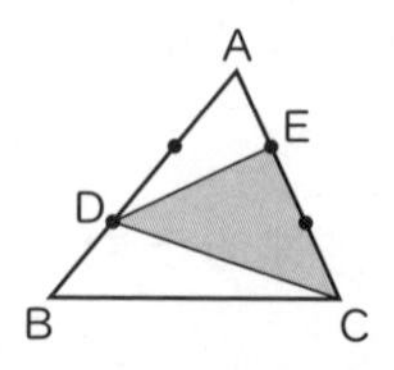

要点チェック

●辺の比と面積の比

①底辺が 2 倍→面積は 2 倍

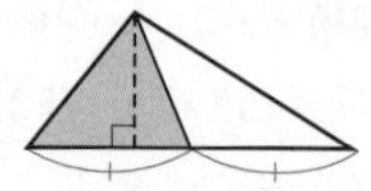

（高さは同じ）

②高さが 2 倍→面積は 2 倍

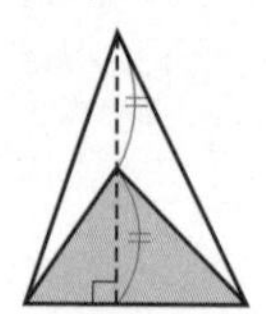

（底辺は同じ）

③底辺も高さも 2 倍
→面積は 2×2＝4(倍)

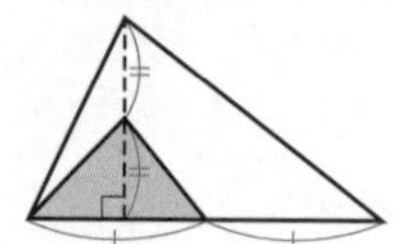

④底辺 3 倍，高さ 2 倍

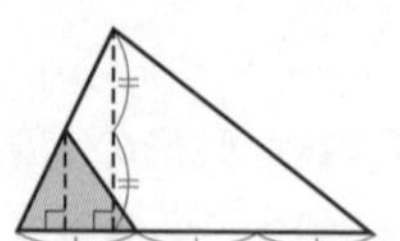

→面積は 3×2＝6(倍)

解法のコツ 三角形 ABC と ADC で，辺の比と面積の比を考える。

AD：DB＝②：① より，三角形 ADC の面積は，$27\times\dfrac{2}{2+1}=18(\text{cm}^2)$

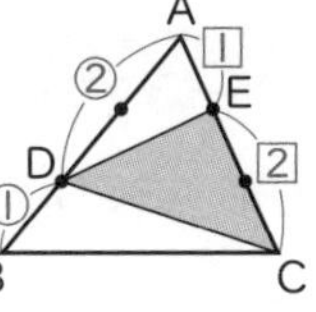

また，AE：EC＝1：2 より，三角形 DCE の面積は，$18\times\dfrac{2}{1+2}=12(\text{cm}^2)$

答 12 cm^2

例題 3 拡大（かくだい）・縮小（しゅくしょう）と面積の比 ①

右の図のような面積が 99 cm^2 の三角形 ABC があり，点 D は辺 AB 上，点 P は辺 AC 上の点です。

AP の長さが 4 cm のとき，三角形 ADP の面積は何 cm^2 ですか。

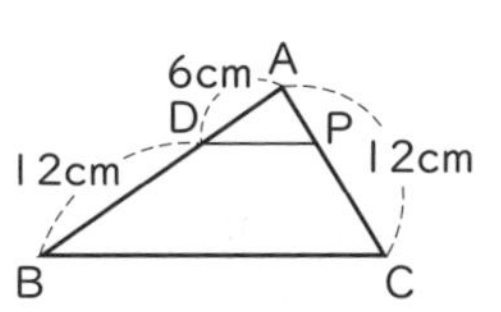

解法のコツ 辺の長さの比が 1：3 より，面積の比は (1×1)：(3×3)
（1 ← AD，3 ← AB，(1×1) ← 三角形 ADP，(3×3) ← 三角形 ABC）

解き方と答え AD：AB＝AP：AC＝1：3 であるから，三角形 ADP と三角形 ABC は相似である。三角形 ADP と三角形 ABC の面積比は (1×1)：(3×3)＝1：9 となるので，

三角形 ADP は三角形 ABC の $\dfrac{1}{9}$

三角形 ABC の面積が 99 cm^2 より，$99\times\dfrac{1}{9}=11(\text{cm}^2)$

答 11 cm^2

例題 4 拡大・縮小と面積の比 ②

右の図で，AC と DF が平行であるとき，三角形 DEF の面積を求めなさい。

〔洛南高附中〕

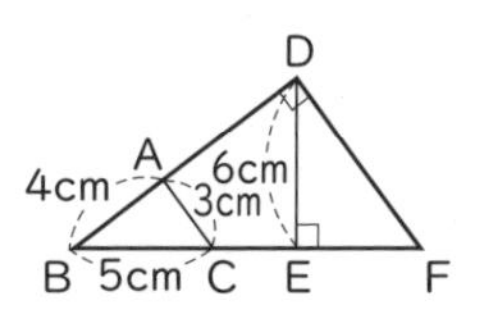

解法のコツ 図形が拡大・縮小の関係にあるので，辺の比から面積の比を求める。

三角形 BDF，三角形 BAC，三角形 DEF は，それぞれ相似である。右の図より，

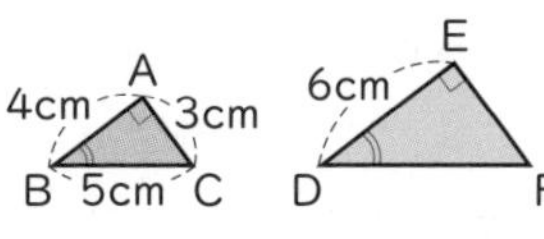

BA：DE＝4：6＝2：3 だから，三角形 BAC と三角形 DEF の面積比は，(2×2)：(3×3)＝4：9

三角形 BAC の面積は 3×4÷2＝6(cm^2) より，三角形 DEF の面積は，$6\times\dfrac{9}{4}=13.5(\text{cm}^2)$

答 13.5 cm^2

●底辺の比と面積の比

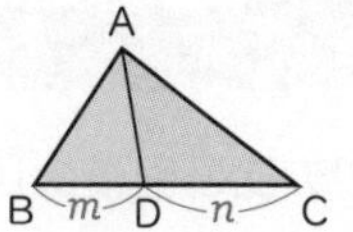

三角形 ABC の底辺 BC 上に点 D をとって，

BD：DC＝m：n

となるとき，三角形 ABD と三角形 ACD の面積の比も m：n になる。

また，△ABD の面積は，△ABC の面積の $\dfrac{m}{m+n}$ 倍である。

●拡大・縮小と面積の比

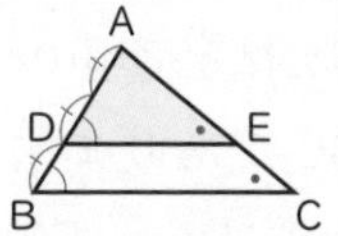

辺 DE と辺 BC が平行であるとき，三角形 ADE と三角形 ABC は相似である。

AD：AB＝2：3 のとき，三角形 ADE と三角形 ABC の面積の比は，

(2×2)：(3×3)＝4：9

実力問題

〔　月　日〕

図形 解答 15 ページ

1 【辺の比と面積の比】長方形 ABCD の辺 AD を右の図のようにのばしたとき，色のついた部分の面積を求めなさい。〔十文字中〕

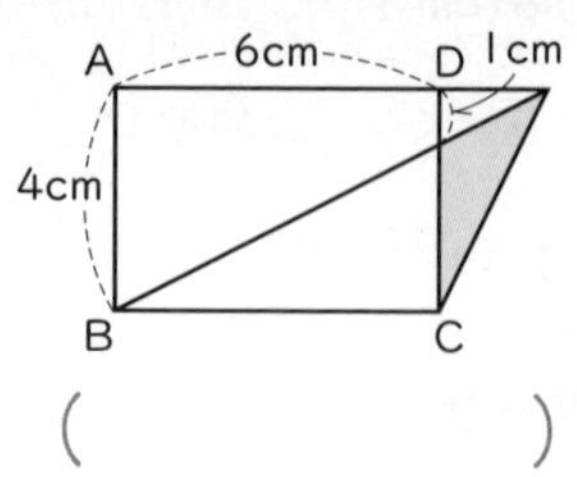

(　　　　　)

2 【拡大（かくだい）・縮小（しゅくしょう）と面積の比】㋐は正三角形，㋑は正六角形です。㋐と㋑の面積の比をできるだけ小さな整数で表しなさい。〔開明中〕

(　　　　　)

よく出る **3** 【辺の比と面積の比】右の図のような三角形 ABC があります。AD と DB の長さの比は 1：2，BE と EC の長さの比は 3：2，CF と FA の長さの比は 3：4 です。三角形 ABC の面積は 105 cm^2 です。次の問いに答えなさい。〔同志社中〕

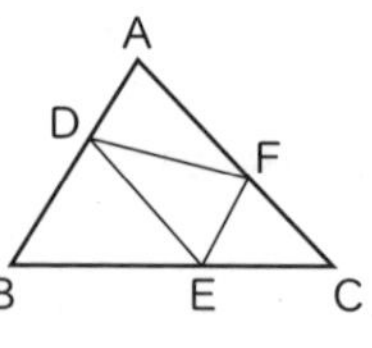

(1) 三角形 BED の面積は何 cm^2 ですか。

(　　　　　)

(2) 三角形 DEF の面積は何 cm^2 ですか。

(　　　　　)

よく出る **4** 【辺の比と面積の比】右の図の直角三角形 ABC で，三角形 ADF の面積は 16 cm^2 です。次の問いに答えなさい。〔桐朋中〕

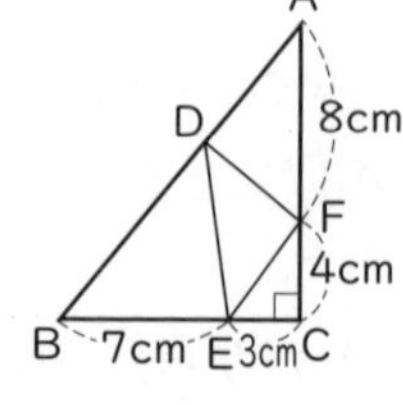

(1) AD と DB の長さの比を求めなさい。

(　　　　　)

(2) 三角形 DEF の面積を求めなさい。

(　　　　　)

ワンポイント

1 補助線（ほじょせん）BD をひくと，三角形 DCE と三角形 DBE の面積は等しい。

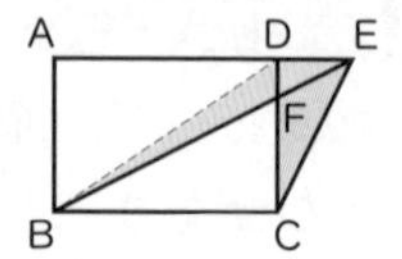

2 ㋐と㋑がそれぞれ 1 辺 1 cm の正三角形何個分になるかを求める。

3 2 つの三角形において，高さが共通のとき，底辺の比が面積の比になる。

4 (1)補助線 DC をひいて，三角形 ADC と三角形 DBC の面積から AD：DB を求める。

5【辺の比と面積の比】三角形 ABC の面積が 30 cm^2 であるとき，四角形 DBCE の面積を求めなさい。また，求め方も書きなさい。

〔神戸龍谷中〕

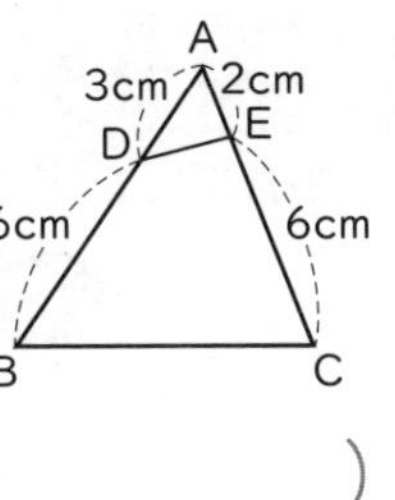

(　　　　　　　)

5 三角形 ADE の面積は，三角形 ABC の $\frac{AD}{AB} \times \frac{AE}{AC}$ で求められる。

6【辺の比と面積の比】右の図の色のついた部分の面積を求めなさい。

〔関西大第一中〕

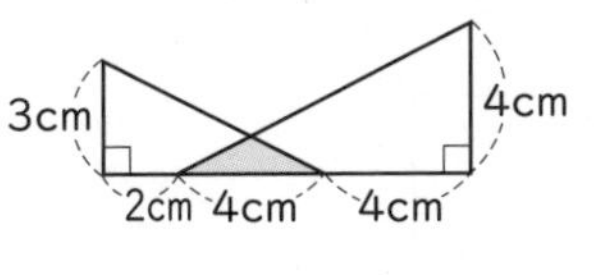

(　　　　　　　)

6 2つの直角三角形は，底辺に対する高さの割合（わりあい）が一定なので，相似である。

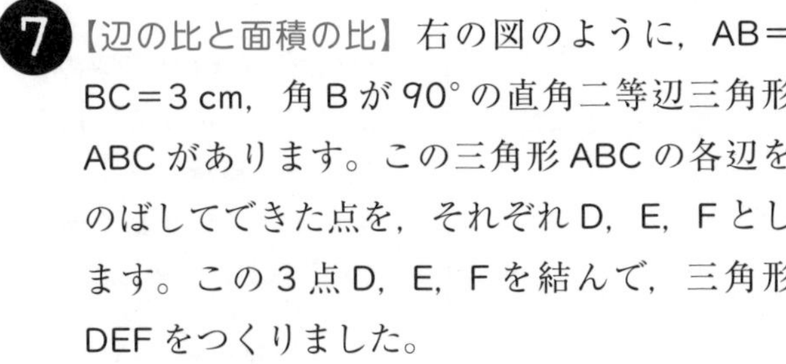

7【辺の比と面積の比】右の図のように，AB＝BC＝3 cm，角 B が 90° の直角二等辺三角形 ABC があります。この三角形 ABC の各辺をのばしてできた点を，それぞれ D，E，F とします。この 3 点 D，E，F を結んで，三角形 DEF をつくりました。

BD，CE，AF の長さが，AB，BC，AC の長さのそれぞれ 3 倍のとき，三角形 DEF の面積を求めなさい。〔明治大付属中野中〕

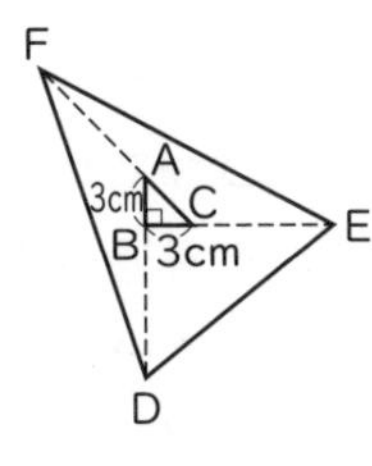

(　　　　　　　)

7 AB：BD＝1：3，BC：BE＝1：4 より，三角形 BDE の面積＝三角形 ABC の面積×3×4

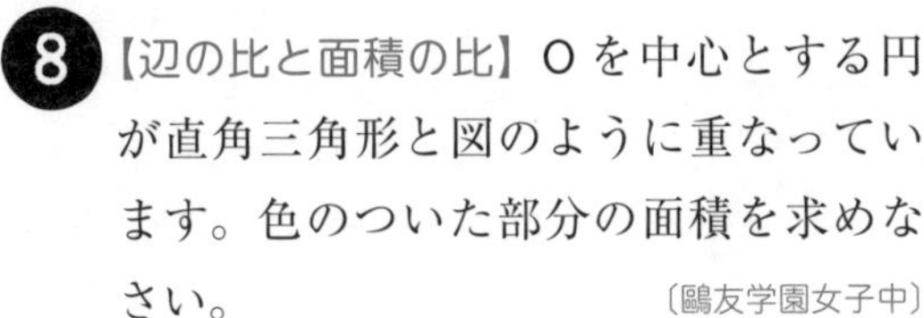

8【辺の比と面積の比】O を中心とする円が直角三角形と図のように重なっています。色のついた部分の面積を求めなさい。

〔鷗友学園女子中〕

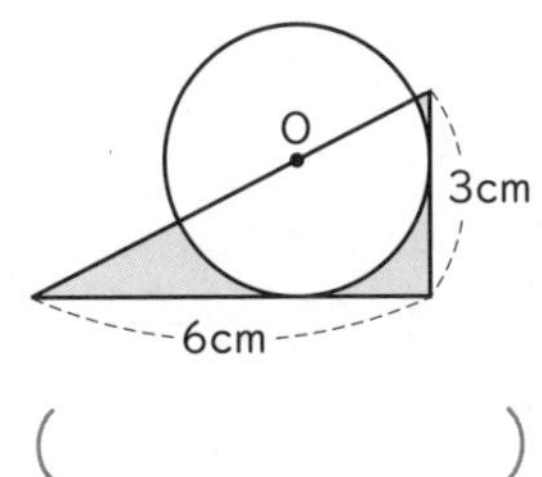

(　　　　　　　)

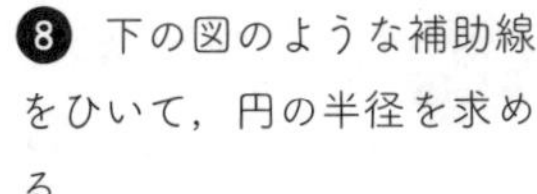

8 下の図のような補助線をひいて，円の半径を求める。

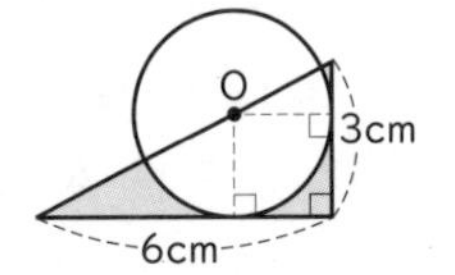

9【拡大・縮小と面積の比】右の図の正方形の 1 辺の長さは 8 cm で，E，F，G は辺のまん中の点です。

色のついた部分の面積は何 cm^2 ですか。

〔帝京大中〕

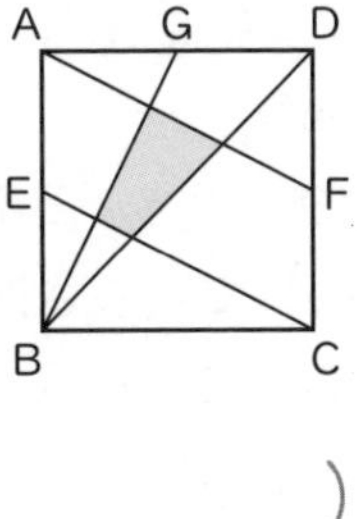

(　　　　　　　)

9 相似な三角形を見つける。

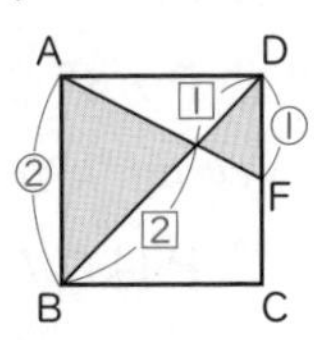

図形

15 点や図形の移動

〔　月　日〕

最重要ポイント

❶ 点の移動と面積 ★★

ある図形の辺上を点が移動することによって，変化する面積を考える。

（1 点のとき）　（2 点のとき）

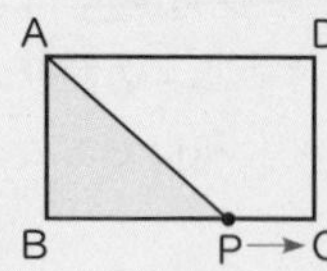

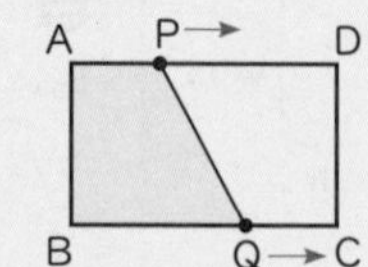

❷ 図形の移動と重なり ★★

2 つの図形があって，一方の図形が移動することによってできる重なった部分の面積を考える。

例 直線に沿って三角形を右に移動したとき，三角形と長方形の重なる部分の面積

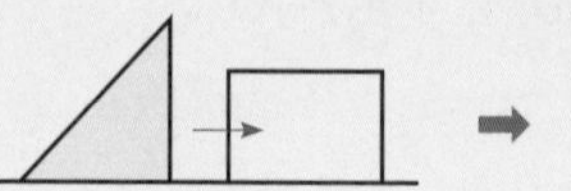

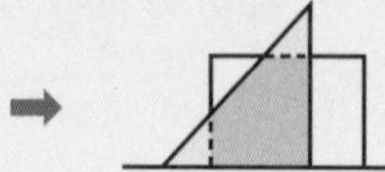

例題トレーニング

例題 1　1 点の移動と面積

右の図のような長方形 ABCD があります。点 P は点 A を出発して，D を通って C まで毎秒 4 cm の速さで動いていきます。〔共立女子中－改〕

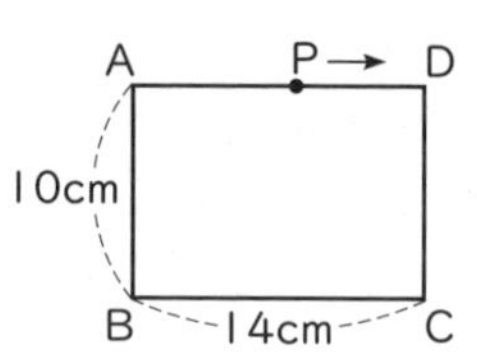

⑴ 3 秒後の三角形 APC の面積を求めなさい。

⑵ 5 秒後の三角形 APC の面積を求めなさい。

⑶ 点 P が辺 CD 上にあって，三角形 APC の面積が 42 cm^2 になるのは何秒後ですか。

 3 秒後，5 秒後の三角形 APC をそれぞれかいてみる。

解き方と答え

⑴ 点 P は 4×3＝12(cm) 動いているから，辺 AD 上にある。
よって，三角形 APC の面積は，
12×10÷2＝60(cm^2)　答 60 cm^2

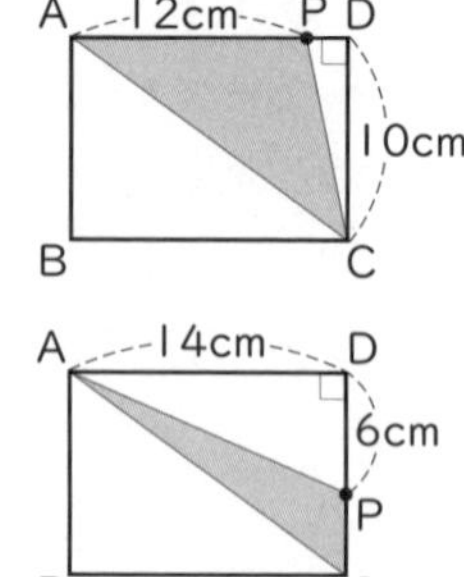

⑵ 点 P は 4×5＝20(cm) 動いているから，辺 CD 上にある。
PC＝14＋10－20＝4(cm)
よって，三角形 APC の面積は，
4×14÷2＝28(cm^2)　答 28 cm^2

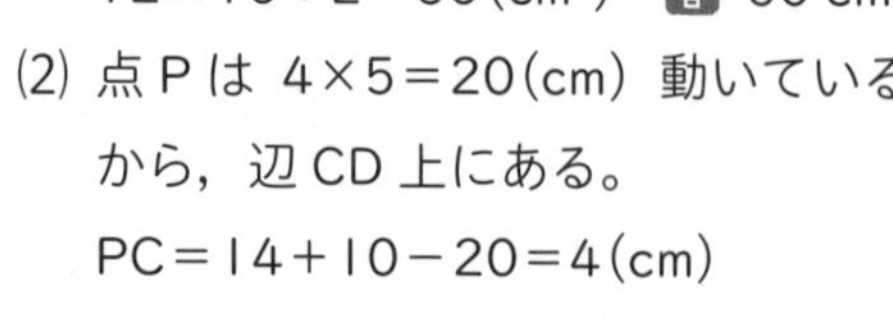

⑶ 点 P が辺 CD 上にあるとき，三角形 APC の高さはいつも 14 cm だから，底辺 PC の長さは 42×2÷14＝6(cm)
点 P は点 A から 24－6＝18(cm) 動いている。
よって，18÷4＝4.5(秒後)　答 4.5 秒後

要点チェック

●点が動く道のりを求める

例 1 辺 3 cm の正三角形 ABC が，直線上を 1 回転する。頂点 B が動く道のりを作図し，求める。

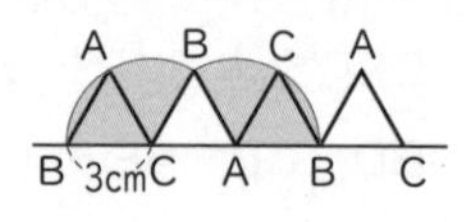

$\left(3\times2\times3.14\times\frac{120}{360}\times2\right)$cm

●点の移動と面積

例 台形 ABCD があり，点 P は C → D → A → B まで，毎秒 0.5 cm で動く。グラフは，点 P が C を出発してからの時間と三角形 PBC の面積の関係を表したものである。

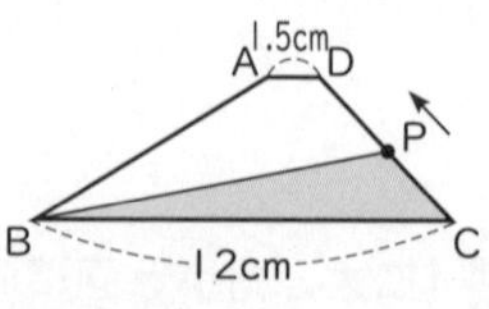

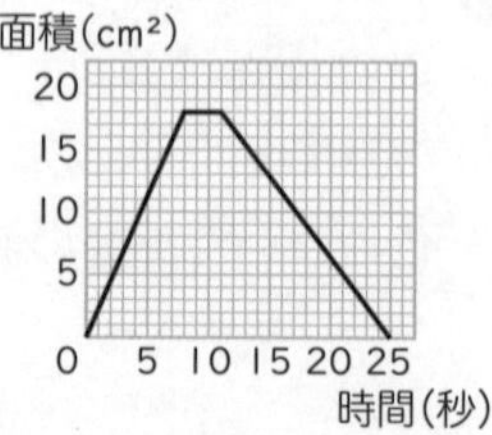

例題 2　図形の移動と重なり

直角三角形と長方形があります。直角三角形が毎秒 1 cm の速さで，矢印の方向へ動きます。

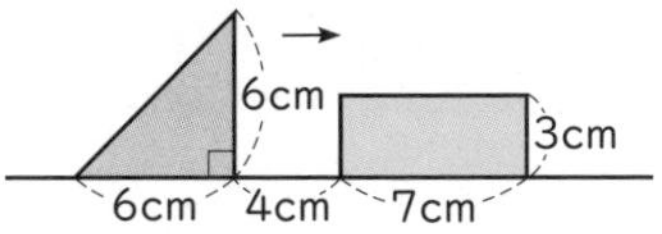

〔蒼開中〕

(1) 2 つの図形が重なる部分の形は，

[①] → [②] →五角形→台形→ [③]

[　] にあてはまる図形の名前を入れなさい。

(2) 重なる部分の形が台形になっているのは，直角三角形が動き始めてから何秒後から何秒後までの間ですか。

解法のコツ 移動する図形が，直角二等辺三角形であることに注意。

解き方と答え

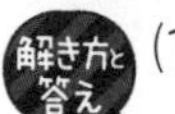

(1) 重なる部分の形は変化していく。

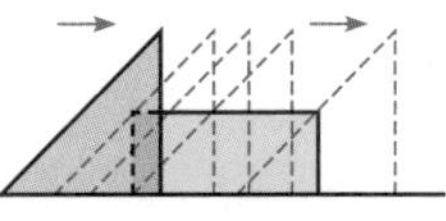

答 ①長方形　②正方形　③直角二等辺三角形

(2) 台形になるのは，右の図の矢印の間に直角三角形があるときで，矢印の長さは

7－3＝4(cm) だから，

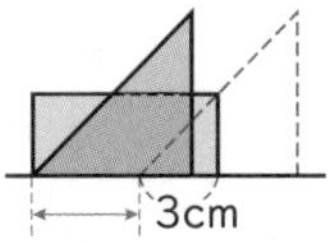

4＋6＝10(秒後)，4＋6＋4＝14(秒後)

答 10 秒後から 14 秒後までの間

例題 3　図形の移動と面積

半径 4 cm，中心角 45°のおうぎ形の周りを，半径 1 cm の円が接しながら 1 周していきます。（円周率は 3.14）〔ラ・サール中〕

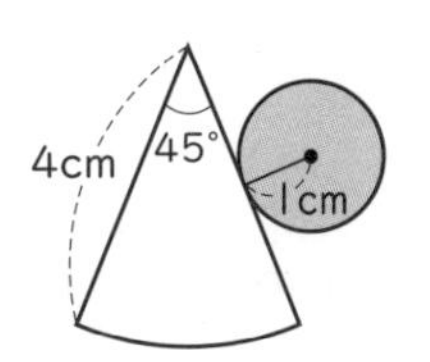

(1) 円が通過した部分を色で示しなさい。

(2) 円が通過した部分の面積は何 cm^2 ですか。

解法のコツ 2 cm のはばで，おうぎ形の周りを回る図をかく。

解き方と答え

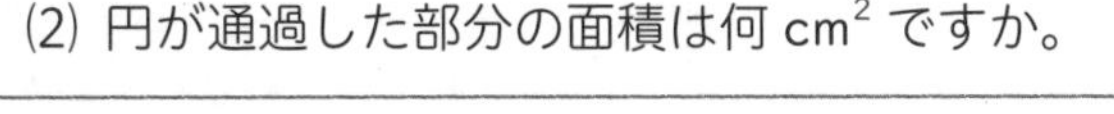

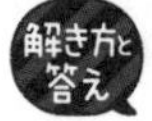

(1) 右の図

答

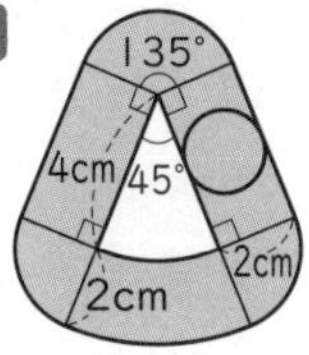

(2) 2 つの直線部分は，長方形になるので，

$(4\times2)\times2=16(cm^2)$

3 つの角の部分は，

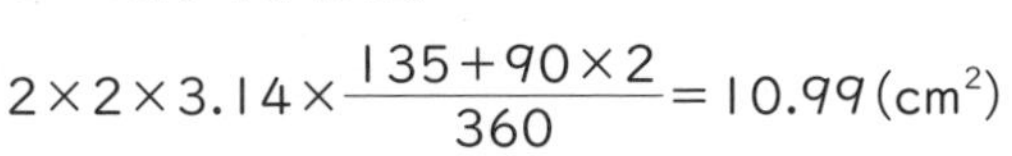

$$2\times2\times3.14\times\frac{135+90\times2}{360}=10.99(cm^2)$$

おうぎ形の曲線部分は，

$$(6\times6-4\times4)\times3.14\times\frac{45}{360}=7.85(cm^2)$$

$16+10.99+7.85=34.84(cm^2)$

答 34.84 cm^2

●ひもの移動と面積

図形の頂点にひもの片方（かたほう）を固定して，もう一方のひものはしの動くはん囲の面積を考える。→作図する。

例

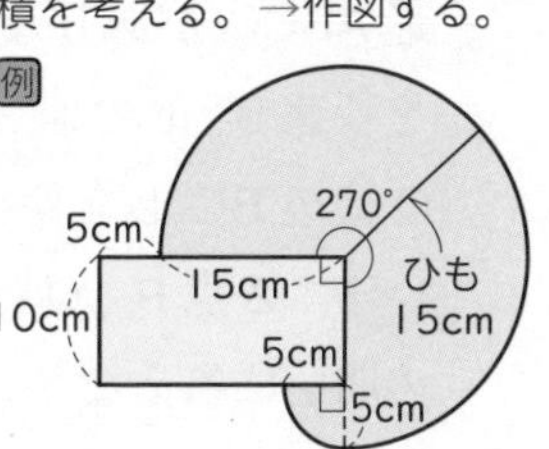

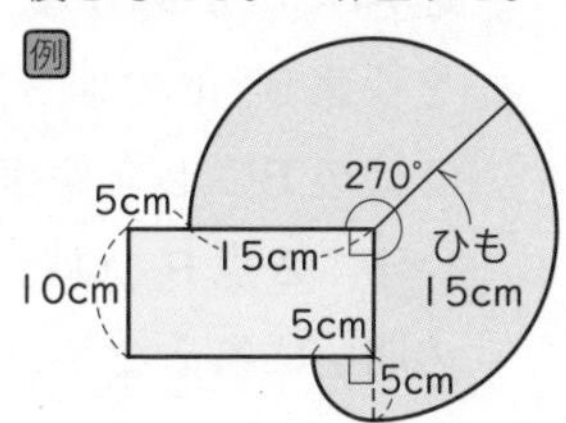

●図形が移動したあとの面積

ある図形が動いたとき，その図形が通ったあとの部分の面積を求める。

例 直線上を円が転がるときの，円が通ったあとの面積は，

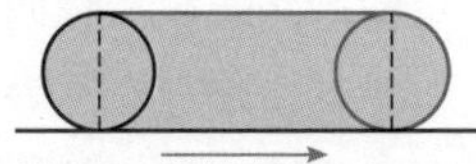

円の面積＋長方形の面積

●図形上を転がる図形

ある図形の辺に沿（そ）って，他の図形が移動するとき，その図形が通ったあとの長さや面積を考える。

→通ったあとを作図する。

例 長方形の辺の外側を転がっていく円が通ったあとの面積

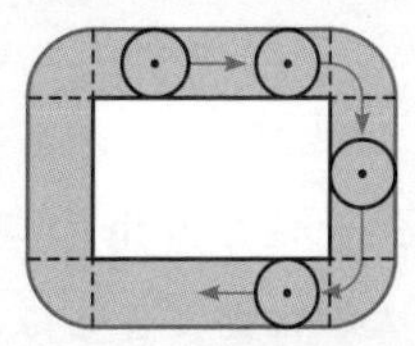

4 つのおうぎ形の面積
＋4 つの長方形の面積

実力問題

〔　月　日〕

図形　解答 17 ページ

よく出る

1【2点の移動と面積】右の図のような長方形 ABCD があります。点 P は辺 AD 上を秒速 5 cm の速さで往復しており，点 Q は辺 BC 上を秒速 3 cm の速さで往復しているものとします。いま，2点 P，Q はそれぞれ A，B を同時に出発しました。次の問いに答えなさい。〔広島城北中〕

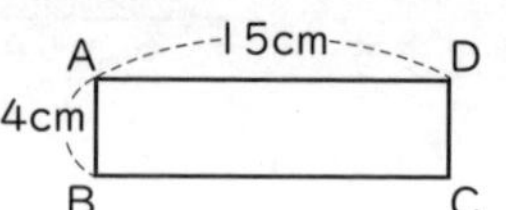

(1) 出発してから 2 秒後の四角形 ABQP の面積を求めなさい。

(　　　　　　)

(2) 出発してから 7 秒後の四角形 ABQP の面積を求めなさい。

(　　　　　　)

(3) 点 Q が出発してから 10 秒後までのようすをグラフにしようと思います。
BQ の長さと時間の関係をグラフにかきなさい。

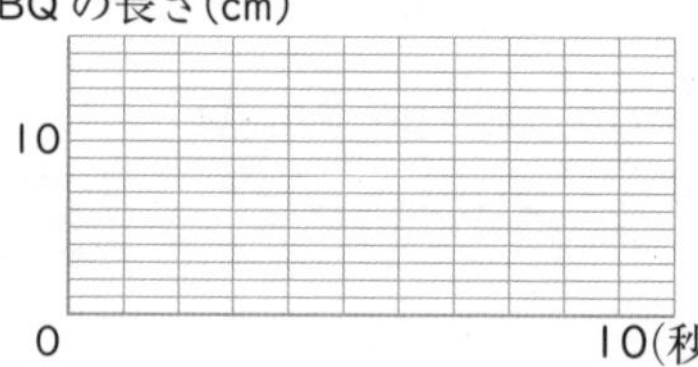

(4) 出発してから 10 秒後までに，AP の長さと BQ の長さの差が 4 cm となるのは何回ありますか。

(　　　　　　)

2【ひもの移動と面積】右の図1のような家があり，家の外側に犬をつなぎます。次のことを利用して，問いに答えなさい。

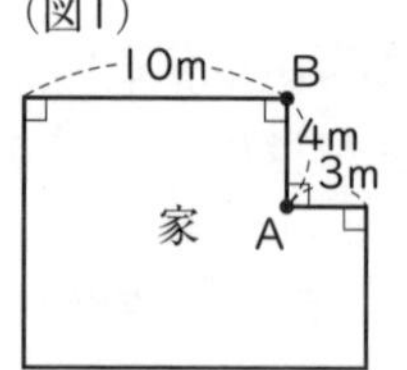

① 図2のような3辺が 3 cm，4 cm，5 cm の直角三角形の1つの角 x を 36° とする。

② 円周率は3とし，犬の大きさは考えないものとする。〔桜美林中〕

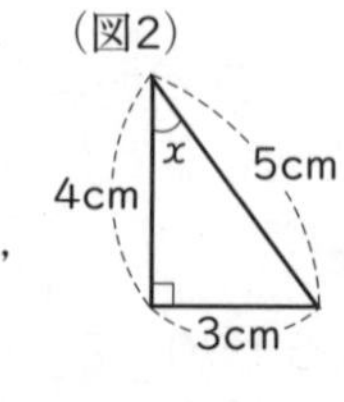

(1) 犬を長さ 4 m のロープで A 地点につないだとき，犬の行動できるはん囲の面積は何 m^2 ですか。

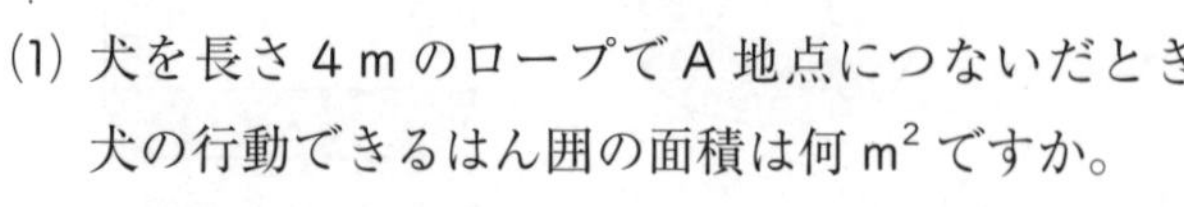

(　　　　　　)

(2) 犬を長さ 8 m のロープで B 地点につないだとき，犬の行動できるはん囲の面積は何 m^2 ですか。

(　　　　　　)

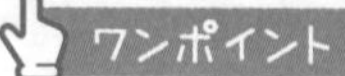

1 (1) 2秒後の点の位置は，

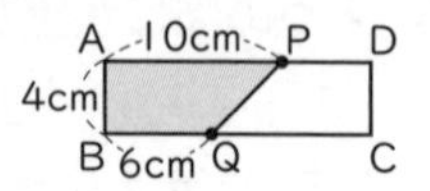

(3) 点 P は 6 秒後に点 A にもどる。点 Q は 10 秒後に点 B にもどる。

注意　点が往復する場合，もとの点からのきょりは，増加→減少→0→増加→…をくり返す。

2 (1) 4 m のロープでつないだときのはん囲は，

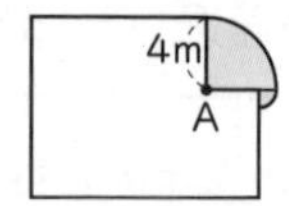

(2) 8 m のロープでつないだときのはん囲は，

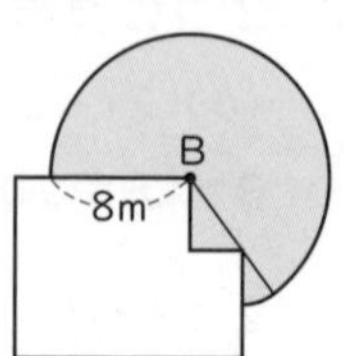

よく出る

3【図形の移動と重なり】右の図のように，正方形 ABCD と直角二等辺三角形 EFG があります。いま，正方形 ABCD を，この図の位置から毎秒 2.5 cm の速さで，BG 上を右の方向にすべらせて動かします。次の問いに答えなさい。

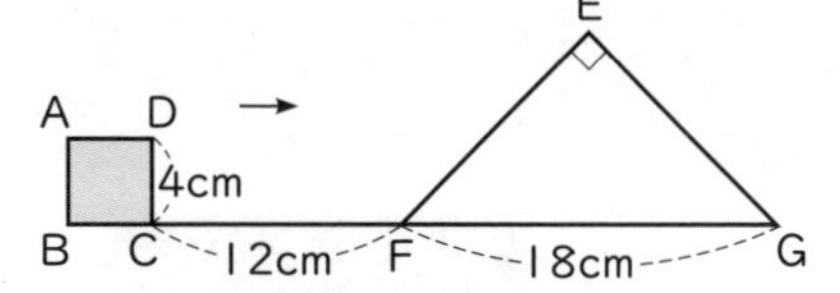

〔慶應義塾中〕

(1) 7 秒後に，この 2 つの図形の重なった部分の面積を求めなさい。

(　　　　　　　)

(2) この 2 つの図形の重なった部分の面積が正方形の面積と等しくなるのは，動き始めてから何秒後から何秒後までですか。

(　　　　　　　)

4【図形の移動】長方形 ABCD を，直線 ℓ 上をすべらないように右回りに 1 回転させ，頂点 A が再び直線 ℓ 上にくるようにしました。

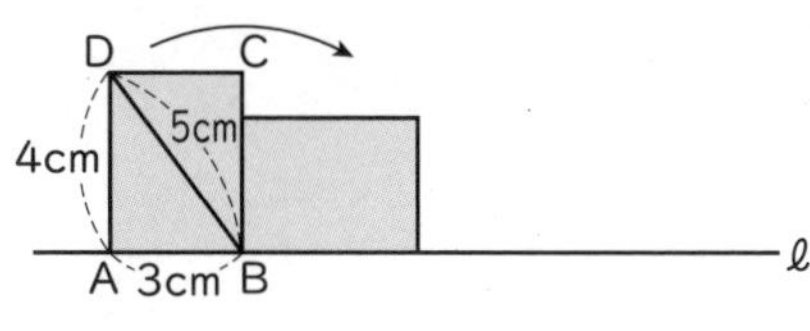

次の問いに答えなさい。円周率は 3.14 とします。〔同志社香里中〕

(1) 頂点 A が動いたあとの長さは何 cm ですか。

(　　　　　　　)

(2) 頂点 A が動いたあとと直線 ℓ で囲まれた部分の面積は何 cm^2 ですか。

(　　　　　　　)

よく出る

5【図形の移動】AB＝4 cm，BC＝3 cm，CA＝5 cm の直角三角形があり，その周りを半径 1 cm の円が，図のように辺に沿ってすべらないように 1 周して，もとの位置までもどります。

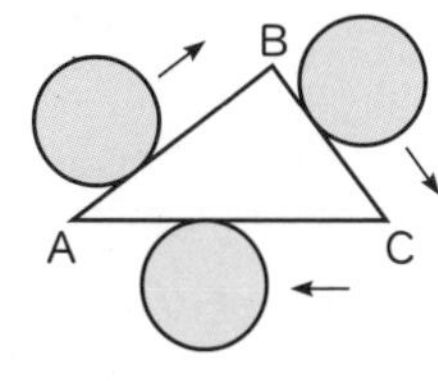

次の問いに答えなさい。円周率は 3.14 とします。〔広島城北中〕

(1) 円の中心が移動する長さを求めなさい。

(　　　　　　　)

(2) 円が通過した部分の面積を求めなさい。

(　　　　　　　)

3 正方形と直角二等辺三角形の重なった部分の形は，下の図のように変化する。

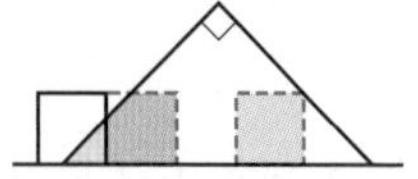

4 頂点 A は，最初は B を中心とした円 B の円周上にある。

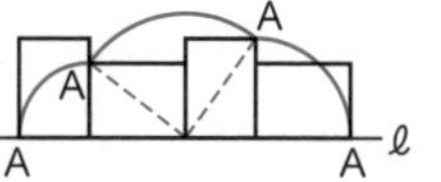

5 三角形の 3 辺の長さが 3 cm，4 cm，5 cm のときは，直角三角形である。円は，2 cm のはばで直角三角形の周りを回る。頂点では，おうぎ形をえがく。

図形

16 立体図形の性質

〔　月　日〕

最重要ポイント

❶ 基本的な立体図形 ★★

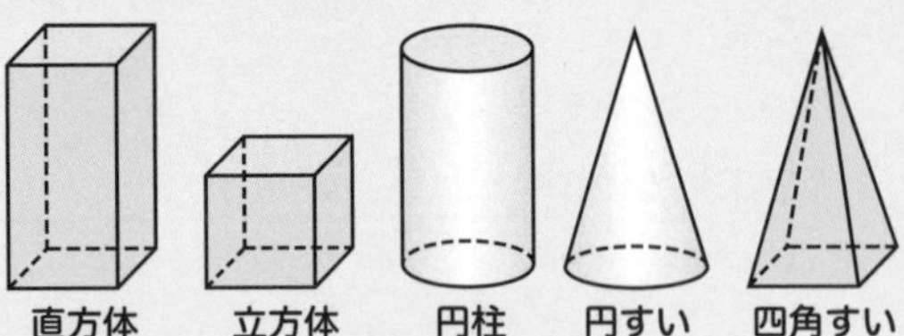

❷ 角柱の面・辺・頂点(ちょうてん)の数の関係 ★★

角柱の面の数＝底面の辺の数＋2

角柱の辺の数＝底面の辺の数×3

角柱の頂点の数＝底面の辺の数×2

❸ 立体図形の表し方 ★★

①**展開図(てんかいず)**…立体を切り開いて，１つの平面上に表した図。

②**投えい図**…真正面から見た図と，真上から見た図を組にして表した図。

❹ 立方体の切断 ★★

立方体をある平面で切ったときの切り口の線を**見取図**や**展開図**に表せるようにしておく。

例題トレーニング

例題 1　直方体の性質（辺の垂直と平行）

右の図は直方体の箱です。〔昭和学院中〕

(1) 辺 AB に垂直(すいちょく)な辺は全部で何本ありますか。

(2) 辺 AD と平行な辺をすべて求めなさい。

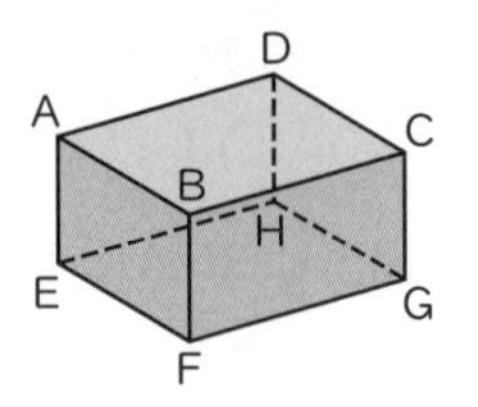

 となりあった辺は垂直，向かいあった辺は平行。

解き方と答え

(1) 辺 AD，辺 AE，辺 BC，辺 BF が，それぞれ辺 AB と垂直になっている。

答 4本

(2) 辺 AD をふくむ長方形の面で辺 AD と向かいあう辺となっているものを，図から選ぶ。

答 辺 BC，辺 EH，辺 FG

例題 2　投えい図

ある１つの方向から見たとき，右の図のように見えるのは，次の**ア**～**エ**のどれですか。考えられるものすべてを記号で答えなさい。〔早稲田実業学校中〕

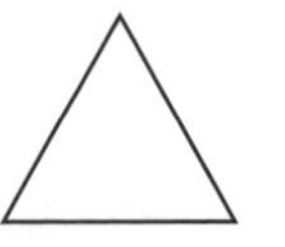

ア 円すい　**イ** 三角柱　**ウ** 四角すい　**エ** 四角柱

 真正面，真上，真横の方向から見た場合を考える。

解き方と答え

アと**ウ**は真正面から，**イ**は真上から見る。

答 **ア**，**イ**，**ウ**

要点チェック

●直方体・立方体

①見取図

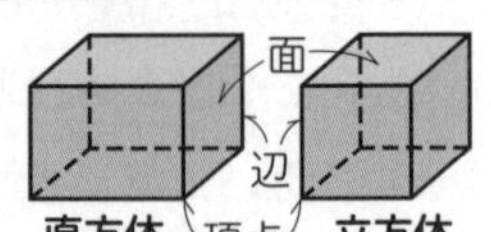

②直方体・立方体では，辺や面の垂直と平行についてよく覚えておく。

●角柱と円柱

①底面が多角形で，柱のような形を**角柱**という。底面の形によって，三角柱，四角柱，五角柱，……という。

②底面が円で，柱のような形を**円柱**という。

例

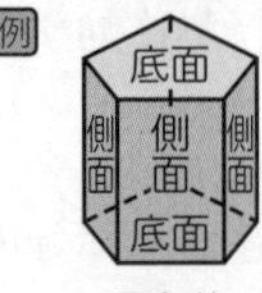

例題 3 展開図

右の図は立方体の展開図です。この展開図を組み立てて立方体をつくります。

次の問いに答えなさい。

(1) **エ**と平行になる面を**ア**～**カ**から選びなさい。

(2) 頂点 C と重なる頂点をすべて書きなさい。

(3) 辺 AN と重なる辺を書きなさい。

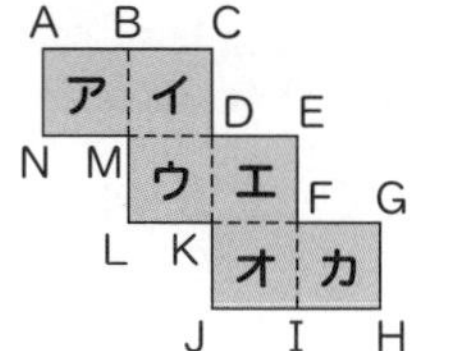

 (1) エの面を底面にして，組み立ててみる。

(2) 重なる頂点を点線で結んでみる。

解き方と答え (1) 立方体を組み立てると，右の図のようになる。

 ア

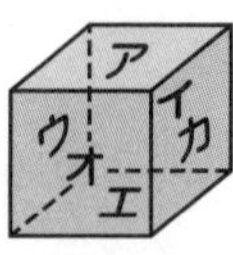

(2) 重なる頂点は右の図のようになる。

答 頂点 E，頂点 G

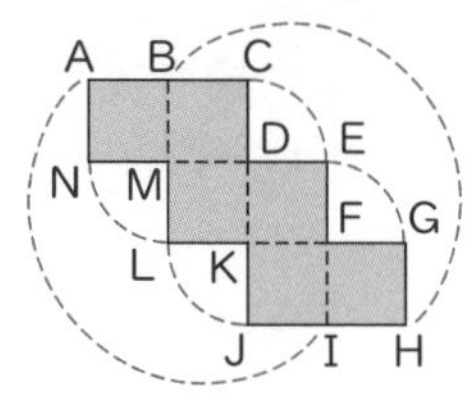

(3) 頂点 A は I に，N は J に重なるから，辺 AN は辺 IJ に重なる。

答 辺 IJ

例題 4 立方体の切断と展開図

右の図のように，立方体に線をひきました。下の図のうち，立方体の展開図になっているものすべてに，残りの線をかき入れなさい。 〔滝中〕

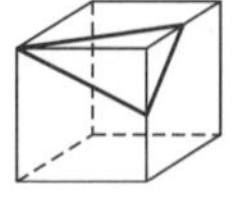

ア
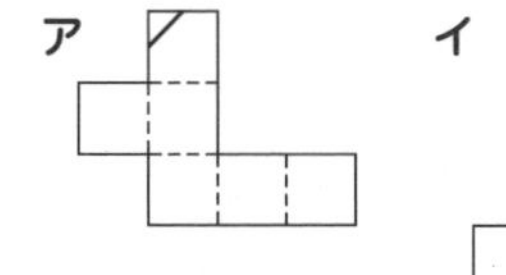

イ
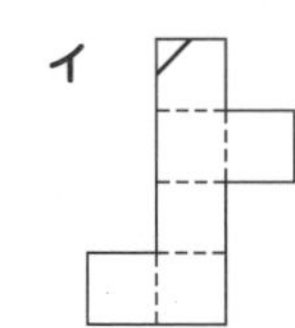

ウ
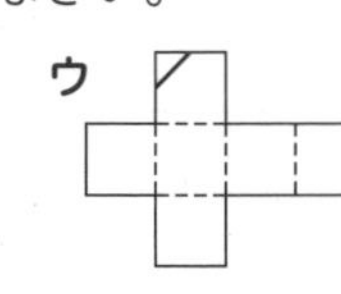

エ
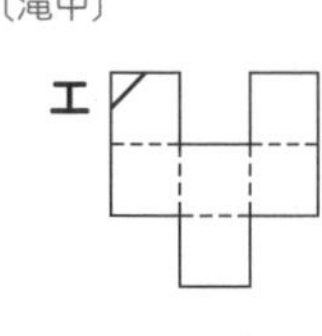

解法のコツ 展開図の中に，重なる点を点線で結んでみる。

解き方と答え 展開図を組み立てたときに立方体ができるのは，**イ**と**ウ**である。重なる点を点線で結び，線の位置を考える。

答 イ ウ

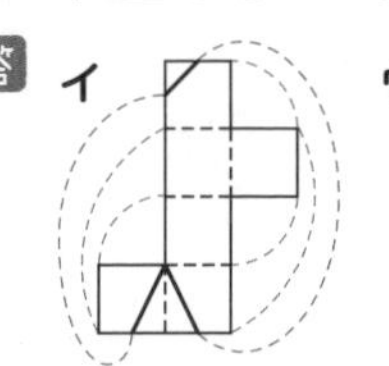

●角すい・円すい

①底面が多角形で，上底が1点になっている立体を**角すい**という。底面の形によって，三角すい，四角すい，五角すい，……という。

②底面が円で，上底が1点になっている立体を**円すい**という。

例

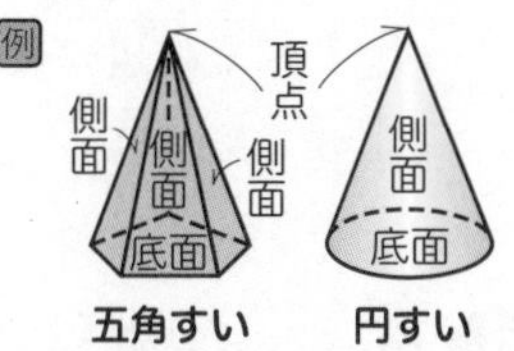

●展開図と重なる頂点・辺

例 次の直方体の展開図で，点線は重なる頂点，記号はそれぞれ重なる辺を示す。

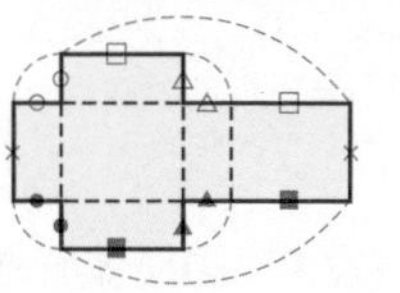

●投えい図

真正面から見た図と真上から見た図をあわせて，**投えい図**という。

例 三角柱

真正面から見た図

真上から見た図

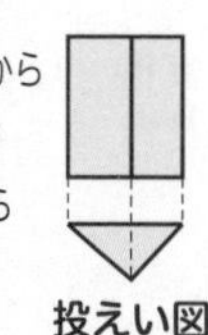

●立方体の切断(切り口)

例

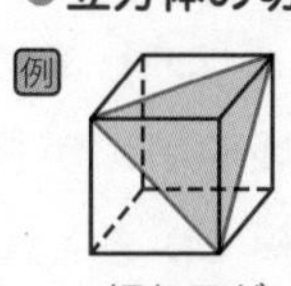
切り口が正三角形

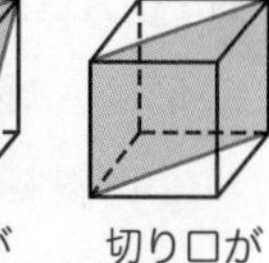
切り口が長方形

実力強化編 数と計算 変化と関係 図形 文章題 実戦力強化編 思考力強化編 入試完成編

実力問題

〔　月　日〕

図形　解答18ページ

1【立方体の性質】次の説明文で，立方体について書いてある文をすべて選び，記号で答えなさい。〔金城学院中〕

ア 頂点(ちょうてん)の数は10個である。

イ 平面の数は6枚(まい)である。

ウ 辺の数は8本である。

エ 側面は底面に垂直(すいちょく)になっている。

オ すべての辺の長さは同じである。

（　　　　）

2【円すいの展開図(てんかいず)】右の図のような円すいがあります。底面の円周上の点Aから，糸を側面上で一周させました。糸は最も短い場合で何cm必要ですか。〔慶應義塾中〕

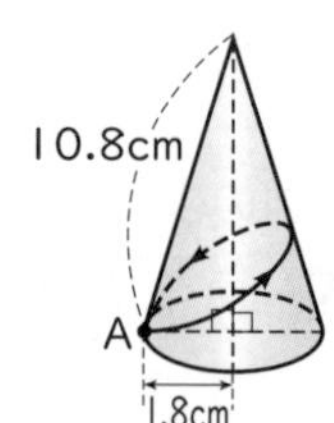

（　　　　）

3【投えい図】体育館の模型(もけい)を作りました。図1は，模型を正面から見た図で，図2は，模型を真横(➡印の方向)から見た図です。この模型を真上から見た図を図Aにかきなさい。〔お茶の水女子大附中〕

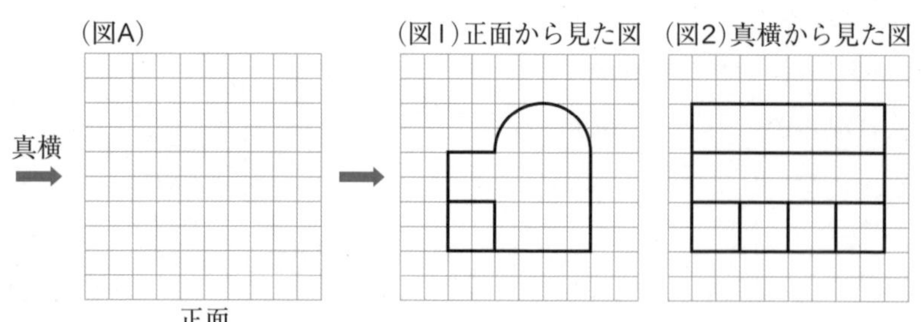

4【立方体の切断】下の図のような立方体があります。一方の三角形は，展開図にかき入れてあります。他方の三角形を展開図①，②に斜線(しゃせん)でかき入れなさい。〔福山暁の星女子中〕

立方体

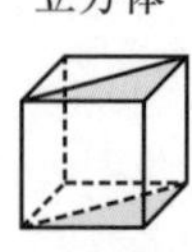

展開図①

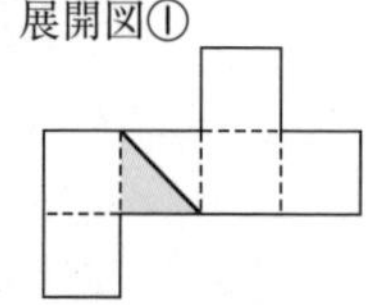

展開図②

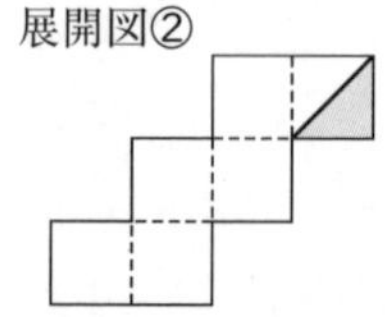

ワンポイント

1 直方体と立方体について，

頂点の数…8

辺の数…12

面の数…6

2 糸の通る線を，展開図上に表してみる。

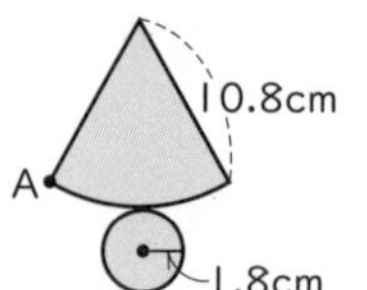

3 体育館の模型の見取図をかいてみる。それを真上から見る。

4 展開図を組み立てたとき，三角形のかかれた面と向かいあう面を見つけ，三角形の向きを考える。

よく出る

5【立方体の切断と展開図】立方体の３つの頂点Ａ，Ｃ，Ｆを線で結ぶとき，この線を展開図に記入しなさい。〔東海大付属大阪仰星高中〕

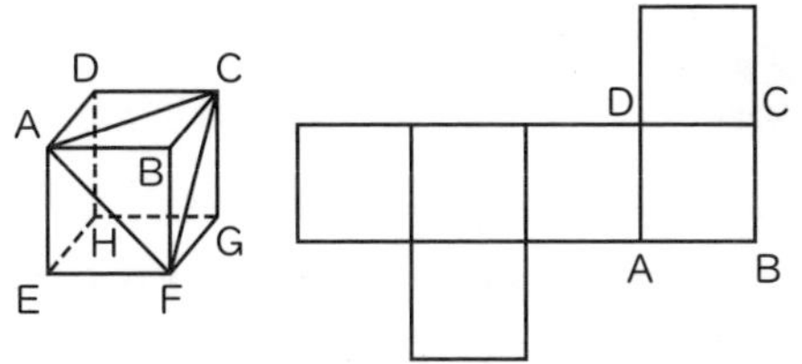

5 展開図に，わかりやすい順に重なる頂点を点線で結んでみる。そして，頂点の記号を書き入れる。

よく出る

6【立方体を積んだ形】右の図は体積の等しい立方体を 64 個用いて作られた立方体です。この立方体の表面に色をぬった後，64 個の立方体を，再びばらばらにしたとき，次の問いに答えなさい。〔履正社学園豊中中〕

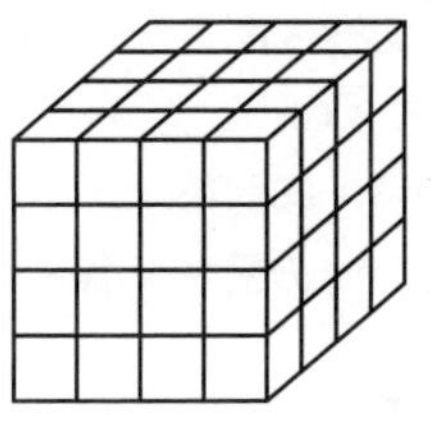

(1) ３つの面に色がぬられた立方体は何個あるかを求めなさい。

(　　　　　　)

(2) ２つの面に色がぬられた立方体は何個あるかを求めなさい。

(　　　　　　)

(3) 色がぬられていない面は全部で何面あるかを求めなさい。

(　　　　　　)

6 (1) ３つの面に色がぬられているのは，大きな立方体で頂点の部分にあたる立方体である。
(3) 64 個の立方体の面の総数は (6×64) 面ある。

7【展開図】右の図１の展開図からできる立方体を６つ組み合わせ，図２のような立体を作ります。この立体の表面の数字の和はいくつですか。〔大妻中〕

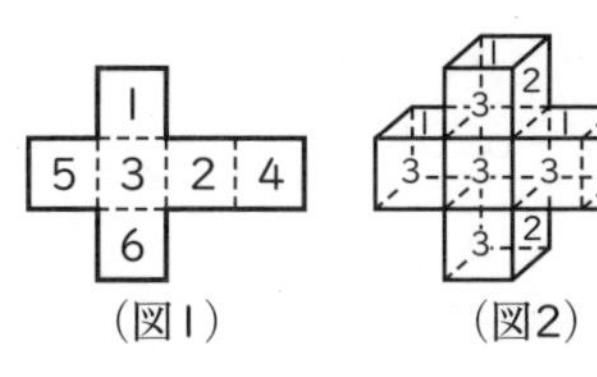

(図1)　(図2)

(　　　　　　)

7 この展開図を組み立てた立方体は，１と６，２と５，３と４がそれぞれ向かいあっている。

8【投えい図】各面を黒くぬった，１辺が１cm の立方体を，すきまなく積み上げてつくった立体があります。下の図は，この立体を真上，正面，側面から見た図です。体積が最も小さくなるとき，積み上げられた立方体の個数を求めなさい。〔開成中－改〕

(真上から見た図)　(正面から見た図)　(側面から見た図)

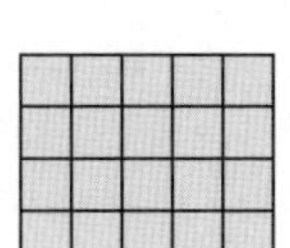
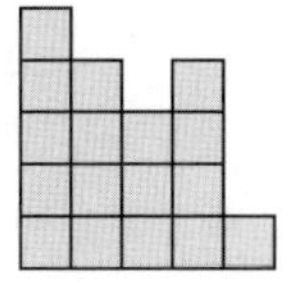
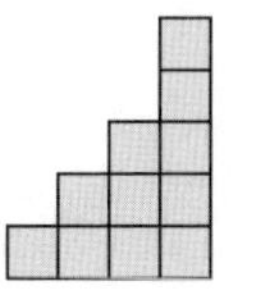

(　　　　　　)

8 高さ別に分けて，かぞえていく。
５個は，１列
４個は，２列
⋮　　⋮

図形

17 体積・表面積

〔　月　日〕

最重要ポイント

1 体積を求める公式 ★★★

立方体の体積＝1辺×1辺×1辺

直方体の体積＝縦(たて)×横×高さ

角柱・円柱の体積＝底面積×高さ

角すい・円すいの体積＝底面積×高さ÷3

2 表面積・側面積の求め方 ★★★

角柱・円柱の表面積＝側面積＋底面積×2

角柱・円柱の側面積＝底面の周の長さ×高さ

3 複雑な立体の体積 ★★

複雑な立体の体積は，いくつかの基本的な立体の体積の和や差として，求めることができる。

4 回転体の体積 ★★

回転体の体積は，円柱や円すいをもとにして，求めることができる。

5 展開図(てんかいず)からの求積 ★★

底面となる面から，できる立体の形を考える。

例題トレーニング

例題1 円柱の体積と表面積

右の図は，底面の円の半径が 10 cm，高さが 22 cm の円柱です。円周率は 3.14 とします。このとき，円柱の体積と表面積を求めなさい。〔共立女子第二中〕

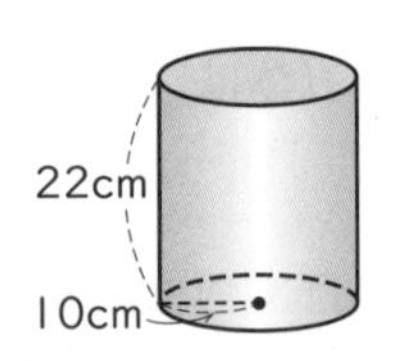

解法のコツ　立体の表面積は，その立体の展開図の面積である。

解き方と答え　底面積は，$10\times10\times3.14=314(cm^2)$

よって，体積は，$314\times22=6908(cm^3)$

側面積は，

$22\times(10\times2\times3.14)=1381.6(cm^2)$

表面積は，$1381.6+314\times2=2009.6(cm^2)$

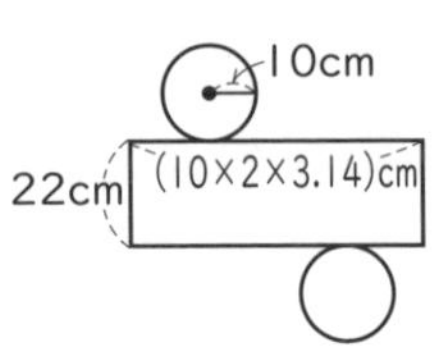

答 体積…6908 cm^3，表面積…2009.6 cm^2

例題2 くりぬいた立体の体積

右の図のように，立方体から3つの同じ形の直方体をくりぬいた立体の体積を求めなさい。〔土佐塾中〕

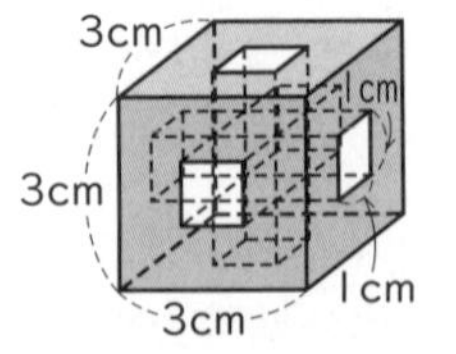

解法のコツ　立方体の体積－くりぬいた部分の体積

解き方と答え　1辺 3 cm の立方体の体積から，右の図のような直方体の体積を3つ分ひくと，色のついた立方体の体積を2つ分多くひくことになるから，

$3\times3\times3-(1\times1\times3)\times3+(1\times1\times1)\times2=20(cm^3)$

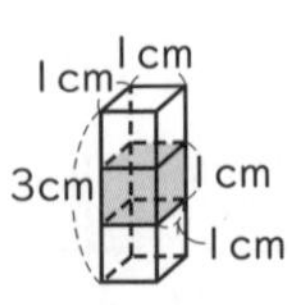

答 20 cm^3

要点チェック

●**角柱・円柱の表面積と体積**

①角柱や円柱の表面積は，それぞれの展開図の面積と同じになる。

②底面の面積を**底面積**，側面全体の面積を**側面積**という。

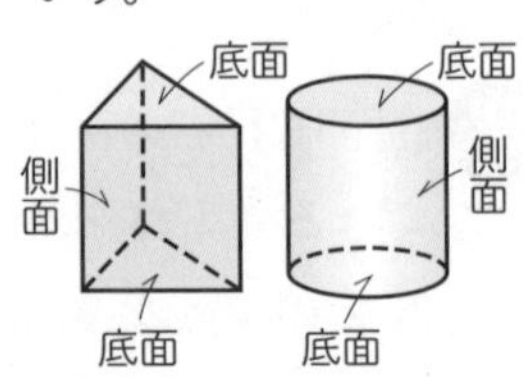

●**複雑な立体の体積・表面積**

①体積は，いくつかの部分に分けて，体積の和を求める方法と，へこんだ部分をもとの立体から切り取った部分とみて，体積の差から求める方法がある。

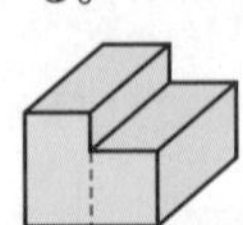
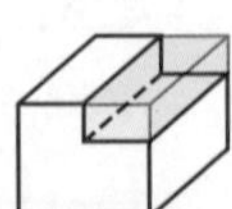

②表面積は，もとの立体の表面積からの増減を考える。

例題 3　複雑な立体の表面積・体積

右の立体の表面積と体積を求めなさい。ただし，四角形 ABCD は台形，三角形 BEC は直角三角形で，側面の 5 つの四角形はすべて長方形です。

〔白陵中〕

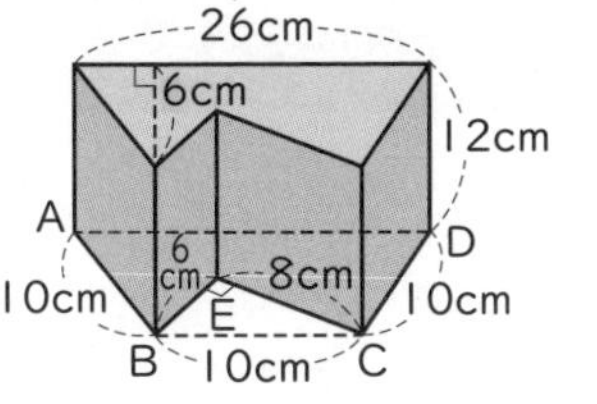

解法のコツ　この角柱の側面積は，底面の周の長さ×高さ

底面積は $(10+26)\times6\div2-6\times8\div2=84(\text{cm}^2)$

側面積は $(10+6+8+10+26)\times12=720(\text{cm}^2)$ だから，
（$10+6+8+10+26$：底面の周の長さ，12：高さ）

表面積は，$720+84\times2=888(\text{cm}^2)$

体積は，$84\times12=1008(\text{cm}^3)$
（84：底面積，12：高さ）

答 表面積…888 cm^2，体積…1008 cm^3

例題 4　回転体の体積

右の図のような台形 ABCD を，直線 AB を軸として 1 回転させたときにできる立体の体積を求めなさい。ただし，円周率は 3.14 とし，小数第 2 位を四捨五入して小数第 1 位まで求めなさい。

〔浅野中〕

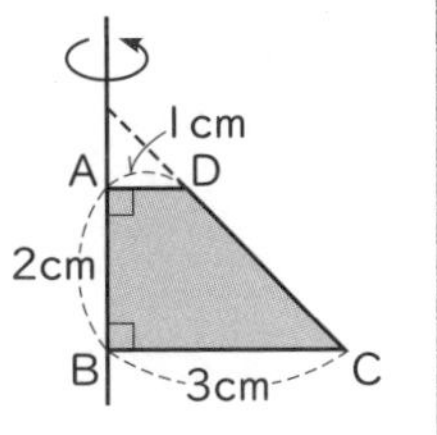

解法のコツ　1 回転させてできる回転体は，円すい台である。

右の図のように，点 E をとると，

EA：EB＝AD：BC＝1：3 より，EA＝1 cm

$3\times3\times3.14\times3\div3-1\times1\times3.14\times1\div3$

$=27.2\cancel{1}\cdots\rightarrow27.2$

答 27.2 cm^3

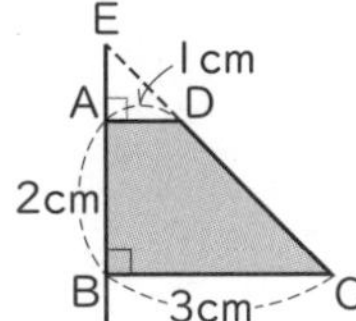

例題 5　展開図からの求積

右の展開図からできる立体について，表面積を求めなさい。

〔白陵中－改〕

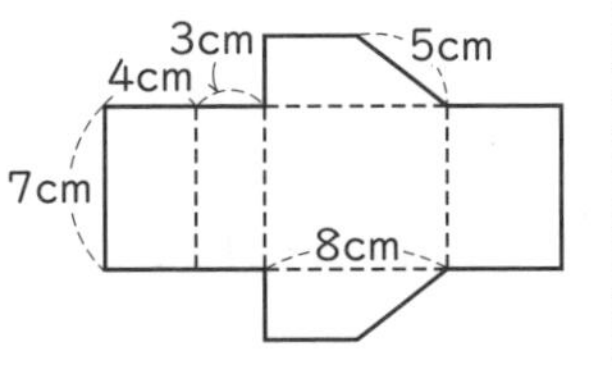

解法のコツ　展開図の面積が，その立体の表面積である。

側面積は $7\times(4+3+8+5)=140(\text{cm}^2)$

底面積は $(4+8)\times3\div2=18(\text{cm}^2)$ だから，

$140+18\times2=140+36=176(\text{cm}^2)$

答 176 cm^2

●角すい・円すいの表面積と体積

①角すいや円すいの表面積は，それぞれの展開図の面積と同じになる。

②円すいの側面は**母線**を半径とするおうぎ形になる。

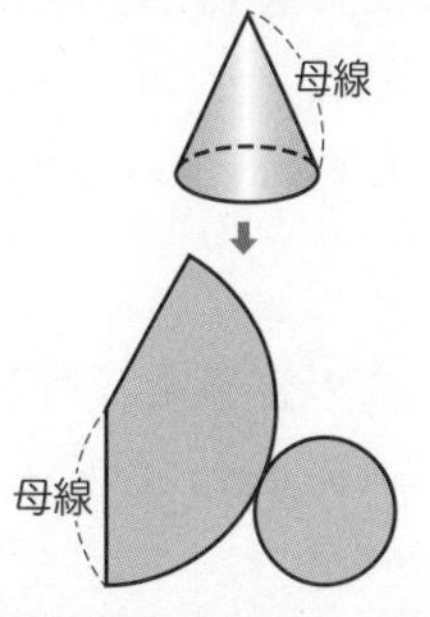

重要　円すいの側面積

母線を半径とする円の面積×$\dfrac{\text{半径}}{\text{母線}}$

●回転体の体積

① 1 つの直線(**回転の軸**)のまわりに 1 回転させてできる立体を**回転体**という。

②回転体の体積は，円柱や円すいの体積をもとにして考える。

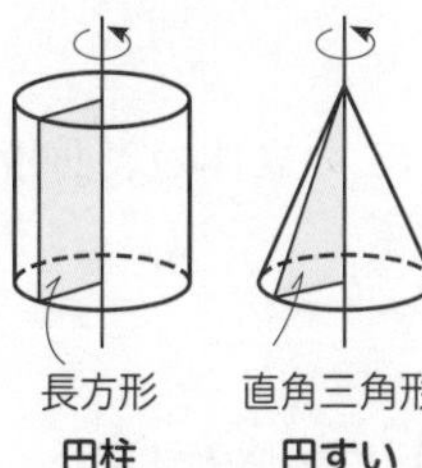
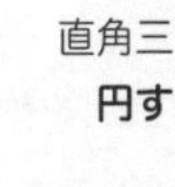

実力問題

〔　月　日〕

図形　解答 19 ページ

よく出る

1【角柱の体積】右の図のように，容器の中に深さ半分のところまで，水がはいっています。次の問いに答えなさい。ただし，この容器から水が外に出ることはありません。〔立教池袋中〕

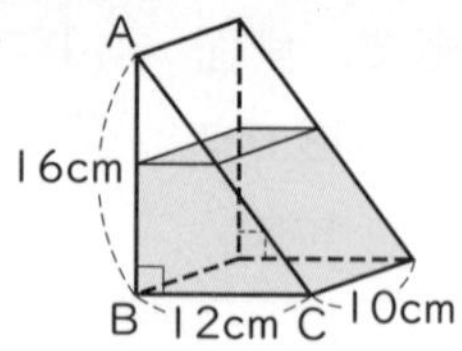

(1) はいっている水は何 cm^3 ですか。

（　　　　　）

(2) この容器を三角形 ABC の部分が底になるように置くと，深さは何 cm になりますか。

（　　　　　）

2【複雑な立体の体積】右の図の立体は，直方体から円柱の半分をくりぬいたものです。この立体の体積は何 cm^3 ですか。円周率は 3.14 として計算しなさい。〔帝塚山学院中〕

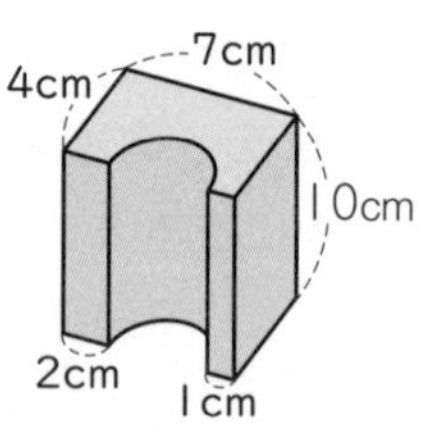

（　　　　　）

よく出る

3【複雑な立体の体積・表面積】右のような直方体を組み合わせてつくった立体があります。次の問いに答えなさい。〔神戸女学院中〕

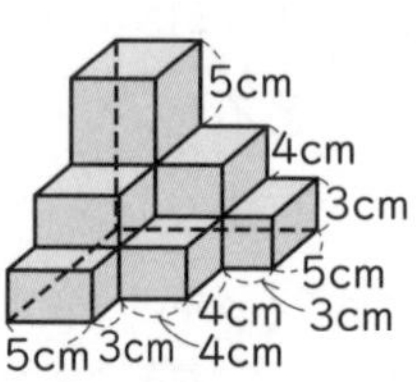

(1) この立体の体積を求めなさい。

（　　　　　）

(2) この立体の表面積を求めなさい。

（　　　　　）

4【回転体の体積】右の図のような平行四辺形を，直線 ℓ を軸（じく）として 1 回転させたときにできる立体の体積を求めなさい。ただし，円周率は 3.14 とします。〔浅野中〕

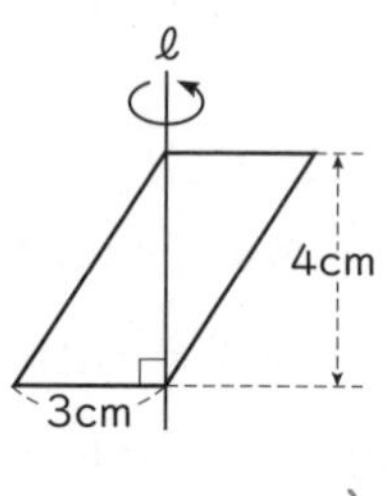

（　　　　　）

ワンポイント

1 (1)水のはいっている部分は，底面が台形，高さが 10 cm の四角柱になる。
(2)三角柱とみて，深さを求める。

2 くりぬいたのは，半径 2 cm，高さ 10 cm の円柱の半分である。

3 (2)前から見える面と後ろから見える面のように，反対方向から見える部分の面積は等しい。

4 どのような回転体ができるのかを，まず考える。

5 【展開図からの求積】右の図はある立体の展開図です。記入してある長さの単位はすべて cm として，この立体の体積を求めなさい。〔青雲中〕

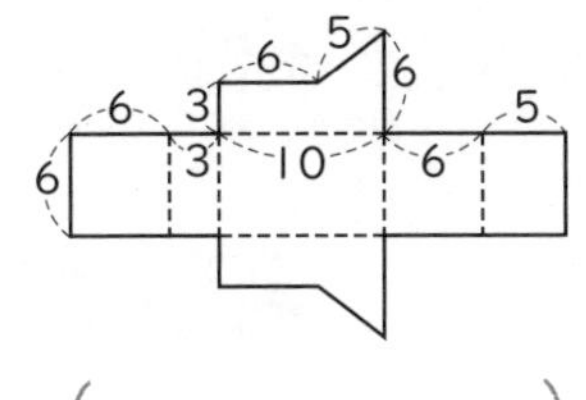

(　　　　)

6 【直方体の体積】右の図のような，3つの面の面積が 24 cm²，32 cm²，48 cm² の直方体の体積を求めなさい。求め方も書きなさい。〔筑波大附中〕

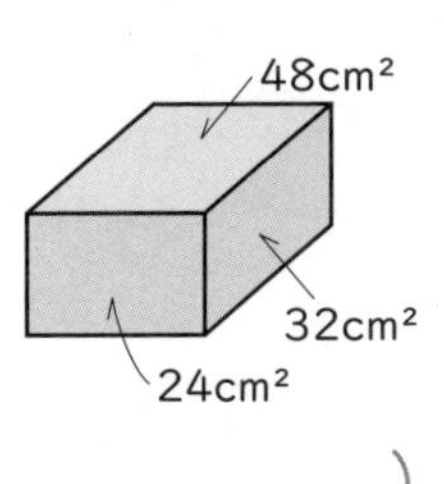

(　　　　)

7 【投えい図からの求積】三角柱㋐と直方体㋑と円柱の半分の立体㋒が組み合わさっている立体があります。右の図はこの立体を真上から見た図です。㋐の高さは㋑の高さの2倍で，㋒の高さは 8 cm です。この立体全体の体積が 1814 cm³ のとき，㋑の高さを求めなさい。ただし，円周率は 3.14 とします。〔昭和学院秀英中〕

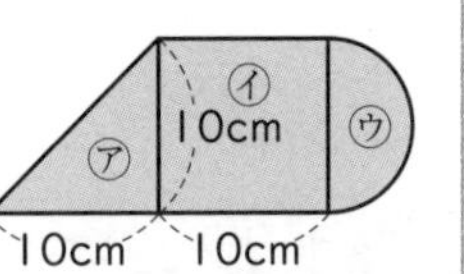

(　　　　)

8 【比と体積】右の図のように，円柱の形をした容器 A，B に水がはいっています。容器 A，B の底面の半径は，それぞれ 12 cm，8 cm です。円周率を 3.14 として，次の問いに答えなさい。〔明治大付属中野中〕

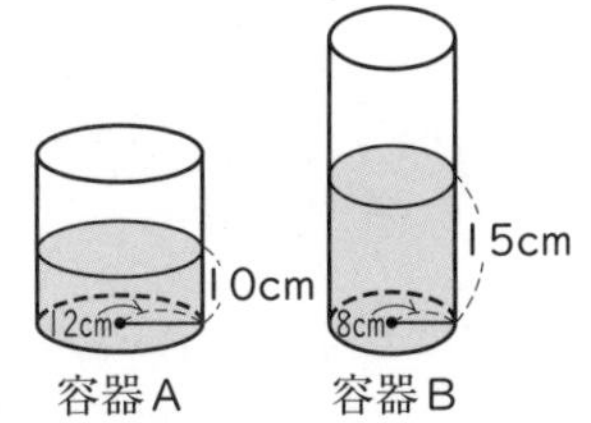

(1) A の水の量と B の水の量を，最も簡単な整数の比で表しなさい。

(　　　　)

(2) A に石を入れると石は水の中に完全にしずみ，B の水面の高さと等しくなりました。また，この石を B に入れると石は水の中に完全にしずみ，ちょうどいっぱいになりました。B の容器の高さを求めなさい。

(　　　　)

9 【階段状の立体の体積】右の図のように，直方体を組み合わせて階段状の立体を作りました。その表面積が 1520 cm² のとき，体積を求めなさい。〔帝京大中〕

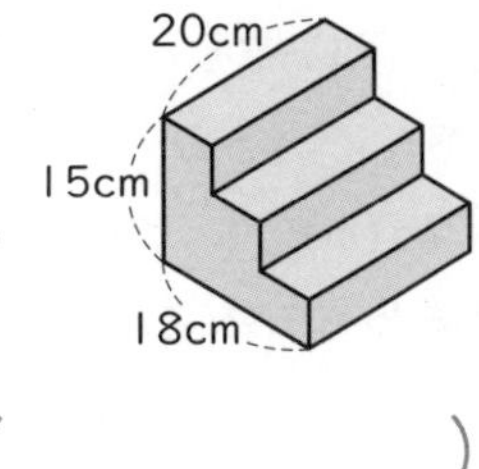

(　　　　)

5 体積＝底面積×高さ

注意 どの面を底面にすれば，簡単に計算できるか考える。

6 下の図のように，縦，横，高さの長さを a cm，b cm，c cm とすると，$a \times b = 48$ である。

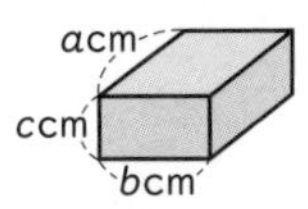

7 ㋐の底面積は㋑の底面積の半分で，㋐の高さは㋑の高さの2倍だから，㋐と㋑の体積が等しくなる。

8 (2)石の体積は，斜線部分の水の体積と等しい。

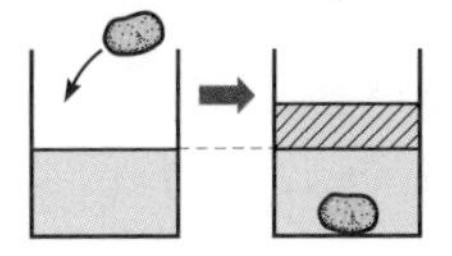

9 下の図の部分を底面とする角柱とみて，この底面積を求める。

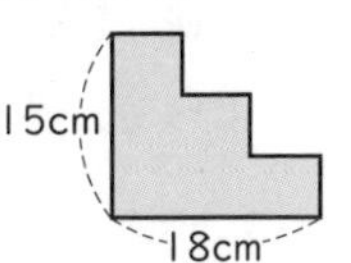

実力強化編 数と計算 変化と関係 図形 文章題 実戦力強化編 思考力強化編 入試完成編

図形

18 2量の関係を表すグラフ

〔　　月　　日〕

最重要ポイント

1 進行グラフ ★★

横軸に時間，縦軸に道のりをとって表した，速さに関するグラフ。速さが一定のときは，グラフは一直線であるが，速さが変化すると，グラフは折れ曲がる。

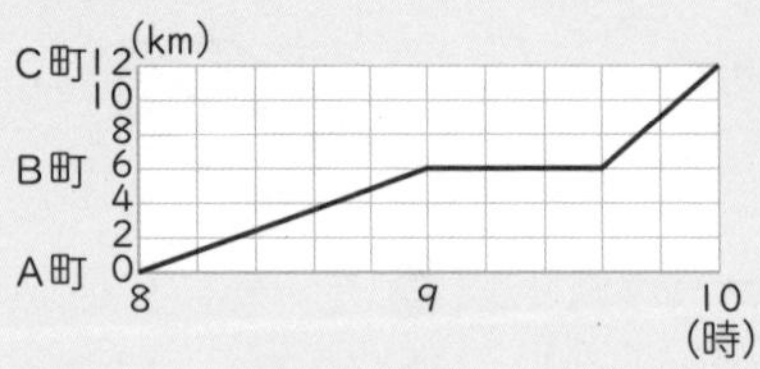

2 水量グラフ ★★

容器の中に，一定の割合で水を入れるときの，時間と水量(水面の高さ)を表したグラフ。入れる水の量や容器の底面積が変化すると，グラフは折れ曲がる。

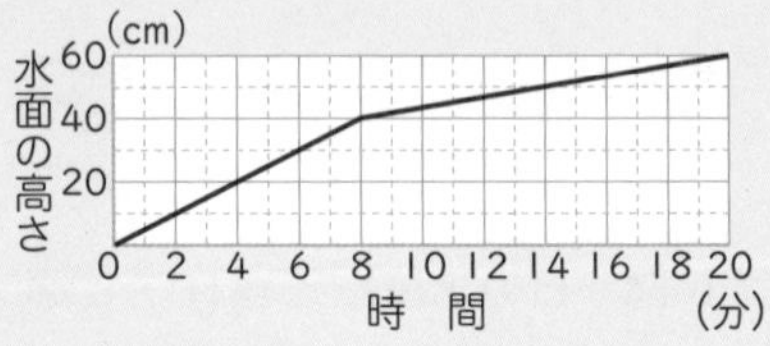

例題トレーニング

例題 1 進行グラフ

Aさんは家から1500 mはなれたスーパーまで行き，牛乳を買ってから同じ道を通って家に帰りました。右のグラフは，Aさんが家を出発してからの時間とAさんと家とのきょりの関係を表したものです。次の問いに答えなさい。　〔プール学院中〕

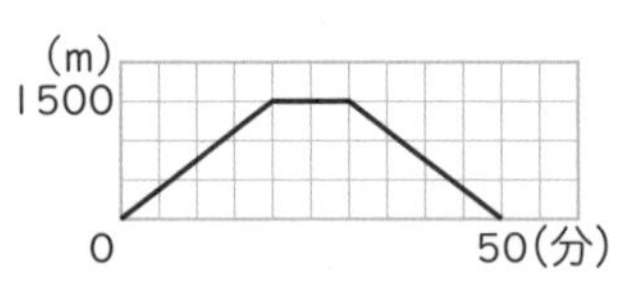

(1) スーパーにいた時間は何分間か求めなさい。

(2) 家を出発してから42分後，Aさんと家とのきょりは何mか求めなさい。

解法のコツ グラフの傾き方に注目する。

(1) スーパーにいたのはグラフの傾きが平らになっている間なので，10分間

答 10分間

(2) 家に帰ったのは家を出発してから50分後なので，あと8分で家に着くところにいる。
スーパーを出てから家に帰るときの速さは，1500 mのきょりを20分で進んでいるので，
分速 1500÷20＝75(m)
よって，家まではあと，75×8＝600(m)

答 600 m

要点チェック

●進行グラフ

速さ・時間・道のりの関係は，グラフに表すと，その変化のようすがよくわかる。

例 往復を表すグラフ

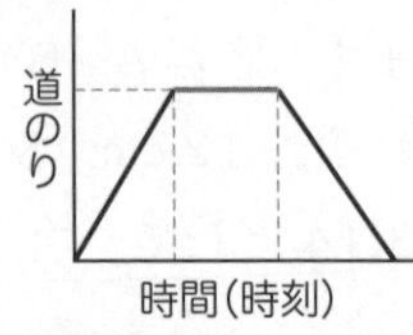

①直線で表されている部分は，同じ速さで進んでいる。

②直線と横軸がつくる角の大きさが，大きいほど速く進み，小さいほどゆっくり進む。

③直線が横軸に平行なときは，止まっている。

例題 2 水量グラフ ①

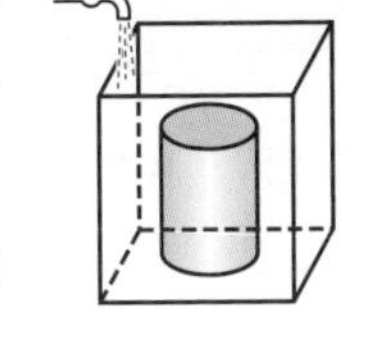

深さが 20 cm の直方体の容器があります。いま，この容器に右の図のように円柱のおもりを置き，毎秒 50 cm^3 の割合(わりあい)で水を入れました。グラフは水を入れ始めてから 27 秒後までの水の深さを表しています。〔大阪教育大附属平野中－改〕

(1) 水を入れ始めてから何秒で，容器はいっぱいになりますか。

(2) この円柱のおもりの体積を求めなさい。

解法のコツ グラフの直線が折れる点から，円柱の高さは 10 cm

(1) 15 秒後から 1 cm 上がるのに，

(27－15)÷(16－10)＝2(秒) かかる。

27 秒後からも同じように上がっていくから，

2×(20－16)＋27＝35(秒)

答 35 秒

(2) おもりがあるときは 10 cm 上がるのに 15 秒かかるから，

おもりがないときとの差は，2×10－15＝5(秒)

よって，円柱の体積は 5 秒で入れる水の量と等しいから，

50×5＝250(cm^3)

答 250 cm^3

例題 3 水量グラフ ②

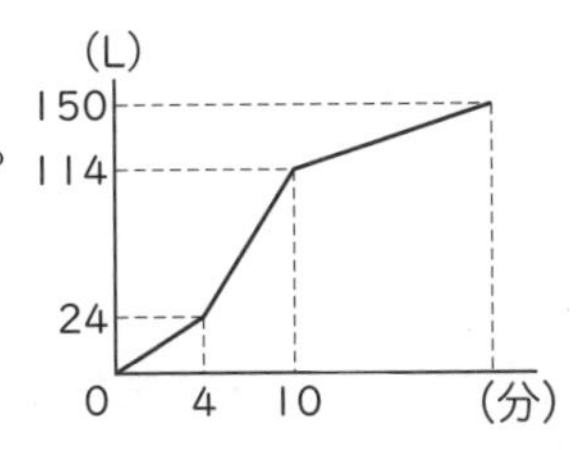

毎分一定量の水を入れることができるじゃ口 A とじゃ口 B があります。150 L の水そうにじゃ口 A から水を入れ始め，4 分後にじゃ口 B からも水を入れます。さらに，水を入れ始めてから 10 分後に水そうのせんを抜き，毎分 12 L ではい水します。右のグラフはその様子を表したものです。この水そうがいっぱいになるのは何分後ですか。〔公文国際学園中〕

解法のコツ はい水中にはいる水の量を求める。

解き方と答え

A と B 合わせて 10－4＝6(分間) で 114－24＝90(L) はいっているので，1 分間ではいる水の量は，90÷6＝15(L)

よって，はい水中にはいる水の量は，15－12＝3(L)

10 分後から水そうがいっぱいになるまで，

(150－114)÷3＝12(分間) となる。

水そうがいっぱいになるのは，10＋12＝22(分後)

答 22 分後

●水量グラフ

①底面積がある深さのところで変わる容器の中に水を入れていくと，水面の高さの増え方はとちゅうで変化する。

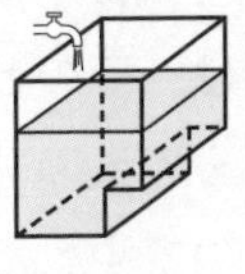

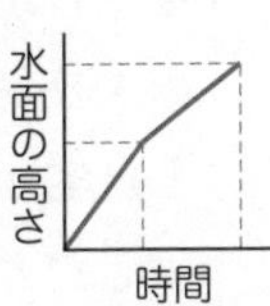

②しきりのある容器の中に水を入れるとき，水面の上がらない(グラフの傾(かたむ)きが平らになる)部分がある。

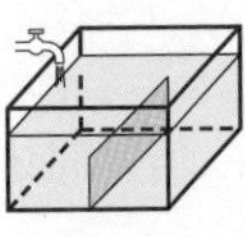

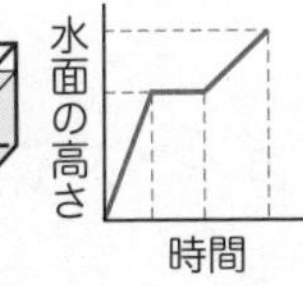

③ 2 つの管を使って容器に水を入れるとき，2 管を使う場合と 1 管を使う場合で，水面の高さの増え方はとちゅうで変化する。

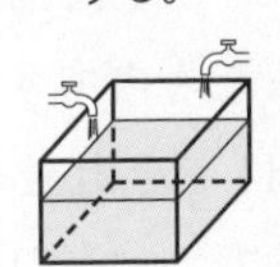

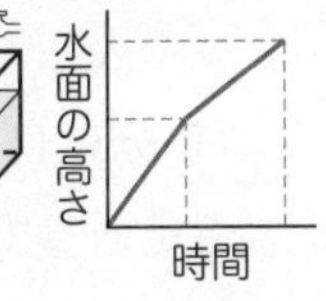

実力問題

〔　月　日〕

図形　解答 20 ページ

よく出る

1【進行グラフ】たろうさんが自宅から 5 km はなれた駅へ，弟をむかえに行きました。右のグラフは，そのときの時間と自宅からの道のりの関係を表したものです。たろうさんは 8 時に自宅を出発し，とちゅう 2 km の所で何分か休けいし，その後，弟のとう着予定の 9 時に着こうと，毎分 125 m の速さで歩き始めました。次の問いに答えなさい。

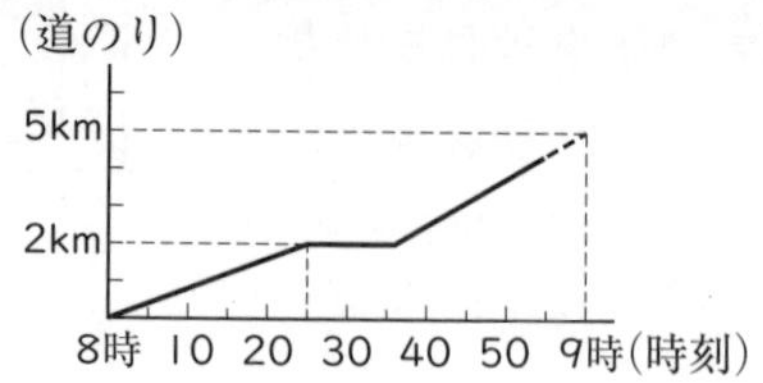

〔日向学院中－改〕

(1) 最初に毎分何 m の速さで歩いていましたか。

(　　　　　)

(2) とちゅう，何分間休けいしましたか。

(　　　　　)

2【進行グラフ】姉と妹が，それぞれ自転車で自宅から駅まで行きました。右のグラフは姉の走ったようすを表したものです。妹は 10 時 10 分に自宅を出発し，姉と同じ道を通って，一定の速さで走りました。とちゅう，姉が休んでいる間に妹は姉に追いつきましたが，そのまま走り続けました。次の問いに答えなさい。

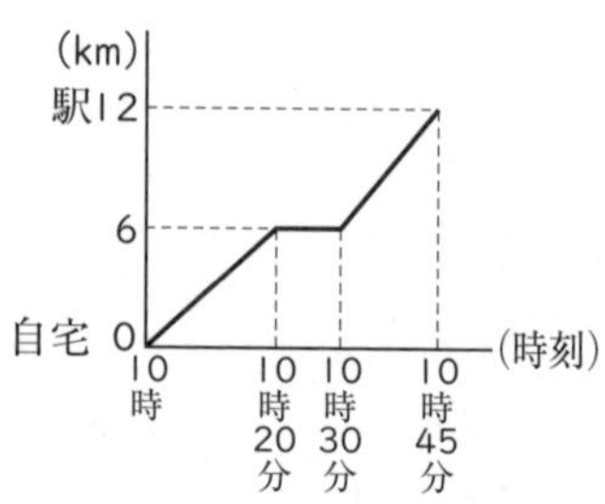

〔武庫川女子大附中〕

(1) 姉が自宅から休むまでの自転車の速さは分速何 m ですか。

(　　　　　)

(2) 姉が休んでいた時間の，ちょうどまん中で追いついたとき，妹の速さは分速何 m ですか。

(　　　　　)

(3) 姉が駅に着く 3 分前に妹が駅に着いたとき，妹の速さは分速何 m ですか。

(　　　　　)

ワンポイント

1 (2)休けい後，駅までの残り 3 km を，毎分 125 m で歩く予定だったので，かかる時間が求められる。

2 (1)グラフから，20 分間に 6 km 進むことがわかっている。
(2)妹は，10 時 10 分から 10 時 25 分の 15 分間に 6 km 走ったことになる。
(3)妹は 10 時 10 分に自宅を出発して，10 時 42 分に駅に着くことがわかる。

注意 進行グラフで，直線が横軸(よこじく)に平行なときは，止まっている(休んでいる)ことを表している。

よく出る

3 【水量グラフ】下の図のような水そうに，毎分一定量の水を注ぎます。このときいちばん深いところではかった水の深さと，水を入れ始めてからの時間との関係を，右上のグラフに表しました。次の問いに答えなさい。〔学習院中〕

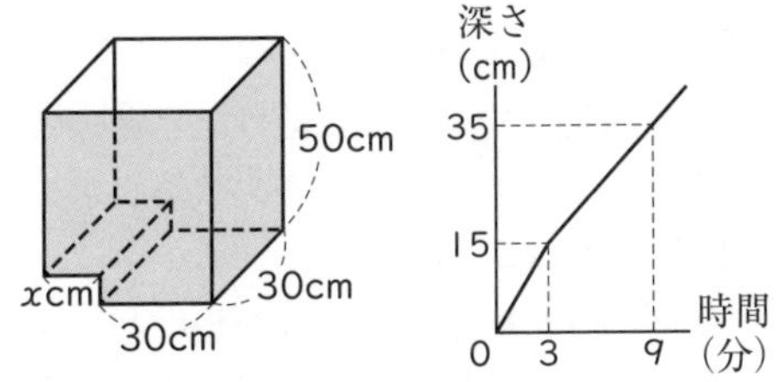

(1) 水を毎分何L注いでいますか。

(　　　　　　)

(2) 図の x で表されている長さは何 cm ですか。

(　　　　　　)

(3) この水そうを満水にするには何分かかりますか。

(　　　　　　)

3 (1) 1分間にはいる水の量は，3分間にはいる水の量から考える。
(2) 6分間に水面が 20 cm 上がる場合の底面積から考える。

4 【水量グラフ】図1のような側面に平行な長方形の仕切り①，②で左からA，B，Cの3つの部分に分けられている直方体の水そうがあります。この水そうのAの部分に水を一定の割合（わりあい）で入れていきました。図2は，水を入れ始めてからの時間とAの部分の水の深さの関係を表したグラフです。次の問いに答えなさい。ただし，仕切りの厚みは考えないものとします。〔横浜雙葉中〕

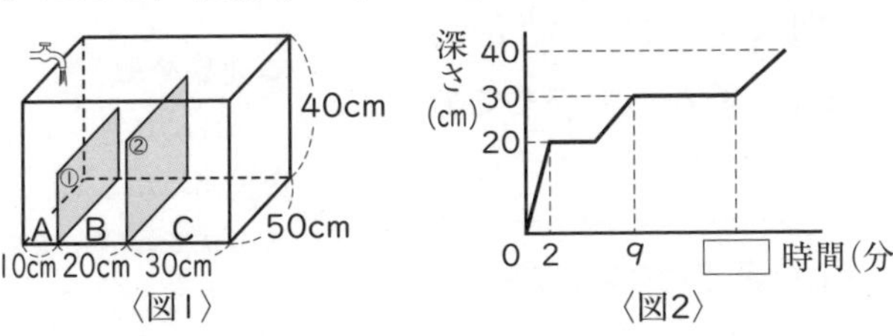

〈図1〉　〈図2〉

(1) 水は毎分何 cm^3 の割合ではいっていますか。

(　　　　　　)

(2) グラフの□にあてはまる数を求めなさい。

(　　　　　　)

4 (1) Aの部分に 20 cm の深さまで水を入れるのに，2分かかることがわかる。
(2) □分までに，Cの深さが 30 cm のところまで水がはいることがわかる。

実力強化編　数と計算　変化と関係　図形　文章題　実戦力強化編　思考力強化編　入試完成編

文章題

19 和と差についての文章題 ①

〔　月　日〕

最重要ポイント

❶ 和差算 ★★★

大，小２つの数量の和と差に着目して，それぞれの数量を求める問題。

小＝(和－差)÷２　大＝(和＋差)÷２

❷ 差集め算 ★★

１個あたりの差を集めると，全体の差（差の集まり）になることに着目して，集めた個数を求める問題。

全体の差÷１個あたりの差＝個数

❸ 過不足算 ★★★

ある数量をいくつかに分けたときの余りや不足のしかたに着目して，その数量を求める問題。

❹ 平均算 ★★

いくつかの数量の合計を個数でわって，平均を求めたり，平均から個々の数量や合計を求めたりする問題。

平均＝合計÷個数　合計＝平均×個数

例題トレーニング

例題 1　和差算

たろうさん，いちろうさん，花子さんの３人の算数のテストの平均は 75 点でした。たろうさんはいちろうさんより５点高く，花子さんはたろうさんより４点低いとき，花子さんの得点を求めなさい。

〔南山中男子部〕

解法のコツ　和差算は，数量の関係を線分図に表すと求めやすい。

解き方と答え　３人のテストの合計点は，

75×3＝225(点)

右の線分図より，いちろうさんの得点は，{225－(5＋1)}÷3＝73(点)

花子さんの得点は，73＋1＝74(点)

たろう　5点　4点　225点
いちろう
花　子　1点

答　74 点

例題 2　差集め算

駅から学校まで毎分 50 m の速さで歩くと，毎分 40 m の速さで歩いたときより５分早く着きます。駅から学校までの道のりは何 km ですか。

〔大谷中(大阪)〕

解法のコツ　数量関係を面積図に表し，等しい面積に目をつける。

解き方と答え　速さの差は毎分 50－40＝10(m)

だから，右の面積図より，毎分 50 m の速さで歩いた時間は，

40×5÷10＝20(分)

よって，駅から学校までの道のりは，

50×20＝1000(m)＝1(km)

10m　等しい　毎分50m　毎分40m　5分　毎分50mで歩いた時間

答　1 km

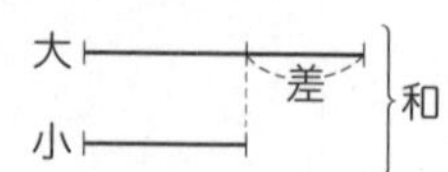

●和差算

２つの数量についての和と差がわかっているときは，次の式でそれぞれの数量を求めることができる。

大　差　和
小

重要　和差算の公式

(和＋差)÷２＝大
(和－差)÷２＝小
大－差＝小
小＋差＝大

●差集め算

全体の差と，１個あたりの差がわかっているときは，次の式で個数を求めることができる。

重要　差集め算の公式

全体の差÷１個あたりの差＝個数

例題 3 過不足算 ①

色紙を何人かの子どもに分けます。1 人 5 枚ずつ分けると 28 枚余り，1 人 7 枚ずつ分けると 2 枚余ります。子どもの人数は何人ですか。〔松蔭中〕

解法のコツ 子どもの人数＝全体の差÷1 人分の差

1 人に 5 枚ずつ分ける場合と 7 枚ずつ分ける場合の全体の差は，

28－2＝26(枚)

1 人分の差＝7－5＝2(枚)

よって，子どもの人数は，26÷2＝13(人)

1人7枚　1人5枚　人数　28－2 枚　2 枚　差26枚

答 13 人

例題 4 過不足算 ②

何個かのあめを何人かの子どもに分けるのに，6 個ずつ分けると 4 個たりないので，4 個ずつ分けたら 10 個余りました。子どもの人数とあめの個数をそれぞれ求めなさい。〔開明中〕

解法のコツ 全体の差は，余り＋不足 で求める。

全体の差は，10＋4＝14(個)

1 人分の差は，6－4＝2(個)

よって，子どもの人数は，

14÷2＝7(人)

あめの個数は，6×7－4＝38(個)

1人6個　1人4個　人数　10 個　4 個　差14個

答 子ども…7 人，あめ…38 個

例題 5 平均算

8 人の身長の平均を調べたら，150 cm でした。その中から 5 人を選んで，身長の平均を計算すると 153 cm となりました。残りの 3 人の身長の平均を求めなさい。〔筑波大附中〕

解法のコツ 残り 3 人の身長の平均＝3 人の身長の合計÷3

8 人の身長の合計は，150×8＝1200(cm)

5 人の身長の合計は，153×5＝765(cm)

残り 3 人の身長の合計は，1200－765＝435(cm)

残り 3 人の身長の平均は，435÷3＝145(cm)

答 145 cm

●過不足算

①全体の差と，1 人分の差がわかっているときは，次の式で人数を求めることができる。

重要 過不足算の公式

全体の差÷1 人分の差＝人数

②**全体の差**を求めるには，次の 3 つの方法がある。

㋐ **余り＋不足**

㋑ **不足－不足**

㋒ **余り－余り**

例 みかんを何人かの子どもに分けるとき，

㋐ 1 人に 3 個ずつ分けると 6 個余り，1 人に 5 個ずつ分けると 10 個不足する。

(6＋10)÷(5－3)＝8(人)

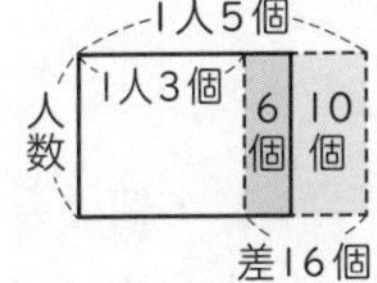

㋑ 1 人に 6 個ずつ分けると 9 個不足し，1 人に 8 個ずつ分けると 21 個不足する。

(21－9)÷(8－6)＝6(人)

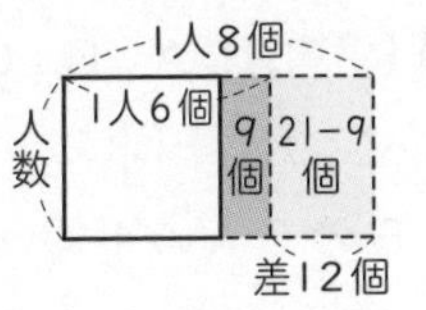

●平均算

①**合計＝平均×個数**

②全体の平均＝$\frac{\text{全体の合計}}{\text{全体の個数}}$

実力問題

〔　月　日〕

文章題　解答 20 ページ

1【和差算】A，B，C の所持金の合計は 1700 円で，C の所持金は A の所持金の 2 倍より 100 円多く，B の所持金は A，C の所持金の合計より 300 円多いそうです。A の所持金は何円ですか。

〔土佐中〕

(　　　　　)

2【差集め算】子ども会で遠足を計画したところ，135 人が参加を希望し，バス 3 台を借りることにしました。しかし，実際には 120 人しか参加しなかったので，バス 3 台を借りるのに 1 人あたりのバス代は予定より 180 円高くなりました。バス 1 台を借りる費用は何円ですか。

〔甲南女子中〕

(　　　　　)

よく出る

3【過不足算】何人かの子どもに，カードを配りました。8 枚(まい)ずつ配ると 6 枚余り，10 枚ずつ配るとちょうど 2 人分たりませんでした。子どもの人数とカードの枚数をそれぞれ求めなさい。

〔愛光中〕

(　　　　　　　　　)

4【平均算】4 個のみかんがあります。この中から 3 個ずつの重さの平均を出したところ，110 g，150 g，160 g，170 g となりました。2 番目に重いみかんの重さは何 g ですか。

〔南山中女子部〕

(　　　　　)

よく出る

5【平均算】A，B，C，D，E の 5 人が国語と算数のテストを受けました。国語については，A，B，C の 3 人の平均は 82 点で，D，E の 2 人の平均は 85 点です。算数については，5 人の平均は 75.6 点で，A は B より 5 点高く，B は C より 8 点低い点数で，D，E の得点はそれぞれ 75 点，83 点でした。次の問いに答えなさい。

〔賢明女子学院中〕

(1) 5 人の国語の平均点を求めなさい。

(　　　　　)

(2) A の算数の点数を求めなさい。

(　　　　　)

ワンポイント

1 まず，A と C の所持金の和を求める。

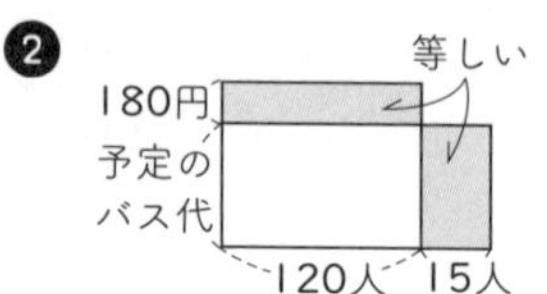

2

180円
予定の
バス代
120人
15人
等しい

3

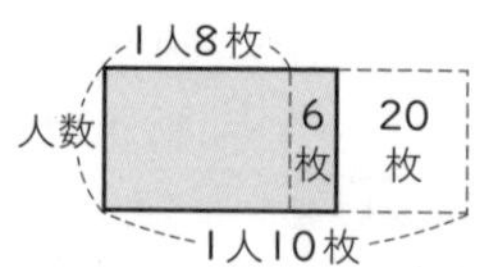

4 4 個のみかんを重いほうから A，B，C，D とすると，

A＋B＋C＝170×3(g)
A＋B＋D＝160×3(g)
A＋C＋D＝150×3(g)
B＋C＋D＝110×3(g)

5 (2) 5 人の算数の合計点から，点数のわかっているものをひく。

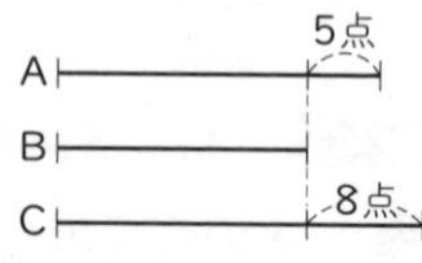

合計点－D－E－5－8 は B×3 になる。

☞よく出る **6**【和差算】次の問いに答えなさい。

(1) 横の長さが縦（たて）の長さより 6 cm 長く，周囲の長さが 80 cm の長方形があります。この長方形の縦の長さは何 cm ですか。

〔上宮学園中〕

(　　　　　　)

(2) A 君の身長は B 君の身長より 6 cm 高く，C 君の身長より 3 cm 低い。3 人の身長の平均が 161 cm のとき，A 君の身長は何 cm ですか。

〔三田学園中〕

(　　　　　　)

7【過不足算】ある中学校の生徒が長いすに座（すわ）ります。6 人ずつ座ると，41 人が座れません。また，8 人ずつ座ると，最後のいすには 5 人が座り，3 きゃく余りました。長いすのきゃく数と生徒の人数を求めなさい。

〔鷗友学園女子中〕

(　　　　　　　　　　)

8【平均算】まりさんは算数のテストを 4 回受けました。1 回目と 2 回目の平均点は，3 回目と 4 回目の平均点より 5 点高く，1 回目の得点は，3 回目の得点より 4 点高くなりました。2 回目の得点が 83 点のとき，4 回目の得点は何点でしたか。

〔近畿大附中〕

(　　　　　　)

☞よく出る **9**【過不足算】生徒の宿はくで，1 室の定員を 5 人ずつにすると全部の部屋を使っても 4 人分たりなくなり，1 室の定員を 6 人ずつにすると 5 人の部屋が 1 室でき，1 室が余ります。このときの生徒の人数を求めなさい。

〔浅野中〕

(　　　　　　)

10【差集め算】3600 本のえん筆を同じ本数のいくつかの束に分けます。□本ずつの束に分けた場合と比べると，1 束のえん筆を 3 本ずつ減らした場合のほうが，束の数は 60 だけ増えます。□にあてはまる数を求めなさい。

〔灘中〕

(　　　　　　)

---

6 (2) 3 人の身長の合計は，$161 \times 3 = 483$(cm)

A├──────┤
B├────┤- - 6cm
C├────────┤ 3cm
和 483cm

7 6 人ずつ座ったときと，8 人ずつ座ったときに座ることができる人数の差を求める。

8 1 回目と 2 回目の合計点は 3 回目と 4 回目の合計点より何点高いかを求める。

9 1 室の定員を 5 人にするときと 6 人にするときで，宿はくできる人数の差を求める。

10 1 束あたりのえん筆の本数×束の数＝3600 だから，積が 3600 になる 2 つの数を考える。

実力強化編 数と計算 変化と関係 図形 文章題 実戦力強化編 思考力強化編 入試完成編

文章題

20 和と差についての文章題 ②

〔　　月　　日〕

最重要ポイント

❶ **年れい算** ★★
登場人物の年れいの差は数年前も数年後も変わらないことに着目して，年数や年れいなどを求める問題。

❷ **やりとり算** ★★
２つの数量の間で，やりとりをくり返した結果から，最初の２量ややりとりした量を求める問題。

❸ **つるかめ算** ★★★
２つの単位量(例えば，つるの足は２本，かめの足は４本)のそれぞれの個数の合計がわかっているときに，それぞれの個数を求める問題。

❹ **消去算** ★★★
わからない数量が２つ以上あるとき，それらの数量関係を整理して，ある数量を消去して１つの数量にし，答えを求める問題。

例題トレーニング

例題 1　年れい算

たろうさんは 12 才で，父は 40 才です。父の年れいがたろうさんの年れいの５倍だったのは，今から何年前ですか。

〔高知中〕

解法のコツ ２人の年れいを線分図に表すと関係がよくわかる。

解き方と答え
父の年れいがたろうさんの年れいの５倍だったのが，今から□年前とする。右の線分図より，
□年前のたろうさんの年れいは，
(40－12)÷(5－1)＝28÷4＝7(才)
これより，□＝12－7＝5

たろう 12才 □年 □年 父 28才 40才

答 5 年前

例題 2　やりとり算

姉は 920 円，妹は 560 円持っています。姉が妹の２倍より 80 円少なくなるようにするには，□が□へ□円わたせばよい。□にあてはまることばや数を求めなさい。

〔甲南女子中〕

解法のコツ 姉に 80 円を加えて，妹の２倍になったとして考える。

妹は，右の線分図より，
(920＋560＋80)÷3
＝520(円)
560－520＝40(円)
よって，妹が姉に 40 円わたす。

妹 姉 80円 920＋560円

答 妹，姉，40

要点チェック

● **年れい算**

①親子の年れいのように，差が一定で変化しない関係に目をつけて，その差と割合(わりあい)から，年数などを求める。

重要 年れい算の公式

数量の差と割合がわかっているとき，

$\dfrac{\textbf{２つの数量の差}}{\textbf{割合の差}}$

＝もとにする量

②年れい算では，２人の年れいの差は何年たっても変わらないことを利用して，**線分図**に表すと関係がよくわかり，求めやすくなる。

例題 3 つるかめ算

1個70gの金色の玉と，1個50gの銀色の玉をあわせて，20個の重さをはかったら1120gでした。金色の玉は何個ありましたか。 〔愛知教育大附属名古屋中〕

解法のコツ 全部が片方（かたほう）のみであると仮定し，実際とのちがいから求める。

右の図で，図形全体の面積は1120gを表しているから，

色のついた部分の面積は，

1120−50×20＝120(g)

（50×20：すべて銀色の玉としたときの重さ）

金色の玉は，120÷(70−50)＝6(個)

答 6個

(70−50)g / 1個50g / 1個70g / 銀色 / 金色 / 20個

別解 右の面積図で，色のついた部分の面積は，

70×20−1120＝280(g)

（70×20：すべて金色の玉としたときの重さ）

銀色の玉は，280÷(70−50)＝14(個)

金色の玉は，20−14＝6(個)

(70−50)g / 1個50g / 1個70g / 銀色 / 金色 / 20個

●つるかめ算

①つるとかめが何びきかいるとき，全部がつるであると仮定したり，全部がかめであると仮定することによって，実際とのちがいから，つるとかめのそれぞれの頭数を求めることができる。

②数量の関係を，**面積図**で表すとわかりやすくなる。

例題 4 消去算

(1) りんごをかごに入れて買うとき，20個入れると3400円になり，25個にすると4150円になります。りんご1個とかご代は，それぞれいくらですか。 〔大谷中(大阪)〕

(2) えん筆5本と消しゴム1個の値段（ねだん）は500円，えん筆3本と消しゴム2個の値段は440円です。えん筆1本の値段は何円ですか。 〔常翔啓光学園中〕

解法のコツ ある数量を共通にして，ひいて消去する。

(1) 次のように問題文を式に表してひくと，

　　りんご25個＋かご代＝4150円
−) りんご20個＋かご代＝3400円
　　りんご　5個　　　　＝　750円

よって，りんご1個分は，750÷5＝150(円)

かご代は，3400−150×20＝400(円)

答 りんご150円，かご代400円

(2) 消しゴムの個数を同じになるようにしてひく。

5本＋1個＝500円 →(2倍) 10本＋2個＝1000円
−) 3本＋2個＝440円
　　7本　　　＝560円

えん筆1本の値段は，560÷7＝80(円)

答 80円

●消去算

消去算では，問題の条件を**式に表す**とわかりやすくなる。式に表されたいくつかの数量を1つの数量にするには，次の2つの方法がある。

重要 消去の方法

①ある数量を共通にして，ひいて消去する。

②ある数量を他の数量におきかえて，消去する。

〔　　月　　日〕

実力問題

文章題　解答 21 ページ

よく出る **1**【年れい算】ある家庭の父の年れいは 45 才，母は 37 才で，子どもの年れいは 10 才，8 才，5 才，2 才です。子どもの年れいの和の 2 倍が父母の年れいの和より大きくなるのは何年後ですか。〔関西学院中〕

（　　　　　　　）

よく出る **2**【やりとり算】たろうさん，じろうさん，さぶろうさんの 3 人が，遊園地に行きました。たろうさんはバス代，じろうさんは入場料，さぶろうさんは昼食代を，それぞれ 3 人分ずつはらいました。翌日(よくじつ) 3 人は，1 人分の費用が同じになるように計算して，たろうさんはじろうさんに 1100 円，さぶろうさんはじろうさんに 350 円はらいました。なお，かかった費用で，入場料は，バス代の 2 倍と昼食代の合計と同じでした。次の問いに答えなさい。〔大阪桐蔭中〕

(1) 3 人分の入場料はいくらですか。（　　　　　　　）

(2) バス代と昼食代は，1 人いくらずつかかりましたか。

（　　　　　　　）

よく出る **3**【つるかめ算】80 円，90 円，110 円のノートを，あわせて 20 冊(さつ)買って，合計 1670 円はらいました。80 円のノートは 90 円と 110 円のノートをあわせた冊数の 3 倍買いました。90 円のノートは何冊買いましたか。〔立教女学院中〕

（　　　　　　　）

4【つるかめ算】ボールを的に当てるゲームを行います。右の図のように，的の円の中に当てると 5 点，他の部分に当てると 3 点になります。的に当たらない場合は 2 点減点します。40 回ボールを投げて，合計点が 148 点になりました。次の問いに答えなさい。〔甲陽学院中〕

(1) 40 回すべて的に当たったとき，5 点の部分に何回当たったことになりますか。（　　　　　　　）

(2) 的に当たらなかった回数が最も多い場合を考えます。このとき，5 点の部分に当たった回数，3 点の部分に当たった回数，的に当たらなかった回数をそれぞれ求めなさい。

（　　　　　　　）

ワンポイント

1 □年後とすると，

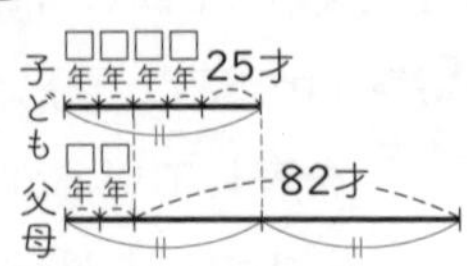

2

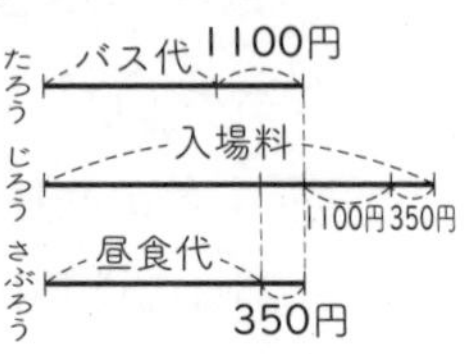

3 80 円のノートの冊数と，90 円と 110 円のノートの合計冊数の比は，3：1

4 (1) 40 回ともすべて，3 点の部分に当たっていたときを考える。
(2) 40 回ともすべて 5 点の部分に当たると，
5×40＝200(点)
1 回的をはずすたびに，
5＋2＝7(点) ずつ減る。

5【年れい算】現在，いちろうさんとお父さんの年れいの和は42才です。9年後には，いちろうさんの年れいはお父さんの年れいの $\frac{1}{3}$ になります。いちろうさんがお父さんの年れいの $\frac{1}{2}$ になるのは何年後ですか。〔東邦大付属東邦中〕

（　　　　　）

よく出る **6**【消去算】かき3個，みかん4個，りんご5個を買うと，代金の合計は940円ですが，かきとりんごの個数をとりちがえて買ったため，代金の合計は900円になりました。りんご1個の値段（ねだん）は，みかん1個より50円高いです。かき，みかん，りんご，それぞれ1個の値段はいくらですか。〔同志社女子中〕

（　　　　　）

よく出る **7**【消去算】ある果物屋でかき，なし，りんご1個の値段は，なしはかきより30円高く，りんごはなしより60円高くなっていました。かき1個，なし2個，りんご3個の合計6個の値段は1110円です。次の問いに答えなさい。〔麻布中〕

(1) かき，なし，りんご，それぞれ1個の値段を求めなさい。

（　　　　　）

(2) これら3種類の果物を，かき，なしを同じ個数にして合計17個買いました。値段は2840円でした。買ったりんごの個数を求めなさい。

（　　　　　）

8【つるかめ算】右の表は，あるクラスで5点満点のテストを行った結果を表していますが，1点と2点の人数は書いてありません。また，3点以上の人数はクラス全体の80％であることと，このクラスの平均点が3.2点であることがわかっています。次の問いに答えなさい。〔帝塚山学院中－改〕

得点(点)	0	1	2	3	4	5
人数(人)	0			15	9	4

(1) このクラスの人数は何人ですか。

（　　　　　）

(2) 1点の人数は何人ですか。

（　　　　　）

5 9年後の2人の年れいの和は，(42+9×2)才になる。

6
ⓚ3＋ⓜ4＋ⓡ5＝940
ⓚ5＋ⓜ4＋ⓡ3＝900
ⓡ＝ⓜ＋50
りんご1個を，みかん1個と50円におきかえ，かきとみかんのみの式に書きかえる。

7 線分図に表して考える。

りんご ―――――――― 60円
なし ―――――― 30円
かき ――――

8 (1)クラスの人数の80％が(15+9+4)人である。
(2)クラスの平均点が3.2点だから，クラス全員の合計点は，
3.2×クラスの人数
3点以上の人の合計点は，
(3×15+4×9+5×4)点
である。

実力強化編　数と計算　変化と関係　図形　文章題　実戦力強化編　思考力強化編　入試完成編

〔　月　日〕

割合と比についての文章題 ①

最重要ポイント

1 分配算 ★★

ある数量を決められた差や割合(わりあい)に応じて分けたり，分けた数量から逆にある数量を求めたりする問題。

2 倍数算 ★★

ある２つの数量の増減によって，倍数関係になったり，前とは異(こと)なる倍数関係になるとき，増減前や後の数量を求める問題。

3 損益算 ★★★

①定価＝仕入れ値(ね)×(１＋利益率)

②売り値＝定価×(１－割引率)

③利益＝売り値－仕入れ値

4 濃度(のうど)算 ★★★

食塩水の濃度(%)

＝食塩の重さ÷食塩水の重さ×100

例題トレーニング

例題 1 分配算

54枚(まい)のメダルを，A，B，Cの３人で分けました。AはCより５枚多く持っています。もし，BがAに４枚あげたとすると，AとBのメダルの数は同じになります。

Aの持っているメダルは何枚ですか。〔市川中〕

解法のコツ Aを中心に線分図に表し，等しい量に注目する。

３人のメダルの枚数の関係を線分図に表すと，右の図のようになる。

B　9枚　4枚
A　5枚　4枚
C　もとにする量
54枚

図より，Cのメダルの枚数は，

{54－(9＋4＋5)}÷3＝12(枚)

よって，Aのメダルの枚数は，12＋5＝17(枚)　**答** 17枚

例題 2 倍数算

姉は5000円，妹は4500円持っていました。姉と妹が同じ金額を出しあってプレゼントを買ったら，姉の残金は妹の残金の３倍になりました。２人が買ったプレゼントはいくらでしたか。〔鷗友学園女子中〕

解法のコツ 数量の関係を線分図で表すと，倍数関係がわかる。

右の線分図より，妹の残金は，

(5000－4500)÷2＝250(円)

よって，プレゼントは，

(4500－250)×2＝8500(円)

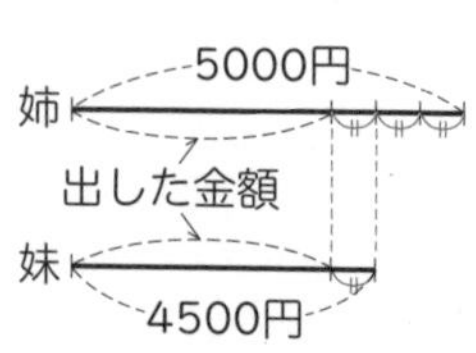

答 8500円

要点チェック

●分配算

まず，もとにする数量を決めて，数量の関係を**線分図**に表し，それぞれの関係をはっきりさせる。

次に，決められた差や割合(わりあい)を用いて分配し，それぞれの数量を決める。

重要 分配算では，もとにする数量を決めて，差や割合の関係をはっきりとさせる。

●倍数算

次のどちらの場合になるかを見つけ，**線分図**で表し，比の差や比例式を利用する。

重要 ①同じ数量が増えたり減ったりする場合は，
２つの数量の差÷割合の差＝もとにする量
②異(こと)なる数量が増えたり減ったりする場合は，比例式の性質を利用する。

例題 3 損益算 ①

1000円で仕入れた品物に，2割の利益があるように定価をつけました。しかし，売れなかったので，定価の1割5分(ぶ)引きで売ることにしました。このとき，利益は何円ですか。

〔土佐女子中〕

解法のコツ ＞ 定価＝仕入れ値(ね)×(1＋利益率)，売り値＝定価×(1－割引率)

定価は，1000×(1＋0.2)＝1200(円)

売り値は，1200×(1－0.15)＝1020(円)

利益は，1020－1000＝20(円)　　**答** 20円

別解 仕入れ値を1とすると，売り値は，1×1.2×0.85＝1.02

よって，利益は，1000×(1.02－1)＝20(円)

例題 4 損益算 ②

原価2400円の品物について，定価の4割引きで売り，原価の2割の利益を得るためには，定価をいくらにすればよいですか。

〔帝京大中〕

解法のコツ ＞ 売り値＝原価×(1＋利益率)，定価＝売り値÷(1－割引率)

売り値は，2400×(1＋0.2)＝2880(円)（0.2←利益率）

よって，定価は，2880÷(1－0.4)＝4800(円)（0.4←割引率）

答 4800円

例題 5 濃度(のうど)算

(1) 120gの水に30gの食塩をとかすと，食塩水のこさは何%になりますか。〔南山中男子部〕

(2) 濃度6%の食塩水100gに水200gを入れると，濃度何%の食塩水になりますか。〔大谷中(大阪)〕

解法のコツ ＞ 食塩水のこさ（濃度）＝食塩÷(水＋食塩)×100（水＋食塩←食塩水）

(1) 30÷(120＋30)×100＝20(%)　　**答** 20%

(2) 食塩の重さは，100×0.06＝6(g)

水200gを加えると，食塩水の重さは，

100＋200＝300(g)

食塩の重さは変わらないから，この食塩水の濃度は，

6÷300×100＝2(%)　　**答** 2%

●損益算

①仕入れ値と定価，売り値の間の関係

・**仕入れ値×(1＋利益率)＝定価**

・**定価×(1－割引率)＝売り値**

②仕入れ値を**原価**ともいう。

売り値＝原価＋利益＝原価×(1＋利益率)

③歩合と利益率・割引率

・2割の利益 → 1＋0.2＝1.2

・1割5分引き → 1－0.15＝0.85

●濃度算

①濃度算では，下の公式を用いる。食塩水の重さは，食塩の重さと水の重さの和になる。

重要 濃度算の公式

食塩水の濃度(%)

$$=\frac{\textbf{食塩の重さ}}{\textbf{食塩水の重さ}}\times 100$$

食塩水の重さ＝水の重さ＋食塩の重さ

②食塩水の問題では，水＋食塩が「もとにする量」になる。

実力強化編　数と計算　変化と関係　図形　文章題　実戦力強化編　思考力強化編　入試完成編

実力問題

〔　　月　　日〕

文章題　解答 23 ページ

よく出る

1【分配算】次の問いに答えなさい。

(1) 2つの数A，Bがあります。BはAの$\frac{2}{3}$よりも5大きく，2つの数の和は80です。AとBはそれぞれいくらですか。

〔大谷中(大阪)〕

(　　　　　　)

(2) 大小2つの数があります。大きいほうは小さいほうの6倍より75小さく，差は1050です。この2数の和はいくらですか。

〔関西学院中〕

(　　　　　　)

2【倍数算】兄と弟が買い物に行き，兄は持っていたお金の半分を使い，弟も兄と同じ金額を使ったので，兄と弟の残ったお金の割合(わりあい)は，3：2になりました。次の問いに答えなさい。

〔三重大附中〕

(1) 最初に兄が持っていたお金と弟が持っていたお金の割合を，最も簡単(かんたん)な整数の比で表しなさい。

(　　　　　　)

(2) 買い物から帰ってきて，お母さんから1000円ずつおこづかいをもらったので，兄と弟の持っているお金の割合は5：4になりました。兄が持っているお金はいくらになりましたか。

(　　　　　　)

よく出る

3【割増(わりまし)・割引】次の□にあてはまる数を求めなさい。

(1) □円を2割引きした値段(ねだん)は1800円です。〔関西大第一中〕

(　　　　　　)

(2) ある小学校の今年の児童数は昨年より4％増えて468人でした。この小学校の昨年の児童数は□人です。〔大谷中(大阪)〕

(　　　　　　)

(3) 仕入れ値が□円の商品に，15％の利益が出るようにつけた定価は345円です。〔武庫川女子大附中〕

(　　　　　　)

ワンポイント

1 (1) A＋B＝80

B＝A×$\frac{2}{3}$＋5 から，Bを消去する。

(2)大きいほうの数より75大きい数は，小さいほうの数の6倍である。

2 線分図に表して考える。

(1)

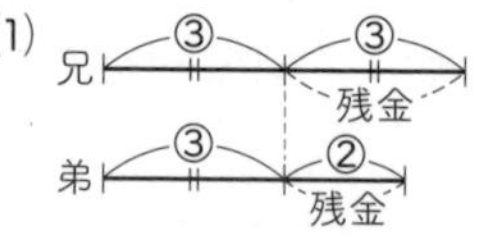

(2)

兄　⑤　1000円　③

弟　④　1000円　②

3 もとにする量×割合＝比べる量

の式にあてはめて考える。

(1)□×(1−0.2)＝1800

を解く。

よく出る

4【損益算】ある商品に，仕入れ値の４割の利益をみこんで定価をつけましたが，売れなかったので，定価の２割引きで売りました。このときの利益は150円でした。仕入れ値はいくらですか。

〔智辯学園中〕

（　　　　　　）

よく出る

5【濃度算（のうど）】６％の食塩水が200ｇあります。このとき，次の問いに答えなさい。

(1) もとの食塩水から何ｇの水を蒸発（じょうはつ）させると，８％の食塩水になりますか。（　　　　　　）

(2) もとの食塩水に何ｇの食塩を加えると，20％の食塩水になりますか。（　　　　　　）

6【濃度算】ＡとＢ２つの食塩水があり，Ａの食塩水の濃度は９％，Ｂの食塩水の濃度は６％です。次の問いに答えなさい。

〔南山中女子部〕

(1) ＡとＢ２つの食塩水をすべて混ぜ合わせ，よくかき混ぜると7.2％の食塩水が300ｇできました。Ａの食塩水は，初め何ｇありましたか。（　　　　　　）

(2) (1)で作成した食塩水から８％の食塩水をつくるには，水を何ｇ蒸発させればよいですか。（　　　　　　）

7【損益算】ある品物30kgを30000円で仕入れ，200ｇずつふくろにつめて売ることにしました。はじめ，仕入れ値の５割の利益をみこんで定価をつけて，いくつか売りましたが，大安売りの期間中だけ，次のⒶ，Ⓑの２通りの売り方を考えました。

Ⓐ 定価の２割引きで売る。

Ⓑ １ふくろの量を２割増して，定価で売る。

このとき，次の問いに答えなさい。

〔明治大付属明治中〕

(1) Ⓑの売り方で売ったとき，大安売りの期間中の１ふくろあたりの利益はいくらですか。（　　　　　　）

(2) 大安売りの期間中に残りの品物をすべて売りつくしたとき，Ⓐの売り方をする場合とⒷの売り方をする場合とでは，利益の差が1200円になりました。このとき，はじめに定価で売った品物は何ふくろですか。（　　　　　　）

---

4 仕入れ値を１としたときの売値を表してみる。

5 食塩水のこさ（％）

$$=\frac{食塩}{水+食塩}\times 100$$

の式にあてはめて考える。

6 (1)面積図に表すと次の図のようになり，㋐と㋑の面積は等しくなる。

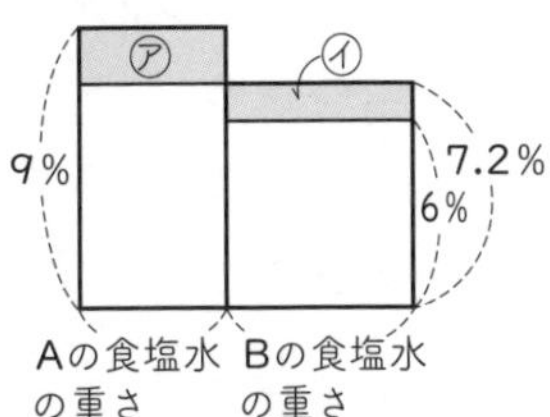

7 (1) 30kg＝30000ｇの仕入れ値が30000円なので，１ｇあたりの仕入れ値は１円である。

(2)Ⓐの売り方とⒷの売り方での，それぞれ１ｇあたりの利益を求め，差集め算の考え方を使う。

実力強化編　数と計算　変化と関係　図形　文章題　実戦力強化編　思考力強化編　入試完成編

文章題

22 割合と比についての文章題 ②

〔　月　日〕

最重要ポイント

❶ 相当算 ★★

①実際の数量とその割合(わりあい)から，もとにする数量を求める問題。

②相当算は，数量関係を**線分図**に表し，割合の第３用法の式を用いて解く。

❷ 仕事算 ★★★

仕事量全体を１として，１日または１時間の仕事量や，仕上げるのにかかる日数や時間を求める問題。

$$１日の仕事量＝\frac{１}{仕上げるのにかかる日数}$$

❸ のべ算 ★★

ある仕事を仕上げるのに必要な人数や日数などを，のべの量の考え方を用いて求める問題。

❹ ニュートン算 ★★

入場待ちの行列など，絶えず一定の割合で増えたり減ったりすることに注意して考える問題。

例題トレーニング

例題 1 相当算

(1) １本のひもがあります。初めにその $\frac{1}{4}$ を使いました。次に，残りの $\frac{2}{5}$ を使ったら 5.4 m 残りました。このひものもとの長さは何 m ですか。〔同志社中〕

(2) ある棒(ぼう)の $\frac{2}{3}$ の長さは，120 cm の棒の $\frac{3}{5}$ の長さとなっています。この棒の長さを求めなさい。〔筑波大附中〕

解法のコツ 割合(わりあい)の第３用法　比べる量÷割合＝もとにする量

解き方と答え 線分図に表して考える。

(1) $\frac{2}{5}$ を使う前の長さは，

$5.4\div\left(1-\frac{2}{5}\right)=\frac{27}{5}\div\frac{3}{5}=9\,(\text{m})$

もとの長さは，$9\div\left(1-\frac{1}{4}\right)=9\div\frac{3}{4}=12\,(\text{m})$　**答** 12 m

(2) 120 cm の $\frac{3}{5}$ は，

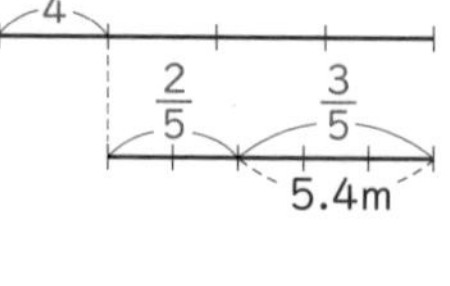

$120\times\frac{3}{5}=72\,(\text{cm})$

ある棒の $\frac{2}{3}$ が 72 cm だから，

もとの棒の長さは，$72\div\frac{2}{3}=108\,(\text{cm})$　**答** 108 cm

要点チェック

●相当算

線分図を利用して，数量と割合の関係をはっきりさせ，次の式でもとにする数量を求める。

重要 相当算の公式

比べる量÷割合＝もとにする量

例 落とした高さの 70 % だけ，はね上がるボールがある。このボールをある高さから落とすと，２回目には 98 cm はね上がった。初めに，何 cm の高さから落としたか。

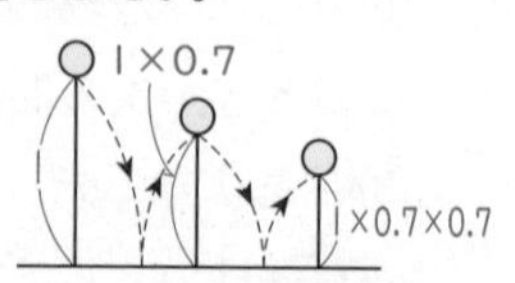

初めに落とした高さを１とすると，２回目の高さは，

$1\times0.7\times0.7=0.49$

$98\div0.49=200\,(\text{cm})$
（98：比べる量，0.49：割合，200：もとにする量）

例題 2　仕事算

ゆうじさんだけですると12時間，さおりさんだけですると20時間かかる仕事があります。初めの4時間はゆうじさんがして，残りは2人でしました。2人がいっしょに働いたのは何時間ですか。〔甲南女子中〕

解法のコツ 1時間の仕事量＝1÷仕上げるのにかかる時間

ゆうじさんは1時間に全体の$\frac{1}{12}$，さおりさんは1時間に全体の$\frac{1}{20}$の仕事ができる。ゆうじさんが4時間働いたので，

残りの仕事量は，$1-\frac{1}{12}\times4=\frac{2}{3}$

2人がいっしょに働くときの1時間の仕事量は，

$\frac{1}{12}+\frac{1}{20}=\frac{2}{15}$

かかった時間は，$\frac{2}{3}\div\frac{2}{15}=\frac{2}{3}\times\frac{15}{2}=5$(時間)　**答** 5時間

例題 3　のべ算

4人で15日かかる仕事があります。4人で6日，3人で6日仕事をした後，人数を2人にしました。予定より何日のびますか。〔実践女子学園中〕

解法のコツ 人数×日数＝のべ人数，のべ人数÷人数＝日数

$4\times15-4\times6-3\times6=18$(人)（←のべ人数）

これを2人ですると，$18\div2=9$(日) かかる。

$6+6+9-15=6$(日)（15←予定の日数）　**答** 6日

例題 4　ニュートン算

180人が並(なら)んでいる行列に，並ぶ人が毎分4人ずつ増えていきます。窓口(まどぐち)を1つ開けると，行列は60分でなくなります。窓口を2つ開ければ，何分で行列はなくなりますか。〔近畿大附中〕

解法のコツ 1分間に窓口を通る人数を求める。

60分間に窓口を通る人数は，

180人　4×60人
60分間に窓口を通る人数

$180+4\times60=420$(人)

1分間に通る人数は，$420\div60=7$(人)

窓口2つで1分間に減る人数は，$7\times2-4=10$(人) だから，

$180\div10=18$(分)　**答** 18分

●仕事算

1日の仕事量を基本として，ある仕事量を仕上げるのにかかる日数は，

① 1人で仕事をする場合。
仕上げるのにかかる日数＝ある仕事量÷1日の仕事量

② A，B2人で仕事をする場合。
仕上げるのにかかる日数＝ある仕事量÷$\left(\frac{1}{\text{Aの日数}}+\frac{1}{\text{Bの日数}}\right)$

くわしく 1人でする仕事量と，2人でする仕事量をはっきりさせること。

●のべ算

のべの量を求めたり，のべの量から人数や日数を求めたりするための公式は，

①**のべの量＝人数×日数**
②日数＝のべの量÷人数
③人数＝のべの量÷日数

●ニュートン算

例 水そうに300Lの水がはいっている。給水管から毎分15Lの水がはいり，排水管から毎分25Lの水が出ていく。水そうが空になるのに□分かかるとき，次のような線分図で表される。

300L　15×□分
25×□分

実力強化編 数と計算 変化と関係 図形 文章題 実戦力強化編 思考力強化編 入試完成編

実力問題

〔　月　日〕

文章題　解答 24 ページ

よく出る

1【相当算】□ページの本を，1 日目は全体の $\frac{4}{9}$，2 日目は残りの $\frac{7}{10}$，3 日目は 2 日目までに読んだ残りの $\frac{2}{3}$ を読んだところ，31 ページが残りました。□にあてはまる数を求めなさい。また，求め方も書きなさい。〔大阪学芸中〕

（　　　　）

2【仕事算】ある仕事をするのに，A 君 1 人では 10 日かかり，B 君 1 人では 15 日かかります。次の問いに答えなさい。〔甲南中〕

(1) この仕事を A 君と B 君の 2 人でいっしょにすると何日かかりますか。

（　　　　）

(2) この仕事を A 君と B 君と C 君の 3 人でいっしょにすると 4 日かかります。C 君 1 人では何日かかりますか。

（　　　　）

よく出る

3【相当算】落とした高さの $\frac{4}{5}$ の高さまではね返るボールがあります。次の問いに答えなさい。〔浅野中〕

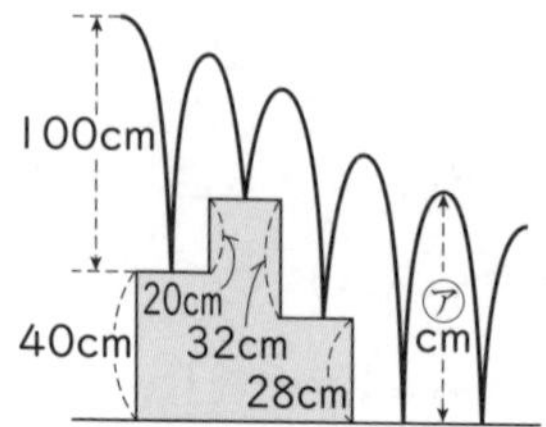

(1) このボールを 10 m の高さから落として，3 回目にはね返ったときのボールのはね返る高さを求めなさい。

（　　　　）

(2) 3 回目にはね返ったときのボールの高さが 8 m になるためには，最初に何 m の高さから落とせばよいですか。

（　　　　）

(3) このボールが図のようにはずんだとき，高さ㋐を求めなさい。

（　　　　）

4【のべ算】5 人で毎日働くと 30 日かかる仕事を，初めは 6 人で 10 日働き，残りを 5 人で働くと，あと□日かかります。□にあてはまる数を求めなさい。〔関西大倉中〕

（　　　　）

ワンポイント

1 3 日目に残っていたページ数は，

$31 \div \left(1-\frac{2}{3}\right)$ ページ…①

であり，2 日目に残っていたページ数は，

$① \div \left(1-\frac{7}{10}\right)$ ページ

である。

2 全体の仕事量を 1 とすると，1 日で A 君は $\frac{1}{10}$，B 君は $\frac{1}{15}$ の仕事をする。

3 (1)，(2)初めの高さを 1 とすると，

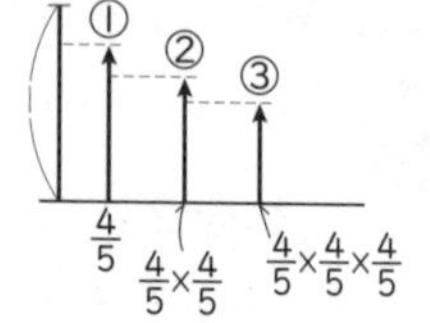

4 のべ (5×30) 人の人が仕事をすればよい。

よく出る

5 【仕事算】水そうに水をいっぱいに入れるのに，A管だけでは40分，B管だけでは60分かかります。いま，A管，B管を同時に開いて水を15分間入れたあと，A管だけを開いて水そうをいっぱいにしました。次の問いに答えなさい。〔昭和女子大附属昭和中〕

(1) 初めの15分間ではいった水は，全体のどれだけになりますか。分数で答えなさい。（　　）

(2) A管だけを開いて水を入れた時間は何分ですか。（　　）

6 【仕事算】A，B，Cの3人ですると，ちょうど12日で終わる仕事があります。その仕事をA，Bの2人ですると，ちょうど18日で終わります。また，その仕事をA，B，Cの3人で4日したあと，残りをB，Cの2人で16日すると，ちょうど終わります。次の問いに答えなさい。〔帝塚山学院泉ヶ丘中〕

(1) この仕事をCだけですると，何日で終わりますか。（　　）

(2) この仕事をAだけで6日したあと，B，Cの2人で9日しました。その残りをA，Cの2人ですると，A，Cの2人が仕事を始めてから何日目で終わりますか。（　　）

よく出る

7 【ニュートン算】ある遊園地では，開場を始めたときに3000人の行列があり，その後，1分ごとに120人が行列に加わっていきます。入場ゲートが3つのときには，20分で行列がなくなります。どの入場ゲートも1分間に通れる人数は同じであるとします。

次の問いに答えなさい。〔同志社女子中〕

(1) 1分間に1つの入場ゲートを通れるのは何人ですか。（　　）

(2) 入場ゲートが8つのときには，何分で行列はなくなりますか。（　　）

よく出る

8 【ニュートン算】ある遊園地では，午前10時に入場券を売り出します。午前10時に窓口(まどぐち)にはすでに180人が並んでいました。その後，行列には毎分3人ずつの割合(わりあい)で人が加わります。午前10時に1つの窓口で入場券を売り出したら，午前11時20分に行列がなくなりました。もし，午前10時に2つの窓口で入場券を売り出したら，行列は何時何分になくなりますか。〔桐朋中〕

（　　）

5 水そういっぱいの水の量を1とすると，

A管からは毎分 $\frac{1}{40}$

B管からは毎分 $\frac{1}{60}$

の水がはいっている。

6 (1)Cの仕事量
=AとBとCの仕事量
−AとBの仕事量

7 (1)20分間に3つの入場ゲートを通る人数は，
(3000＋120×20)人
このことから，1分間に入場ゲートを通る人数を求める。

8 1つの窓口で売るときは，行列がなくなるまで
11時20分−10時＝80分
の時間がかかる。

80分で売った人数
180人　80分で加わった人数

実力強化編　数と計算　変化と関係　図形　文章題　実戦力強化編　思考力強化編　入試完成編

文章題

23 速さについての文章題 ①

〔　月　日〕

最重要ポイント

❶ 旅人算 ★★★

速さの異(こと)なる２人以上の人が，はなれたり，出会ったり，追いついたりするときの時間や道のりを求める問題。旅人算は速さの発展(はってん)問題なので，速さの公式を利用して求めます。

（速さの公式：速さ×時間＝道のり）

❷ 通過算 ★★

列車や電車が電柱やトンネルなどを通過したり，２つの列車や電車がすれちがったり，一方が他方を追いこしたりするときの，速さや時間・長さなどを求める問題。

例題トレーニング

例題 1　旅人算 ①

たかしさんの自転車は時速 12 km で走り，ひろしさんは分速 150 m で走ります。A 地点と B 地点は 2100 m はなれています。たかしさんは A 地点から B 地点に，ひろしさんは B 地点から A 地点に向かって同時に出発しました。２人が出会うのは，出発してから何分後ですか。〔甲南中－改〕

解法のコツ 出会うまでの時間＝２人のへだたり÷２人の速さの和

解き方と答え

たかしさんは，

分速 12000÷60＝200(m)

たかしさん　A 分速 200m　　ひろしさん　分速 150m B　　2100m

２人の速さの和は，分速 200＋150＝350(m)

よって，出会うのは，2100÷350＝6(分後)　（2100：２人のへだたり）　**答** 6 分後

例題 2　旅人算 ②

周りの長さが 1.8 km の公園の周りを，A さんは毎分 80 m の速さで歩き，B さんは毎分 100 m の速さで走ります。２人が同時に同じ場所から出発するとき，次の問いに答えなさい。

(1) ２人が同じ方向に進むと，B さんが A さんに初めて追いつくのは，出発してから何時間何分後ですか。

(2) ２人が反対方向に進むと，初めて出会うのは何分後ですか。

解法のコツ 追いつくまでの時間＝２人のへだたり÷２人の速さの差

(1) B が追いつくとき，２人のへだたりは，1.8 km＝1800 m

２人の速さの差は，分速 100－80＝20(m)

追いつくのは，1800÷20＝90(分後)　**答** 1 時間 30 分後

(2) ２人のへだたりは 1800 m，

２人の速さの和は，分速 80＋100＝180(m)

出会うのは，1800÷180＝10(分後)　**答** 10 分後

要点チェック

●旅人算

旅人算では，２人が反対の方向に進む場合と，同じ方向に進む場合がある。

① ２人が反対の方向に進む場合。(２人が出会う)

…**出会い算**

出会う　A　B　２人のへだたり

重要 出会うまでの時間
＝２人のへだたり
÷２人の速さの和

② ２人が同じ方向に進む場合。(一方が他方に追いつく)

…**追いつき算**

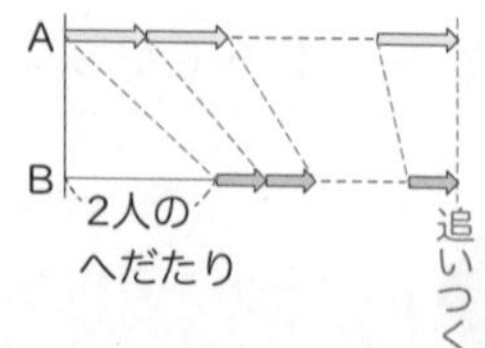

重要 追いつくまでの時間
＝２人のへだたり
÷２人の速さの差

例題 3 通過算 ①

8 両編成の列車が 340 m の鉄橋をわたり終えるのに，20 秒かかりました。この列車の１両の長さが 20 m であったとき，この列車の速さは秒速何 m ですか。〔三重大附中〕

解法のコツ 列車の速さ＝(鉄橋の長さ＋列車の長さ)÷通過する時間

列車が進む道のりは，340＋20×8＝500(m)
（340：鉄橋の長さ　20×8：列車の長さ）

よって，列車の速さは，秒速 500÷20＝25(m)

答 秒速 25 m

例題 4 通過算 ②

長さ 180 m，秒速 30 m の特急列車と，長さ 170 m，秒速 20 m の普通(ふつう)列車が反対方向から来てすれちがいました。特急列車と普通列車が出会ってからはなれるまでに何秒かかりますか。〔愛知淑徳中〕

解法のコツ すれちがう時間＝両列車の長さの和÷両列車の速さの和

両列車の長さの和は，180＋170＝350(m)
また，両列車の速さの和は，秒速 30＋20＝50(m)
よって，出会ってからはなれるまでの時間は，
350÷50＝7(秒)

答 7 秒

例題 5 通過算 ③

長さ 180 m の急行列車と長さ 108 m の普通列車がすれちがうとき，出会ってからはなれるまでに 8 秒かかります。

また，この急行列車と普通列車が同じ向きに進むとき，急行列車が普通列車に追いついてから追いこすまでに，1 分 12 秒かかります。このとき，急行列車の速さは時速何 km ですか。

〔奈良学園中〕

解法のコツ 追いこす時間＝両列車の長さの和÷両列車の速さの差

両列車の長さの和は，180＋108＝288(m)
両列車の速さの和は，秒速 288÷8＝36(m)
1 分 12 秒＝72 秒より，
両列車の速さの差は，秒速 288÷72＝4(m)
急行列車の速さは，秒速 (36＋4)÷2＝20(m)
（(36＋4)÷2：和差算）
よって，時速 20×3600＝72000(m)＝72(km)
（3600：60×60）

答 時速 72 km

●通過算

通過算も速さの発展(はってん)問題なので，速さの公式を利用して求める。（速さの公式：速さ×時間＝道のり）

①列車が人や電柱を通過するとき，

重要 通過する時間
＝列車の長さ
÷列車の速さ

②列車が鉄橋やトンネルを通過するとき，

重要 通過する時間
＝(鉄橋の長さ＋列車の長さ)÷列車の速さ

③ 2 つの列車がすれちがうとき，

重要 すれちがう時間
＝両列車の長さの和
÷両列車の速さの和

④一方の列車が，他方の列車を追いこしていくとき，

重要 追いこす時間
＝両列車の長さの和
÷両列車の速さの差

実力問題

〔　　月　　日〕

文章題 解答 26 ページ

よく出る **1** 【旅人算】イチローさんは毎時 3 km，ヒデキさんは毎時 5 km の速さで歩きます。イチローさんが歩き始めてからちょうど 2 時間後に，同じ道をヒデキさんが歩き始め，イチローさんを追いかけます。ヒデキさんがイチローさんにちょうど追いつくのは，ヒデキさんが歩き始めてから何時間後ですか。〔高知中〕

（　　　　　）

よく出る **2** 【旅人算】池の周りにある 1 周 300 m のランニングコースを，A さんと B さんの 2 人が走ります。

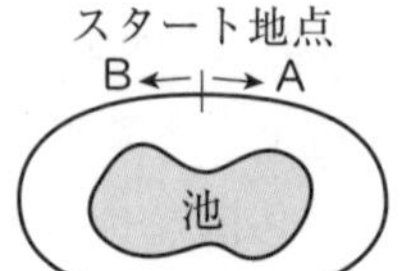

A さんは時速 12 km でスタート地点から時計回りに出発します。B さんは A さんが出発してから 18 秒後に，スタート地点から時速 20 km で反時計回りに走り始めます。次の問いに答えなさい。〔関西大第一中〕

(1) A さんが出発してから，B さんと初めて出会うのは何秒後ですか。

（　　　　　）

(2) A さんが出発してから，B さんと 3 回目に出会うのは何秒後ですか。

（　　　　　）

3 【通過算】長さ 140 m の電車が，電信柱を通過するのに 4 秒，鉄橋をわたり始めてからわたり終わるまでに 11 秒かかるとき，鉄橋の長さは何 m ですか。〔白陵中〕

（　　　　　）

よく出る **4** 【通過算】長さ 180 m の列車 A が，鉄橋をわたり始めてからわたり終えるまでに 50 秒かかります。長さ 260 m の列車 B が，列車 A の半分の速さで，鉄橋をわたり始めてからわたり終えるまでに 110 秒かかります。このとき，列車 A の速さは秒速何 m ですか。また，鉄橋の長さは何 m ですか。〔大阪桐蔭中〕

（　　　　　　　　　）

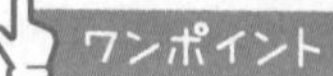

1 ヒデキさんが出発するときには，2 人の間は何 km はなれているかを考える。

2 (1) 18 秒後の 2 人のへだたりは，
300－A さんの速さ×18(m)
(2) 1 回目以降（いこう），次に出会うまでの 2 人のへだたりは 300 m である。

3 11 秒間に電車が進む道のりは，
鉄橋の長さ＋電車の長さ

4 2 倍の速さだったら，かかる時間は半分である。
50 秒かかるのと，55 秒かかるのは，何がちがうのかを考える。

5【旅人算】兄と弟が同時に家を出発し，歩いて駅に向かいました。21 分後に，弟は兄に 105 m はなされてしまったので，速さを変えて兄を追いかけることにしました。1 分あたりに進むきょりを 20 m 増やしたところ，兄が駅に着いたとき，弟は駅の手前 60 m のところにいました。
兄は時速 5.1 km で歩いていたとして，家から駅までのきょりは何 m になりますか。また，求め方も書きなさい。〔麻布中〕

(　　　　　　　　　　)

6【旅人算】1 周 560 m ある池の周りを姉妹が歩きます。同じ地点から同時に，同じ方向へ歩くと 28 分後に姉が妹に追いつき，反対方向に歩くと 4 分後に出会います。姉の歩く速さは毎分何 m ですか。〔和洋国府台女子中〕

(　　　　　　　　　　)

7【通過算】秒速 25 m，長さ 130 m の列車 A が，長さ 150 m の列車 B に追いつかれて追いこされるまでに 56 秒かかりました。列車 B の速さは秒速何 m ですか。〔頌栄女子学院中〕

(　　　　　　　　　　)

よく出る
8【通過算】時速 108 km の速さで進む電車がトンネルを通過したとき，電車全体がトンネルの中にかくれていた時間は 41 秒でした。また，この電車が鉄橋をわたり始めてからわたり終わるまで 24 秒かかりました。トンネルの長さは鉄橋の長さのちょうど 2 倍です。次の問いに答えなさい。〔和歌山信愛中〕

(1) 電車全体がトンネルの中にかくれていた間に電車は何 m 進みますか。

(　　　　　　　　　　)

(2) 鉄橋の長さは何 m ですか。

(　　　　　　　　　　)

(3) 電車の長さは何 m ですか。

(　　　　　　　　　　)

5 21 分後に 105 m の差ができたので，初めの兄弟の分速の差は，
(105÷21) m

6 2 人の速さの差
$=\frac{\text{2 人のへだたり}}{\text{追いつくまでの時間}}$
2 人の速さの和
$=\frac{\text{2 人のへだたり}}{\text{出会うまでの時間}}$
の式を使う。

7 両列車の速さの差
$=\frac{\text{両列車の長さの和}}{\text{追いこす時間}}$
の式を使う。

8 (2)トンネルにかくれていた間に進む道のりは，トンネルの長さより電車の長さの分だけ短い道のり。また，鉄橋をわたり始めてからわたり終わるまでに進む道のりは，鉄橋の長さより電車の長さ分だけ長い道のりである。この 2 つの道のりを合わせると，どんな長さになるか考える。

実力強化編　数と計算　変化と関係　図形　文章題　実戦力強化編　思考力強化編　入試完成編

文章題

24 速さについての文章題 ②

〔　月　日〕

最重要ポイント

❶ 流水算 ★★
船が川を上ったり下ったりするときの，船や川の流れの速さ，時間やきょりなどを求める問題。流水算は，和差算の考え方を利用します。

❷ 時計算 ★★
時計の長針（ちょうしん）と短針の進む速さの差をもとにして，ある時刻（じこく）における両針のつくる角度や，ある角度になる時刻を求める問題で，旅人算を使います。

例題トレーニング

例題 1 流水算 ①

(1) 流れの速さが一定の川があります。ボートがこの川を下るときの速さは時速 30 km で，上るときの速さは時速 24 km です。水の流れのないところでのボートの速さは時速何 km ですか。〔賢明女子学院中〕

(2) 一定の速さで進む船があり，川を 2.4 km 上ったところ 36 分かかりました。下りは 30 分でした。川の流れの速さは分速何 m ですか。〔昭和学院秀英中〕

解法のコツ 船の速さ＝(上りの速さ＋下りの速さ)÷2
流れの速さ＝(下りの速さ－上りの速さ)÷2

(1) $(24+30)\div2=27$(km)　**答** 時速 27 km

(2) 上りの分速は，$2400\div36=\frac{200}{3}$(m)

下りの分速は，$2400\div30=80$(m)

川の流れの分速は，$\left(80-\frac{200}{3}\right)\div2=\frac{20}{3}$(m)

答 分速 $\frac{20}{3}$ m

例題 2 流水算 ②

静水での速さが毎時 14 km の船が，ある川を 48 km 上るのに 4 時間かかりました。同じ所を下るときは，何時間かかりますか。〔明治大付属明治中〕

解法のコツ 下りの速さ＝船の速さ＋流れの速さ

解き方と答え

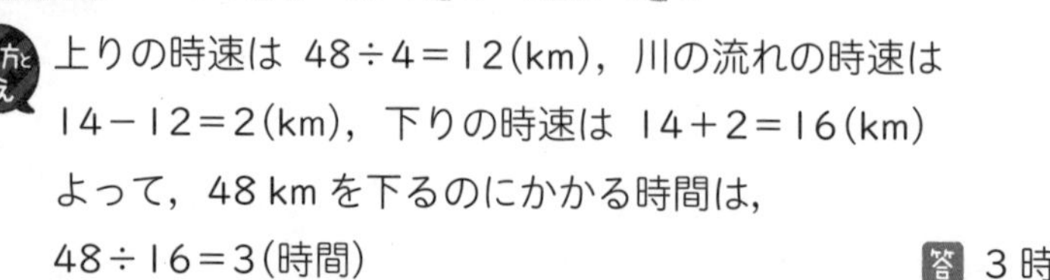
上りの時速は $48\div4=12$(km)，川の流れの時速は $14-12=2$(km)，下りの時速は $14+2=16$(km)
よって，48 km を下るのにかかる時間は，
$48\div16=3$(時間)　**答** 3 時間

要点チェック

●流水算

①流水算も速さの発展（はってん）問題で，和差算の考え方を利用して解く。

②流水算では，次の 4 つの速さが基本となる。
㋐船の速さ(静水での速さ)
㋑流れの速さ
㋒上りの速さ
㋓下りの速さ

③船の速さと流れの速さがわかっている場合。

重要 上りの速さ(差)
＝船の速さ－流れの速さ
下りの速さ(和)
＝船の速さ＋流れの速さ

④上りの速さと下りの速さがわかっている場合。

重要 船の速さ
$=\frac{\text{上りの速さ}+\text{下りの速さ}}{2}$
流れの速さ
$=\frac{\text{下りの速さ}-\text{上りの速さ}}{2}$

例 右のグラフは，川にそったＡ町，

(km)
B町
24
A町
0　2　5(時間)

例題 3 流水算 ③

ある川の上流のA地点と下流のB地点は 42 km はなれています。その2地点間を船が往復していましたが，古くなったため，新しい船になり，水の流れがないときの速さは 1.5 倍になったので，川を上る時間が6時間から3時間半になりました。新しい船で川を下るのにかかる時間を求めなさい。

〔関西学院中〕

解法のコツ 流れの速さ＝船の速さ－上りの速さ

古い船の上りの時速は，42÷6＝7(km)

新しい船の上りの時速は，42÷3.5＝12(km)

古い船の静水時の時速は，(12－7)÷(1.5－1)＝10(km)

新しい船の静水時の時速は，10×1.5＝15(km)

川の流れる時速は，10－7＝3(km)

新しい船の下りの時速は，15＋3＝18(km)

$42\div18=2\frac{1}{3}$(時間)　$\frac{1}{3}$時間＝20分　　**答** 2時間20分

B町を往復する船のようすを表したものです。

①グラフより，A町が川上。
下りの時速は，
24÷2＝12(km)
上りの時速は，
24÷3＝8(km)

②静水での船の時速は，
(12＋8)÷2＝10(km)

③流れの時速は，
12－10＝2(km)

例題 4 時計算

(1) 時計がちょうど9時18分を示しているとき，時計の長針（ちょうしん）と短針がつくる小さいほうの角の大きさは何度ですか。

〔浅野中〕

(2) 3時から4時までの間で，時計の長針と短針のつくる角度が 108 度になるのは，3時何分ですか。　〔広島学院中〕

解法のコツ 1分間に進む速さは，長針 6°，短針 0.5°である。

(1) 数字と数字の間は 30°はなれているので，9時のとき，長針と短針のつくる角度は 30°×9＝270° である。18分間にできる両針のつくる角度の差は，

(6°－0.5°)×18＝99°

よって，小さいほうの角度は，270°－99°＝171°

答 171°

(2) 3時のとき，長針と短針のつくる角度は 30°×3＝90°である。両針が重なった後，108°になるまでの時間は，

(90°＋108°)÷(6°－0.5°)＝198°÷5.5°＝36(分)

答 3時36分

●**時計算**

時計算は，長針と短針の進む速さの問題なので，**旅人算**の考え方で解く。

重要 1分間に進む速さは，
長針 6°，短針 0.5°

①両針が重なる時刻（じこく）を求める場合
両針のつくる角度÷(6°－0.5°)
＝重なるまでの時間

②両針の間がある角度になる時刻を求める場合
㋐両針が重なる前
(両針のつくる角度－ある角度)
÷(6°－0.5°)
＝ある角度になるまでの時間
㋑両針が重なった後
(両針のつくる角度＋ある角度)
÷(6°－0.5°)
＝ある角度になるまでの時間

実力問題

〔　　月　　日〕

文章題 解答 27 ページ

1 【流水算】一定の速さで流れる川のA地点とB地点との間は，ある船が上るのに1時間40分，下るのに50分かかりました。A地点とB地点とのきょりが10 kmのとき，川の流れの速さは毎時何kmですか。〔弘学館中〕

（　　　　　）

よく出る **2** 【流水算】毎分20 mの速さで流れている川をA地点からB地点まで船で往復しました。行きは48分，帰りは72分かかりました。船は(静止した水面では)一定の速さで動いたとして，次の問いに答えなさい。〔共立女子第二中〕

(1) 船の速さは時速何kmですか。

（　　　　　）

(2) A地点とB地点のきょりは何kmですか。

（　　　　　）

3 【流水算】Aの船は静水では時速6 kmで，Bの船は静水では時速□kmで進みます。A，Bは流れの速さが同じ川を進みます。Aは川を上るときの5倍の速さで川を下り，Bは川を上るときの3倍の速さで川を下ります。□にあてはまる数を求めなさい。〔香蘭女学校中〕

（　　　　　）

よく出る **4** 【時計算】次の□にあてはまる数を求めなさい。

(1) 時計の針(はり)が2時40分をさすとき，長針(ちょうしん)と短針のつくる角のうち小さいほうの角度は□度です。〔大阪女学院中〕

（　　　　　）

(2) 4時から5時までの間で，時計の長針と短針が重なるのは4時[①]分で，長針と短針の間の角度が180°になるのは4時[②]分です。〔智辯学園奈良カレッジ中〕

（　　　　　　　　　　　）

ワンポイント

1 流れの速さ
＝(下りの速さ
－上りの速さ)÷2

2 時速(km)
＝分速(m)×60÷1000

3 Aの船の上りの時速を①とすると，下りの時速は⑤になるから，静水での船の時速は，(①＋⑤)÷2

4 1分間に長針は6°，短針は0.5°回転する。
(1) 2時0分のときの両針のつくる角度は60°である。
(2) 4時0分のときの両針のつくる角度は120°である。

よく出る

5【流水算】右のグラフは，川にそったA町，B町を往復する船のようすを表したものです。船の静水での速さと，川の流れの速さはそれぞれ一定です。次の問いに答えなさい。〔武庫川女子大附中〕

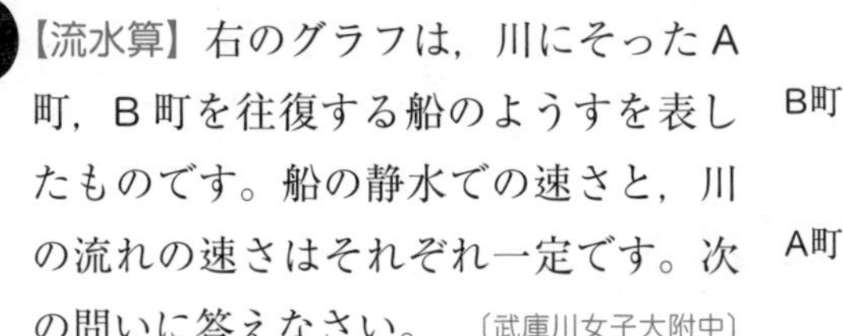

(1) この船の静水での速さは，時速何kmですか。

(　　　　　　)

(2) 川の流れの速さは，時速何kmですか。

(　　　　　　)

(3) A町とB町の間にあるC地点では，行きの船が通ってから2時間15分後に帰りの船が通りました。C地点はB町から何kmのところにありますか。

(　　　　　　)

6【時計算】まなぶさんは，正確な時計Aと，正確でない時計Bを持っています。時計Bは，64分ごとに長針と短針が重なります。この2つの時計を12時に合わせました。時計Bが再び12時をさしたとき，時計Aは何時何分をさしていますか。(必要であれば，四捨五入(ししゃごにゅう)して1分の位まで求めなさい。)また，求め方も書きなさい。〔大阪桐蔭中〕

(　　　　　　)

難問

7【流水算】ある川の上流にあるA地点から42kmはなれた下流のB地点の間を，P，Q2せきの船が往復しています。PとQの船は，静水では一定の同じ速さで進みます。午前9時に，Pの船はA地点からB地点に，Qの船はB地点からA地点に向かって進み，両方の船はいずれもとう着した地点で20分間の休みをとり，再び，もとの地点に向かってもどります。また，両方の船が上りと下りにかかる時間の比は4：3で，上りの速さは毎時18kmです。次の問いに答えなさい。〔明治大付属明治中〕

(1) この川の流れの速さは，毎時何kmですか。

(　　　　　　)

(2) PとQの船が初めてすれちがうのは，B地点から何kmのところですか。

(　　　　　　)

(3) PとQの船が3回目にすれちがうのは，午後何時何分ですか。

(　　　　　　)

5 グラフからB町が川下，A町が川上であることがわかる。
(1)グラフから，
速さ＝道のり÷時間
の式にあてはめて求める。
(3) CB間が下り，BC間が上りである。また，下りにかかる時間と上りにかかる時間の比は，速さの比の逆比である。

6 12時をさしてから再び12時をさすまでに，長針と短針は何回重なるかを考える。最後に重なるのは12時である。

7 (1)上りと下りの速さの比は，かかる時間の逆比だから，3：4
(2)初めてすれちがうまでの時間は，
AB間のきょり
÷船の速さの和
(3) PとQの船が3回目にすれちがうのは，1往復したあとに初めてすれちがうところである。

実力強化編 数と計算 変化と関係 図形 文章題 実戦力強化編 思考力強化編 入試完成編

文章題

25 規則性についての文章題 ①

（　月　日）

最重要ポイント

❶ 数と規則性 ★★

あるきまりにしたがって，数を順に並(なら)べたものを**数列**という。次のようなものがある。

①となりあう 2 つの数の差が一定

例 1，4，7，10，……(差が 3)

②となりあう 2 つの数の比が一定

例 1，3，9，27，……(前の数の 3 倍)

❷ 周期算 ★★★

あるきまりにしたがって並んでいる数やものから，それぞれの周期性を見つけ出して解く問題。

❸ 日暦(にちれき)算 ★★

規則性を使って日数や曜日を求める問題。

例題トレーニング

例題 1 数列

1，5，9，13，17，21，……のような数の列があります。

(1) 25 番目の数を求めなさい。

(2) 165 は何番目の数ですか。

(3) 1 番目から 25 番目までのすべての数の和を求めなさい。

解法のコツ この数列はとなりあう 2 つの数の差が 4 である。

(1) 2 番目の数 $5=1+4\times1$，3 番目の数 $9=1+4\times2$，

4 番目の数 $13=1+4\times3$ だから，

x 番目の数は，$1+4\times(x-1)$ で表される。

よって，25 番目の数は，$1+4\times(25-1)=1+96=97$

答 97

(2) 165 が x 番目の数だとすると，$1+4\times(x-1)=165$

$4\times(x-1)=165-1=164$　$x-1=164\div4=41$

$x=41+1=42$

答 42 番目の数

(3) 25 番目の数は 97 だから，1 番目から 25 番目までのすべての数の和を□とすると，

$$
\begin{array}{rl}
 & 1+5+9+13+\cdots\cdots+93+97=\square \\
+) & 97+93+89+85+\cdots\cdots+5+1=\square \\
\hline
 & \underbrace{98+98+98+98+\cdots\cdots+98+98}_{25\text{個}}=\square\times2
\end{array}
$$

よって，□$=(1+97)\times25\div2=98\times25\div2=1225$（1 番目の数，25 番目の数）

答 1225

要点チェック

●数　列

①**等差(とうさ)数列**…最初の数から順にきまった数を加えてつくられた数列。

例 1　6　11　16　21…（+5 +5 +5 +5）

公差(となりあう 2 つの数の差)が 5 の等差数列である。

2 番目の数 $6=1+5\times1$

3 番目の数 $11=1+5\times2$

⋮

x 番目の数 $1+5\times(x-1)$

> **重要** 等差数列の x 番目の数は，
> **初めの数＋公差×$(x-1)$**
> x 番目の数までの和は，
> **(初めの数＋x 番目の数)×$x\div2$**

②**等比(とうひ)数列**…最初の数から順にきまった数をかけてつくられた数列。

例 1　2　4　8　16…（×2 ×2 ×2 ×2）

公比(かけていくきまった数)が 2 の等比数列である。

例題 2 周期算 ①

$\frac{1}{7}$ を小数で表したとき，小数第一位から第五十位までの数の和を求めなさい。

解法のコツ 1÷7=0.142857142857…だから，1，4，2，8，5，7 の 6 個で 1 周期になる。

50÷6＝8 余り 2(個)だから, 8 周期と余り 2 個の和を求める。
1 周期の和は，1＋4＋2＋8＋5＋7＝27
余り 2 個の和は，1＋4＝5
よって，27×8＋5＝221　　**答** 221

例題 3 周期算 ②

○●○●●○●○●●○●○●●○……のように，ご石がある きまりにしたがって並んでいます。
(1) 58 番目のご石の色は，白と黒のどちらですか。
(2) 58 番目までに並ぶ黒いご石の数を求めなさい。
(3) 58 番目の黒いご石は左から何番目か求めなさい。

解法のコツ 1 周期は○●○●●の 5 個のご石になっている。

(1) 58÷5＝11 余り 3(個)
よって，5 個のご石の 3 番目の色は，白　　**答** 白
(2) 5 個のご石 1 組の中に黒いご石は 3 個，
余り 3 個の中に黒いご石は 1 個あるので，
3×11＋1＝34(個)　　**答** 34 個
(3) 1 周期に黒いご石は 3 個あるので，
58÷3＝19(周期)余り 1(個) となる。
よって，58 番目の黒いご石は，左から 20 周期目の 2 個目になる。
5×19＋2＝97(番目)　　**答** 97 番目

例題 4 日暦算（にちれきざん）

2020 年 7 月 3 日は金曜日です。この年の 10 月 28 日は何曜日ですか。〔攻玉社中〕

解法のコツ 1 週間=7 日間を 1 周期と考える。

7 月 3 日から 10 月 28 日まで，
(31－3＋1)＋31＋30＋28＝118(日間)
（7月，8月，9月，10月）
118÷7＝16(週)余り 6(日間) となるので，10 月 28 日は，水曜日。
（金，土，日，月，火，水）
答 水曜日

●**周期算**

周期性の問題は，全体の中に同じ並び（なら）びが何回あるかを考えて，その回数と余りの個数から，解いていく。

重要 周期算の解き方

全体の個数(何番目)
＝1 周期の個数×回数
＋余りの個数

例 ○●●○○●●○○●●○…のように，ご石が 23 個並んでいる。最後のご石は，○と●のどちらですか。
→ 1 周期は○●●○の 4 個のご石になっているから，23÷4＝5(回)余り 3
○●●○が 5 回並んだあと○●●となるので，23 個目は●である。

●**日暦算**

1 週間を 1 周期と考え，何週間と何日間あるのか求め，曜日を決める。

例 4 月 5 日は水曜日です。6 月 11 日は何曜日か求めなさい。
→ 4 月は 30－5＋1＝26(日間)，5 月は 31 日間，6 月は 11 日間あるので，合計で 26＋31＋11＝68(日間) ある。
68÷7＝9 余り 5 となるので，9 週間と 5 日間。
水曜日から 5 日間なので，水，木，金，土，日で日曜日となる。

実力強化編 数と計算 変化と関係 図形 文章題 実戦力強化編 思考力強化編 入試完成編

実力問題

〔　月　日〕

文章題　解答 28 ページ

1【数　列】2，4，8，16，32，……のように，ある規則にしたがって数が並(なら)んでいます。次の問いに答えなさい。

〔実践女子学園中－改〕

(1) 10 番目の数を求めなさい。

(　　　　)

(2) 1502 番目の数の一の位の数字を求めなさい。

(　　　　)

(3) 1 番目から 103 番目までの一の位の数をすべて加えると，いくらになりますか。

(　　　　)

2【数と規則性】図のように番号のついた正方形を 1 段(だん)，2 段，3 段……と並べていきます。次の問いに答えなさい。

〔大阪教育大附属池田中〕

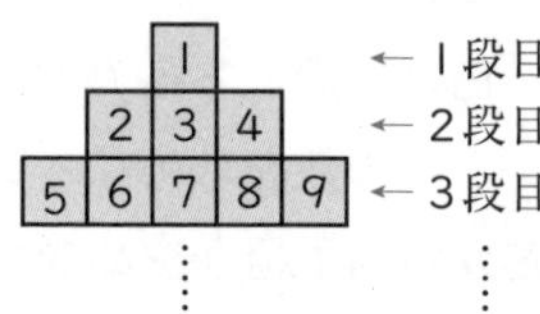

(1) 6 段目の 1 番左の正方形の番号はいくつですか。

(　　　　)

(2) 125 枚目(まいめ)の正方形は，何段目の左から何枚目に並びますか。

(　　　　)

よく出る

3【数　列】次のように，あるきまりにしたがって分数が 100 個並んでいます。

$\frac{1}{2}$，$\frac{2}{3}$，$\frac{1}{3}$，$\frac{3}{4}$，$\frac{2}{4}$，$\frac{1}{4}$，$\frac{4}{5}$，$\frac{3}{5}$，$\frac{2}{5}$，$\frac{1}{5}$，$\frac{5}{6}$，$\frac{4}{6}$，…

このとき，次の問いに答えなさい。

〔大阪桐蔭中－改〕

(1) $\frac{11}{12}$ は何番目ですか。

(　　　　)

(2) 87 番目の分数を求めなさい。

(　　　　)

4【数　列】下のように，ある規則にしたがって数が並んでいます。

1，3，6，10，15，21…

このとき，20 番目の数はいくつですか。

〔京都先端科学大附中〕

(　　　　)

ワンポイント

1 (2)，(3)一の位だけに注目すると，
2，4，8，6/2，4，8，6/2，4，……となっている。

2 各段の右はしの数は，
段の数×段の数
になっている。
(2) 125 は，11×11＝121 より大きく，12×12＝144 より小さい。

3 次のように，分母が同じ分数ごとに組にしていく。
$\left(\frac{1}{2}\right)$，$\left(\frac{2}{3}, \frac{1}{3}\right)$，$\left(\frac{3}{4}, \frac{2}{4}, \frac{1}{4}\right)$…
このとき，
1 組目は分母が 2 で 1 個，
2 組目は分母が 3 で 2 個，
3 組目は分母が 4 で 3 個，
……となっている。

4 差が 2，3，4，…と等差数列になっている。

よく出る

5【周期算】丸(●)と三角(△)の積み木を，次のような順序で規則正しく並べました。

△●△●●△△●△●●△△●△●●△△●…

次の問いに答えなさい。〔土佐女子中〕

(1) 次(21 番目)は，どちらの積み木ですか。

(　　　　　　)

(2) 45 番目までに，三角の積み木は何個ありますか。

(　　　　　　)

(3) 三角の積み木が 107 個並んだところでやめました。このとき，丸の積み木は何個並んでいますか。

(　　　　　　)

よく出る

6【日暦算(にちれきざん)】今日は，2020 年 2 月 1 日の土曜日です。今年の 12 月 31 日は何曜日ですか。〔明治大学付属中野八王子中〕

(　　　　　　)

7【日暦算】芝田君はマラソン大会に向けて，9 月 2 日の月曜日からランニングすることにしました。月，水，金曜日は 1 km，火，木曜日は休み，土，日曜日は 2 日間で合計 5 km 走ります。芝田君が合計で 50 km 走り終えるのは何月何日の何曜日ですか。また，求め方も書きなさい。〔芝浦工業大附中〕

(　　　　　　)

8【数と規則性】右の図は，あるきまりにしたがって，整数を 1 から順に並べたものです。このきまりにしたがって，さらに続けて整数を並べていくとき，次の問いに答えなさい。〔京都教育大附属京都中〕

	1列目	2列目	3列目	4列目	5列目	…
1段目	1	4	5	16	17	
2段目	2	3	6	15	18	
3段目	9	8	7	14	19	
4段目	10	11	12	13	20	
5段目	25	24	23	22	21	
⋮						

(1) 4 段目(だんめ)の 6 列目のますにはいる整数を求めなさい。

(　　　　　　)

(2) 1 段目の 12 列目のますにはいる整数を求めなさい。

(　　　　　　)

(3) 150 が，何段目の何列目のますにはいるかを求めなさい。

(　　　　　　)

5 並べ方のきまりは，△●△●●△のくり返しである。

6 2020 年はうるう年なので，2 月は 29 日までである。

7 1 週間で，1×3+5=8(km) 走る。

8 (1) (2，3，4) (5，6，7，8，9) と 1 段 1 列ずつ前の数を囲むように，数が並んでいる。また，1 段目の偶数(ぐうすう)列目は，2×2，4×4 のように，列の数×列の数に，奇数(きすう)段目の 1 列目は，段の数×段の数になっている。

(3) 150 をふくむ数の並びは，(145，……，150，……，169) である。

実力強化編 数と計算 変化と関係 図形 文章題 実戦力強化編 思考力強化編 入試完成編

文章題

26 規則性についての文章題 ②

〔　　月　　日〕

最重要ポイント

❶ 植木算 ★★★

等しい間かくで木などが並んでいるとき，木などの数と間の数との間にある規則性を利用して木の数や全体のきょりなどを求める問題。

❷ 方陣算 ★★

ご石などを正方形や長方形に並べるとき，1辺の数，周囲の数，全体の数の間にあるきまりを利用して，1辺の数，周囲の数，全体の数などを求める問題。

❸ 集合算 ★

2つ以上の条件でものごとを分類し，それを利用して解く問題。

❹ 推理算 ★★

あたえられた条件から，その結果を正しい筋道にもとづいた考え方で推理して解く問題。

例題トレーニング

例題 1 植木算

(1) 電柱が6mおきに，まっすぐ8本立っています。はしからはしまでの長さは何mですか。

(2) 円の形をした池があります。4mおきに木を植えたら，ちょうど21本植えて池を一周しました。この池の半径は何mになりますか。小数第1位まで求めなさい。（円周率は3.14とする。）

〔愛知教育大附属名古屋中－改〕

解法のコツ 両はしをふくむとき，木などの数＝間の数＋1

(1) $6\times(8-1)=42$(m)　←電柱の間の数

答 42 m

(2) 木と木の間の数は21だから，

池の周りの長さは，$4\times21=84$(m)

よって，この池の半径は，

$84\div3.14\div2=13.37\cdots$(m)　←小数第2位を四捨五入

答 13.4 m

例題 2 方陣算

ご石を1辺が10個の正方形の形に並べます。

(1) いちばん外側に並んでいるご石は，全部で何個ですか。

(2) 外側の2列だけにご石を並べるとすると，ご石は何個必要ですか。

要点チェック

●植木算

①直線になっている場合

㋐両はしをふくむとき，

木などの数＝間の数＋1

㋑両はしをふくまないとき，

木などの数＝間の数－1

②周囲がつながっている場合

木などの数＝間の数

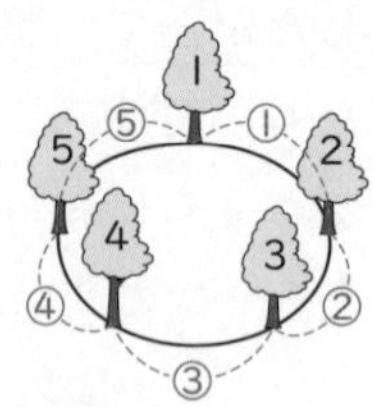

くわしく つなぎ目の数

①1本のテープにすると，
つなぎ目の数
＝テープの数－1

②輪にすると，
つなぎ目の数
＝テープの数

 右のように，図に表すとよい。

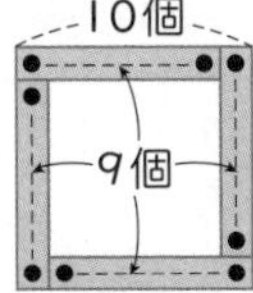

解き方と答え (1) (10－1)×4＝36(個)　答 36 個

(2) 2×(10－2)×4
＝64(個)　答 64 個

(1) 10個　9個

(2) 8個　2列　2列　8個　10個

例題 3 集合算

あるクラス 35 人のうち，女子は 18 人です。クラスでペットを飼っている人が 15 人，飼っていない男子が 8 人います。ペットを飼っている女子は何人いますか。〔ノートルダム清心中〕

解法のコツ 表(または図)に表して考える。

右の表で，2 か所の数がわかっている列から残りの数を計算する。

	飼っている	飼っていない	計
男子		8	
女子	㋒	㋑	18
計	15	㋐	35

ペットを飼っていない人は，
35－15＝20(人) ……㋐
ペットを飼っていない女子は，20－8＝12(人) ……㋑
ペットを飼っている女子は，18－12＝6(人) ……㋒

答 6 人

例題 4 推理算（すいり）

A，B，C，D の 4 人が受けたテストの成績について，次の㋐，㋑のことがわかっています。

㋐ A は B と C よりも成績がよかった。
㋑ C は D よりも成績がよかった。

このとき，次のことがらは正しいといえますか。正しいものには○を，正しいかどうかはっきりしないものには×をつけなさい。〔帝塚山学院泉ヶ丘中〕

(1) A は D よりも成績がよい。(2) B は C よりも成績がよい。
(3) C は上から 2 番目の成績である。(4) D は最も成績が悪い。

 文章からわかる関係を図に表す。

解き方と答え (2) B と C の比かくがない。
(3) B と C の比かくがない。
(4) B と D の比かくがない。

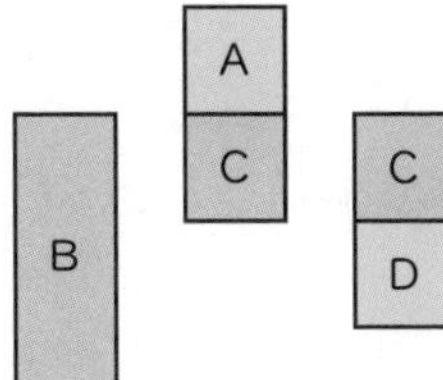

答 (1)○　(2)×　(3)×　(4)×

●**方陣算**

ご石などを正方形に並べるとき，次の方陣算の公式を使って個数を求める。

①**周りの個数**
＝(1 辺の個数－1)×4

②**1 辺の個数**
＝周りの個数÷4＋1

③**全体の個数**
＝1 辺の個数×1 辺の個数

●**集合算**

集合算は，2 つ以上の集まりの関係を，**分類の図や分類の表**に表して，内容を整理して解く。

例 **分類の図**

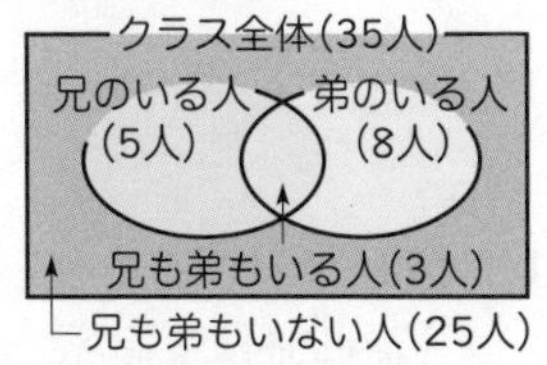

●**推理算**

①問題に示された条件を，図や表を利用して整理し，求めやすいもの，決定できるものから順に，順序よく考えていく。

重要 条件を図や表に表して整理し，決定できるものから順に決めていく。

②うそがある場合は，それぞれがうそだと**仮定**したときに，条件にあわなくなるものを順に除（のぞ）いていく。

実力問題

〔　月　日〕

文章題　解答 30 ページ

よく出る

1 【植木算】ひろきさんは丸太を１回切るのに 14 分かかります。いま，ひろきさんは３m の丸太を 50 cm ずつに切り分けようと思います。１回切るごとに□分ずつ休けいしていたので，最後の分を切り終えたとき，全部で１時間 30 分かかりました。□にあてはまる数を求めなさい。〔奈良学園中〕

（　　　　　）

2 【方陣算（ほうじん）】右の図のように，縦（たて）と横の個数の比が１：３になるように，ご石を長方形の形に並（なら）べます。次の問いに答えなさい。〔蒼開中〕

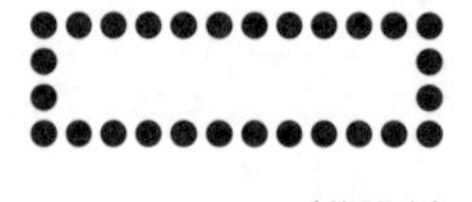

(1) 縦に５個のご石を並べて，長方形の形をつくると，全部で何個のご石が必要ですか。

（　　　　　）

(2) 116 個のご石を使って，長方形の形をつくりました。縦にご石は何個並びますか。

（　　　　　）

よく出る

3 【方陣算】右の図のように，黒石を正方形の形に並べ，その周りを白石で囲みます。次の□にあてはまる数を求めなさい。〔広島女学院中〕

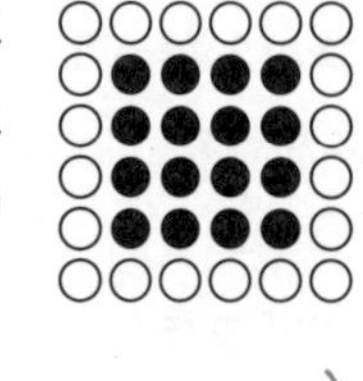

(1) 黒石が 25 個のとき，白石は□個必要です。

（　　　　　）

(2) 白石が 60 個のとき，黒石は□個必要です。

（　　　　　）

(3) 黒石と白石をあわせて 400 個使うとき，白石の個数は□個です。

（　　　　　）

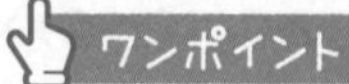

1

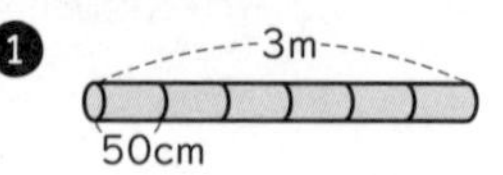

切るのは５か所である。５か所目を切り終えたときには休けいは必要ない。

2 長方形の頂点（ちょうてん）の部分のご石は，２回かぞえることになるので注意する。

3 方陣算の解き方の公式を用いる。

(1) 25＝5×5 より黒石の１辺の数は５個である。このことから，外側の白石の数を求める。

(2)(1)と逆の順序で，
白石の数→黒石の数
と考える。

(3) 400＝20×20

4 【植木算】右の図のように，直線道路のＡ地点からＢ地点まで等間かくにくいを立てます。間を６ｍにすると９本不足し，間を８ｍにすると10本余ります。Ａ地点からＢ地点までのきょりは何ｍですか。〔弘学館中〕

A　B

(　　　　　)

よく出る

5 【集合算】ある学校で40人の生徒が遊園地に行き，Ａ，Ｂ２種類の乗り物に乗りました。１人あたりの料金はＡは200円，Ｂは300円です。ＡとＢの両方に乗った人は15人，両方とも乗らなかった人は６人でした。料金の合計は12400円でした。Ｂには何人乗りましたか。〔青山学院中〕

(　　　　　)

6 【推理算（すいり算）】Ａ，Ｂ，Ｃの３チームにリレー競走の順位を聞いたところ，次のように答えました。

・Ａチーム「わたしたちは１位でした。」
・Ｂチーム「ぼくたちは２位だった。」
・Ｃチーム「わたしたちは１位でなかった。」

この３チームのうち１チームはうそを言い，２チームは正しく言っているといいます。次の問いに答えなさい。〔金城学院中〕

(1) どのチームがうそを言っていますか。

(　　　　　)

(2) ３チームの正しい順位を求めなさい。

(　　　　　　　　　　)

7 【集合算】40人の学級で，弟と妹のいる人を調べました。弟のいる人は16人，妹がいる人は15人，どちらもいる人は４人でした。このとき，弟も妹もいない人は□人です。□にあてはまる数を求めなさい。〔甲南中〕

(　　　　　)

8 【推理算】あるゲームで，Ａ君，Ｂ君，Ｃ君，Ｄ君の４人の得点について次のようなことがわかりました。

・Ｂ君の得点はＡ君とＣ君の得点の合計より多い。
・Ｄ君の得点はＡ君の得点より少ない。
・Ｂ君の得点はＡ君とＤ君の得点の合計と同じ。

このとき，得点の高い順に並べなさい。〔早稲田摂陵中〕

(　　　　　　　　　　)

---

4 差集め算の考えも使って解く。間を６ｍにするときと，間を８ｍにするときの，きょりの差は，(6×9+8×10)m

5 図に表して考える。

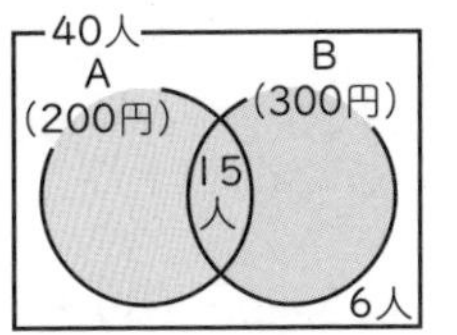

6 うそをついているチームを仮定して，３チームの順位が決定するかどうかを調べる。

7 図に表して考える。

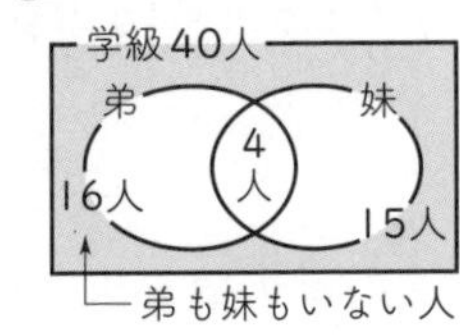

8 １つめの条件と３つめの条件から，Ｃ君とＤ君の得点を比べてみる。

1 数の計算

〔　　月　　日〕

時間 50分　合格点 80点　得点　　点

解答 31 ページ

1 次の計算をしなさい。【3点×3】

(1) $3\times4\times5\times6\times7-2\times3\times4\times5\times6+5\times6\times7$ 〔豊島岡女子学園中〕

(2) $\{12+(3-4\div56)\times7\}\times8-90$ 〔開明中〕

(3) $\{33\times5-(89+28)\div9\}\div76\times2$ 〔同志社中〕

よく出る **2** 次の計算をしなさい。【3点×2】

(1) $30.3\times20.2-6\times100.01$ 〔ラ・サール中〕

(2) $(7.2+9.6)\div(4.1-0.4\times1.5)$ 〔桐朋中〕

よく出る **3** 次の計算をしなさい。【3点×3】

(1) $\frac{1}{24}+\frac{1}{246}+\frac{1}{328}$ 〔関西学院中〕

(2) $3\frac{5}{6}\div\left(4\frac{4}{5}\times5\frac{3}{4}\right)\div6\frac{2}{3}$ 〔上宮学園中〕

(3) $7\frac{1}{2}+2\frac{1}{3}\times\left(2\frac{1}{2}\times\frac{4}{5}-\frac{13}{14}\right)$ 〔関西大倉中〕

よく出る **4** 次の x の値(あたい)を求めなさい。【3点×2】

(1) $123456789\times x+9=987654321$ 〔実践女子学園中〕

（　　　　）

(2) $10\times\{(6\times x+2)-3\}-169=121$ 〔西大和学園中〕

（　　　　）

5 次の x の値を求めなさい。【3点×2】

(1) $0.55\div0.025-x\div0.025+0.63\div0.025=40$ 〔京都女子中〕

（　　　　）

(2) $\left[\left\{\left(x-\frac{1}{2}\right)\times\frac{1}{3}-\frac{1}{4}\right\}\div\frac{1}{5}-\frac{1}{6}\right]\div7=4\frac{11}{12}$ 〔洛南高附中〕

（　　　　）

よく出る **6** 次の計算をしなさい。【3点×6】

(1) $5.5\times1\frac{1}{3}+1\frac{5}{6}-\left(2.5-1\frac{1}{4}\right)\div0.2$ 〔明星中(大阪)〕

(2) $\left(1.5+2\frac{1}{6}\right)\div30.25\times4.5$ 〔ラ・サール中〕

(3) $2.5\div\left(\frac{5}{18}\div1.5\right)\times\left(\frac{1}{9}\div0.5+\frac{2}{3}\right)$ 〔立教新座中〕

(4) $1-\left(\frac{2}{3}-0.16\right)\div\frac{19}{25}$ 〔青山学院中〕

(5) $5.2\div\left\{2\frac{4}{5}-1.5\times\left(\frac{2}{3}-0.2\right)+0.5\right\}$ 〔市川中〕

(6) $\left(0.28+1\frac{2}{5}\right)\times2\frac{1}{7}-1.125\div\frac{5}{12}$ 〔早稲田実業学校中〕

7 次の x の値を求めなさい。【4点×4】 (よく出る)

(1) $\left(3\frac{1}{7}-x\div 8.75\right)\times 1\frac{1}{2}=4$ 〔雙葉中〕

(　　　　　)

(2) $31-29\frac{37}{68}\div\frac{82}{x}=0.375$ 〔灘中〕

(　　　　　)

(3) $\left(3-1\frac{2}{3}\right)\times 0.375+\frac{5}{6}\div\left(1\frac{1}{6}+x\right)=\frac{27}{34}$

〔慶應義塾普通部〕

(　　　　　)

(4) $\left(12\frac{1}{2}-\frac{1}{4}\right)\times\left(31\frac{3}{4}+x\right)-15\times\left(4\frac{1}{2}+20\right)\div 8$
$=21\times 21$ 〔芝中〕

(　　　　　)

8 下の式は5けたと3けたの筆算での計算です。a b c d に入る数字を求めなさい。ただし，◎には同じ数字が入ります。【6点】

〔立教女学院中〕

```
        8 □ 9 □ 9
  ×         4 □ ◎
  ─────────────────
      □ ◎ □ □ 0 3
  □ □ ◎ ◎ □ □
  ─────────────────
  □ a 3 b c d 0 3
```

(　　　　　)

9 1番目の数を1として，その数に $\frac{1}{2}$ を加えて2でわったものを2番目の数とする。これと同じ操作(そうさ)をくり返して3番目，4番目，……の数をつくるとき，次の問いに答えなさい。【4点×3】 〔京都女子中〕

(1) 2番目の数はいくつになりますか。

(　　　　　)

(2) 6番目の数はいくつになりますか。

(　　　　　)

(3) 1番目から6番目までの数の和はいくつになりますか。

(　　　　　)

10 (難問) 〔x〕は，x 以下の最も大きい整数を表します。たとえば $\left[\frac{1}{3}\right]=0$，$\left[\frac{9}{7}\right]=1$，〔3〕$=3$ です。このとき，次の計算をしなさい。

【4点×3】〔清風南海中〕

(1) $\left[\frac{2}{5}\right]+\left[\frac{4}{5}\right]+\left[\frac{6}{5}\right]+\left[\frac{8}{5}\right]+\left[\frac{10}{5}\right]$

(2) $\left[\frac{2}{5}\right]+\left[\frac{4}{5}\right]+\left[\frac{6}{5}\right]+\left[\frac{8}{5}\right]+\cdots\cdots+\left[\frac{94}{5}\right]$
$+\left[\frac{96}{5}\right]+\left[\frac{98}{5}\right]+\left[\frac{100}{5}\right]$

(3) $\left[\frac{100}{5}\right]-\left[\frac{98}{5}\right]+\left[\frac{96}{5}\right]-\left[\frac{94}{5}\right]+\cdots\cdots$
$+\left[\frac{8}{5}\right]-\left[\frac{6}{5}\right]+\left[\frac{4}{5}\right]-\left[\frac{2}{5}\right]$

4, 5 計算できる部分は先に計算して，まず式を簡単(かんたん)にする。計算の順序を考え，その順序と逆に計算する。

6 小数と分数の混じった計算は，ふつう，小数を分数になおして，分数だけの計算にする。

9 1番目1より，2番目 $\left(1+\frac{1}{2}\right)\div 2$，3番目……と，順に計算して6番目まで求める。

② いろいろな計算

〔　　月　　日〕

時間 50分	得点
合格点 80点	点

解答 33 ページ

よく出る **1** 次の計算をしなさい。【3点×5】

(1) $3.14\times2.3+0.314\times6-3.14\times1\frac{9}{10}$

〔埼玉大附中〕

(2) $52\times18-12\times39+13\times36$

〔京都産業大附中〕

(3) $2.01\times930-2.01\times130+2.01\times300-1.005\times200$

〔関西大倉中〕

(4) $2668\times13-1334\times12-667\times27$

〔桜美林中〕

(5) $2.8\times1\frac{1}{2}+5.6\times2\frac{1}{2}-8.4\times1\frac{1}{3}$

〔東邦大付属東邦中〕

よく出る **2** 次の計算をしなさい。【3点×4】

(1) $21+22+23+24+25+26+27+28+29$

〔東京女学館中〕

(2) $10+12.6+15.2+17.8+20.4+23+25.6+28.2+30.8+33.4$

〔東邦大付属東邦中〕

(3) $\frac{1}{2}+\frac{1}{4}+\frac{1}{8}+\frac{1}{16}+\frac{1}{32}+\frac{1}{64}+\frac{1}{128}+\frac{1}{256}+\frac{1}{256}$

〔南山中女子部〕

(4) $\frac{1}{2}+\frac{1}{3}+\frac{2}{3}+\frac{1}{4}+\frac{2}{4}+\frac{3}{4}+\frac{1}{5}+\frac{2}{5}+\frac{3}{5}+\frac{4}{5}+\frac{1}{6}+\cdots\cdots+\frac{13}{15}+\frac{14}{15}$

〔大阪桐蔭中〕

3 次の計算をしなさい。【3点×2】

(1) $\frac{1}{2}+\frac{1}{6}+\frac{1}{12}+\frac{1}{20}+\frac{1}{30}+\frac{1}{42}+\frac{1}{56}+\frac{1}{72}+\frac{1}{90}$

〔渋谷教育学園渋谷中〕

(2) $\frac{3}{3\times6}+\frac{3}{6\times9}+\frac{3}{9\times12}+\frac{3}{12\times15}+\frac{3}{15\times18}$

〔奈良学園中〕

4 $\frac{1}{1\times3\times5}=\frac{1}{1\times3}-\frac{4}{3\times5}$，$\frac{1}{3\times5\times7}=\frac{4}{3\times5}-\frac{9}{5\times7}$ であることを利用して，次の計算をしなさい。【6点】

$\frac{1}{1\times3\times5}+\frac{1}{3\times5\times7}+\frac{1}{5\times7\times9}+\frac{1}{7\times9\times11}+\frac{1}{9\times11\times13}$

〔土佐女子中〕

よく出る **5** 次の□にあてはまる数を求めなさい。【3点×3】

(1) $0.3\text{ km}-1300\text{ cm}+72000\text{ mm}-200\text{ m}=\square\text{ m}$

〔須磨学園中〕

(　　　　)

(2) $1.2\text{ L}-0.062\text{ m}^3\div1000-2.4\text{ dL}=\square\text{ cm}^3$

〔奈良学園中〕

(　　　　)

(3) $(0.3\text{ L}+9700\text{ cm}^3)\times2.7+0.2\text{ dL}\div\frac{1}{20}=\square\text{ L}$

〔実践女子学園中〕

(　　　　)

よく出る **6** 次の□にあてはまる数を求めなさい。

【3点×4】

(1) 3時間－20分＋0.8日－36000秒＝□分

〔滝川第二中〕

(　　　)

(2) 13時間12分25秒×6
＝□日□時間□分□秒

〔広島大附属東雲中〕

(　　　)

(3) 7時間51分30秒÷6
＝□時間□分□秒　〔学習院女子中〕

(　　　)

(4) 信子(のぶこ)さんのある日の起きていた時間とねていた時間の比は11：4でした。この日の信子さんのねていた時間は□時間□分です。　〔和歌山信愛中〕

(　　　)

7 次の□にあてはまる数を求めなさい。

【4点×3】

(1) □mL：6.3 L＝$7\frac{1}{2}$：35　〔香蘭女学校中〕

(　　　)

(2) $\left(1\frac{2}{7}+\square\right)$：4.6＝5：7　〔立命館中〕

(　　　)

(3) 3：2＝7：$\left\{4\times(\square-1)\div\frac{2}{3}-7\right\}$

〔明治大付属中野中〕

(　　　)

8 次の2つの□には同じ数がはいります。□にはいる数を求めなさい。【4点×2】

(1) (872－□)：(297－□)＝7：2

〔早稲田中〕

(　　　)

(2) (□＋8)：(□－14)＝$\frac{6}{5}$：0.375

〔桃山学院中〕

(　　　)

9 2つの整数について，〈 , 〉による計算を次の(例)のように定めます。次の問いに答えなさい。【5点×3】　〔麻布中〕

(例) $\langle 3,\ 4\rangle=\frac{1}{3\times(3+4)}=\frac{1}{3\times7}=\frac{1}{21}$

$\langle 5,\ 3\rangle=\frac{1}{5\times(5+3)}=\frac{1}{5\times8}=\frac{1}{40}$

(1) このとき，次の計算をしなさい。

① 〈8, 3〉＋〈3, 8〉

(　　　)

② 〈3, 6〉＋〈7, 2〉＋〈6, 3〉＋〈5, 2〉

(　　　)

(2) 〈[ア], [イ]〉＝$\frac{1}{72}$ を満たす整数[ア]をすべて求めなさい。

(　　　)

10 $1-\cfrac{1}{2-\cfrac{1}{3+\cfrac{1}{4}}}$ を計算しなさい。【5点】

〔金蘭千里中〕

(　　　)

1 分配のきまり $a\times b+a\times c=a\times(b+c)$ を使って計算する。

3 (2)次のように，部分分数に分解する。$\frac{3}{3\times6}=\frac{6-3}{3\times6}=\frac{6}{3\times6}-\frac{3}{3\times6}=\frac{1}{3}-\frac{1}{6}$，$\frac{3}{6\times9}=\frac{1}{6}-\frac{1}{9}$

7, 8 比例式の性質「$a:b=c:d$ ならば，$a\times d=b\times c$」を使う。

3 数の性質についての問題

解答35ページ

〔　月　日〕

時間 50分	得点
合格点 80点	点

1 3つの数92, 132, 154を, それぞれある数でわりました。132と154はわり切れましたが, 92は4余りました。考えられる数をすべて求めなさい。【4点】〔桐蔭学園中〕

(　　　　)

よく出る **2** 次の問いに答えなさい。【4点×3】

(1) 3でわれば1余り, 5でわれば3余り, 7でわれば4余る整数のうちで, 最も小さいものを求めなさい。〔洛星中〕

(　　　　)

(2) 3でわると1余り, 5でわると2余り, 7でわると3余る整数のうちで, 最も小さい数を求めなさい。〔日本女子大附中〕

(　　　　)

(3) 2けたの整数のうち, 12でわると商と余りが一致(いっち)する整数のすべての和を求めなさい。〔足立学園中－改〕

(　　　　)

3 遠足の費用の余りが11800円あります。これをクラスの児童に返したいと思います。まず, 11800円を100円玉だけにして, 児童1人あたり同じ枚数(まいすう)ずつ, できるだけ多く分配すると, 1000円残りました。次に, この1000円を10円玉だけにして, 児童1人あたりできるだけ多く分配すると, 280円残りました。そして, 残り280円は, 次の遠足の費用に残しておきました。【4点×2】〔智辯学園中〕

(1) このクラスの人数は何人ですか。

(　　　　)

(2) 児童1人に返したお金は何円ですか。

(　　　　)

4 $\frac{7}{9}$と$\frac{6}{7}$の間の分数で, 分子が14である分数を求めなさい。また, 分母が14である分数を求めなさい。【5点】〔白陵中〕

(　　　　)

よく出る **5** 次の□にあてはまる数を求めなさい。【5点×2】

(1) 横2 cm, 縦(たて)3 cmの長方形の紙があります。この紙□枚を組み合わせれば, 最小の正方形になります。この場合に324 cm^{2}の正方形をつくるには, 紙は□枚いります。〔追手門学院大手前中〕

(　　　　)

(2) $\frac{19}{42}$でわっても, $\frac{4}{63}$でわっても, 答えが整数になる0より大きい分数の中で, 最も小さい分数は□です。〔大妻中〕

(　　　　)

よく出る **6** 1から11までの数が1つずつ書いてあるカード11枚を, 裏返(うらがえ)しにして横1列に並(なら)べました。そのあとに偶数(ぐうすう)番目にあるカードを表にしたところ, 次のようになりました。

	1		2		3		4		5	

表にしたカードの数が, その左右のカードの数の差になるとき, 左はしのカードと右はしのカードの数の差はいくつですか。【5点】〔慶應義塾普通部〕

(　　　　)

7 0から9までの数字が1つずつ書いてある10枚のカードがあり，その中から4枚を選んで並べ，4けたの整数をつくります。つくられる3の倍数の中で，最も大きい数から最も小さい数をひいた差を求めなさい。

【5点】〔修道中〕

（　　　　　　）

8 ある整数を43でわって，小数第2位を四捨五入したら8.3になりました。このような整数のうちいちばん大きい整数を求めなさい。【5点】〔日本大第二中〕

（　　　　　　）

9 1から100までの数字が1つずつ書かれた100枚のカードがあります。【5点×2】〔親和中〕

(1) Aさんが3の倍数のカードをすべて取ったあと，Bさんは残りのカードの中から偶数のカードをすべて取りました。Aさん，Bさんが取ったカードはそれぞれ何枚ですか。

（　　　　　　）

(2) (1)と同じように，Aさんがある数の倍数のカードをすべて取ったあと，Bさんが残りのカードの中から，別の数の倍数のカードをすべて取ると，2人の取ったカードは20枚ずつになりました。Aさん，Bさんが取ったカードは，それぞれどんな数の倍数ですか。また，求め方も書きなさい。

（　　　　　　）

10 2つの整数A，Bについて，次の㋐，㋑のことがわかっています。【5点×2】〔フェリス女学院中〕

㋐ A×B＝7098　　㋑ B－A＝143

(1) 整数A，Bの最大公約数を求めなさい。

（　　　　　　）

(2) 整数Aを求めなさい。

（　　　　　　）

難問 11 6けたの整数ABCDEFで，いちばん上の位の数字Aをいちばん下の位に移した数BCDEFAがもとの数の3倍になるものは，ちょうど2つあります。このような数ABCDEFのうち大きいほうをxとすると，x＝［(1)］です。また，$\frac{x}{999999}$をできる限り約分した分数は［(2)］です。【5点×2】〔灘中〕

（　　　　　　）

難問 12 次のような100個の式があります。

1×2×3，2×3×4，3×4×5，……，

99×100×101，100×101×102

これらを計算したとき，次の問いに答えなさい。【4点×4】〔早稲田中〕

(1) 6の倍数は何個ありますか。

（　　　　　　）

(2) 12の倍数は何個ありますか。

（　　　　　　）

(3) 18の倍数は何個ありますか。

（　　　　　　）

(4) 36の倍数は何個ありますか。

（　　　　　　）

ヒント

2 (1)3－1＝5－3＝2 より，3と5の最小公倍数15の倍数から2をひいた数を考える。

7 3の倍数は，4けたの各位の数の和が3の倍数になる。

9 (1)偶数のうち3の倍数でもあるのは，6の倍数である。

12 (1)連続した3つの整数のうちの1個は必ず3の倍数であり，また2の倍数が少なくとも1個ある。

〔　　月　　日〕

時間 50分	得点
合格点 80点	点

4 場合の数

解答 37 ページ

よく出る **1** 右の図のように，長方形を㋐，㋑，㋒，㋓の4つの部分に分けました。

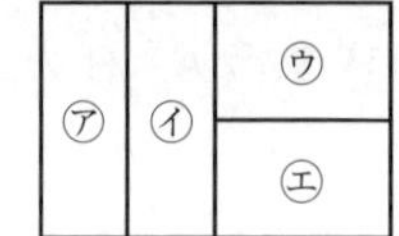

この図形を，赤，黄，青の3色を使ってぬり分ける場合，何通りのぬり分け方がありますか。ただし，となりあう部分には，同じ色を使わないことにします。【4点】〔共立女子中〕

（　　　　　）

よく出る **2** 次の問いに答えなさい。【4点×2】

(1) 赤，白，黒の3色のボールがそれぞれたくさんあります。この中から4個のボールを同時に取り出すとき，取り出し方は全部で何通りありますか。〔近畿大附中〕

（　　　　　）

(2) 右の図のように，道が同じ間かくで並(なら)んでいます。AからBまで最短の道のりで行くとき，行き方は何通りありますか。〔帝京大中〕

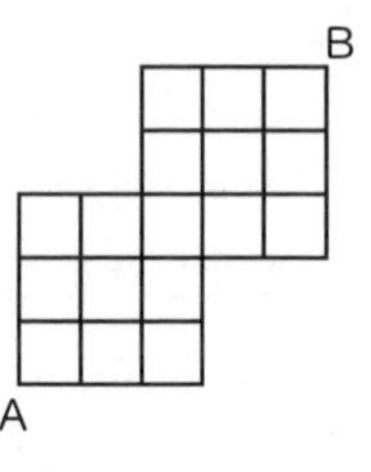

（　　　　　）

3 Aさん，Bさん，Cさん，Dさん，Eさんの5人が赤色の車と青色の車の2台の車に分乗して海に向けて出発しました。車の乗り方は何通りありますか。ただし，2台の車はそれぞれ4人までしか乗れませんし，運転席以外は座席(ざせき)の指定はしません。また，Cさんは車の運転ができませんが，他の4人は車の運転ができます。【5点】〔大谷中(大阪)〕

（　　　　　）

よく出る **4** 1から9までの数字を1つずつ書いた四角いカードと丸いカードが，それぞれ9枚(まい)ずつあります。ここから6枚を取り出し，書かれている数の小さい順に左から並べます。ただし，同じ数の場合は，丸いカードのほうを左に並べます。【4点×3】〔大阪星光学院中〕

(図1) □ 3 □ □ □ 9
(図2) □ ○ 3 ○ □ ⑨
(図3) ○ ○ □ ○ □ □
(図4) ① 2 4 ⑥ ⑦ 8

(1) 取り出したカードがすべて四角いカードで，図1のように並んでいるとき，ふせられたカードの並び方は何通り考えられますか。

（　　　　　）

(2) 6枚が図2のように並んでいるとき，ふせられたカードの並び方は何通り考えられますか。

（　　　　　）

(3) 6枚を並べたところ，図3のようになり，さらに残りのカードから6枚を取り出したら，図4のようになりました。このとき，図3の6枚のカードの並び方は何通り考えられますか。また，この6枚のカードに書かれた数の和の中で，最大のものと最小のものを求めなさい。

（　　　　　）

5 右の図のように，等間かくに9個の点があります。この中から，3個の点を選んで三角形を作ります。【5点×2】〔城北中〕

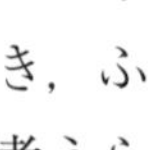

(1) 大きさや形がちがう直角三角形は何種類できますか。

（　　　　　）

(2) 直角三角形は全部で何個できますか。

（　　　　　）

6 よく出る 大中小３つのさいころを同時に投げるとき，次の問いに答えなさい。【4点×3】

〔神戸龍谷中〕

(1) ３つのさいころの目の和が10になるのは何通りありますか。

(　　　　　)

(2) ３つのさいころの目の積が偶数（ぐうすう）になるのは何通りありますか。

(　　　　　)

(3) 最も大きい目が４となるのは何通りありますか。

(　　　　　)

7 図のように，円の中に三角形があり，㋐から㋓の４つの部分に分けられています。これらの４つの部分を赤，青，黄の３色のクレヨンで同じ色がとなりあわないようにぬり分けます。【4点×2】

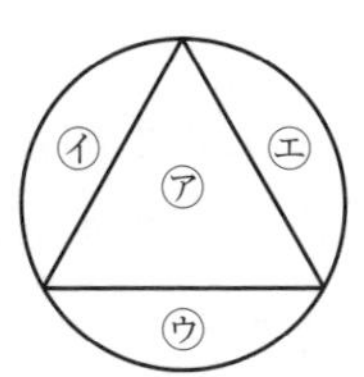

〔甲南中〕

(1) ３色の中から２色を使ってぬり分けると，何通りのぬり分け方がありますか。

(　　　　　)

(2) ３色すべての色を使ってぬり分けると，何通りのぬり分け方がありますか。

(　　　　　)

8 A，B，Cはどれも２以上の整数で，AはBより小さく，BはCより小さいとします。A×B×C＝770となるA，B，Cの組は何通りありますか。また，求め方も書きなさい。

【6点】〔武蔵中〕

(　　　　　)

9 よく出る 数字の0，3，4，6，7が書かれたカードが２枚ずつあります。この10枚のカードから３枚選んで並べ，３けたの整数を作ります。【5点×3】〔東京女学館中〕

(1) 最も大きい整数を求めなさい。

(　　　　　)

(2) 最も大きい整数と最も小さい整数の差を求めなさい。

(　　　　　)

(3) 整数は全部で何個作ることができますか。

(　　　　　)

10 次の□にあてはまる数を求めなさい。

【5点×2】〔西大和学園中〕

(1) ２けたの整数＋１けたの整数 で表される整数全体の中で，３けたの整数になる組は，全部で□通りあります。

(　　　　　)

(2) ２けたの整数×１けたの整数 で表される整数全体の中で，一の位の数が７になる３けたの整数の組は，全部で□通りあります。

(　　　　　)

11 難問 ４けたの整数ABCDを考えます。ただし，A，B，C，Dには同じ数字があってもよいとします。数字の並びを逆にしたDCBAがABCDより大きい４けたの整数となるようなABCDは全部で［(1)］個あります。また，DCBAがABCDと等しい４けたの整数となるようなABCDすべての合計は［(2)］です。□にあてはまる数を求めなさい。【5点×2】

〔灘中〕

(　　　　　)

2 (1)４個のボールがすべて同じ色の場合，３個が同じ色で，あと１個がちがう色の場合，２色が２個ずつの場合，２個が同じ色で，残りが１個ずつちがう色の場合がある。

6 (2)積が偶数になるのは，積が奇数（きすう）になるとき以外だから，すべての出方－積が奇数になる出方

5 平面図形の性質についての問題

解答 40 ページ

時間 50分	得点
合格点 80点	点

1 1辺の長さが3cmの正三角形について，正しいものには○を，まちがっているものには×をつけなさい。【3点×6】〔広島女学院中〕

(1) 3つの角はすべて等しい。

（　　）

(2) 2辺の長さがそれぞれ3cm，1つの角の大きさが60°の三角形は，すべてこの正三角形になる。

（　　）

(3) 1辺の長さが3cmの正方形を対角線で切ってできる三角形より面積が大きい。

（　　）

(4) 1辺の長さが1cmの正三角形をちょうど8個しきつめてつくれる形である。

（　　）

(5) この正三角形を紙でつくり，2つの辺をぴったり重ねるように折ると，直角三角形ができる。

（　　）

(6) この正三角形4枚(まい)で，立体をつくることができる。

（　　）

2 点Oが対称(たいしょう)の中心になるように，点対称な図形をかきなさい。ただし，ものさしで長さをはかってはいけません。

また，かいた方法がわかるように，線を残しておきなさい。【6点】〔大阪教育大附属池田中〕

O•

よく出る **3** イチローさんは右の図のような三角形で，BCのまん中の点を通って，BCに垂直(すいちょく)な直線をかくには次のようにすればよいと思いました。

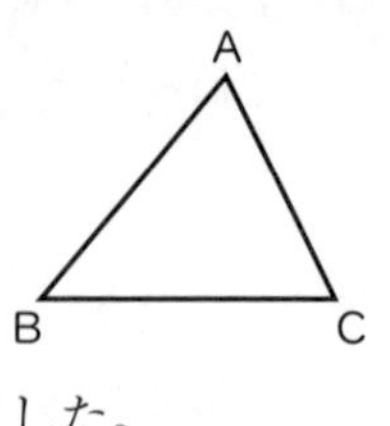

① Bを中心にしてBCを半径とする円をかく。

② Cを中心にしてBCを半径とする円をかく。

③ 2つの円が交わった2つの点を結ぶ。

【5点×2】〔南山中男子部〕

(1) 上の手順にしたがって，BCのまん中の点を通り，BCに垂直な直線をかきなさい。同じようにして，ACのまん中の点を通り，ACに垂直な直線をかきなさい。

(2) 上でかいた2つの直線の交わる点をOとします。Oを中心にして，半径OAの円をかいたとき，次の中から正しいものを選んで，その記号を書きなさい。

ア Bは通るが，Cは通らない。

イ Bは通らないが，Cは通る。

ウ BもCも通る。

エ BもCも通らない。

（　　）

4 右の図のように，各頂点(ちょうてん)に数字のついた正六角形があります。3つの頂点を結んで正三角形を作るとき，できた正三角形の頂点の数字の和はそれぞれいくらになりますか。【6点】〔大阪教育大附属平野中〕

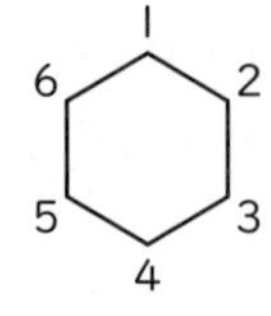

（　　）

5 次の台形の面積を(1)，(2)の考え方で求めます。図の中につくった図形をかきいれ，式を立てて求めなさい。ただし，1マスを1 cmとします。【5点×2】　〔甲南中〕

(1) 平行四辺形を1つつくる。

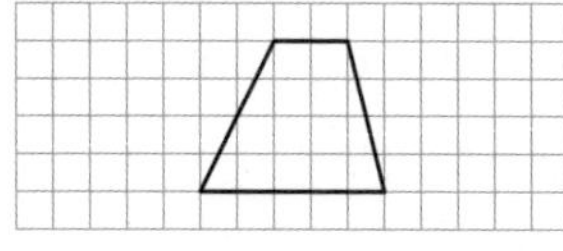

(2) 長方形を1つつくる。

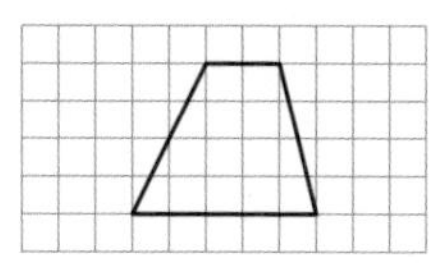

よく出る **6** 右の図の四角形ABCDは正方形です。CEを折り目として三角形BCEを折り重ねると，BはFと重なります。

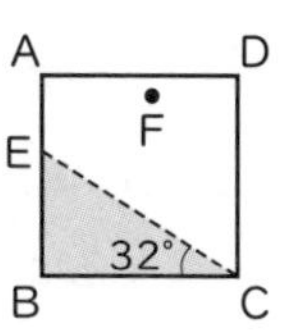

EとF，AとCを結んだとき，EFとACが交わってできる角のうち，小さいほうは何度ですか。【8点】　〔灘中〕

(　　　　　)

よく出る **7** 半径が8 cmの円があります。6つの点A，B，C，D，E，Fは円周を6等分しています。点Oは円の中心です。

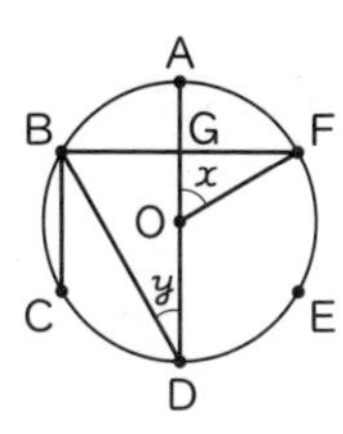

【6点×3】〔西南学院中〕

(1) 直線BCの長さを求めなさい。

(　　　　　)

(2) 直線ADと直線BFの交点をGとします。直線AGの長さを求めなさい。

(　　　　　)

(3) 角x，角yのそれぞれの大きさを求めなさい。

(　　　　　)

よく出る **8** 右の図のように，半径1 cmの円が10個並(なら)んでいます。【8点×2】　〔関東学院中〕

(1) 円の中心を結んでできる正三角形のうち，1辺の長さが2 cmのものは全部で何個ありますか。

(　　　　　)

(2) 外側の太い線の長さは何cmですか。ただし，円周率は3.14とします。

(　　　　　)

9 正方形の折り紙を図1のような手順で折って，色のついた部分を切り取って広げると，図2の**ア**～**エ**のうち，□になります。□にあてはまる記号を答えなさい。【8点】

〔大阪桐蔭中〕

(図1)

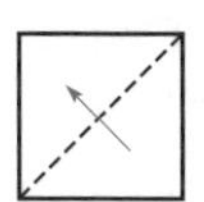

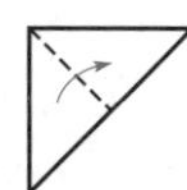

(図2)

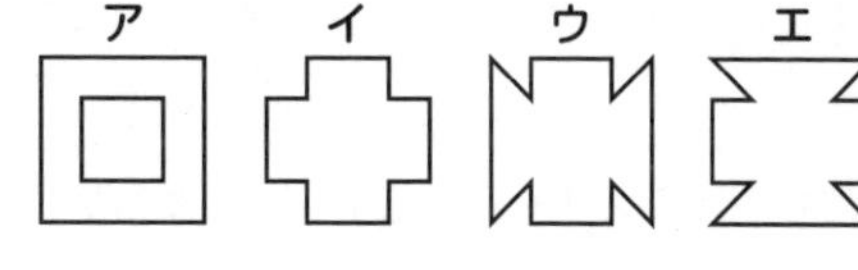

(　　　　　)

1 (3) 1辺が3 cmの正三角形の高さは3 cmより短くなる。
6 EFとACの交点をGとして，角FGCを求める。角EFC＝角EBC＝90°
8 (2)半円の曲線部分が6個，中心角300°のおうぎ形の曲線部分が3個ある。
9 折り紙を図1の逆に広げながら考える。

〔　月　日〕

時間 50分　得点
合格点 80点　点

6 角度を求める問題

解答41ページ

1 右の図においてℓとmは平行で，五角形ABCDEは正五角形です。角xと角yの大きさを求めなさい。【4点×2】〔ラ・サール中〕

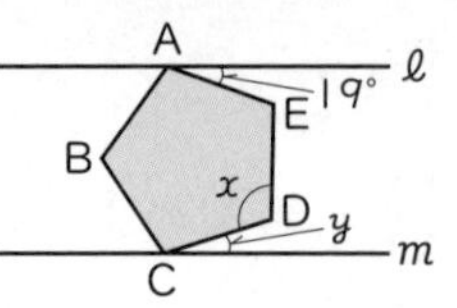

（　　　　　）

2 右の図は，長方形と正三角形が重なった図です。角xは何度ですか。

【4点】〔共立女子第二中〕

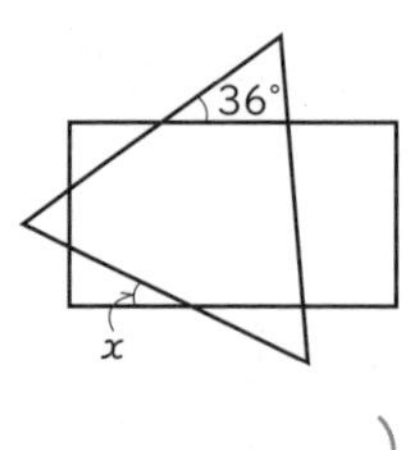

（　　　　　）

よく出る **3** 右の図のように，正方形ABCDと正三角形ADEがあります。角a，角b，角cの大きさはそれぞれ何度ですか。【3点×3】

〔同志社香里中〕

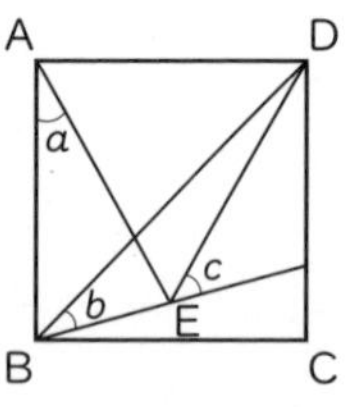

（　　　　　）

4 右の図において，三角形ABEと三角形CDEはともに正三角形で，A，Cを結ぶ直線とB，Dを結ぶ直線は点Oで交わっています。

【5点×2】〔灘中〕

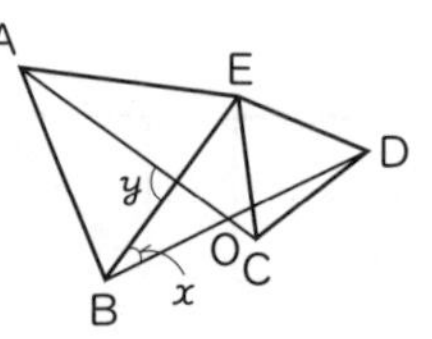

(1) OA，OB，OCの長さがそれぞれ8cm，5cm，1cmのとき，ODの長さは何cmですか。

（　　　　　）

(2) xの角の大きさが23°のとき，yの角の大きさは何度ですか。

（　　　　　）

よく出る **5** 図の平行四辺形ABCDで，fの角は82°で，bとcの角は同じ大きさ，dとeの角の大きさの比は4：3です。aの角の大きさは何度ですか。

【4点】〔青山学院中〕

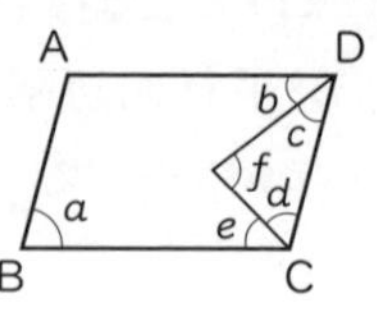

（　　　　　）

よく出る **6** 右の図は，長方形ABCDの点Cが点Aに重なるように折り，さらに点Bが直線AEに重なるように折ったものです。角x，角yは，それぞれ何度ですか。【5点×2】〔女子学院中〕

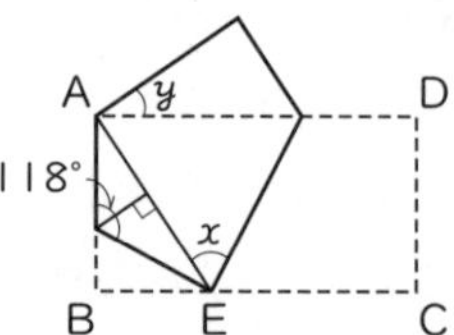

（　　　　　）

7 右の図において，aからfの角度の合計は何度ですか。【5点】

〔頌栄女子学院中〕

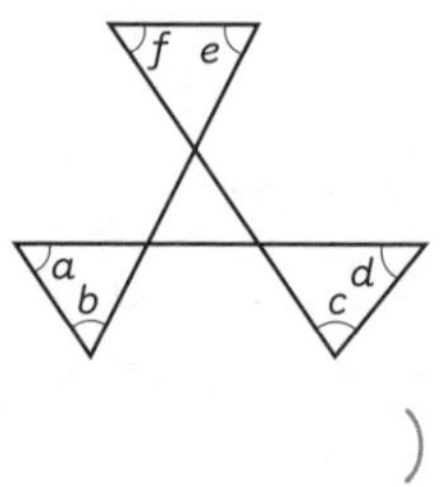

（　　　　　）

8 次の図で，角a，bの大きさを求めなさい。

【5点×2】〔女子学院中〕

(1) 四角形ABCDは正方形，曲線は正方形の頂点(ちょうてん)を中心とする円の一部。

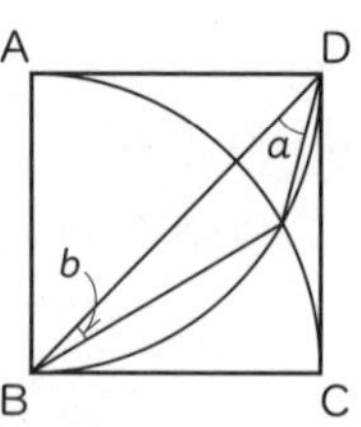

（　　　　　）

(2) 正三角形ABCと正五角形ADEFG

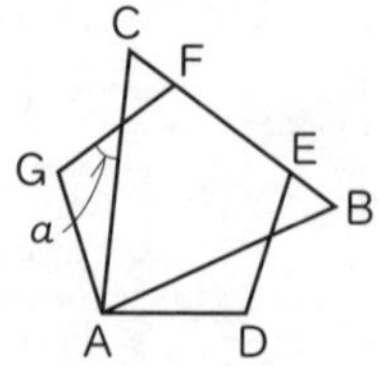

（　　　　　）

9 次の□にあてはまる数を求めなさい。　よく出る

【5点×3】

(1) 右の図のように正三角形を２枚重ねます。角 x の大きさは□度です。

〔大妻中〕

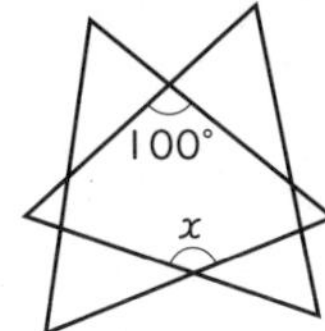
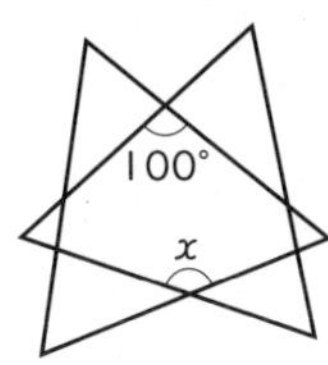

(　　　　　　)

(2) 右の図は，正三角形と二等辺三角形を重ねたものです。このとき，x の角の大きさは□度です。

〔十文字中〕

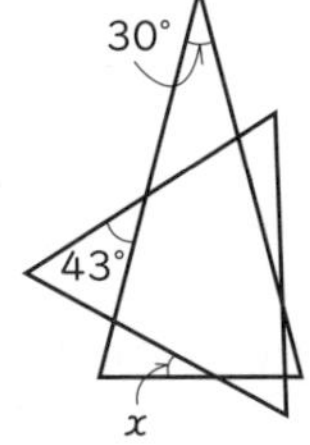

(　　　　　　)

(3) 右の図は正七角形に３本の対角線をひいたものです。a の角度は c の角度の［A］倍で，b の角度は c の角度の［B］倍です。

〔奈良学園中〕

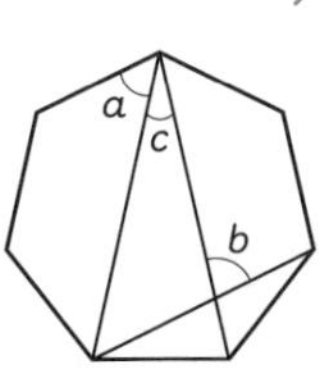

(　　　　　　)

10 右の図で，A，B，C，D は O を中心とした円周上にあります。

$x+y=$□°です。

□にあてはまる数を求めなさい。【5点】

〔広島学院中〕

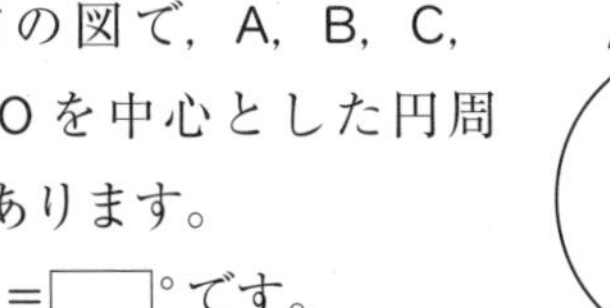
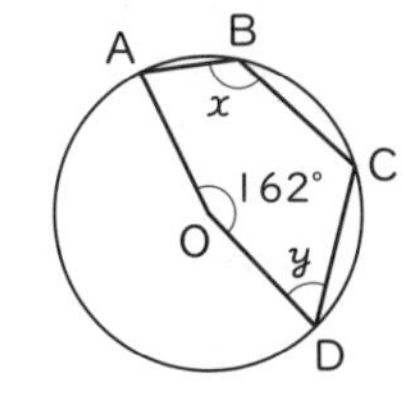

(　　　　　　)

11 難問　下の図のように，円の $\frac{1}{4}$ の図形の円周上に点 C があり，BC を折り目として折りました。折り曲げた円周の部分と AB の重なった点を D とするとき，BD と BO が同じ長さになりました。角 x は□度，角 y は□度です。□にあてはまる数を求めなさい。

【5点×2】〔女子学院中〕

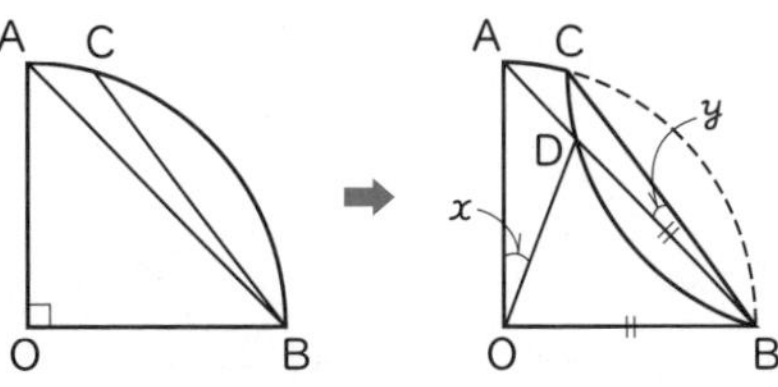

(　　　　　　)

12 次の問いに答えなさい。ただし，(1)，(2)の○印，×印の角は，それぞれ同じ大きさであることを表しています。【5点×2】

〔京都女子中－改〕

(1) 右の図において，x で表される角の大きさを求めなさい。

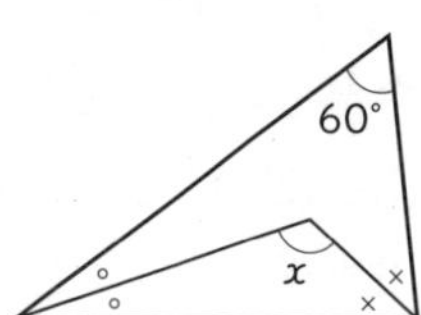

(　　　　　　)

(2) 右の図において，y で表される角の大きさを求めなさい。

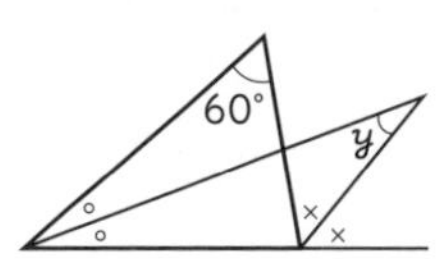

(　　　　　　)

1 右の図で，平行線の性質より，•印の角(錯角(さっかく))の大きさは等しい。

8 (2)正五角形の１つの内角の大きさは，180°×(5−2)÷5＝108° である。

10 BO，CO を結ぶと，３つの二等辺三角形ができる。「二等辺三角形の２つの角は等しい」を用いる。

時間 50分	得点
合格点 80点	点

7 周の長さ・面積を求める問題 ①

解答 43 ページ

1 右の図形の角がすべて直角であるとき，この図形の周りの長さは何 cm ですか。【5点】〔近畿大附中〕

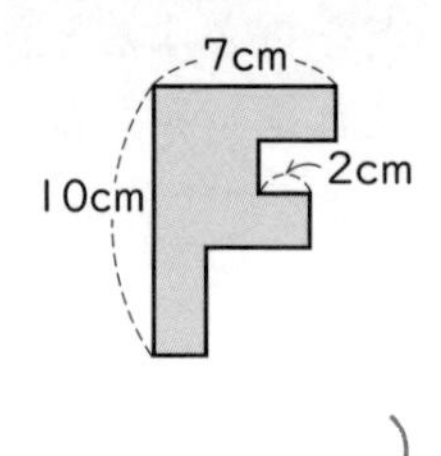

(　　　　　　)

2 右の図は，AD を直径とする半円①，BC を直径とする半円②，AC を直径とする半円③，BD を直径とする半円④をつなげた図形です。AC と BD の長さが同じであるとき，太線部分の長さは何 cm ですか。円周率は 3.14 とします。【5点】〔帝塚山学院泉ヶ丘中〕

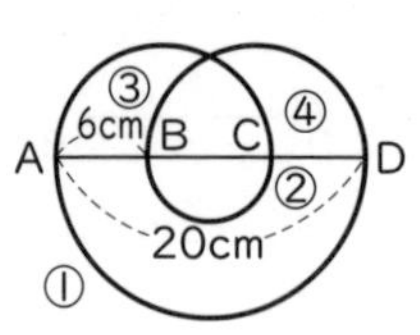

(　　　　　　)

よく出る **3** 次の図において，太線の長さと色のついた部分の面積をそれぞれ求めなさい。ただし，(1)と(2)の 7 個の円はすべて同じ大きさで，円周率は 3.14 とします。【6点×2】〔金蘭千里中〕

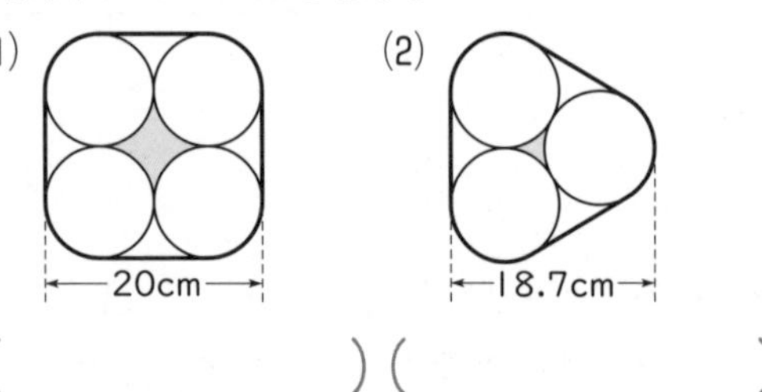

(1)(　　　　　　)　(2)(　　　　　　)

よく出る **4** 右の図の**ア**と**イ**の面積は，どちらがどれだけ大きいですか。円周率は 3.14 とします。

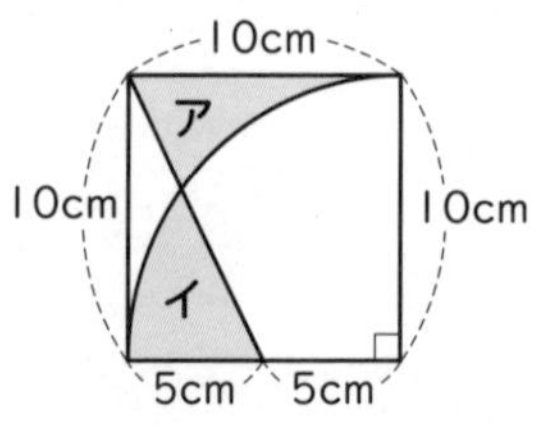

【5点】〔六甲学院中〕

(　　　　　　)

よく出る **5** 右の図のように，三角形 ABC の中に角 C が直角の直角三角形 DBC をつくることができたとき，色のついた三角形 ADC の面積は何 cm^2 ですか。【5点】〔慶應義塾中〕

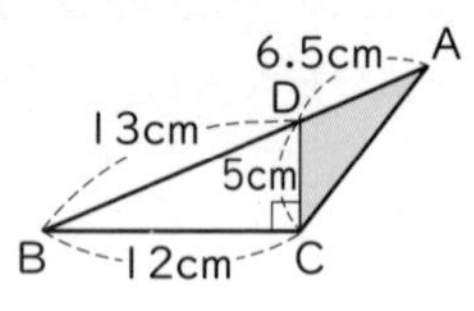

(　　　　　　)

6 右の図の台形 ABCD の面積は 15.6 cm^2 です。BC の長さは何 cm ですか。【5点】〔帝塚山学院中〕

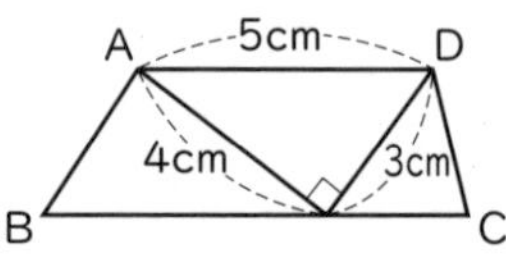

(　　　　　　)

7 右の図は，1 辺の長さが 12 cm の正方形と半円を組み合わせたもので，•印は半円の円周部分のまん中の点です。色のついた部分の面積を求めなさい。円周率は 3.14 とします。

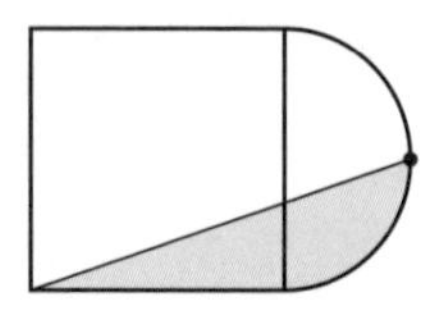

【5点】〔明星中(大阪)〕

(　　　　　　)

よく出る **8** 右の図形の色のついた部分の面積を求めなさい。円周率は 3.14 とします。【5点】〔立命館中〕

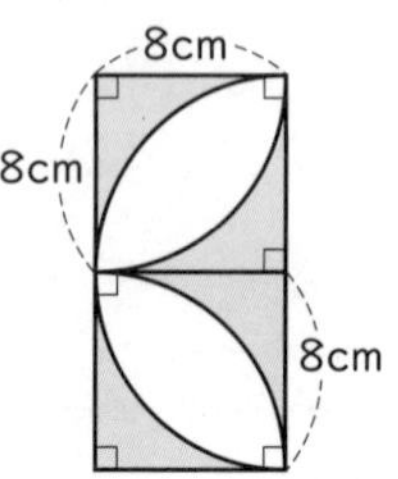

(　　　　　　)

9 右の図の 2 つの正方形は，それぞれ 1 辺が 5 cm，2 cm です。AB と CD は同じ長さです。色のついた部分の面積は何 cm^2 ですか。【6 点】　〔共立女子中〕

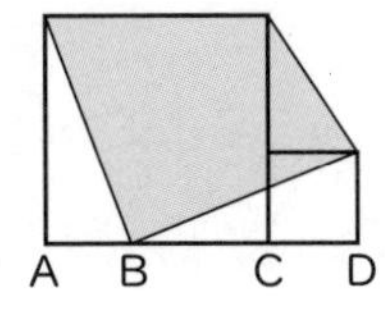

(　　　　　　)

よく出る **10** 右の図の四角形 ABCD は，1 辺の長さが 5 cm の正方形です。また，四角形 EFGH，AIJK も正方形です。色のついた部分の面積の和を求めなさい。【6 点】　〔東海中〕

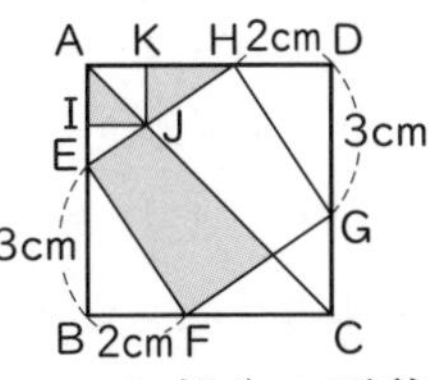

(　　　　　　)

11 1 辺の長さが 1 cm の青と白の正方形が図のようにしきつめられています。このとき，太線で示された各図形の中の，青の部分の面積と白の部分の面積はどちらがどれだけ大きいですか。【6 点×2】　〔麻布中－改〕

(1) 三角形 ABC

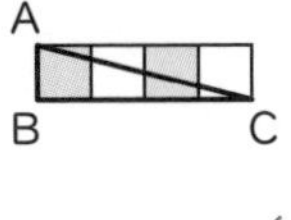

(　　　　　　)

(2) 三角形 DEF

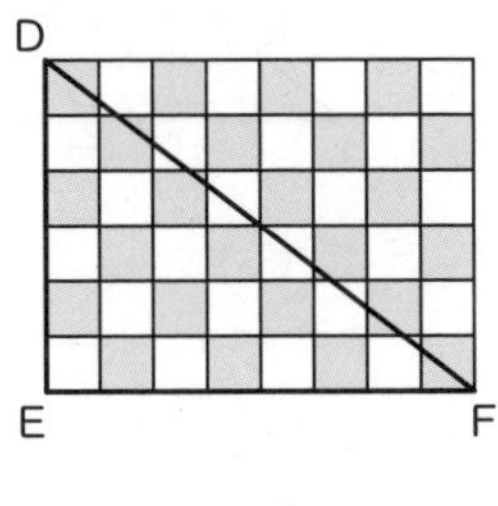

(　　　　　　)

12 右の図のように，1 辺の長さが 3 cm の正方形の辺をそれぞれ 3 等分した点をすべて通る円があります。この円の面積は何 cm^2 ですか。円周率は 3.14 とします。【6 点】

〔豊島岡女子学園中〕

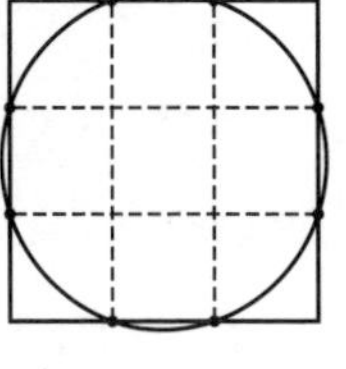

(　　　　　　)

よく出る **13** 右の図は 1 辺が 1 cm の正方形 16 個と，同じ大きさの円 4 個からできています。色のついた部分の面積は何 cm^2 ですか。ただし，円周率は 3.14 とします。【7 点】　〔ラ・サール中〕

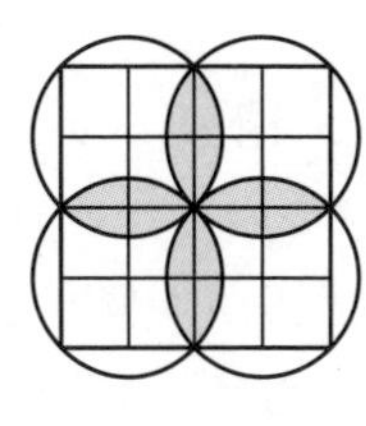

(　　　　　　)

難問 **14** 右の図のような平行四辺形 ABCD があります。図において，色をつけた 3 つの三角形の周の長さの和は，色をつけていない 2 つの四角形と 2 つの三角形の周の長さの和より ⑴ cm 短く，また，色をつけた 3 つの三角形の面積の和は，平行四辺形 ABCD の面積の ⑵ 倍です。□ にあてはまる数を求めなさい。【8 点×2】〔灘中〕

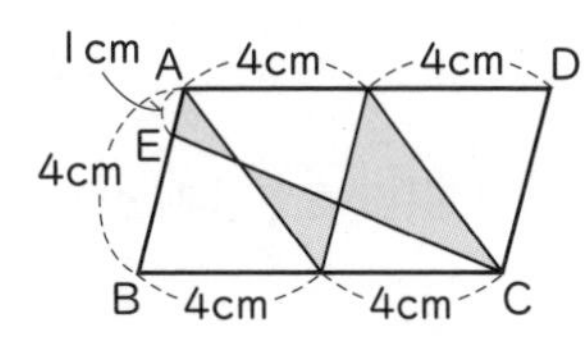

(　　　　　　)

4 **ア**と**イ**の左側のはさまれた部分を**ウ**として，**ア**＋**ウ**と**イ**＋**ウ**の面積をそれぞれ求め，差をとる。
12 円にぴったりはいる正方形(対角線の長さは円の直径)と円との面積の比を求める。
13 正方形の内側にある色のついた部分を，正方形の外側に移して考える。
14 ⑵「高さが等しい 2 つの三角形の面積の比は，底辺の比に等しい。」ことを利用する。

周の長さ・面積を求める問題 ②

解答 45 ページ

〔　月　日〕

時間 50 分	得点
合格点 80 点	点

1 右の図は大，中，小の 3 種類の半円を組み合わせてできた図形です。色のついた部分の周りの長さを求めなさい。円周率は 3.14 として計算しなさい。【4 点】

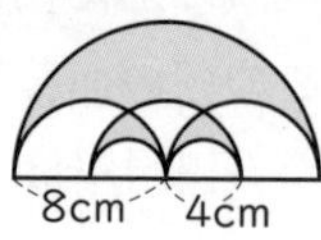

〔奈良教育大附中〕

（　　　　　）

2 図のように，直線 AB の上に直径のある半円が 4 個あります。

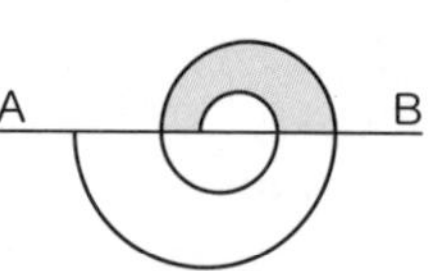

いちばん小さい半円は半径 10 cm で，半径は大きくなるにつれて，前の半円の半径の 1.5 倍になっています。円周率を 3.14 として計算しなさい。【4 点×3】　〔女子学院中〕

(1) 色のついた部分の面積は何 cm^2 ですか。答えは小数第 4 位を四捨五入しなさい。

（　　　　　）

(2) 太線の長さは何 cm ですか。

（　　　　　）

(3) いちばん大きい半円の中心は，いちばん小さい半円の中心と比べて〔左・右〕に何 cm だけはなれていますか。(〔　〕内はいずれかを〇で囲みます。)

（　　　　　）

3 右の図のような図形があります。三角形 BDF の面積は三角形 AFE の面積より何 cm^2 大きいですか。【5 点】

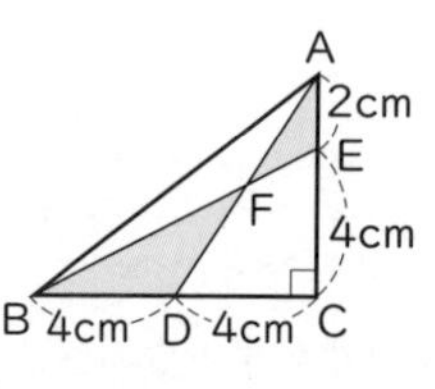

〔香川大附属高松中〕

（　　　　　）

よく出る **4** AB, BC, CA の長さが，それぞれ 5 cm，6 cm，7 cm の三角形 ABC があります。AB，BC，CA の各辺上に，点 D，E，F を，AD と AF，BD と BE，CE と CF の長さがそれぞれ等しくなるようにとります(同じ印は，長さが等しいことを表します)。

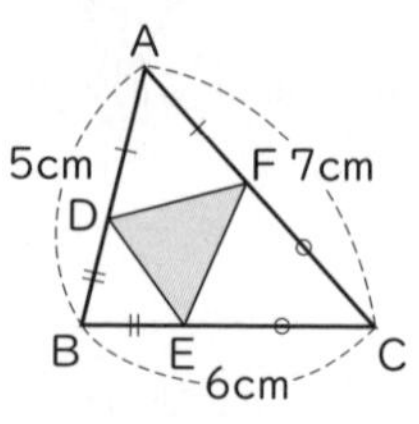

【4 点×4】〔桐蔭学園中〕

(1) AD＋BE＋CF の長さを求めなさい。

（　　　　　）

(2) AD，BE，CF の長さをそれぞれ求めなさい。

（　　　　　）

(3) 三角形 ADF の面積は，三角形 ABC の面積の何倍ですか。

（　　　　　）

(4) 三角形 DEF の面積は，三角形 ABC の面積の何倍ですか。

（　　　　　）

よく出る **5** 点 D, E は三角形 ABC の辺 AB を 3 等分する点，点 F，G，H は辺 BC を 4 等分する点です。また，AD＝CI，AB：AC＝7：5 です。

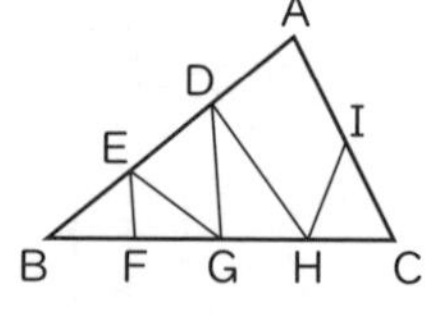

【5 点×2】〔土佐中〕

(1) 三角形 EBF の面積と三角形 DGH の面積の比を求めなさい。

（　　　　　）

(2) 三角形 DEG の面積と三角形 IHC の面積の比を求めなさい。

（　　　　　）

6 色のついた部分の面積は何 cm^2 ですか。ただし，曲線はすべて点 O を中心とする円周の一部であるものとします。

【5点】〔近畿大附中〕

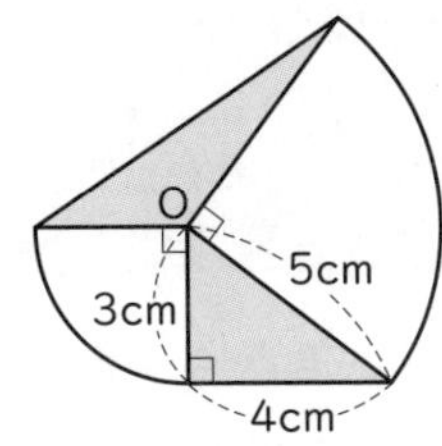

（　　　　　　　）

よく出る **7** 正方形 ABCD の各辺のまん中の点を E，F，G，H とします。【5点×2】

〔淳心学院中〕

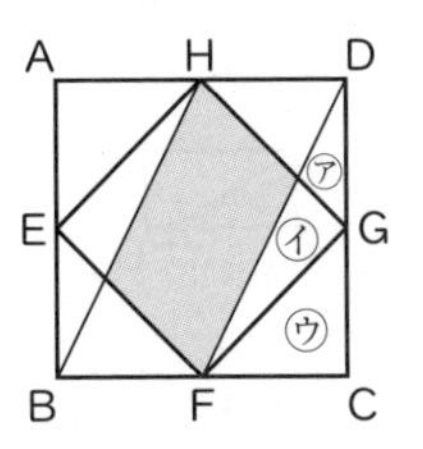

(1) ㋐，㋑，㋒の面積の比を求めなさい。

（　　　　　　　）

(2) 色のついた部分の平行四辺形と正方形 ABCD の面積の比を求めなさい。

（　　　　　　　）

よく出る **8** 右の図で，2つの直角三角形 ABC と DBE は面積が等しく，BC, CE, DB の長さはそれぞれ 5 cm，3 cm，4 cm です。【5点×3】

〔明治大付属明治中〕

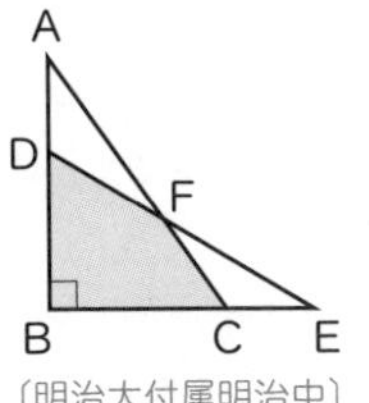

(1) AD の長さは何 cm ですか。

（　　　　　　　）

(2) 四角形 DBCF の面積は三角形 ADF の面積の何倍ですか。

（　　　　　　　）

(3) DF と FE の長さの比を，最も簡単（かんたん）な整数の比で表しなさい。

（　　　　　　　）

9 右の図は O を中心とする半径 3 cm の半円です。このとき，A の面積−B の面積 は何 cm^2 ですか。円周率は 3.14 とします。【5点】

〔弘学館中〕

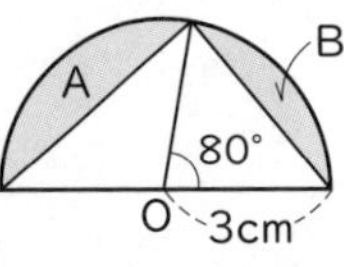

（　　　　　　　）

よく出る **10** 右のような台形の 2 つの部分㋐と㋑の面積の比を最も簡単な整数の比で表しなさい。【6点】

〔女子学院中〕

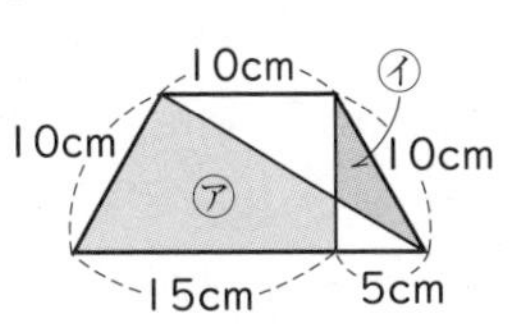

（　　　　　　　）

11 右の図のように，三角形を㋐㋑㋒㋓の 4 つの部分に分けたとき，㋐と㋓の面積の比を最も簡単な整数を用いて表しなさい。

【6点】〔六甲学院中〕

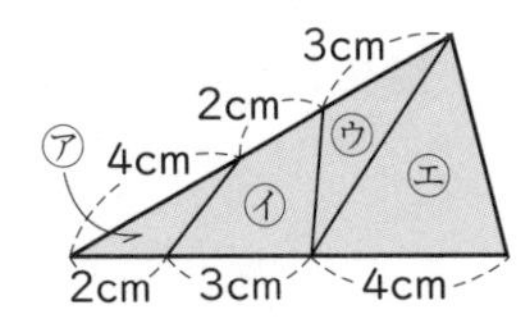

（　　　　　　　）

難問 **12** 右の図のように，三角形 ABC の中に，それぞれ

AP：PQ＝2：1

BQ：QR＝3：1

CR：RP＝3：2 になるような点 P，Q，R をとります。三角形 ABC の面積が 441 cm^2 のとき，三角形 PQR の面積は何 cm^2 になりますか。【6点】

〔慶應義塾中〕

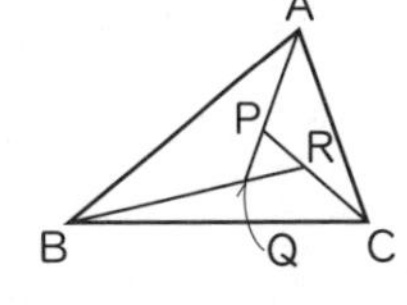

（　　　　　　　）

2 (3)半円の直径は，小さいほうから順に，10×2＝20(cm)，15×2＝30(cm)，22.5×2＝45(cm)，33.75×2＝67.5(cm)

6 下にある直角三角形を反時計回りに 90° 回転させて考える。

9 A と B の下にある 2 つの三角形は，底辺と高さがそれぞれ等しいので，面積は等しい。

11 もとの三角形の面積を 1 とするとき，㋓の面積は $1\times\frac{4}{4+3+2}$

点や図形の移動についての問題

解答 47 ページ

〔　　月　　日〕

時 間 50 分	得点
合格点 80 点	点

1 よく出る　1辺が48 cmの正方形ABCDの辺上を，点PはAから，点QはCから矢印の方向に同時に出発し，点Pは毎分21 cm，点Qは毎分30 cmの速さで進みます。【5点×2】〔甲南女子中〕

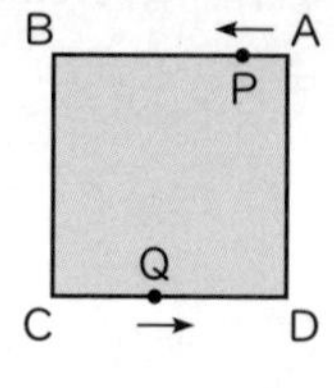

⑴ 点Qが初めて点Pに追いつくのは，出発してから何秒後ですか。

(　　　　　)

⑵ 点Pと点Qが初めて同じ辺上にくるのは，出発してから何秒後ですか。

(　　　　　)

2 よく出る　1辺の長さが1 cmの正六角形があり，長さ5 cmの糸ABの一端(いったん)が，頂点(ちょうてん)Aに固定してあります。この糸をたるまないように，左回りに正六角形に巻(ま)きつけます。次の問いに答えなさい。

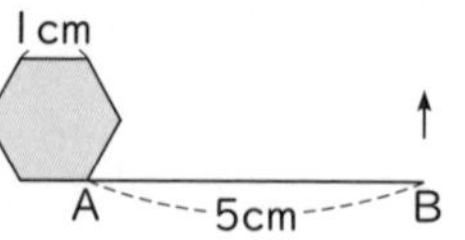

【5点×2】〔南山中男子部〕

⑴ 糸の先端Bが動いたあとの線を，図にかきこみなさい。

⑵ 糸の先端Bが動いたあとの長さを求めなさい。ただし，円周率は3.14とします。

(　　　　　)

3 よく出る　図1のような長方形ABCDがあります。辺ABの長さは8 cmです。点Pが頂点Aを出発し，頂点Bを通り，頂点Cまで一定の速さで辺の上を動きました。図1は，点Pが動くようすを表しています。図2は，点Pが頂点Aを出発してから頂点Cまで動くときの時間と，3点A，P，Dを結んでできる三角形APDの面積の変化のようすを表したグラフです。【5点×4】

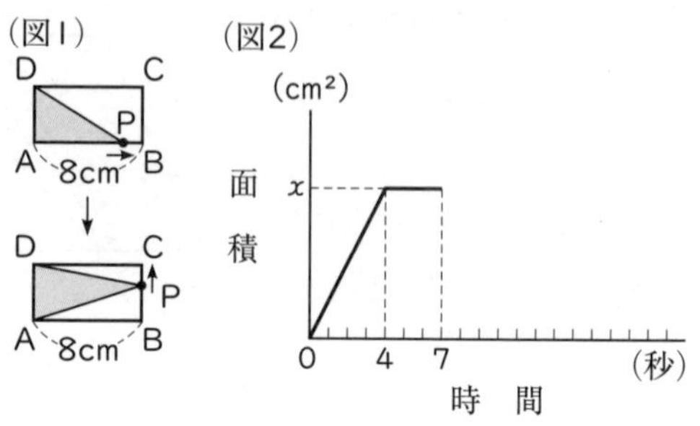

⑴ 点Pの動く速さは秒速何cmですか。

(　　　　　)

⑵ 辺BCの長さは何cmですか。

(　　　　　)

⑶ 図2のxの値(あたい)を求めなさい。

(　　　　　)

⑷ その後点Pは，これまでの半分の速さになり，頂点Cから頂点Dまで一定の速さで動きました。グラフのつづきをかきなさい。

4 長方形ABCDが図の左の位置から台形の上をすべらずに回転しながら動き，右の長方形の位置まで移動しました。このとき，頂点Aが動いたあとの曲線の長さは何cmですか。(円周率は3.14とします。)【5点】

〔慶應義塾普通部〕

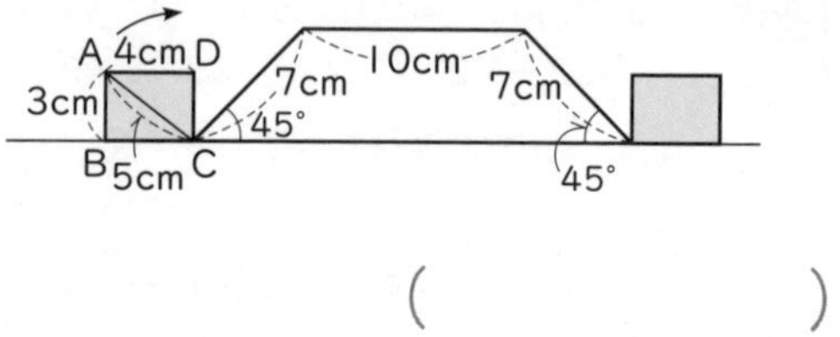

(　　　　　)

5 右の図は三角形ABCを，点Aを中心に左回りに90度回転したものです。このとき，辺BCの通過した色のついた部分の面積は何cm^2ですか。円周率は3.14とします。【5点】

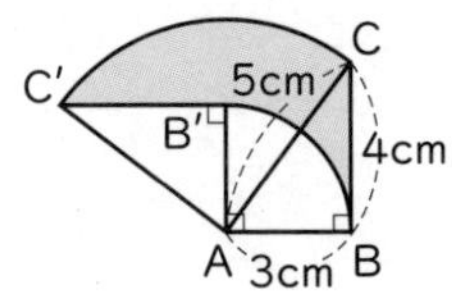

〔立教女学院中〕

（　　　　　）

6 長方形が図のような位置から出発し，矢印の方向に毎秒2cmの速さで進みます。

【5点×3】〔灘中〕

⑴ 長方形が三角形の中に完全にはいっているのは何秒間ですか。

（　　　　　）

⑵ 出発してから12秒後，三角形の外にある長方形の部分の面積を求めなさい。

（　　　　　）

⑶ 三角形の中にはいっている長方形の部分の面積が30 cm^2以上となるのは何秒間ですか。

（　　　　　）

7 右の図において，AB＝BD＝4cm，AH＝DE＝2cm，四角形AFGHは正方形，三角形BCDは正三角形とします。いま，正方形AFGHが折れ線ABCDEの上をすべることなく転がるとき，点Fの動いたあとの長さは半径AHの円の円周の ⑴ 倍と半径FHの円の円周の

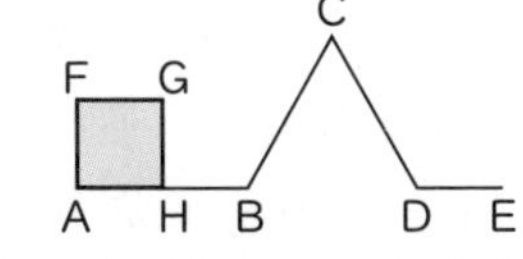

⑵ 倍の合計です。□にあてはまる数を求めなさい。【5点×2】

〔滝中〕

（　　　　　）

8 右の図のように長方形と直角三角形があります。今，長方形が転がらずに左から右に直角三角形を横切って動きます。ただし，動く速さは毎秒2cmとします。【5点×3】〔大阪教育大附属平野中〕

⑴ 重なった部分の形を変化の順にしたがって答えなさい。

（　　　　　）

⑵ 長方形が動き始めてから直角三角形を横切り終わるまで何秒かかりますか。

（　　　　　）

⑶ 重なった部分の面積が最大のとき，直角三角形の重なっていない部分の面積を求めなさい。

（　　　　　）

9 右の図のような，1辺が10cmの正方形を3つつなげた図形ABCDEFがあります。この図形の内側を，半径2cmの円が辺にふれながら，はみ出ることなく1周します。

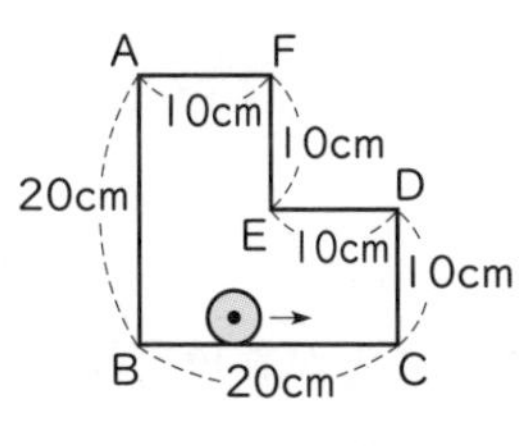

【5点×2】〔南山中男子部〕

⑴ この円の通ったあとを，図に黒くぬって示しなさい。

⑵ ⑴の黒くぬった部分の面積を求めなさい。

（　　　　　）

3 ⑴グラフより，点Pは4秒間で8cm動くことがわかる。
5 色のついた部分の面積は，おうぎ形ACC′からおうぎ形ABB′の面積をひいたものになる。
8 ⑶重なった部分の面積が最大であるのは，この長方形が直角三角形の中に完全にはいったときである。

〔　月　日〕

時間 50分　合格点 80点　得点　点

10 体積・表面積を求める問題

解答 49 ページ

よく出る **1** 右の図は，ある四角すいを底面に平行な平面で切ってつくった立体の展開図です。

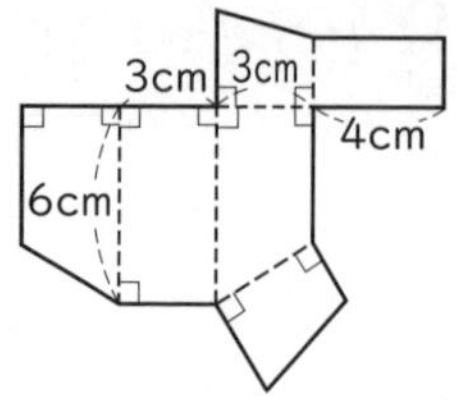

【5点×2】〔慶應義塾普通部〕

(1) もとの四角すいの高さは何 cm ですか。

（　　　）

(2) この立体の体積は何 cm^3 ですか。

（　　　）

よく出る **2** 右の図は縦 8 cm，横 8 cm，高さ 6 cm の直方体から，縦 8 cm，横 4 cm，高さ 3 cm の直方体を取り除いた立体です。この立体ともとの直方体の表面積の差は何 cm^2 ですか。

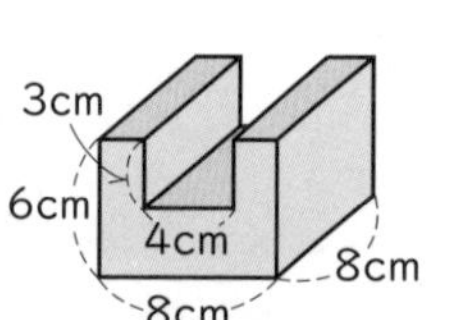

【5点】〔日本女子大附中〕

（　　　）

3 底面が直角二等辺三角形の三角柱があります。この三角柱は底面の辺 BC の長さが 6 cm で，高さが 9 cm です。3 点 A，B，C を通る平面で 2 つに切りました。【5点×2】〔共立女子第二中〕

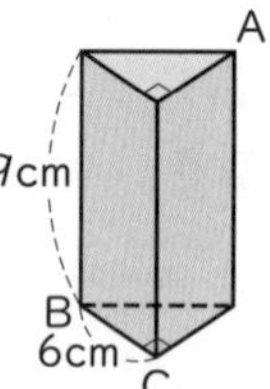

(1) もとの三角柱の体積を求めなさい。

（　　　）

(2) 2 つに切ったとき，大きいほうの立体の体積を求めなさい。

（　　　）

4 右の図は，平面だけでできているある立体を，真正面，真横(真正面から見て右)，真上から見た図です。角はすべて直角として，次の問いに答えなさい。【5点×2】〔共立女子第二中〕

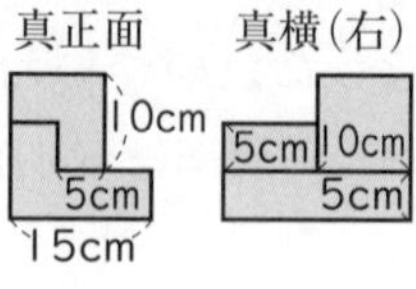

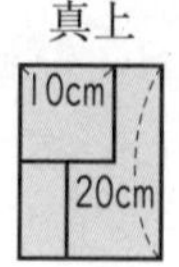

(1) この立体の表面積を求めなさい。

（　　　）

(2) この立体の体積を求めなさい。

（　　　）

5 右の図の立体は，3 辺の長さが 8 cm，5 cm，10 cm である直方体の各面から，長方形の形の穴をくりぬいたものです。ただし，穴は向かいの面までつき通っています。このとき，この立体の体積は何 cm^3 ですか。

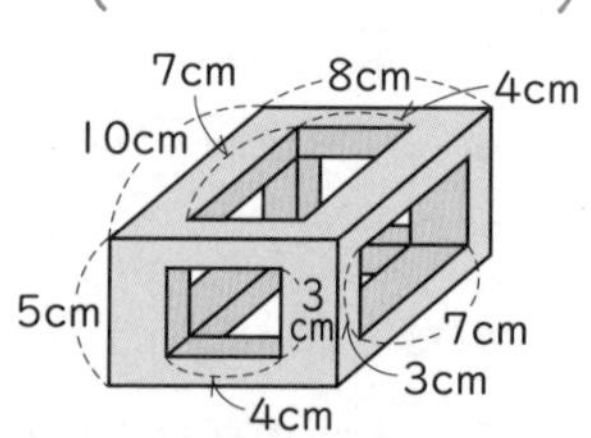

【5点】〔愛知教育大附属名古屋中〕

（　　　）

よく出る **6** 右の図のように，1 辺の長さが 8 cm の立方体から，直径 8 cm の円柱を底から 4 cm 残してくりぬいたあと，さらに直径 4 cm の円柱を底までくりぬきます。円周率は 3.14 とします。

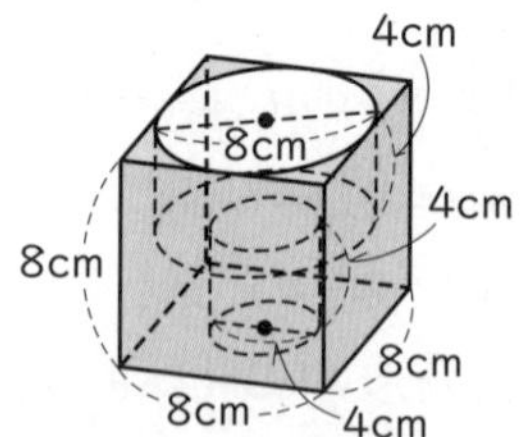

【5点×2】〔武庫川女子大附中〕

(1) この立体の体積は何 cm^3 ですか。

（　　　）

(2) この立体の表面積は何 cm^2 ですか。

（　　　）

よく出る **7** 縦 20 cm, 横 30 cm, 高さ 5 cm の直方体から, 底面の半径が 10 cm の円柱の $\frac{1}{4}$ を 2 か所切り取った立体があります。円周率を 3.14 として, 次の問いに答えなさい。【5 点×2】〔同志社女子中〕

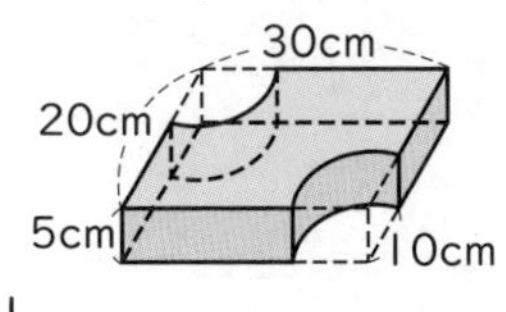

(1) この立体の体積を求めなさい。

(　　　　　　　　　　)

(2) この立体の表面積を求めなさい。

(　　　　　　　　　　)

8 1 辺が 1 cm の立方体の積み木をすきまなく積んでいきます。図 1 のように積んだ立体を真上, 真正面, 真横から見ると, それぞれ図 2 のようになります。【5 点×3】

〔日本女子大附中〕

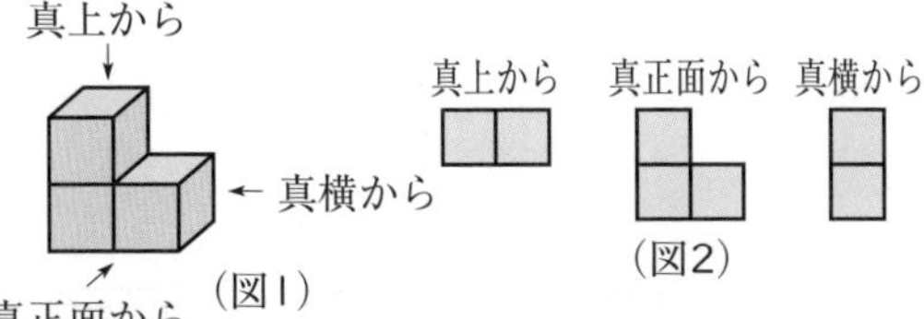

(1) いま, 積み木を積んで真上, 真正面から見ると, それぞれ図 3 のようになりました。考えられる積み木の数は何個以上何個以下ですか。

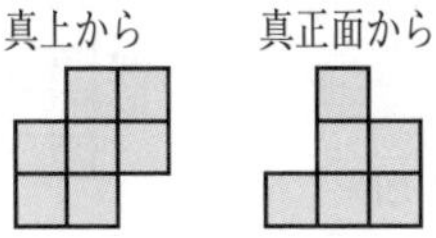

真上から　真正面から　真横から

(図3) 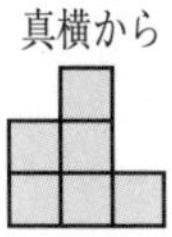　(図4)

(　　　　　　　　　　)

(2) (1)のとき, 真横から見ると, 図 4 のようになりました。このときの立体の体積と表面積はそれぞれいくつになりますか。

(　　　　　　　　　　)

難問 **9** 次の問いに答えなさい。【5 点×5】

〔清風南海中－改〕

(1) 図 1 は, 1 辺が 6 cm の正方形で, E, F はそれぞれ辺 AB, AD の真ん中の点です。辺 CE, CF, EF で折って, 三角すいをつくるとき,

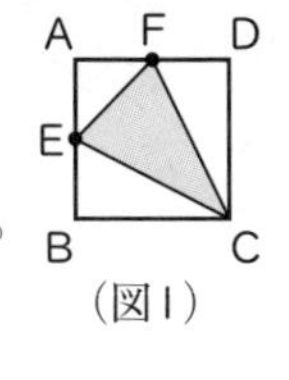

(図1)

① この三角すいの体積を求めなさい。ただし, 三角すいの体積 $=\frac{1}{3}\times$ 底面積 $\times$ 高さです。

(　　　　　　　　　　)

② 三角形 CEF を底面にするとき, この三角すいの高さを求めなさい。

(　　　　　　　　　　)

(2) 図 2 は 1 辺が 6 cm の立方体で O, P, Q, R はそれぞれ辺 GH, HI, IJ, JG の真ん中の点です。この立方体から, 4 つの三角すい G-KOR, H-LPO, I-MQP, J-NRQ を切り取ったとき,

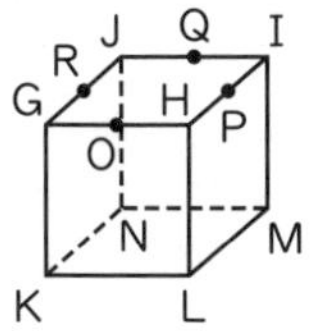

J Q I
R
G H P
O
N M
K L

(図2)

① 残りの立体の体積を求めなさい。

(　　　　　　　　　　)

② 三角すい G-KOR の三角形 KOR の面積を求めなさい。

(　　　　　　　　　　)

③ 残りの立体の表面積を求めなさい。

(　　　　　　　　　　)

8 (1)真上から見た場所に積んである積み木の数を考えて, 最も少ない場合と最も多い場合の例をかく。
9 (1)できた立体は, 底面が直角二等辺三角形, 高さが 6 cm の三角すいである。

11 いろいろな立体の問題

解答 50 ページ

〔　月　日〕

時間 50分	得点
合格点 80点	点

1 右の図で，同じ大きさの立方体をかべに沿ってすき間なく4段（だん）に並（なら）べたときの立方体の個数を求めなさい。【6点】〔比叡山中〕

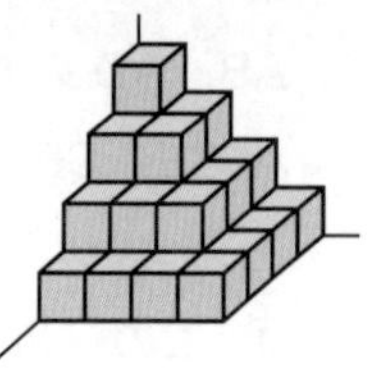

（　　　　）

2 右の図は，五角形が12枚（まい）と六角形が20枚でできている立体です。【6点×2】

〔龍谷大付属平安中〕

(1) 辺の数を求めなさい。また，求め方も書きなさい。

（　　　　）

(2) 頂点（ちょうてん）の数を求めなさい。また，求め方も書きなさい。

（　　　　）

よく出る **3** 右の図は，ある立体の展開図（てんかいず）です。2つの直角三角形と3つの長方形でできています。次の問いに答えなさい。【6点×2】

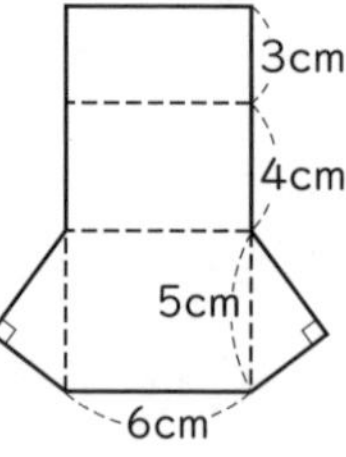

〔十文字中〕

(1) 組み立てた立体の辺の長さを全部合わせると何 cm ですか。

（　　　　）

(2) 組み立てた立体の体積を求めなさい。

（　　　　）

よく出る **4** 立方体の各面に，「ふ」「ぞ」「く」「い」「け」「だ」の文字を1字ずつ書きました。右の図1は，この立方体をちがった角度から見たものです。図2は，この立方体の展開図です。次の問いに答えなさい。【7点×2】

〔大阪教育大附属池田中〕

(1) 展開図に残りの文字を書き入れなさい。ただし，文字の向きにも注意すること。

(2) 図1で「ぞ」と向かいあった文字は何ですか。文字の向きは気にしないで答えなさい。

（　　　　）

5 体積が1 cm^3 の立方体をいくつか使って，右の図のような縦（たて）3 cm，横9 cm，高さ5 cm の直方体を作ります。この直方体の表面に色をぬり，ばらばらにしてまたもとのいくつかの立方体にしておきます。〔滝川中〕

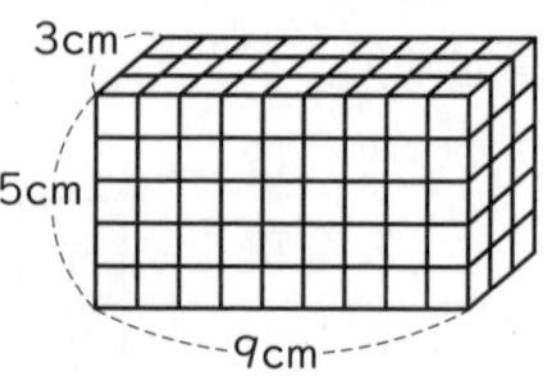

(1) 立方体はいくつ必要ですか。【4点】

（　　　　）

(2) ばらばらにした立方体には，色が1面，2面，3面にぬられたものと，どの面にも色のぬられていないものの，4種類の立方体ができあがります。この4種類のそれぞれの個数を求めなさい。【8点】

（　　　　）

難問 **6** 右の図のような１辺の長さが6 cmの立方体があります。この立方体を３点A，C，Ｉを通る平面で切るとき，切り口の図形の面積は□cm^{2}です。ただし，FI：IG＝１：１ です。□にあてはまる数を求めなさい。【8点】 〔大阪星光学院中〕

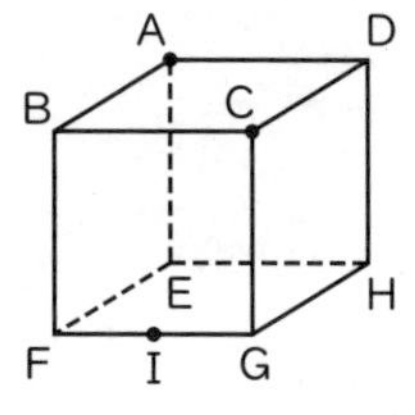

(　　　　　　　)

よく出る **7** １本の長さが10 cmの棒(ぼう)を組み合わせて，１辺の長さが80 cmの立方体の模型(もけい)を作ります。棒と棒が交差するところは「金具(かなぐ)」で固定します。このとき，次の問いに答えなさい。ただし，棒の太さ，金具の厚みは考えないものとします。また，上に１辺の長さが20 cmのときの立方体の模型の例を示すので，参考にしてください。【6点×3】 〔京都産業大附中〕

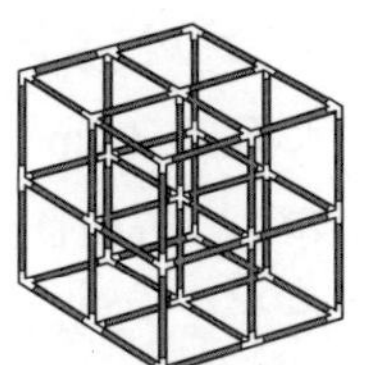
１辺が20 cmの立方体の例

(1) いちばん上の面には棒は何本必要ですか。

(　　　　　　　)

(2) 全部で棒は何本必要ですか。

(　　　　　　　)

(3) 全部で金具は何個必要ですか。

(　　　　　　　)

よく出る **8** 右の図１のような立方体のさいころをつくろうと思います。このとき，数字の３を図２の展開図のどの面にどの向きで書けばよいですか。
数字の３を展開図の中にかき入れなさい。【8点】 〔筑波大附中－改〕

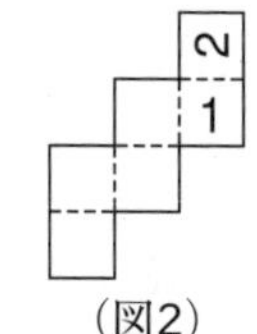

(図１)

(図２)

9 立方体の辺の上に点Pがあります。点Pが辺CGの間にあるときに，立方体の頂点Bと頂点D，それに点Pをふくむ平面で立方体を切ると，切り口の図形は，図１のような二等辺三角形になります。点Pを頂点Cから立方体の辺の上を，頂点G，頂点F，頂点Eの順に移動させたとき，頂点Bと頂点D，それに動く点Pをふくむ平面で立方体を切ると，そこに現れる切り口の図形はどのように変化しますか。
①～⑤にあてはまる図形名を，下の**ア**～**コ**の中からそれぞれ１つ選びなさい。ただし，記号は何度選んでもかまいません。【2点×5】

〔白梅学園清修中〕

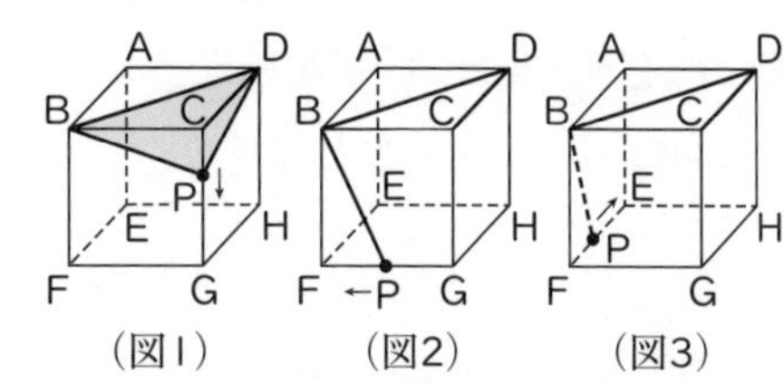

(図１)　(図２)　(図３)

二等辺三角形→①→②→③→④→⑤

ア 直角三角形　**イ** 二等辺三角形
ウ 直角二等辺三角形　**エ** 正三角形
オ 正方形　**カ** 長方形　**キ** 台形
ク 平行四辺形　**ケ** 五角形　**コ** 六角形

(　　　　　　　)

ヒント
4 (1)図１の見取図から，それぞれの文字の向きと位置を考える。
5 (2) 2面に色がぬられている立方体は，直方体の頂点のある立方体を除(のぞ)いた各辺にある。
6 切り口は台形になり，CIとBFの延長線(えんちょうせん)の交わる点をKとする。
9 立方体の向かい合う面にできる切り口の直線は平行になっている。

〔　月　日〕

⑫ 容積とグラフの問題

解答 52 ページ

時間 50 分　得点　点
合格点 80 点

1 右の図のような，底面が１辺 12 cm の正方形の直方体Ａと底面が１辺 18 cm の正方形の直方体Ｂをつなぎ合わせた容器があります。

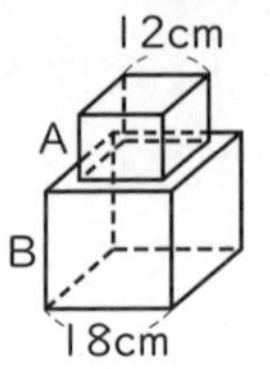

この容器に水を入れて，水がこぼれないようにふたをし，図１のように置きます。これを逆さにして図２のように置くと，水面が 5 cm 高くなりました。【6 点×2】

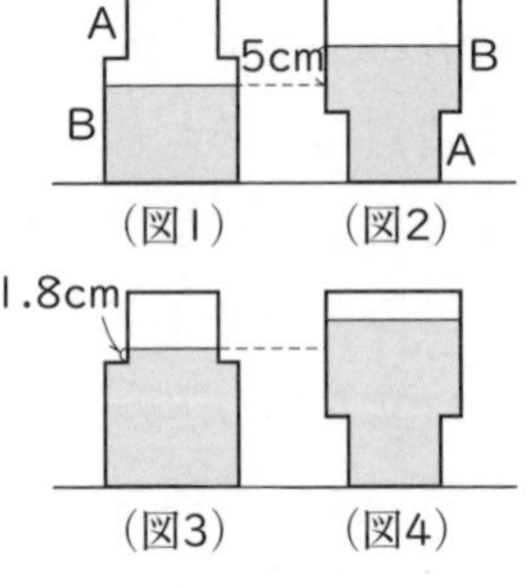

〔大阪星光学院中〕

(1) 直方体Ａの高さは何 cm ですか。

(　　　　　)

(2) さらに容器に水を入れて，水がこぼれないようにふたをし，図３のように置きます。これを逆さにして図４のように置くと，水面は何 cm 高くなりますか。

(　　　　　)

よく出る **2** 図１は直方体を組み合わせた形の容器で，図のように水がはいっています。

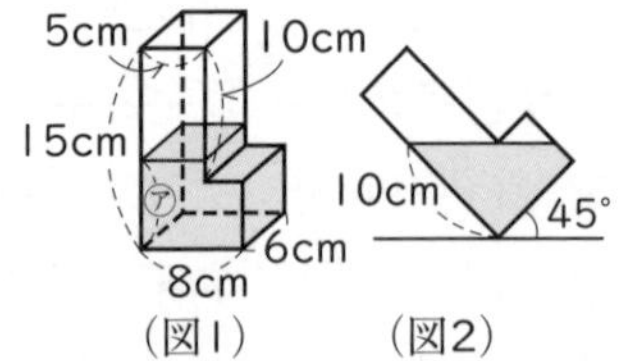

この容器を 45° かたむけたら，図２のようになりました。【6 点×2】〔東海中〕

(1) 水の量は何 cm^3 ですか。

(　　　　　)

(2) 図１の㋐の長さを求めなさい。

(　　　　　)

よく出る **3** 下の図のような直方体の形をした水そう㋐と，底面が直角二等辺三角形の三角柱のおもり㋑があります。次の問いに答えなさい。

【7 点×2】〔大谷中(大阪)〕

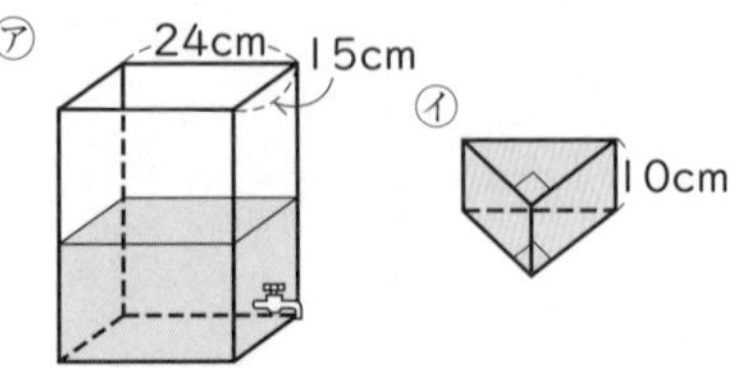

(1) ㋐に㋑を完全にしずめました。そのとき，水面は 2 cm 上がりました。㋑の底面の等しい辺の長さは何 cm ですか。
ただし，㋐には㋑をどのような向きにしずめても，完全にしずむだけの水がはいっています。また，そのとき，水はまったくあふれ出ません。

(　　　　　)

(2) ㋑を図１のような向きにしずめました。そのようすを正面から見たのが図２です。せんを開いて水を出して図３のようにするためには，何 cm^3 の水を出せばいいですか。

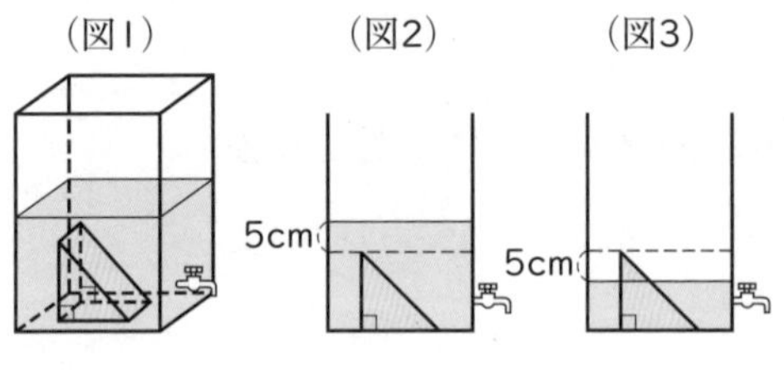

(　　　　　)

4 右の図は，ふたのない容器の展開図（てんかいず）である。この容器にはいる水の体積は何 cm^3 ですか。【6 点】

〔灘中－改〕

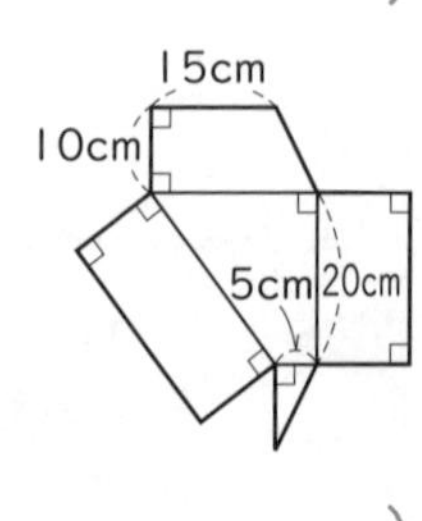

(　　　　　)

5 図1のような容器に水を毎分2Lの割合(わりあい)で入れました。入れ始めてから10分後に，ちょうどいっぱいになりました。【6点×3】

〔奈良育英中〕

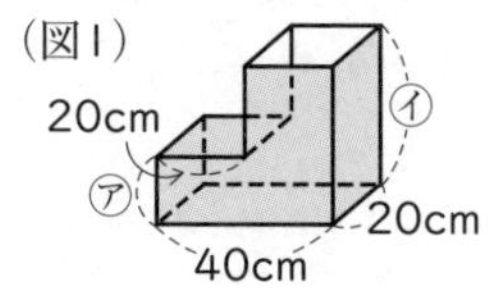

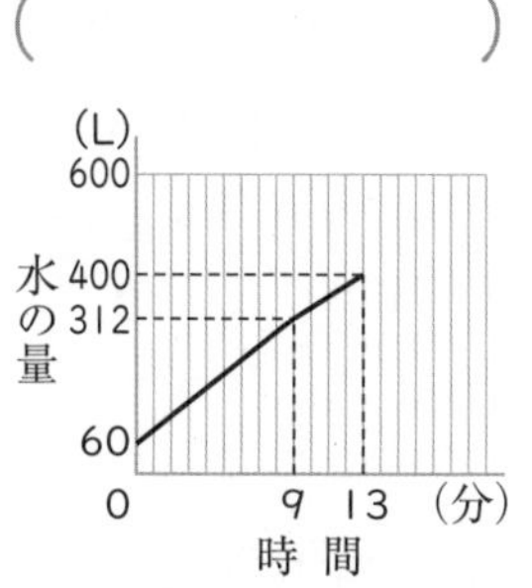

(1) 水の深さと時間の関係をグラフに表すと，図2のようになりました。図1の㋐，㋑の長さを求めなさい。

(　　　　　　)

(2) 水を毎分3Lの割合で入れたとき，深さが20cmになりました。入れ始めてから何分何秒後ですか。

(　　　　　　)

6 60Lの水がはいっている水そうに，はじめA管だけで9分間水を入れて，次にB管だけで4分間水を入れました。

その後すぐに，A，B2本の管を同時に使って水を入れて，水の量を600Lにしました。

上のグラフは，水を入れ始めてから13分後までの時間と水の量の関係を表したものです。

【6点×3】〔同志社女子中〕

(1) A管，B管からそれぞれ1分間に何Lの水がはいりましたか。

(　　　　　　)

(2) 13分後から水の量が600Lになるまでのようすを，グラフにかきこみなさい。

よく出る 7 右の図のような1辺の長さが10cmの立方体の形をした水そうがあります。

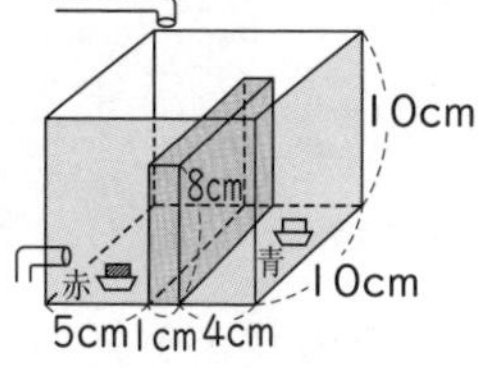

水そうの中には，厚さ1cm，高さ8cmの仕切り板がはいっています。

上から毎分50 cm^3 の水を仕切りの板の左側にはいるように入れ，仕切り板の左側の部分が満水になると，はい水口から毎分10 cm^3 の水が流れ出します。

立方体の水そうの厚みは考えないものとし，次の問いに答えなさい。〔近畿大附中〕

(1) この容器は何分で満水になりますか。【6点】

(　　　　　　)

(2) 仕切り板の左側に赤色の船を，右側に青色の船を置きました。次の問いに答えなさい。ただし，船の重さは考えないものとし，船は水に浮(う)かぶものとします。

また，赤色の船は仕切り板の右側には移動しないものとします。【7点×2】

① 赤色の船底の高さの変化を表すグラフをかきなさい。

② 青色の船底の高さの変化を表すグラフをかきなさい。

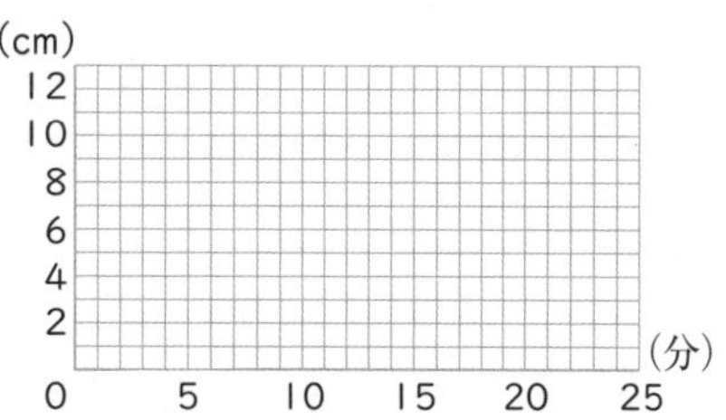

2 (1)水の量は，図2より，底面が台形の四角柱の体積である。

4 水の体積は，2つの三角柱の体積の合計である。

〔　月　日〕

時間 50分	得点
合格点 80点	点

13 和と差についての文章題

解答 53 ページ

1 夜の長さが昼の長さより 3 時間 24 分長く，日の出の時刻(じこく)が午前 6 時 45 分であった日の，日の入りの時刻は午後何時何分でしたか。【6 点】 〔京都橘中〕

(　　　　)

よく出る **2** 1 個 300 円の商品 P と 1 個 500 円の商品 Q を合わせて 30 個買うのに，P，Q の個数を予定と逆にして買ったので，予定より 400 円安くなりました。予定通り買うと，いくらかかりますか。【6 点】 〔淳心学院中〕

(　　　　)

3 みかんが 1 個 30 円，りんごが 1 個 100 円で売られている八百屋に，太郎(たろう)君が 1500 円をもって買い物に行きました。みかんとりんごを合計 30 個以上買うためには，太郎君はみかんを少なくとも何個買えばいいでしょうか。【6 点】 〔開智中〕

(　　　　)

4 1 個 50 円の商品を 21 個以上まとめ買いすると，1 個あたりの値段(ねだん)がすべて 5 円安くなります。P さんがこの商品をいくつか買い，その後，Q さんが同じ商品をいくつか買いました。2 人合わせて，買った個数は 45 個，支払(しはら)った金額は 2100 円でした。P さんのほうが多く買ったとすると，P さんは何個買ったことになりますか。【6 点】

〔西大和学園中〕

(　　　　)

5 部屋分けをするのに，8 人ずつの部屋にすると，ちょうど 10 部屋あまりました。そこで 7 人部屋と 6 人部屋にすると，6 人部屋が 7 人部屋の 2 倍になり，すべての部屋を使いました。部屋はいくつありますか。

【6 点】 〔三田学園中〕

(　　　　)

6 何枚かのクッキーを袋(ふくろ)に小分けにするのに，1 袋に 4 枚(まい)ずつ入れるとクッキーが 17 枚余ります。1 袋に 6 枚ずつ入れると，6 枚はいった袋が何袋かでき，クッキーを入れた最後の袋にはクッキーを 6 枚までは入れられず，クッキーが 1 枚もはいっていない袋が 7 袋できます。また，クッキーの枚数は 3 でわり切れます。クッキーは何枚ありますか。【7 点】 〔品川女子学院中〕

(　　　　)

7 1 個の値段がそれぞれ 60 円，73 円，80 円のおかしを合わせて 24 個買うと，合計金額は 1777 円になりました。80 円のおかしは何個買いましたか。また，求め方も書きなさい。【7 点】 〔帝塚山中〕

(　　　　)

よく出る **8** 1 枚のコインをくり返し投げるゲームをします。最初の点数を 10 点とし，表が出たら 2 点を加点，裏が出たら 1 点を減点します。10 回コインを投げたところで点数が 18 点となりました。このときの表が出た回数は何回ですか。【7 点】 〔奈良学園登美ヶ丘中〕

(　　　　)

よく出る **9** 桜さん，父，母，兄，弟の５人の平均年れいは30才，父と母の平均年れいは49.5才です。桜さんは兄より２才年下で，弟より５才年上です。桜さんは何才ですか。【7点】

〔中央大学附中〕

(　　　　　　　)

10 現在，ある５人家族の年れいの合計は109才です。父は母より２才年上であり，次男の年れいは９才です。１年前は父と長男の年れいの合計と，母と次男と三男の年れいの合計が等しくなっていました。また８年前は，三男が生まれていなかったので４人家族であり，年れいの合計は71才でした。

【7点×2】〔大阪教育大附属池田中〕

(1) 現在の母の年れいは何才ですか。

(　　　　　　　)

(2) 父と母の年れいの合計が，３人の子どもの年れいの合計の２倍になるのは，今から何年後ですか。

(　　　　　　　)

11 ある中学校で英語のテストをしたところ平均は68点でした。女子の人数は全体の64％で平均は71.5点です。欠席した５人の男子が次の日にテストを受けたので，女子の人数は全体の60％になりました。この５人の男子の平均は66.4点です。男子全員の平均は何点ですか。【7点】〔青山学院中〕

(　　　　　　　)

12 けずると絵が出てくるカードがあり，絵はバナナ，リンゴ，カニの３種類のうちのどれかです。Ａ君とＢ君はそれぞれ20枚ずつカードをけずって，出てくる絵をもとに得点を競うゲームをしました。
絵の得点はバナナの絵が７点，リンゴの絵が５点，カニの絵が２点です。Ａ君はこのゲームで，バナナの絵のカードの枚数がリンゴの絵のカードの枚数と同じになり，合計得点は80点になってＢ君に勝ちました。このとき，次の問いに答えなさい。【7点×2】

〔青稜中〕

(1) Ａ君がけずったカードのうち，カニの絵のカードの枚数を求めなさい。

(　　　　　　　)

(2) Ｂ君がけずったカードのうち，カニの絵のカードの枚数はバナナの絵のカードの枚数の２倍でした。Ｂ君の合計得点は何点でしたか。

(　　　　　　　)

13 姉，妹，弟が何個かずつビー玉を持っていました。まず，姉は持っているビー玉の$\frac{1}{2}$を妹にあげました。次に妹がその時持っているビー玉の$\frac{1}{3}$を弟にあげました。その後弟が持っているビー玉の$\frac{1}{4}$を姉にあげると，３人とも120個持つことになりました。最初に姉が持っていたビー玉の個数は，妹の持っていたビー玉の個数の何倍ですか。【7点】

〔香蘭女学校中〕

(　　　　　　　)

1 昼と夜の時間の和を24時間として考える。
7 73円のおかしの個数を，73円のおかしの代金の一の位が７になるようにする。
11 女子の人数は変わらないので，女子の割合から逆比で全体の人数の比を求める。

14 割合と比についての文章題

（　月　日）

時間 50分　合格点 80点　得点　点

解答 55 ページ

1 ある遊園地で入場者数を調べたところ，今日は昨日に比べて女性が 20 % 増えて，男女合計で 1000 人でした。また，今日の女性の入場者は，今日の男性の入場者より 20 人多いこともわかりました。昨日の女性の入場者は何人ですか。【6点】〔大谷中(大阪)〕

（　　　）

よく出る **2** ある仕事を，毎日 14 人が働く予定で始めました。最初の 70 日間は予定どおりに進みましたが，71 日目からは 12 人しか働けず，仕事は予定より 10 日おくれました。

【6点×2】〔海城中〕

(1) この仕事は何日間で終わる予定でしたか。

（　　　）

(2) もし 12 人を，とちゅうから 15 人に増やして最後までこの仕事をしていれば，仕事のおくれは 4 日ですんだはずです。15 人で何日間仕事をすればよかったですか。

（　　　）

3 ある店で，2 種類の商品 A，B を買いました。昨日は，A は定価の 1 割(わり)引きで，B は定価で売られていたので，A を 6 個と B を 1 個買い，288 円支払(しはら)いました。今日は，A は定価で，B は定価より 30 円安く売られていたので，A を 2 個と B を 2 個買い，340 円支払いました。商品 A と商品 B の定価はそれぞれいくらですか。また，求め方も書きなさい。【8点】〔桐朋中〕

（　　　）

4 砂糖(さとう)のはいった器があります。花子さんとたろうさんは，その器からそれぞれ同じ量の砂糖をもらいました。花子さんはもらった砂糖の $\frac{2}{5}$ を使い，たろうさんはもらった砂糖の 3 割を使いました。2 人が使った砂糖の合計は，初めに器にはいっていた砂糖の 17.5 % にあたります。花子さんは器にはいっていた砂糖の何 % をもらったことになりますか。【6点】〔青山学院中〕

（　　　）

よく出る **5** A，B 2 つの容器があり，A には 2 % の食塩水 700 g，B には 9 % の食塩水 600 g がはいっています。
A から食塩水 100 g を B に移し，よくかき混ぜた後，B から食塩水 200 g を A に移し，よくかき混ぜました。A の食塩水ののう度は何 % になりましたか。【6点】〔浅野中〕

（　　　）

よく出る **6** R 中学校でテストをしました。男子生徒の 5 %，女子生徒の 4 % が 100 点を取り，100 点を取った生徒の人数の合計は全体の $\frac{1}{21}$ でした。【6点×2】〔洛南高附中〕

(1) 男子生徒と女子生徒の人数の比を，最も簡単(かんたん)な整数の比で表しなさい。

（　　　）

(2) 全体の人数が 500 人以上 600 人以下のとき，全体の人数は何人ですか。

（　　　）

7 よく出る ある本を1日目に全体の$\frac{1}{2}$より30ページ多く読み，2日目に残りの$\frac{2}{3}$より10ページ多く読みましたが，まだ全体の$\frac{1}{9}$が残っています。この本は全部で何ページありますか。【8点】 〔愛光中〕

(　　　　)

8 ある店では，10月より商品Aを毎月100個仕入れ，25％の利益をみこんで定価をつけました。10月は100個全部が定価で売れたので50000円の利益がありました。11月は80個を定価で売りましたが，売れ残りそうになったので，20個は定価の16％引きで売り，すべて売れました。12月はいくつかを定価で売りましたが，年末の大売り出しのため，残りは定価の25％引きで売り，すべて売れて，12月の利益は12500円になりました。次の問いに答えなさい。【5点×3】 〔同志社香里中〕

(1) 仕入れ値(ね)は1個何円ですか。

(　　　　)

(2) 11月の利益は何円ですか。

(　　　　)

(3) 12月は定価で何個売りましたか。

(　　　　)

9 難問 4％の食塩水300gがはいった容器Aと，10％の食塩水500gがはいった容器Bがあります。AとBから[(1)]gずつ食塩水を取り出し，Aから取り出した食塩水はBに，Bから取り出した食塩水はAに入れて，それぞれよくかき混ぜたところ，Aの食塩水のこさは8％，Bの食塩水のこさは[(2)]％になりました。[　]にあてはまる数を求めなさい。【6点×2】 〔大阪桐蔭中〕

(　　　　)

10 難問 渋渋小(しぶしぶ)で，夏休みにキャンプに出かけました。参加予定者は男子が女子より2人多く，4年生と5年生と6年生の人数の比は1：2：2でした。キャンプ当日になり，4年生の参加者数の男女が各4人ずつ増えて，6年生の男女が各2人ずつ欠席したので，5年生と6年生の比は6：5になり，男子の参加者は3学年とも同じになりました。このとき，5年生の女子の参加者は何人でしたか。

【7点】〔渋谷教育学園渋谷中〕

(　　　　)

11 値段(ねだん)の異(こと)なる2つの商品があります。その合計金額は4200円です。そこから，それぞれ同じ金額だけ値引きしたところ，値段の高いほうの商品は最初の値段の$\frac{2}{3}$になり，値段の低いほうの商品は最初の値段の$\frac{2}{5}$になりました。値引き後の2つの商品の合計金額を求めなさい。【8点】 〔筑波大附中〕

(　　　　)

1 和差算の考えを使う。今日の男女の入場者数の和が1000人，差が20人である。
4 花子さんのもらった砂糖の量を1として，器にはいっていた量を求める。
10 5年生と6年生の予定者数の比は 2：2，参加者数の比は6：5で，5年生の予定者数と参加者数が同じである。そこで，5年生と6年生の予定者数の比を6：6にする。

〔　　月　　日〕

時間 50分　合格点 80点　得点　　点

15 速さについての文章題

解答 57 ページ

よく出る **1** 明子さんは家から 3 km はなれた図書館まで歩いていきます。明子さんの歩く速さは，分速 50 m です。明子さんは午前 10 時に家を出発し，その 12 分後，兄さんも図書館へ向かいました。兄さんは分速 200 m の自転車で進み，図書館に 8 分いて，家に帰ります。次の問いに答えなさい。【5 点×4】〔賢明女子学院中〕

(1) 明子さんは図書館までに何分かかりますか。

（　　　　）

(2) 兄さんが図書館にとう着するのは何時何分ですか。

（　　　　）

(3) 兄さんが明子さんに追いつくのは，家から何 m の所ですか。

（　　　　）

(4) 兄さんが図書館を出た後，図書館に向かう明子さんとすれちがうのは何時何分ですか。

（　　　　）

2 右の図のように，円周が 56 cm の円があり，最初，点 P，Q は同じ直径の両はしにあります。

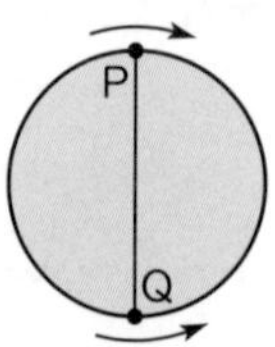

点 P は時計回りに，点 Q は反時計回りに一定の速さで円周上を同時に動きます。点 P，Q の秒速がそれぞれ 3 cm，4 cm であるとき，次の問いに答えなさい。【5 点×2】〔京都女子中〕

(1) 点 P と点 Q が 2 回目に出会うのは何秒後ですか。

（　　　　）

(2) 点 P が円周上を 2 周するまでに，点 Q と何回出会いますか。

（　　　　）

よく出る **3** 兄弟が A 地点から 5.6 km はなれた B 地点に向かいます。今，弟は毎分 80 m で歩き始め，それから 10 分 30 秒後に兄が自転車に乗って毎時 12 km で出発します。次の問いに答えなさい。【5 点×4】〔清風南海中〕

(1) 兄の速さは毎分何 m ですか。

（　　　　）

(2) 兄が弟に追いつくのは，兄が出発してから何分後ですか。

（　　　　）

(3) 兄は B 地点にとう着後すぐに折り返し A 地点へ向かいます。弟と出会うのは，兄が A 地点を出発してから何分後ですか。

（　　　　）

(4) (3)で 2 人が出会うのは，A 地点から何 km の地点ですか。

（　　　　）

よく出る **4** 長さ 80 m の急行列車が，反対方向から来たＡ列車とすれちがうのに５秒かかり，Ａ列車と同じ速さで長さが２倍のＢ列車とすれちがうのに，８秒かかりました。【6点×2】

〔比治山女子中〕

(1) Ａ列車の長さは何 m ですか。

(　　　　　　)

(2) 急行列車が，Ａ列車と同じ速さで長さが４倍のＣ列車とすれちがうには，何秒かかりますか。

(　　　　　　)

5 長さと速さが異(こと)なる電車ＡとＢがあり，それぞれ一定の速さで進むものとします。次の問いに答えなさい。【6点×2】

〔市川中〕

(1) 電車Ａと電車Ｂがすれちがうときには，おたがいの電車の先頭がすれちがってから 1.6 秒後に，電車Ａの最後尾(さいこうび)と電車Ｂの先頭がすれちがいます。また，電車Ａと電車Ｂの先頭がすれちがってから４秒後に，おたがいの電車の最後尾がすれちがいます。電車ＡとＢの長さの比を，最も簡単(かんたん)な整数の比で表しなさい。

(　　　　　　)

(2) 電車Ｂが電車Ａを追いこすときには，電車Ｂの先頭が電車Ａの最後尾に追いついてから電車Ａの先頭に追いつくまでに 14.4 秒かかります。電車ＡとＢの速さの比を，最も簡単な整数の比で表しなさい。

(　　　　　　)

よく出る **6** ある川に沿(そ)ってＡ港，Ｂ港があり，AB 間を船が往復しています。ある日，川が増水したため，川の流れの速さがふつうの日の２倍になりました。このため，Ａ港からＢ港までの上りに１時間 12 分，下りに 40 分かかりました。【6点×2】

〔ラ・サール中〕

(1) ふつうの日の川の流れの速さと，静水での船の速さの比を，最も簡単な整数の比で表しなさい。

(　　　　　　)

(2) ふつうの日，Ｂ港からＡ港までの下りにかかる時間を求めなさい。

(　　　　　　)

7 １日で５分ずつおくれていく時計があります。【7点×2】

〔三重大附中〕

(1) 午前７時ちょうどには，この時計の針(はり)は午前７時３分をさしていました。次に，この時計の針が正確な時刻(じこく)をさすのは，午前または午後何時何分ですか。

(　　　　　　)

(2) 午前７時ちょうどに，この時計の針を正確な時刻に合わせました。この時計の針が午後４時 34 分をさしているとき，正確な時刻は，午前または午後何時何分ですか。

(　　　　　　)

2 (1)１回目にＰ，Ｑが出会うのは，出会い算の考えを使って，２点のへだたり÷２点の速さの和
3 (2)追いかけ算の考えを使って，追いつくまでの時間は，２人のへだたり÷２人の速さの差
5 (1)初めの 1.6 秒は電車Ａの長さを走り，残りの時間は電車Ｂの長さを走る。
7 24 時間で５分おくれるから，１分あたり（5÷24÷60）分おくれる。

時間 50分	得点
合格点 80点	点

16 速さとグラフの問題

解答 58 ページ

1 春子さんと秋子さんの姉妹が，家から 2 km はなれた図書館に行くことにしました。春子さんは 10 時ちょうどに家を出発しましたが，秋子さんは準備に時間がかかり，春子さんより 9 分おくれて家を出発し，自転車で追いかけました。上のグラフは，そのときのようすを表したものです。秋子さんが春子さんに追いつくのは，何時何分ですか。

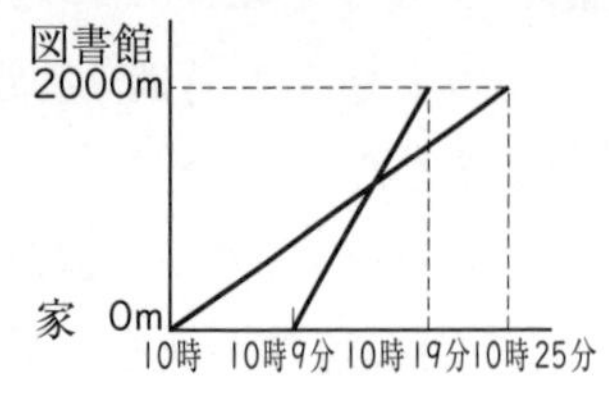

【7 点】〔共立女子第二中－改〕

（　　　　　　）

2 P 地点から Q 地点まで 840 m あります。A さんは P 地点から，B さんは Q 地点から出発し，それぞれが同じ道を 1 往復します。B さんの速さは分速 60 m とします。次のグラフは，A さんと B さんそれぞれの時間と P 地点からのきょりを表したものです。

【6 点×3】〔大妻嵐山中〕

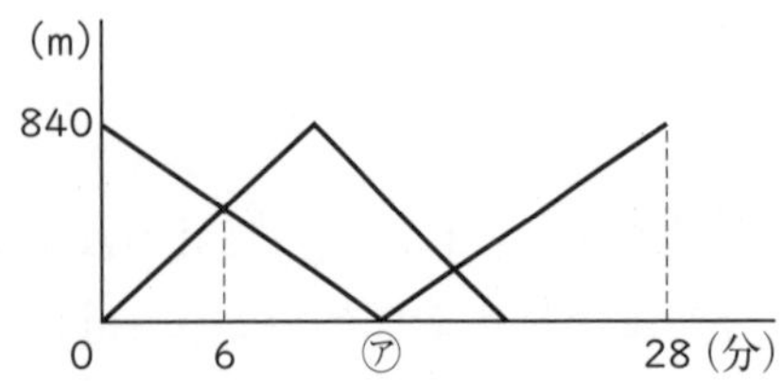

(1) ㋐にはいる数字はいくつですか。

（　　　　　　）

(2) A さんの速さは分速何 m ですか。

（　　　　　　）

(3) A さんと B さんが 2 回目に出会うのは，出発してから何分後ですか。

（　　　　　　）

3 川に沿(そ)って，川下から順に A 町，B 町，C 町があります。下のグラフは，速さの異(こと)なるボート P，Q が川を上ったり下ったりしたようすを表しています。ボート P，Q の静水での速さと川の流れの速さはそれぞれ一定とします。【6 点×2】〔愛光中－改〕

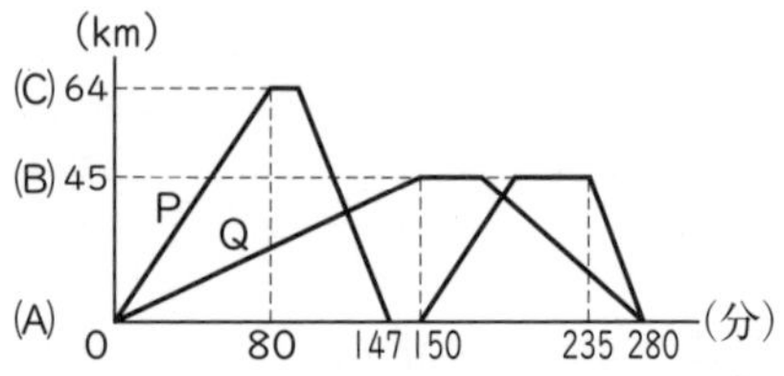

(1) Q は B 町に何分間止まっていましたか。

（　　　　　　）

(2) P，Q が 2 回目に出会ったのは，A 町から何 km の所ですか。

（　　　　　　）

4 のぶおさんとしげるさんは，この順に学校を出発し，のぶおさんが出発してから 39 分後に，しげるさんは，のぶおさんに追いつきました。しげるさんは，とちゅう 1 度だけ休けいしています。上のグラフは，のぶおさんが学校を出発してからの時間と，2 人のきょりの差を表したものです。【6 点×3】〔近畿大附中〕

(m)
600
0　8　12　18　(分)

(1) のぶおさんの速さは分速何 m ですか。

（　　　　　　）

(2) しげるさんは何分間休けいしましたか。また，しげるさんの速さは分速何 m ですか。

（　　　　　　）

5 ある川にA地点とそれよりも上流にあるB地点があります。船PがA地点からB地点に向かって出発し，おくれて船QがB地点からA地点に向かって出発しました。

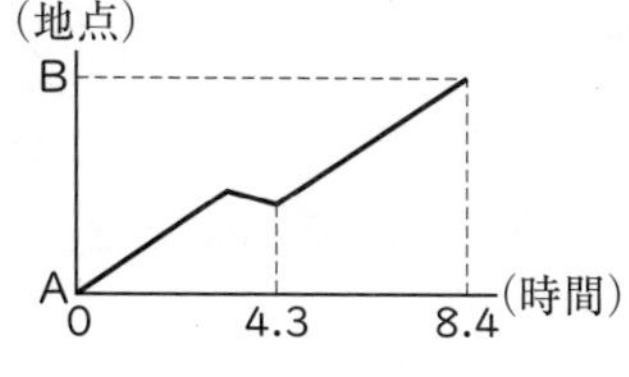

P，Qは出会ったところでどちらもエンジンを止め，いっしょに川に流されました。1時間後エンジンをかけてそれぞれ目的地に向かって再び出発しました。P，Qの静水時の速さはそれぞれ川の流れの速さの3倍，7倍です。

上のグラフはPがA地点を出発してからの時間と，A地点からPまでのきょりを表しています。このとき，次の問いに答えなさい。ただし，P，Q，川の流れの速さはそれぞれ一定であるとします。【7点×3】〔学習院中〕

(1) Pがとちゅうでエンジンを止めずにB地点を目指すと何時間かかるか求めなさい。

(　　　　　　)

(2) QはPがA地点を出発してから何時間おくれて出発したか求めなさい。

(　　　　　　)

(3) QがB地点を出発してからA地点に着くまでに何時間かかったか求めなさい。

(　　　　　　)

6 自宅(じたく)から4.6 kmはなれた駅に向かって，兄と弟が同時に出発しました。

兄は分速100 mの速さで歩いて行き，弟は兄よりおそい一定のペースで歩いて出発しました。出発して15分後に，兄は忘(わす)れ物に気づき分速150 mで走って折り返しました。自宅に着いて忘れ物を準備するのに2分かかった後，自転車で分速200 mの速さで再び駅に向かい出発しました。その結果，とちゅうで弟を追いこし，弟より先に駅に着きました。下の図は，このときの兄と弟の間のきょりを，時間の経過とともにグラフにしたものです。【6点×4】〔弘学館中〕

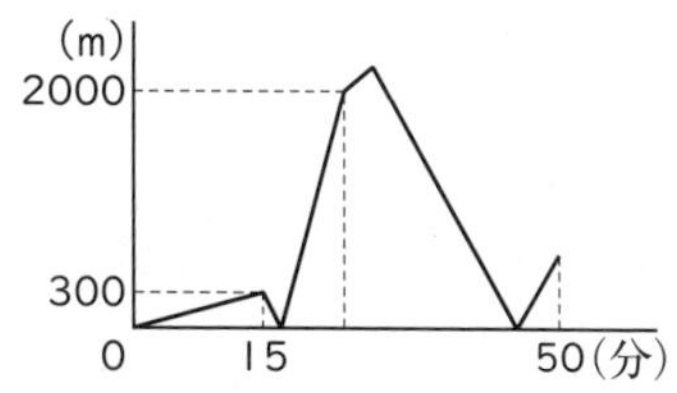

(1) 最初の15分間で300 mの差がつきました。弟の歩く速さは分速何mですか。

(　　　　　　)

(2) 2人のきょりが最もはなれたときの2人のきょりは何mですか。

(　　　　　　)

(3) 兄は自宅から何kmの所で弟を追いこしますか。

(　　　　　　)

(4) 兄は弟より何分何秒早く駅に着きますか。

(　　　　　　)

2 (2) 2人が出会うとき，進むきょりの和が840 mになり，そこから速さの和を求める。
4 しげるさんが休けいすると2人のきょりの差は増加する。
6 (1) 15分間で300 mの差ができるから，1分間で 300÷15＝20(m) の差になっている。

17 規則性についての問題

解答 60 ページ

〔　月　日〕

時間 50 分　合格点 80 点　得点　　点

1 下のように，となりあう 2 つの数を加えて次の数をつくるというきまりで数を並べるとき，次の問いに答えなさい。【4 点×2】

1，2，3，5，8，13，21，…　〔花園中〕

(1) 10 番目の数を求めなさい。

(　　　　　)

(2) 100 個目の偶数が出てくるのは最初から何番目ですか。

(　　　　　)

よく出る **2** 次の問いに答えなさい。【4 点×2】

(1) $\dfrac{23}{148}$ を小数で表したとき，小数第 1 位から小数第 100 位までの各位の数の和を求めなさい。　〔清風南海中〕

(　　　　　)

(2) 7 を x 個かけ合わせてできる数を［x］と表します。たとえば，［3］＝7×7×7＝343 となります。［2019］の一の位を求めなさい。　〔雲雀丘学園中〕

(　　　　　)

3 ある小学校の 6 年生全員が A，B 2 題のクイズを解きました。A の正解者と不正解者の比は 5：3，B の正解者と不正解者の比は 7：5 でした。A，B 両方とも不正解だった人は全体の $\dfrac{3}{16}$ いました。A だけ正解した人は 44 人いました。【4 点×2】　〔同志社女子中〕

(1) 6 年生は全体で何人いますか。

(　　　　　)

(2) A，B 両方とも正解した人は何人いますか。

(　　　　　)

よく出る **4** 右の図のように，数が並んでいるとき，次の問いに答えなさい。【5 点×4】　〔金蘭千里中〕

1段目	1
2段目	2 3
3段目	4 5 6
4段目	7 8 9 10
5段目	11 12 13 14 15
⋮	⋮

(1) 6 段目の右はしにある数を答えなさい。

(　　　　　)

(2) 50 は何段目の左から何番目の数になりますか。

(　　　　　)

(3) 21 段目の左はしにある数を答えなさい。

(　　　　　)

(4) 21 段目に並ぶ数をすべてたすと，いくらになりますか。

(　　　　　)

5 A，B，C の 3 人がゲームをします。1 回のゲームで 1 位から 3 位までの順位を決めて，1 位の人には 3 点，2 位の人には 2 点，3 位の人には 1 点の勝ち点を，それぞれあたえます。このゲームを 3 回くり返し行って，勝ち点の合計の多い順に，総合 1 位，総合 2 位，総合 3 位とします。【5 点×2】　〔修道中〕

(1) A が，総合 2 位の B に 2 点差をつけて，総合 1 位になりました。A，B，C 3 人の得点はそれぞれ何点ですか。

(　　　　　)

(2) A が 3 回のゲームで 1 度も 1 位にならないときに，A が総合 1 位になることはあるでしょうか，ないでしょうか。理由も答えなさい。

(　　　　　)

よく出る

6 1辺が2cmの2種類の正三角形のタイルを下の図のように，ある規則にしたがって，すき間なく並(なら)べていきました。次の問いに答えなさい。【4点×3】　〔帝塚山中〕

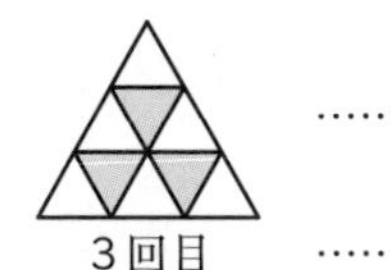

(1) 6回目には，タイルは全部で何枚(まい)ありますか。

(　　　　　)

(2) △のタイルが36枚あるのは，何回目のときですか。

(　　　　　)

(3) ▽のタイルが91枚あるとき，△のタイルは全部で何枚ありますか。

(　　　　　)

7 下の図のように，白と黒のタイルを並べます。次の問いに答えなさい。【4点×3】

〔賢明女子学院中〕

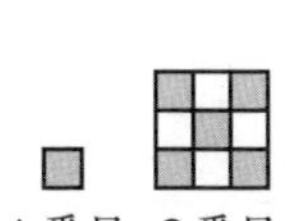
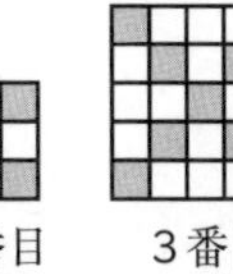
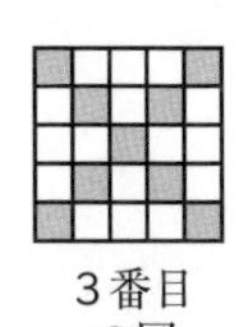
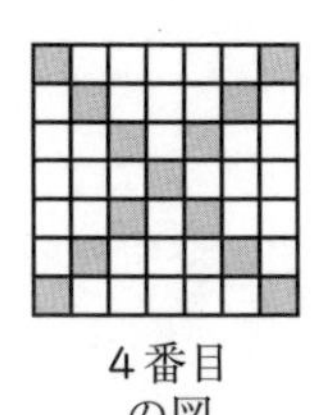

(1) 5番目にくる図の黒のタイルの枚数を求めなさい。

(　　　　　)

(2) 20番目にくる図の黒のタイルの枚数を求めなさい。

(　　　　　)

(3) 黒のタイルが121枚になるのは，何番目の図ですか。

(　　　　　)

8 下のように，線で区切られた数の組があります。【4点×3】　〔近畿大附中〕

1	3, 5	7, 9, 11	13, 15, 17, 19	21, ……
(1組目)	(2組目)	(3組目)	(4組目)	……

(1) 10組目の最後の数はいくらですか。

(　　　　　)

(2) 20組目の数をすべてたすといくらですか。

(　　　　　)

(3) 17は4組目の3番目の数です。237は何組目の何番目の数ですか。

(　　　　　)

9 右の図のように，横7マスの方眼の中に，1から順に数を並べました。このとき，例えば4は上から1番目，左から4番目なので，【1・4】と表すことにします。□にあてはまる数を答えなさい。【5点×2】

7マス

1	2	3	4	5	6	7
14	13	12	11	10	9	8
15	16	…				

〔武庫川女子大附中〕

(1) 400は【①・②】です。

(　　　　　)

(2) マスの中の数が，初めて4けたになるのは【③・④】です。

(　　　　　)

2 (1) $\frac{23}{148}=0.155405405\cdots$ より，小数第3位からの数は5，4，0の3つの数をくり返す。

8 (2) 19組目の最後の数は小さいほうから 1+2+3+……+18+19(番目) の奇(き)数(すう)であり，20組目の最初の奇数＝19組目の最後の奇数＋2 である。

〔　月　日〕

1 数についての問題

時間 20 分

解答 62 ページ

三角形を縦横に並べ，それぞれの３つの角に１つずつ数字を書きこむことを考えます。はじめに，１行目の１列目の三角形には「1」,「2」,「3」の３つの数字を書きこみ，１行目の他の三角形には，左どなりの三角形の同じ位置の数よりそれぞれ１ずつ大きい数を書きます。このように書きこむと右の図のようになります。

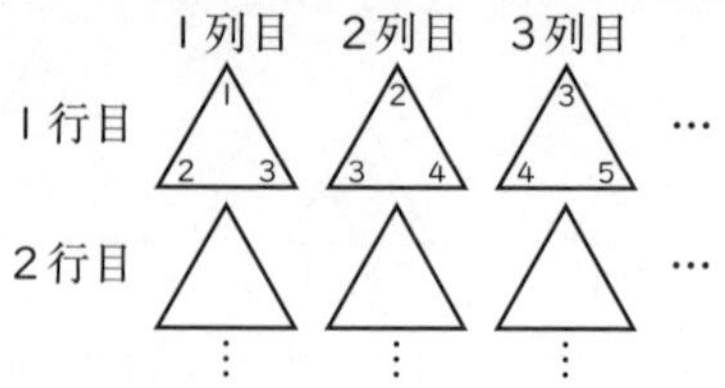

次に，２行目の三角形には，１行目の同じ列にある三角形の数字をそれぞれ２倍した数を書きます。３行目の三角形には１行目の同じ列にある三角形の数字をそれぞれ３倍した数を書きます。このように書きこむと右の図のようになります。以下，４行目以降も同様です。次の問いに答えなさい。〔吉祥女子中〕

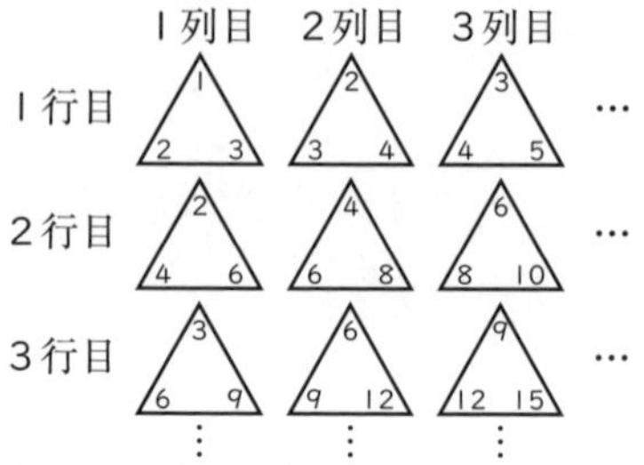

(1) ４行目の５列目の三角形に書かれた３つの数を小さい順にすべて答えなさい。

（　　　　）

次に，ある特定の数について，その数が書かれた三角形が全部で何枚あるかを考えます。たとえば，

・「1」が書かれた三角形は，１行目の１列目の１枚

・「2」が書かれた三角形は，１行目の１列目，１行目の２列目，２行目の１列目の３枚です。

(2)「5」が書かれた三角形は全部で何枚ありますか。

（　　　　）

(3)「21」が書かれた三角形について考えます。

① 「21」が書かれた三角形がある行は全部で４つあります。その４つの行は何行目ですか。すべて答えなさい。

（　　　　）

② 「21」が書かれた三角形は全部で何枚ありますか。

（　　　　）

(4)「10」が書かれた三角形は全部で何枚ありますか。

（　　　　）

(5)「36」が書かれた三角形は全部で何枚ありますか。とちゅうの式や考え方なども書きなさい。

（　　　　）

② 順位についての問題

時間 20 分

解答 62 ページ

夏子さんの小学校の運動会は，赤組，青組，黄組，緑組の４組対抗で行われ，夏子さんは，赤組です。運動会は，「大なわとび」と「全員リレー」の２種目を残すだけとなりました。この時点の各組の合計得点と，「大なわとび」と「全員リレー」の得点は，次の通りです。

A これまでの各組の合計得点は次の通りです。

組	赤組	青組	黄組	緑組
合計得点（点）	73	76	81	78

B このあと，「大なわとび」と「全員リレー」の２種目がこの順に行われ，その順位により次のように得点が与えられます。

順位	1位	2位	3位	4位
「大なわとび」の得点	7点	5点	3点	1点
「全員リレー」の得点	10点	7点	4点	1点

なお，「大なわとび」と「全員リレー」の２種目ともそれぞれ１位，２位，３位，４位の順位がつき，同じ順位がないものとします。

C 全種目を終えて，合計得点の高い順に総合優勝（１位），２位，３位，４位の総合順位を決めます。

このとき，次の(1)，(2)に答えなさい。　〔お茶の水女子大附中〕

(1) 夏子さんは，２種目を残す時点で合計得点の一番低い赤組が総合優勝できるかどうか考えました。「大なわとび」で赤組が１位，青組が２位，「全員リレー」で赤組が１位の場合，赤組は必ず総合優勝できますか。「必ず総合優勝できる」，「総合優勝できない場合がある」のいずれかを選び書きなさい。また，その理由も書きなさい。

（　　　　　　）

(2) 夏子さんは，全種目を終えたときの４組の合計得点の和が，「大なわとび」と「全員リレー」の結果に関係なく，一定の値になることに気づきました。その値を求めなさい。

（　　　　　　）

このあと，「大なわとび」と「全員リレー」の２種目が行われ，全種目を終えました。「大なわとび」の１位は青組でしたが，総合優勝は夏子さんがいる赤組でした。そして，総合順位１位から４位までの組別の合計得点には１点ずつの差ができました。次の(3)に答えなさい。

(3) 全種目を終えたときの赤組の合計得点を求めなさい。また，青組，黄組，緑組の総合順位を求めなさい。

（　　　　　　）

〔　月　日〕

3 速さについての問題

時間 20 分

解答 62 ページ

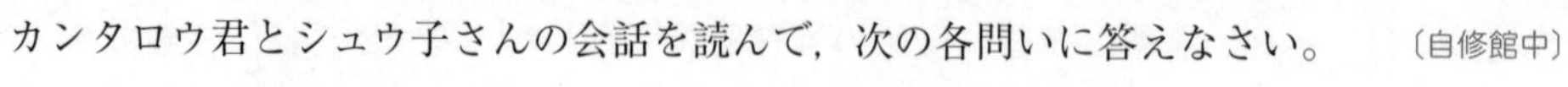

カンタロウ君とシュウ子さんの会話を読んで，次の各問いに答えなさい。　〔自修館中〕

カンタロウ「最近，昔の本にのっている算数の問題を解くのにはまってるんだ。」

シュウ子「聞いたことぐらいはあるわ。『和算』というのよね。」

カンタロウ「そうそう。右の問題は，1684 年に松村茂清（しげきよ）さんという人が作った問題で，『算法算俎（さんぽうさんそ）』という本にのってるんだよ。」

シュウ子「難（むずか）しくてなんて書いてあるか読めないわね。」

カンタロウ「読みやすくするために書き写してみると，右下のようになるよ。」

シュウ子「これでもまだどんな問題かよくわからないわ。」

カンタロウ「それを解読していくのが面白いんだよ。『京』というのは京都のことかな。『江戸』は今でいう東京のことだね。『下る』『登る』というのは電車の上りや下りと同じで，『京』を中心に人が歩く方向を意味しているんだろうね。」

今京ヨリ下ル者毎日七里半宛歩ム又江戸ヨリ登ル者毎日十二里半宛歩ム同日ニ京江戸ヲ出テ道延百二十里ヲ用テ幾里宛歩来会スト問　答曰　①

『算法算俎』
著者：松村茂清
新日本古典籍総合データベースより引用

シュウ子「なるほど。この問題は，『京』から『江戸』へと，『江戸』から『京』へそれぞれ人が歩いているのね。でも『毎日七里半宛歩（あてあゆ）ム』って何かしら。」

京ヨリ下ル者毎日七里半宛（あて）歩ム、又江戸ヨリ登ル者毎日十二里半宛歩ム。同日ニ京江戸ヲ出テ道延（みちのべ）百二十里ヲ用テ幾里（いくり）宛ヲ歩来会スト問

カンタロウ「『里（り）』というのは長さを表す単位で，一里がだいたい 3927m ぐらいらしいよ。」

シュウ子「あ，じゃあ『七里半』というのは，およそ［あ］m ということね。『十二里半』も計算すると，およそ［い］m になるわ。」

カンタロウ「一日にそれぞれ歩くきょりはわかったね。ところで，『京』と『江戸』はどのくらいはなれているのかわかる？」

シュウ子「まかせて。問題文の続きを読んでいくと，およそ［う］m ということがわかるわ。」

カンタロウ「まぁ，単位を m に直さなくてもよかったんだけど，これで２人が何日後に出会うかわかるね。」

シュウ子「そうね。２人は［え］日後に出会うわ。でもこの問題って何を答えればいいのかしら。」

カンタロウ「『幾里（いくり）』と書いてあるから，どのくらいのきょりを進んだかをそれぞれ答える問題だと推測（すいそく）できるね。実は一番最初の原文のところで［①］には答えが書いてあるんだ。原文に合わせて答えを書くとするとどうなるかわかるかな？」

シュウ子「２人のことも原文に合わせて表現しなくてはならないし，進んだきょりのことも原文に合わせて書かなくてはいけないのね。多分，わかった気がする。」

カンタロウ「答え合わせもできるし，『和算』って楽しいでしょ。」

シュウ子「私たちが勉強している算数って昔からあったこともわかって楽しかったわ。」

(1) ［あ］と［い］に当てはまる数値（すうち）を答えなさい。　（　　　　　）

(2) ［う］に当てはまる数値を答えなさい。　（　　　　　）

(3) ［え］に当てはまる数値を答えなさい。　（　　　　　）

(4) ［①］には何と書かれていると考えられるか，原文の表現に合わせて答えなさい。ただし，横書きでよいものとします。（　　　　　）

〔　　月　　日〕

平面図形についての問題

時間 20分

解答 63 ページ

A 君と B 君は本郷中学校の生徒です。

次の「問題」をふたりで協力して解こうとしています。〔本郷中〕

「問題」

図のように正方形 PQRS があります。

点 M は辺 RS のまん中の点で，点 L と点 N は辺 PQ や辺 RS を 3 等分する点のうちのひとつです。

このとき，角 a と角 b の和を求めなさい。

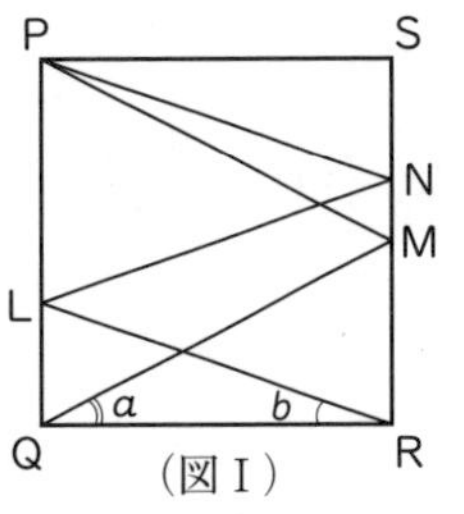

（図Ⅰ）

A 君「こういう問題は，図を拡張していくのが基本だったよね。」

B 君「そうそう，横に合同な正方形を 2 つかき足して並べてみようか。」

A 君「そして左上から直線をひいてみよう。」

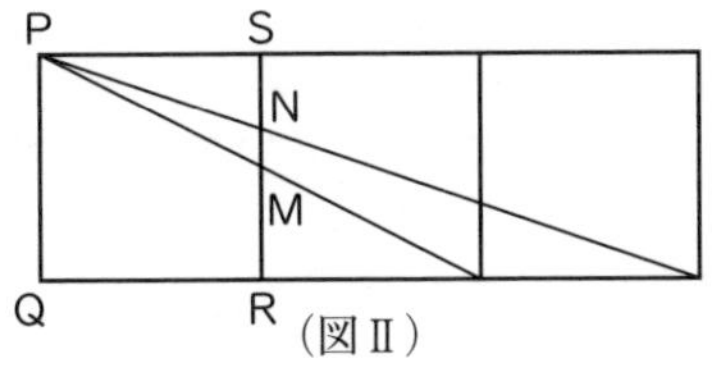

（図Ⅱ）

(1) 角 b と等しいすべての角に角 b と同じマークを〔図Ⅱ〕に記入しなさい。

A 君「これだけだとわからない。B 君，どうしようか…。」

B 君「うーん，そうだな。下側にも合同な正方形を 3 つかき足してみようか。」

A 君「そうだね，そしてもう 1 本直線もかき加えよう。」

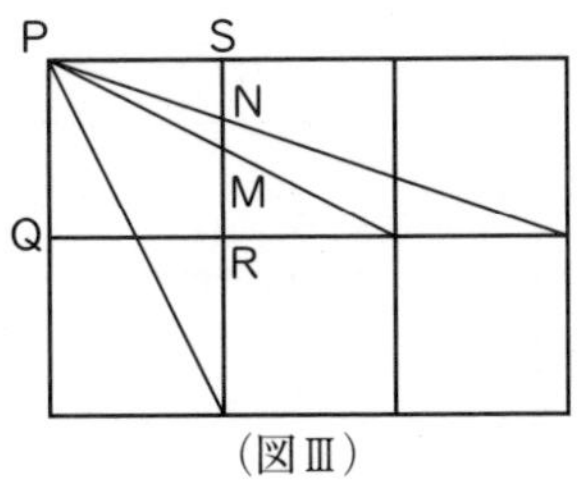

（図Ⅲ）

A 君「なるほど，じゃあ，ここまできたらここに直線ひくでしょ。」

B 君「えっ，ちょっと待って。この角とここの角が角 a と等しくて，ここも角 a と等しいね。そうするとここに余った角を考えてちょうど…。んっ？この 2 本の辺は等しいから…。角 a と角 b の和は図のここに表れているし…。」

〈ふたりで考えぬいたのちに…〉

A 君「おおっ，求まったね！」

B 君「うん！！」

(2) 角 a と角 b の和は何度ですか。

（　　　　　　）

模擬テスト 第1回

解答63ページ

〔 月 日〕

時間 50分

合格点 80点

得点 点

1 次の計算をしなさい。【5点×2】

(1) $1.8\times\frac{5}{6}\div\left(4\frac{2}{3}-3.75\right)+\frac{4}{11}$

(2) $\left\{\left(10-\frac{50}{13}\right)\div\frac{27}{26}+\frac{2}{27}\right\}\times\frac{9}{5}-1.8$

1
(1)
(2)

2 次の□にあてはまる数を求めなさい。【5点×3】

(1) $\left(3\times0.25+4\frac{1}{2}\div\square\right)\div\frac{3}{2}=1$

(2) $\frac{7}{12}\times3\frac{1}{5}-2\frac{1}{3}\div1\frac{3}{4}\div\square=1\frac{1}{3}$

(3) $\frac{11}{36}$でわっても，$\frac{7}{45}$でわっても整数になる分数の中で，最も小さい分数は□です。

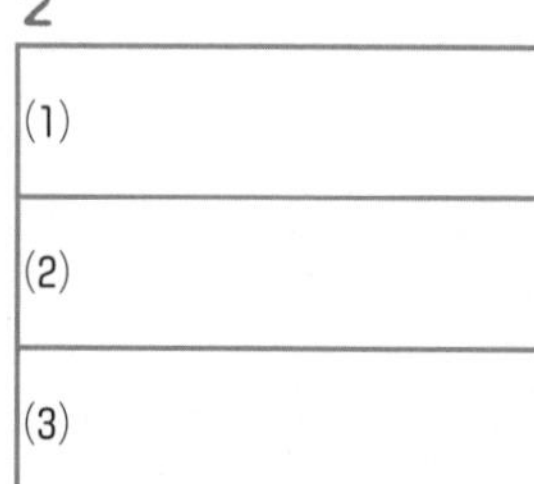

2
(1)
(2)
(3)

3 次の問いに答えなさい。【6点×3】

(1) 右の図は長方形の紙を折ったものです。角 x の大きさは何度ですか。

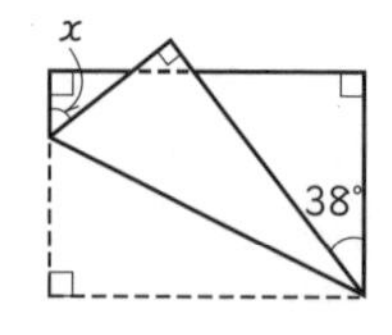

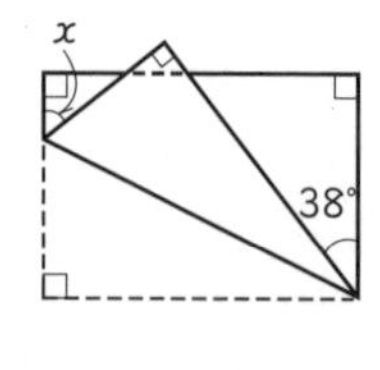

(2) 右の図は，円と円の一部を組み合わせてできた図形です。同じ印をつけた部分の長さが等しいとき，色のついた部分の面積は何 cm^2 ですか。ただし，円周率は3.14とします。

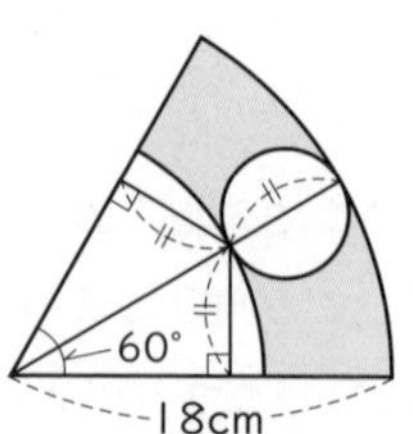

(3) [1]，[2]，[3]，……，[10]の10枚(まい)のカードから2枚引きます。その2枚のカードの数をかけて10の倍数になる組み合わせは何通りありますか。

3
(1)
(2)
(3)

4

右の図のように，直線上に正方形Aと台形Bがあり，正方形Aが右向きに毎秒１cmの速さで動いています。【6点×3】

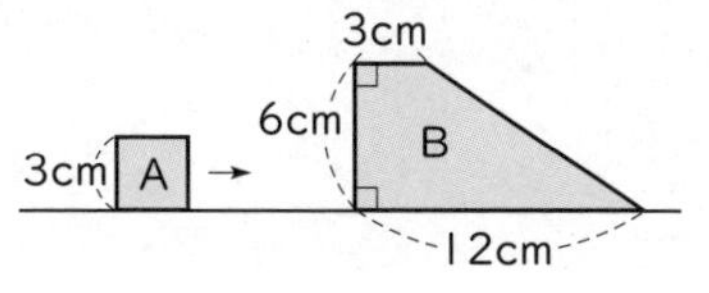

(1) A，Bが重なり始めてから12秒後の重なった部分の面積を求めなさい。

(2) A，Bが重なった部分の面積が9 cm^{2}となるのは何秒間ですか。

(3) A，Bが重なった部分の面積が4.5 cm^{2}となるのは，A，Bが重なり始めてから何秒後ですか。すべて答えなさい。

4
(1)
(2)
(3)

5

右の図のように，縦12 cm，横20 cmの長方形の厚紙の４すみから，１辺3 cmの正方形を切り取ってふたのない箱を作ります。この箱の容積は何cm^{3}ですか。ただし，厚紙の厚さは考えません。【7点】

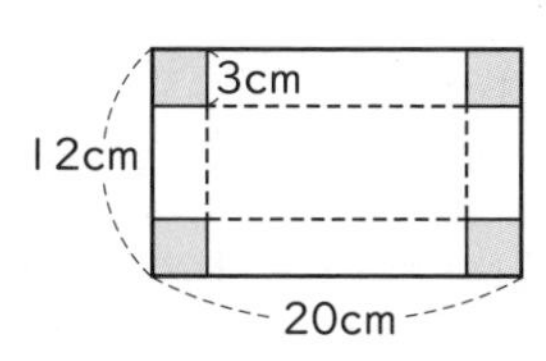

5

6

図のように直方体の水そうが底面に垂直なしきりA，Bで(ア)，(イ)，(ウ)の３つの部分に分かれています。しきりBの高さは20 cmです。(ア)と(ウ)にそれぞれ同じ量の水を入れていくとき，(ア)と(ウ)の水面の高さの差と注水時間の関係をグラフに表しました。【6点×4】

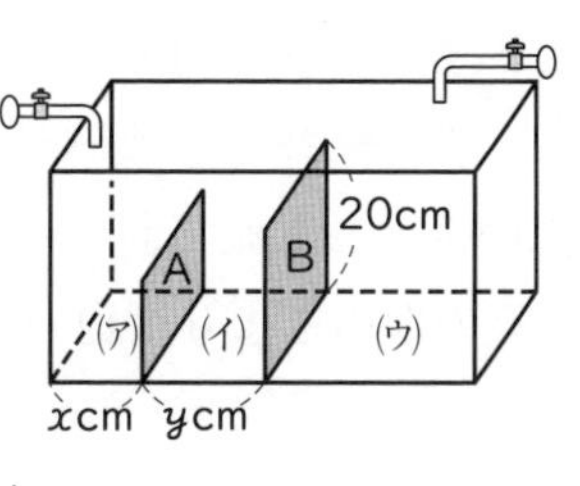

(ア)と(ウ)の水面の高さの差 (cm)
10
(あ)
2.5
0　3　7.5　(い)　(分)
注水時間

(1) x：yを最も簡単な整数比で求めなさい。

(2) Aのしきりの高さは何cmですか。

(3) (あ)，(い)の値を求めなさい。

6

7

幅8 cmの紙テープを地球の赤道に１周巻いたときの紙テープの面積は何km^{2}ですか。ただし，地球は半径6400 kmの球とし，答えは小数第２位を四捨五入しなさい。【8点】

7

中学入試 模擬テスト 第2回

解答 65 ページ

〔　月　日〕

時間 50 分　合格点 80 点　得点　点

1 次の計算をしなさい。【6点×2】

(1) $\left(2\frac{2}{3}-3\times\frac{1}{4}\right)\div\frac{5}{6}-2.64\div1.2$

(2) $1.25\times0.48-(1.75-0.85)\times0.4$

1 (1)　(2)

2 次の問いに答えなさい。【6点×2】

(1) 6 でわると 3 余る整数と，12 でわると 7 余る整数の和を 6 でわると余りはいくつですか。

(2) すべての 2 けたの整数について，十の位の数字と一の位の数字をすべてたし合わせるといくつになりますか。

2 (1)　(2)

3 川の上流にある A 町と下流にある B 町とを，1 時間 6 分で往復している船があります。この船の速さは一定で，川を上流に向かって進むときは毎分 112 m，下流に向かって進むときは毎分 196 m です。A 町と B 町の間のきょりは何 m ですか。【7点】

3

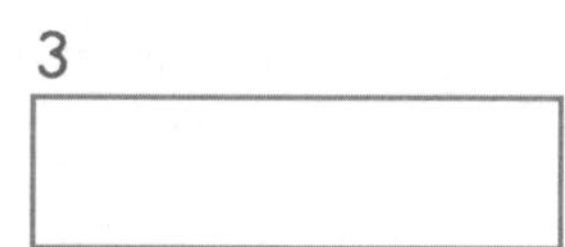

4 右の図の三角形ABC で，点 D，E は辺 BC を 3 等分する点です。点 F は辺 AC 上の点で，AF：FC＝2：1 です。また，四角形 PDEQ の面積は 20 cm² です。【7点×2】

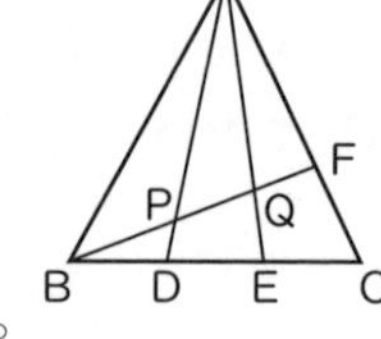

(1) AP：PD を，最も簡単(かんたん)な整数の比で表しなさい。

(2) 三角形ABC の面積は何 cm² ですか。

4 (1)　(2)

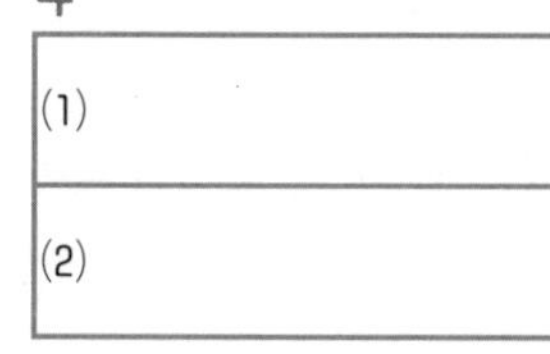

5 18％の食塩水が 300 g あります。ここに 6％の食塩水を何 g 混ぜると，15％の食塩水ができますか。【8点】

5

6 花子さんは，家から 6 km はなれた A 町へ歩いて行くのに，とちゅう少し休けいし，その後も同じ速さで歩きました。また，兄さんは自転車に乗って，分速 200 m の速さで花子さんを追いかけました。グラフはそのときの時間ときょりの関係を表したものです。次の問いに答えなさい。【6点×3】

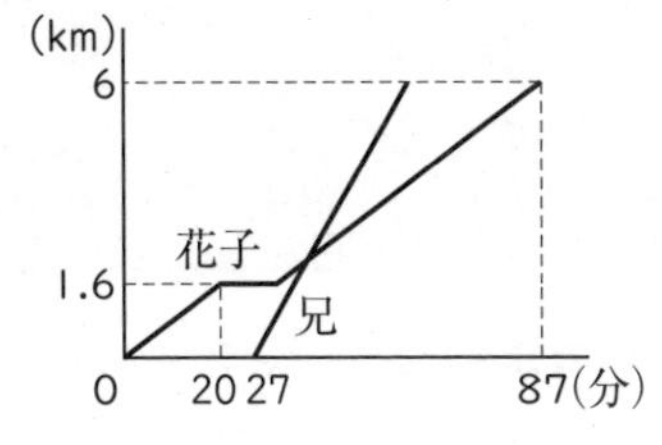

(1) 花子さんは分速何 m で歩きましたか。

(2) 花子さんが休けいした時間は何分ですか。

(3) 兄さんが花子さんに追いつくのは，花子さんが家を出発してから何分後ですか。

7 図１のような１辺の長さが 12 cm の立方体があり，点 P，Q，R，S，T はそれぞれ辺 CD，CG，FG，EF，AE 上の点です。【7点×3】

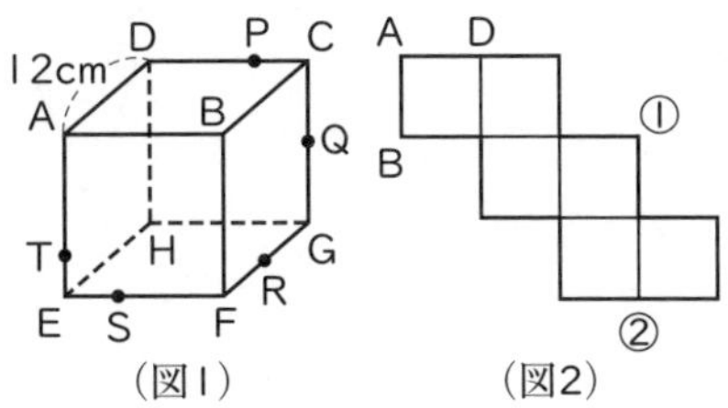

(図1)　(図2)

(1) 図２は立方体の展開図（てんかいず）です。
①，②にあてはまる頂点（ちょうてん）を答えなさい。

(2) 点 A から点 P，Q，R，S，T をこの順に通って点 D にいたる経路の長さが最も短くなるようにしたとき，ET の長さは何 cm ですか。

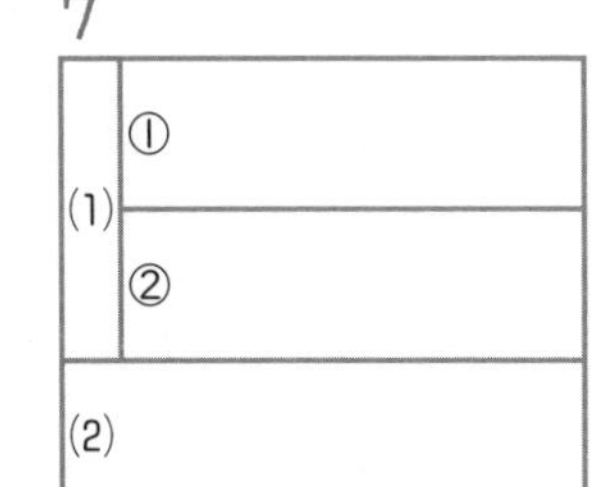

8 右の図は立方体を積み重ね，上の面に色をぬったものです。さらに，まわりの面にも底にも色をぬりました。この立体をばらばらにしたとき，色がぬられていない立方体は□個あります。□にあてはまる数を求めなさい。【8点】

8

中学入試 模擬テスト 第3回

解答66ページ

〔　月　日〕

時間 50分　合格点 80点　得点　点

1 次の□にあてはまる数を求めなさい。【6点×3】

(1) $\left\{4\frac{3}{5}\div4.83+\left(1\frac{7}{9}-\frac{4}{15}\div0.6\right)\right\}\div3\frac{1}{21}=\square$

(2) $\left(\square\times0.57+\frac{17}{50}\right)\div\frac{53}{16}=3.2$

(3) 5でわって3余り，7でわって4余る整数のうちで，200にいちばん近い整数は□です。

2 右の図のように，正五角形の中に正三角形ABCがある。□にあてはまる数を求めなさい。【5点×4】

角 a は (1) 度　　角 b は (2) 度

角 c は (3) 度　　角 d は (4) 度

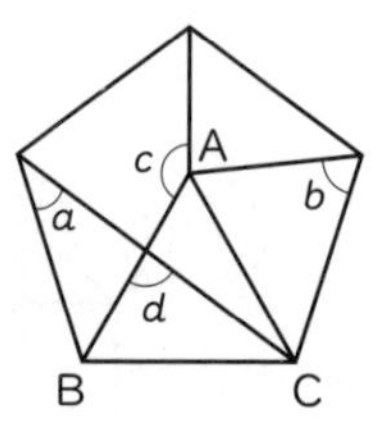

3 右の図のように辺ADと辺BCは平行で，AB＝CD＝5 cm，BC＝8 cm，角B＝角C＝60°の台形に，おうぎ形を3つかきました。色のついた部分の面積を求めなさい。ただし，円周率は3.14とします。【6点】

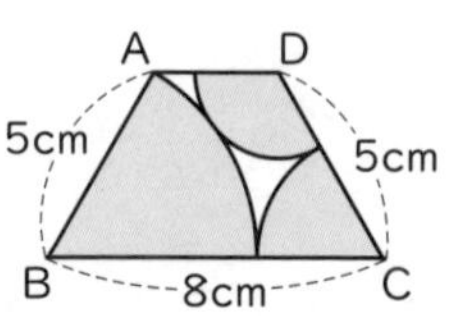

4 次の問いに答えなさい。【6点×2】

(1) ノート5冊（さつ）とえん筆3本の代金は910円，同じノート7冊とえん筆3本の代金は1190円です。このノート1冊の値段（ねだん）は何円ですか。

(2) めぐみさん，かおりさん，あゆみさんの3人が，あわせて180個のおはじきを持っています。めぐみさんは，かおりさんより30個多く，かおりさんは，あゆみさんより15個多く持っています。あゆみさんは，おはじきを何個持っていますか。

1
(1)
(2)
(3)

2	
(1)	(2)
(3)	(4)

3

4
(1)
(2)

5 右の図のような立体があります。次の問いに答えなさい。【6点×2】

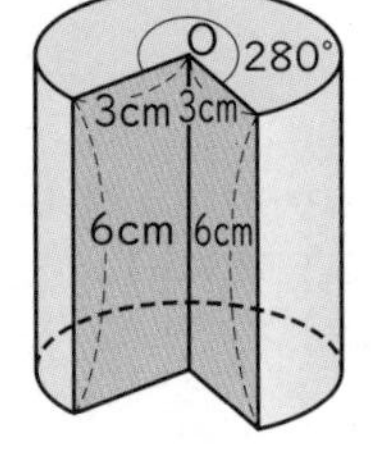

(1) この立体の体積を求めなさい。

(2) この立体の表面積を求めなさい。

5
(1)	
(2)	

6 右の図のように白と黒のご石を用いて，正三角形を並べます。【6点×3】

●○○○●○○○
○○　○○
○　○　○　○
○　○○　○
●○○○●○○○●

(1) 正三角形を7個つくるとき，白と黒のご石は合計で何個必要ですか。

(2) 白と黒のご石をあわせて180個使いました。正三角形は何個つくれますか。

(3) 白と黒のご石の差が666個のとき，正三角形は何個つくれますか。

6
(1)	
(2)	
(3)	

7 右のグラフは，スクールバスが駅と学校間の5kmを一定の速さで往復するようすを表しています。

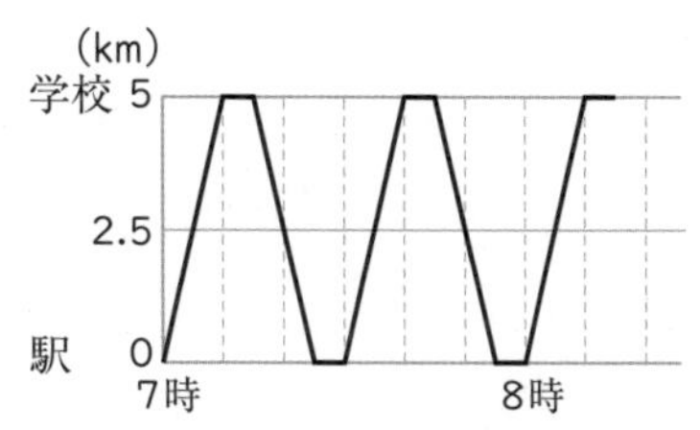

A君は7時5分に自転車に乗って駅から学校に向かい，学校に着いたが，駅に忘(わす)れ物をしたことに気づき，すぐ駅に引き返し，またすぐ学校に向かいました。A君は常に毎時15kmの速さで自転車に乗って移動します。次の問いに答えなさい。【7点×2】

(1) A君が駅を7時5分に出発して，2度目にバスと出会うのは何時何分ですか。

(2) B君は駅を出発して一定の速さで歩いて学校に向かいます。駅から2.5kmの地点でバスとA君と同時に出会い，8時3分に学校に着きました。B君が駅を出発したのは何時何分ですか。

7
(1)	
(2)	

装丁デザイン　ブックデザイン研究所
本文デザイン　A.S.T DESIGN
図　版　スタジオエキス.

中学入試 実力突破 算数

編著者　中学入試指導研究会
発行者　岡　本　明　剛
印刷所　寿　印　刷

発行所　受験研究社

〒550-0013 大阪市西区新町２丁目19番15号
注文・不良品などについて：(06)6532-1581(代表)／本の内容について：(06)6532-1586(編集)

Printed in Japan　高廣製本
落丁・乱丁本はお取り替えします。

中学入試 実力突破 算数 チェックカード

1 計算の順序

チェックらん

①ふつうは，　から順に計算する。

②かけ算や　　は，　　やひき算より先に計算する。

③かっこの中は，先に計算する。

（　），　，　の順に。

2 計算のきまり

①交換(こうかん)のきまり　$a+b=$　　
$a\times b=b\times a$

②結合のきまり　$(a+b)+c=a+(b+c)$
$(a\times b)\times c=$　　

③分配のきまり　　　$=a\times c+b\times c$

3 xの値(あたい)の求め方

$x+a=b$ では，$x=$　　

$x-a=b$ では，$x=b+a$

$a-x=b$ では，$x=$　　

$x\times a=b$ では，$x=b\div a$

$x\div a=b$ では，$x=$　　

$a\div x=b$ では，$x=a\div b$

4 いろいろな単位①

（長さ）

1m＝　cm＝1000mm，1km＝1000m

（重さ）

1g＝1000mg，1kg＝　g，1t＝1000　

（時間）

1日＝　時間，1時間＝60分＝　秒

5 いろいろな単位②

（面積）

1m^2＝　cm^2，1ha＝100a＝10000　

1km^2＝　m^2

（体積と容積）

1m^3＝1000000cm^3，1L＝10　＝1000mL

1L＝1000cm^3，1cm^3＝1　

6 最大公約数と最小公倍数の求め方

①
```
2 ) 24  30
3 )     15
     4   5
```

24，30の最大公約数は，
2×3＝　

②
```
2 ) 8  12  15
2 ) 4   6
3 ) 2   3  15
    2   1   5
```

8，12，15の最小公倍数は，
2×2×　×2×1×5
＝　

7 平均・速さ

①平均＝合計　個数　　合計＝平均　個数

②往復の平均の速さは，
往復の道のり÷往復の　　
行きの速さと帰りの速さの平均をとってはいけない。

③同じ道のりでは，速さの比と　　の比は逆比になる。

8 割(わり)合(あい)

①割合の3用法

割合＝比べる量　もとにする量（第1用法）

比べる量＝もとにする量×　　（第2用法）

もとにする量＝比べる量÷割合（第3用法）

②　　＝比べる量÷もとにする量×100

③1割＝0.1　1　＝0.01　1厘(りん)＝0.001

9 比

①$a:b$で表された比の，aをbでわった商を，　　という。

（例）3：4の比の値は，　

②比の性質　$a:b=(a\times c):$　　
$=(a\div c):$　　

1 計算の順序 □

①ふつうは，左から順に計算する。

②［　　］やわり算は，たし算や［　　］より先に計算する。

③［　　］の中は，先に計算する。
↑
（ ），｛ ｝，〔 〕の順に。

チェックカードの使い方

☞理解しておきたい重要なことがらを選びました。おもて面とうら面の［　　］にあてはまる数・式・ことばなどを答え，確実に覚えよう。

☞……線にそって切りはなし，パンチでとじ穴をあけて，カードにしよう。リングに通しておくと便利です。

☞理解したら，□にチェックしよう。

3 xの値（あたい）の求め方 □

$x+a=b$ では，$x=b-a$

$x-a=b$ では，$x=$［　　］

$a-x=b$ では，$x=a-b$

$x\times a=b$ では，$x=$［　　］

$x\div a=b$ では，$x=b\times a$

$a\div x=b$ では，$x=$［　　］

2 計算のきまり □

①交換（こうかん）のきまり　$a+b=b+a$
$a\times b=$［　　］

②結合のきまり　$(a+b)+c=$［　　］
$(a\times b)\times c=a\times(b\times c)$

③分配のきまり　$(a+b)\times c=$［　　］$+$［　　］

5 いろいろな単位 ② □

（面積）

$1\text{m}^2=10000\text{cm}^2$，1［　　］$=100\text{a}=10000\text{m}^2$

1［　　］$=1000000\text{m}^2$

（体積と容積）

$1\text{m}^3=$［　　］cm^3，1L＝10dL＝1000mL

1［　　］$=1000\text{cm}^3$，$1\text{cm}^3=1\text{mL}$

4 いろいろな単位 ① □

（長さ）

1m＝100cm＝1000［　　］，1［　　］＝1000m

（重さ）

1g＝1000［　　］，1kg＝1000g，1t＝1000kg

（時間）

1日＝24時間，1［　　］＝60分＝3600秒

7 平均・速さ □

①平均＝合計÷個数　　合計＝平均×［　　］

②往復の平均の速さは，
往復の［　　］÷往復の時間
行きの速さと帰りの速さの平均をとってはいけない。

③同じ道のりでは，［　　］の比と時間の比は［　　］になる。

6 最大公約数と最小公倍数の求め方 □

① 2) 24　30
［　］) 12　15
　　　4　5

② 2) 8　12　15
2) 4　6　15
［　］) 2　3　15
　　［　］　1　5

24，30の最大公約数は，
2×3＝6

8，12，15の最小公倍数は，
2×2×3×2×1×［　］
＝120

9 比 □

①$a:b$で表された比の，［　］を［　］でわった商を，比の値という。

（例）［　　］の比の値は，$\frac{3}{4}$

②比の性質　$a:b=$［　　］$:(b\times c)$
$=$［　　］$:(b\div c)$

8 割（わり）合（あい） □

①割合の3用法
［　　］＝比べる量÷もとにする量（第1用法）
比べる量＝もとにする量×割合（第2用法）
もとにする量＝比べる量［　］割合（第3用法）

②百分率(%)＝比べる量÷もとにする量×［　　］

③1割＝［　　］　1分＝0.01　1厘（りん）＝［　　］

⑩ 比例式・比例配分

①a：■＝c：d のとき，a×■＝b×c

②ある数量をa：bに比例配分するとき，

aにあたる数量＝ある数量×$\frac{a}{■}$

■にあたる数量＝ある数量×$\frac{b}{a+b}$

⑪ 比　例

①比例する2つの量x，yの関係を表す式は，
y＝きまった数■x

②比例する2つの量の関係をグラフに表すと，■を通る直線になる。

↑ x，yの値がともに0の点

⑫ 反比例

①反比例する2つの量x，yの関係を表す式は，
y＝きまった数÷■

②反比例する2つの量の関係をグラフに表すと，■を通らない曲線になる。

⑬ 度数分布表

体重(kg)	人数(人)
以上～■	
30 ～ 40	5
40 ～ 50	4
50 ～ 60	1
合計	■

■ → 30 ～ 40

5 ← 度数

⑭ 代表値（だいひょうち）

①平均値…データの合計をデータの■でわった平均の値（あたい）

②■…データの中で最も多く出てくる値

③中央値…データを■の順に並べたとき，中央にある値

⑮ 四角形の対角線の性質

①対角線が垂直（すいちょく）に交わる四角形は，
■，正方形

②対角線の長さが等しい四角形は，
長方形，■

③対角線がそれぞれの真ん中の点で交わる四角形は，
■，ひし形，■，正方形

⑯ 三角定規

①

■三角形

②

2枚（まい）くっつけると，
■になる

⑰ 多角形の対角線の本数

n角形の対角線の数は

(n－■)×■÷2

1つの頂点からひける対角線の数　頂点（ちょうてん）の数

（例）五角形の対角線の数は，
(5－■)×5÷2＝■(本)

⑱ 円とおうぎ形のまわりの長さ

①円周＝直径×■＝半径×2×■

②おうぎ形のまわりの長さ
＝半径×■＋半径×2×円周率×■

⑲ 平行線と角

平行な2つの直線に1つの直線が交わるとき，

①角ア＝角■（対頂角）

②角■＝角ウ（同位角）

③角イ＝角■（錯角（さっかく））

④角イ＋角エ＝■

10 比例式・比例配分

①$a:b=c:d$ のとき，＿＿$\times d=$＿＿$\times c$

②ある数量を$a:b$に比例配分するとき，

＿＿にあたる数量＝ある数量$\times\dfrac{a}{a+b}$

bにあたる数量＝ある数量$\times\dfrac{＿＿}{a+b}$

11 比　例

①比例する2つの量x，yの関係を表す式は，

＿＿＝きまった数×＿＿

②比例する2つの量の関係をグラフに表すと，原点を通る＿＿になる。

↑ x，yの値がともに0の点

12 反比例

①反比例する2つの量x，yの関係を表す式は，

y＝きまった数＿＿x

②反比例する2つの量の関係をグラフに表すと，原点を＿＿曲線になる。

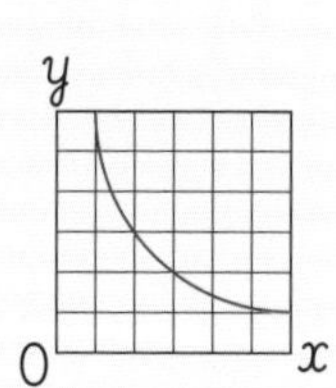

13 度数分布表

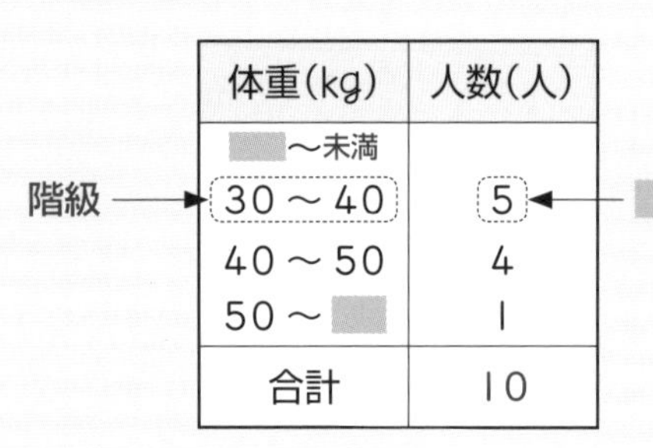

体重(kg)	人数(人)
＿＿～未満	
30～40	5
40～50	4
50～＿＿	1
合計	10

14 代表値

①＿＿…データの＿＿をデータの個数でわった平均の値

②最頻値…データの中で最も＿＿出てくる値

③＿＿…データを大きさの順に並べたとき，中央にある値

15 四角形の対角線の性質

①対角線が垂直に交わる四角形は，

ひし形，＿＿

②対角線の＿＿が等しい四角形は，

長方形，正方形

③対角線がそれぞれの＿＿の点で交わる四角形は，

平行四辺形，＿＿，長方形，正方形

16 三角定規

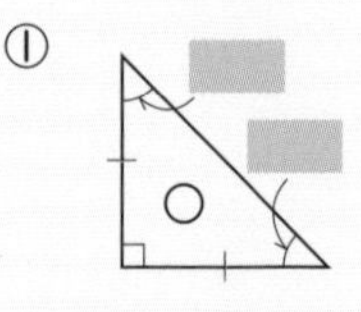

①直角二等辺三角形

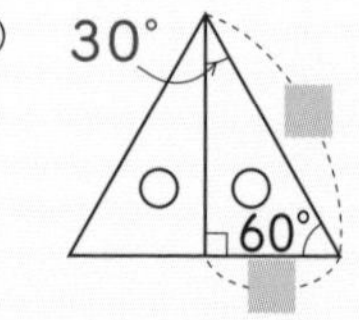

②2枚くっつけると，正三角形になる

17 多角形の対角線の本数

n角形の対角線の数は

$(n-3)\times n\div$＿＿

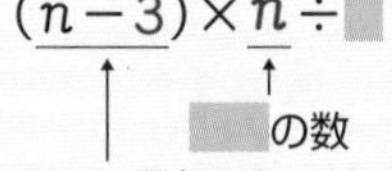

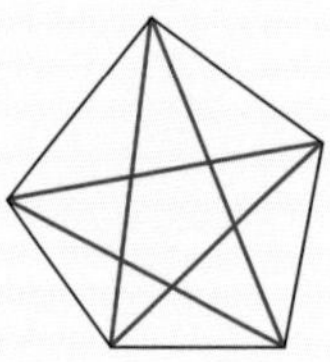

（例）五角形の対角線の数は，

$(5-3)\times5\div$＿＿$=5$（本）

18 円とおうぎ形のまわりの長さ

①円周＝直径×円周率＝＿＿×2×円周率

②おうぎ形のまわりの長さ

＝＿＿×2＋半径×2×＿＿×$\dfrac{中心角}{360}$

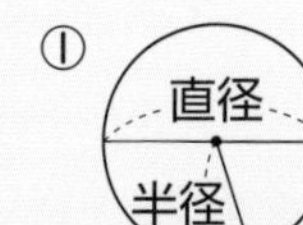

19 平行線と角

平行な2つの直線に1つの直線が交わるとき，

①角＿＿＝角イ（対頂角）

②角ア＝角＿＿（同位角）

③角イ＝角ウ（＿＿）

④角イ＋角＿＿＝180°

⑳ 三角形の角

①内角の和

角ア＋角イ＋角＿＿＝180°

②内角と外角

角ア＋角＿＿＝角エ

↑ 角ウの＿＿

㉑ 多角形の角

①n角形の内角の和は，

＿＿×$(n-2)$

↑ 内部にできる＿＿の数

②n角形の外角の和は，

＿＿

㉒ 対称(たいしょう)な図形(1)

①＿＿な図形…1つの直線を折り目にして折ったとき，ぴったり重なる図形。

②対応する点を結ぶ直線は，対称の軸に垂直に交わり，対称の軸(じく)によって＿＿される。

㉓ 対称(たいしょう)な図形(2)

①＿＿な図形…1つの点のまわりに180°回転したとき，もとの図形にぴったり重なる図形。

②対応する点を結ぶ直線は，＿＿＿＿を通り，対称の中心によって2等分される。

㉔ 三角形の合同条件

次の①～③のどれかを満たす2つの三角形は，合同である。

①＿組の辺がそれぞれ等しい。

②2組の＿とその間の角がそれぞれ等しい。

③1組の辺とその＿＿がそれぞれ等しい。

㉕ 三角形の相似条件

次の①～③のどれかを満たす2つの三角形は，相似である。

①2組の角がそれぞれ等しい。

②2組の辺の比とその間の＿がそれぞれ等しい。

③3組の辺の＿がすべて等しい。

㉖ 面積を求める公式

①＿＿の面積＝縦(たて)×横

②＿＿の面積＝1辺×1辺

③平行四辺形の面積＝＿＿×高さ

④ひし形・正方形の面積＝＿＿×＿＿÷2

⑤台形の面積＝(上底＋＿＿)×高さ÷2

⑥三角形の面積＝底辺×＿＿÷2

㉗ 円とおうぎ形の面積

①＿の面積＝半径×半径×円周率

②おうぎ形の面積＝半径×＿＿×円周率×$\frac{中心角}{360}$

㉘ 面積と比

①右の図のような，高さが等しい㋐と㋑の面積の比は，＿：＿

②右の図のような，相似な図形㋒と㋓の面積の比は，

(＿＿)：(＿＿)

㉙ 体積を求める公式

①角柱・円柱の体積＝＿＿×高さ

②角錐(かくすい)・円錐の体積＝底面積×＿＿÷3

20 三角形の角 □

①内角の和

角ア＋角イ＋角ウ＝＿＿＿

②内角と外角

角＿＋角イ＝角エ

↑ 角＿の外角

21 多角形の角 □

① n 角形の内角の和は，

180°×(＿＿＿)

↑ 内部にできる三角形の数

② n 角形の＿＿＿は，

360°

22 対称な図形(1) □

①線対称な図形…1つの直線を折り目にして折ったとき，ぴったり重なる図形。

②対応する点を結ぶ直線は，対称の軸に＿＿＿に交わり，＿＿＿によって2等分される。

23 対称な図形(2) □

①点対称な図形…1つの点のまわりに＿＿＿回転したとき，もとの図形にぴったり重なる図形。

②対応する点を結ぶ直線は，対称の中心を通り，対称の中心によって＿＿＿される。

24 三角形の合同条件 □

次の①～③のどれかを満たす2つの三角形は，合同である。

①3組の＿がそれぞれ等しい。

②2組の辺とその間の＿がそれぞれ等しい。

③＿組の辺とその両はしの角がそれぞれ等しい。

25 三角形の相似条件 □

次の①～③のどれかを満たす2つの三角形は，相似である。

①＿＿＿がそれぞれ等しい。

②2組の＿＿＿とその間の角がそれぞれ等しい。

③＿組の辺の比がすべて等しい。

26 面積を求める公式 □

①長方形の面積＝縦×横

②正方形の面積＝＿＿＿×＿＿＿

③平行四辺形の面積＝底辺×＿＿＿

④ひし形・正方形の面積＝対角線×対角線÷＿

⑤＿＿＿の面積＝(上底＋下底)×高さ÷2

⑥三角形の面積＝底辺×高さ÷＿

27 円とおうぎ形の面積 □

①円の面積＝＿＿＿×＿＿＿×円周率

②おうぎ形の面積＝半径×半径×円周率×＿＿＿

28 面積と比 □

①右の図のような，＿＿＿が等しい㋐と㋑の面積の比は，$a:b$

②右の図のような，＿＿＿な図形㋒と㋓の面積の比は，

$(c\times c):(d\times d)$

29 体積を求める公式 □

①角柱・円柱の体積＝底面積×＿＿＿

②角錐・円錐の体積＝底面積×高さ÷＿

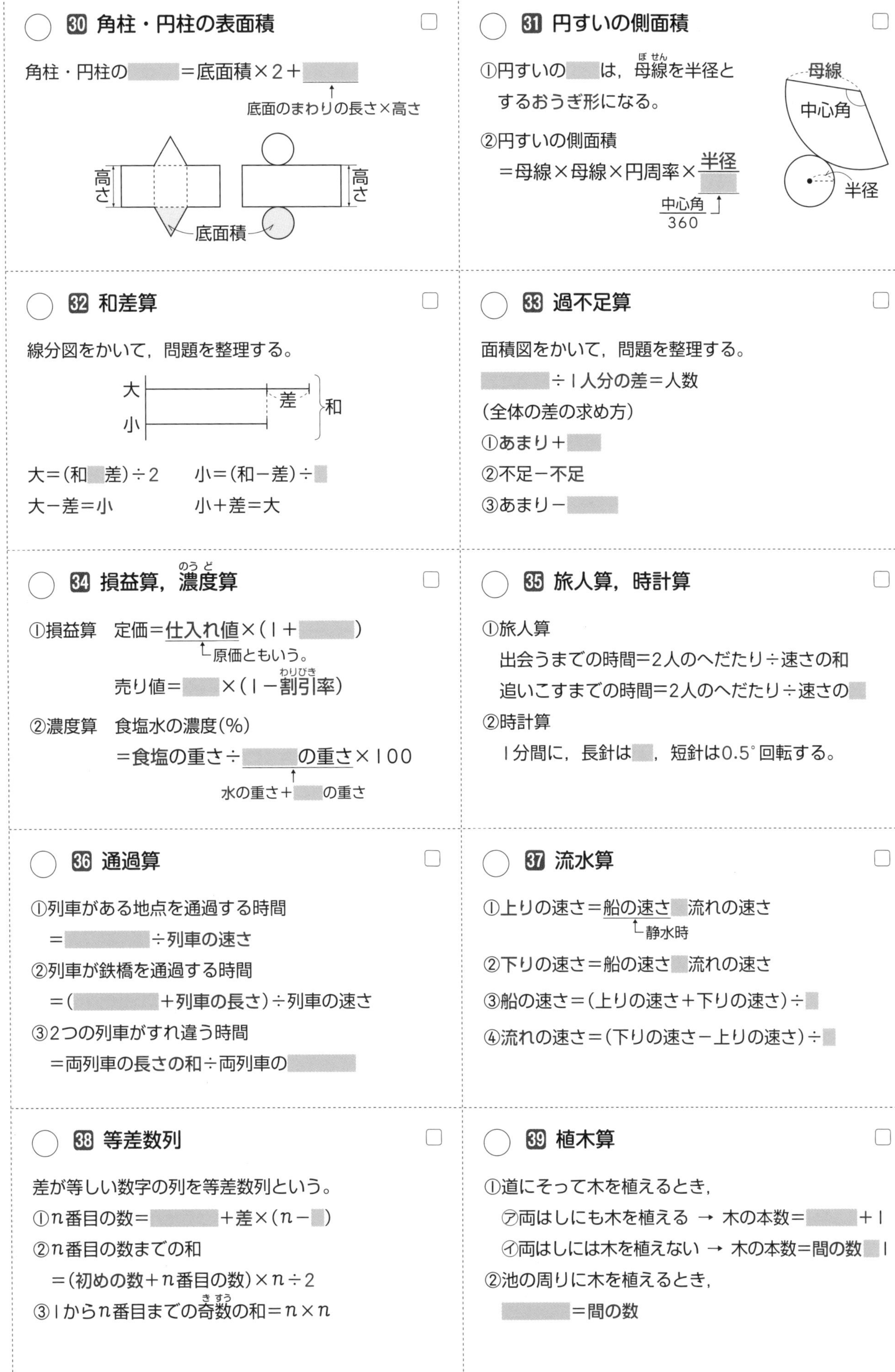

30 角柱・円柱の表面積

角柱・円柱の＿＿＿＝底面積×2＋＿＿＿

↑底面のまわりの長さ×高さ

31 円すいの側面積

①円すいの＿＿＿は，母線（ぼせん）を半径とするおうぎ形になる。

②円すいの側面積

＝母線×母線×円周率×$\frac{半径}{＿＿＿}$

↑$\frac{中心角}{360}$

32 和差算

線分図をかいて，問題を整理する。

大＝(和＿差)÷2　　小＝(和－差)÷＿

大－差＝小　　小＋差＝大

33 過不足算

面積図をかいて，問題を整理する。

＿＿＿÷１人分の差＝人数

(全体の差の求め方)

①あまり＋＿＿＿

②不足－不足

③あまり－＿＿＿

34 損益算，濃度（のうど）算

①損益算　定価＝仕入れ値×(１＋＿＿＿)

└原価ともいう。

売り値＝＿＿＿×(１－割引（わりびき）率)

②濃度算　食塩水の濃度(%)

＝食塩の重さ÷＿＿＿の重さ×１００

↑水の重さ＋＿＿＿の重さ

35 旅人算，時計算

①旅人算

出会うまでの時間＝2人のへだたり÷速さの和

追いこすまでの時間＝2人のへだたり÷速さの＿

②時計算

１分間に，長針は＿＿，短針は0.5°回転する。

36 通過算

①列車がある地点を通過する時間

＝＿＿＿÷列車の速さ

②列車が鉄橋を通過する時間

＝(＿＿＿＋列車の長さ)÷列車の速さ

③2つの列車がすれ違う時間

＝両列車の長さの和÷両列車の＿＿＿

37 流水算

①上りの速さ＝船の速さ＿流れの速さ

└静水時

②下りの速さ＝船の速さ＿流れの速さ

③船の速さ＝(上りの速さ＋下りの速さ)÷＿

④流れの速さ＝(下りの速さ－上りの速さ)÷＿

38 等差数列

差が等しい数字の列を等差数列という。

①n番目の数＝＿＿＿＋差×(n－＿)

②n番目の数までの和

＝(初めの数＋n番目の数)×n÷2

③１からn番目までの奇数（きすう）の和＝$n×n$

39 植木算

①道にそって木を植えるとき，

㋐両はしにも木を植える → 木の本数＝＿＿＿＋１

㋑両はしには木を植えない → 木の本数＝間の数＿１

②池の周りに木を植えるとき，

＿＿＿＝間の数

30 角柱・円柱の表面積 □

角柱・円柱の表面積＝底面積×＿＿＋側面積

↑ 底面の＿＿の長さ×＿＿

31 円すいの側面積 □

①円すいの側面は，母線（ぼせん）を半径とする＿＿になる。

②円すいの側面積

＝母線×母線×円周率×$\dfrac{＿＿}{母線}$

（$\dfrac{中心角}{360}$）

32 和差算 □

線分図をかいて，問題を整理する。

大＝(和＋差)÷＿＿　小＝(和＿＿差)÷2

大－差＝＿＿　小＋差＝大

33 過不足算 □

面積図をかいて，問題を整理する。

全体の差÷＿＿＝人数

(全体の差の求め方)

①＿＿＋不足

②不足－＿＿

③あまり－あまり

34 損益算，濃度（のうど）算 □

①損益算　定価＝＿＿×(1＋利益率)

└原価ともいう。

売り値＝定価×(1－＿＿)

②濃度算　食塩水の濃度(％)

＝＿＿の重さ÷食塩水の重さ×100

↑ ＿＿の重さ＋食塩の重さ

35 旅人算，時計算 □

①旅人算

出会うまでの時間＝2人のへだたり÷速さの＿＿

追いこすまでの時間＝2人のへだたり÷速さの差

②時計算

＿＿分間に，長針は6°，短針は＿＿回転する。

36 通過算 □

①列車がある地点を通過する時間

＝列車の長さ÷＿＿

②列車が鉄橋を通過する時間

＝(鉄橋の長さ＋＿＿)÷列車の速さ

③2つの列車がすれ違う時間

＝両列車の＿＿÷両列車の速さの和

37 流水算 □

①＿＿の速さ＝船の速さ－流れの速さ

└静水時

②＿＿の速さ＝船の速さ＋流れの速さ

③＿＿の速さ＝(上りの速さ＋下りの速さ)÷2

④＿＿の速さ＝(下りの速さ－上りの速さ)÷2

38 等差数列 □

差が等しい数字の列を等差数列という。

①n番目の数＝初めの数＋＿＿×(n－1)

②n番目の数までの和

＝(＿＿＋n番目の数)×n÷＿＿

③1からn番目までの奇数（きすう）の和＝n×n

39 植木算 □

①道にそって木を植えるとき，

㋐両はしにも木を植える → 木の本数＝間の数＿＿1

㋑両はしには木を植えない → 木の本数＝＿＿－1

②池の周りに木を植えるとき，

木の本数＝＿＿

中学入試
実力突破

解答編

算数

実力強化編

1 数の計算

本冊 6～7 ページ

解答

❶ (1)**140** (2)**6** (3)**29** (4)**20.5**

❷ (1)**50** (2)**33.3** (3)**50.96** (4)**0.7**

❸ (1)$\frac{47}{55}$ (2)**2** (3)**2** (4)$\frac{4}{9}$ (5)$\frac{1}{2}$

❹ (1)$\frac{1}{8}$ (2)**2** (3)**3**

❺ (1)$\frac{5}{6}$ (2)**3** (3)$\frac{3}{5}$ (4)$\frac{7}{12}$

❻ (1)$x=\frac{8}{3}\left(2\frac{2}{3}\right)$ (2)$x=1$ (3)$x=\frac{1}{4}$

(4)$x=\frac{69}{35}\left(1\frac{34}{35}\right)$

解き方

❶ (1)$4+54-7+89=140$

(2)$16-(12-4\times9\div6+4)=16-(12-6+4)=6$

(3)$667\div(17+18\div3)=667\div23=29$

(4)$(15\times5+4)\div2-19=39.5-19=20.5$

❷ (1)$81\div(2.3-0.68)=81\div1.62=50$

(2)$8\times4.5-2.7=36-2.7=33.3$

(3)$72.96-22=50.96$

(4)$(1.02-0.25)\div1.1=0.77\div1.1=0.7$

❸ (1)$2-\frac{6}{7}\div\frac{44}{13}\times\frac{14}{15}-\frac{10}{11}$

$=2-\frac{6}{7}\times\frac{13}{44}\times\frac{14}{15}-\frac{10}{11}=2-\frac{13}{55}-\frac{50}{55}=\frac{47}{55}$

(2)$\left(\frac{7}{3}+\frac{7}{4}+\frac{11}{12}\right)\div\left(\frac{5}{4}+\frac{5}{6}+\frac{5}{12}\right)$

$=\frac{60}{12}\div\frac{30}{12}=\frac{60}{12}\times\frac{12}{30}=2$

(3)$\frac{7}{4}\times\frac{16}{7}+\frac{20}{3}\times\frac{2}{5}-4\frac{2}{3}=4+\frac{8}{3}-4\frac{2}{3}=2$

(4)$\frac{125}{21}\times\frac{7}{45}-\frac{13}{6}\times\frac{2}{9}=\frac{25}{27}-\frac{13}{27}=\frac{12}{27}=\frac{4}{9}$

(5)$1\div\left\{10-\frac{14}{5}\div\left(\frac{12}{20}-\frac{5}{20}\right)\right\}$

$=1\div\left(10-\frac{14}{5}\div\frac{7}{20}\right)=1\div\left(10-\frac{14}{5}\times\frac{20}{7}\right)$

$=1\div(10-8)=1\div2=\frac{1}{2}$

❹ (1)$\frac{7}{6}\div\left(\frac{11}{9}-\frac{3}{5}\right)-1\frac{3}{4}$

$=\frac{7}{6}\div\frac{28}{45}-\frac{7}{4}=\frac{7}{6}\times\frac{45}{28}-\frac{7}{4}=\frac{15}{8}-\frac{7}{4}=\frac{1}{8}$

(2)$5.2\div\left\{(2.4-1.6)\times\frac{29}{8}-0.3\right\}$

$=5.2\div\left(\frac{8}{10}\times\frac{29}{8}-0.3\right)$

$=5.2\div(2.9-0.3)$

$=5.2\div2.6=2$

(3)$\frac{21}{10}\div\frac{7}{5}+\left(\frac{5}{8}-\frac{2}{5}\right)\times\frac{20}{3}=\frac{3}{2}+\frac{9}{40}\times\frac{20}{3}$

$=\frac{3}{2}+\frac{3}{2}=3$

❺ (1)$\frac{7}{3}-\frac{5}{4}\times\left\{2-\left(\frac{8}{5}-\frac{1}{4}\right)\times\frac{2}{9}\times\frac{8}{3}\right\}$

$=\frac{7}{3}-\frac{5}{4}\times\left(2-\frac{27}{20}\times\frac{2}{9}\times\frac{8}{3}\right)$

$=\frac{7}{3}-\frac{5}{4}\times\left(2-\frac{4}{5}\right)=\frac{7}{3}-\frac{5}{4}\times\frac{6}{5}=\frac{5}{6}$

(2)$\left(\frac{48}{5}-\frac{9}{4}\times\frac{3}{5}\right)\times\frac{20}{11}-2\div\frac{1}{6}$

$=\left(\frac{192}{20}-\frac{27}{20}\right)\times\frac{20}{11}-12=\frac{165}{20}\times\frac{20}{11}-12=3$

(3)$\frac{2}{3}\times\left\{\frac{9}{4}\div\left(\frac{3}{4}-\frac{2}{3}\times\frac{9}{10}\right)\times\frac{1}{2}-\frac{33}{10}\right\}\times\frac{3}{14}$

$=\frac{2}{3}\times\left(\frac{9}{4}\times\frac{20}{3}\times\frac{1}{2}-\frac{33}{10}\right)\times\frac{3}{14}$

$=\frac{2}{3}\times\frac{42}{10}\times\frac{3}{14}=\frac{3}{5}$

(4)$\frac{175}{4}\times\frac{1}{50}+\left(\frac{21}{10}-\frac{7}{20}\right)\times\frac{1}{2}-2\times\left(\frac{7}{4}\times\frac{10}{3}-\frac{21}{4}\right)$

$=\frac{7}{8}+\frac{35}{20}\times\frac{1}{2}-2\times\left(\frac{35}{6}-\frac{21}{4}\right)$

$=\frac{7}{8}+\frac{7}{8}-\frac{7}{6}=\frac{7}{4}-\frac{7}{6}=\frac{7}{12}$

❻ (1)$\frac{5}{2}\times\left(x-\frac{5}{6}\right)\div\left(\frac{20}{3}-\frac{15}{4}\right)=2-\frac{3}{7}$

$\frac{5}{2}\times\left(x-\frac{5}{6}\right)\div\frac{35}{12}=\frac{11}{7}$　$\frac{5}{2}\times\left(x-\frac{5}{6}\right)=\frac{11}{7}\times\frac{35}{12}$

$\frac{5}{2}\times\left(x-\frac{5}{6}\right)=\frac{55}{12}$　$x-\frac{5}{6}=\frac{55}{12}\div\frac{5}{2}$

$x-\frac{5}{6}=\frac{11}{6}$　$x=\frac{11}{6}+\frac{5}{6}=\frac{16}{6}=\frac{8}{3}$

ひっぱると、はずして使えます。

(2) $\left\{x-\left(1\frac{3}{8}-\frac{1}{4}\right)\div\frac{3}{2}\right\}\times\frac{8}{5}=\frac{2}{5}$

$x-1\frac{1}{8}\div\frac{3}{2}=\frac{2}{5}\div\frac{8}{5}$

$x-\frac{9}{8}\times\frac{2}{3}=\frac{2}{5}\times\frac{5}{8}$　$x-\frac{3}{4}=\frac{1}{4}$

$x=\frac{1}{4}+\frac{3}{4}=1$

(3) $\frac{3}{5}\times\left(\frac{3}{8}+x\right)-\frac{1}{4}=\frac{5}{32}\div\left(\frac{15}{8}\times\frac{2}{3}\right)=\frac{1}{8}$

$\frac{3}{5}\times\left(\frac{3}{8}+x\right)=\frac{1}{8}+\frac{1}{4}=\frac{3}{8}$

$\frac{3}{8}+x=\frac{3}{8}\div\frac{3}{5}=\frac{5}{8}$

$x=\frac{5}{8}-\frac{3}{8}=\frac{1}{4}$

(4) $\left(x-\frac{3}{5}\right)\times\frac{5}{8}-\left(\frac{5}{4}-\frac{3}{4}\right)\times\frac{3}{7}=\frac{9}{14}$

$\left(x-\frac{3}{5}\right)\times\frac{5}{8}-\frac{3}{14}=\frac{9}{14}$

$\left(x-\frac{3}{5}\right)\times\frac{5}{8}=\frac{9}{14}+\frac{3}{14}=\frac{6}{7}$

$x-\frac{3}{5}=\frac{6}{7}\div\frac{5}{8}=\frac{48}{35}$

$x=\frac{48}{35}+\frac{3}{5}=\frac{48}{35}+\frac{21}{35}=\frac{69}{35}$

参考　**xの値(あたい)の求め方の原則**

①(　　)の中や，×，÷で結ばれているところは，1つの数として考える。

②xをふくんでいない部分の計算を先にして，式を簡単(かんたん)にする。

③式の中のxの値を，逆算の考えや，等式の性質を利用して求める。

2 いろいろな計算

本冊 10 ～ 11 ページ

解答

❶ (1)**1**　(2)**188.4**　(3)**2010**　(4)**428**　(5)**1.45**

❷ (1)**14**　(2)**5160**　(3)**2007**

❸ (1)$\frac{1}{35}$　(2)$\frac{8}{33}$　(3)$\frac{5}{16}$　(4)$\frac{20}{63}$

❹ あ…**9**，い…**7**，う…**6**，え…**3**，お…**0**，か…**5**，き…**1**

❺ **175**

❻ **4**

❼ (1)**3000**　(2)**2009**

❽ (1)**353.5**　(2)**1，25，28**

❾ (1)**2.09**　(2)**374.5**　(3)**2，46，14**

解き方

❶ (1) $77\times357\times\frac{1}{231}\times\frac{1}{119}$

$=\left(77\times\frac{1}{231}\right)\times\left(357\times\frac{1}{119}\right)=\frac{1}{3}\times3=1$

(2) $9\times3.14\times12-4\times3.14\times12$

$=(9-4)\times3.14\times12=5\times12\times3.14=188.4$

(3) $67\times18+12\times67=67\times(18+12)$

$=67\times30=2010$

(4) $47\times4.28+58\times2\times4.28-63\times4.28$

$=(47+116-63)\times4.28=100\times4.28=428$

(5) $(3.37+0.23)\times1.45-(2.74+0.16)\times1.3$

$=3.6\times1.45-2.9\times1.3$

$=3.6\times1.45-1.45\times2\times1.3$

$=(3.6-2.6)\times1.45=1.45$

❷ (1) $7.5\times1.4-1.4\times1.1+1.4\times3.6$

$=1.4\times(7.5-1.1+3.6)=1.4\times10=14$

(2) $6\times5\times(9\times8\times7-8\times7\times4-7\times4\times3-4\times3\times2)$

$=6\times5\times(504-224-84-24)$

$=30\times172=5160$

(3) $223\div0.125+22.3\times3.75+2.23\times62.5$

$=223\times8+22.3\times3.75+2.23\times62.5$

$=22.3\times10\times8+22.3\times3.75+22.3\times0.1\times62.5$

$=22.3\times(80+3.75+6.25)$

$=22.3\times90=2007$

参考

(3)式の中の223，22.3，2.23を22.3にそろえるために，次のような変形をする。

$223\times8=223\times0.1\times8\times10$
$=22.3\times80$

$2.23\times62.5=2.23\times10\times62.5\times0.1$
$=22.3\times6.25$

❸ (1) $\frac{1}{10\times11}=\frac{11-10}{10\times11}=\frac{11}{10\times11}-\frac{10}{10\times11}$

$=\frac{1}{10}-\frac{1}{11}$ より，

$\frac{1}{10\times11}+\frac{1}{11\times12}+\frac{1}{12\times13}+\frac{1}{13\times14}$

$=\left(\frac{1}{10}-\frac{1}{11}\right)+\left(\frac{1}{11}-\frac{1}{12}\right)+\left(\frac{1}{12}-\frac{1}{13}\right)$

$+\left(\frac{1}{13}-\frac{1}{14}\right)=\frac{1}{10}-\frac{1}{14}=\frac{2}{70}=\frac{1}{35}$

(2) $\frac{2}{3\times5}=\frac{5-3}{3\times5}=\frac{5}{3\times5}-\frac{3}{3\times5}=\frac{1}{3}-\frac{1}{5}$ より，

$$\left(\frac{1}{3}-\frac{1}{5}\right)+\left(\frac{1}{5}-\frac{1}{7}\right)+\left(\frac{1}{7}-\frac{1}{9}\right)+\left(\frac{1}{9}-\frac{1}{11}\right)$$

$$=\frac{1}{3}-\frac{1}{11}=\frac{8}{33}$$

(3) $\frac{1}{4}+\frac{1}{28}+\frac{1}{70}+\frac{1}{130}+\frac{1}{208}$

$$=\frac{1}{1\times4}+\frac{1}{4\times7}+\frac{1}{7\times10}+\frac{1}{10\times13}+\frac{1}{13\times16}$$

$$=\frac{1}{3}\times\left(\frac{1}{1}-\frac{1}{4}\right)+\frac{1}{3}\times\left(\frac{1}{4}-\frac{1}{7}\right)+\frac{1}{3}\times\left(\frac{1}{7}-\frac{1}{10}\right)$$

$$+\frac{1}{3}\times\left(\frac{1}{10}-\frac{1}{13}\right)+\frac{1}{3}\times\left(\frac{1}{13}-\frac{1}{16}\right)$$

$$=\frac{1}{3}\times\left\{\left(\frac{1}{1}-\frac{1}{4}\right)+\left(\frac{1}{4}-\frac{1}{7}\right)+\left(\frac{1}{7}-\frac{1}{10}\right)\right.$$

$$\left.+\left(\frac{1}{10}-\frac{1}{13}\right)+\left(\frac{1}{13}-\frac{1}{16}\right)\right\}$$

$$=\frac{1}{3}\times\left(1-\frac{1}{16}\right)=\frac{1}{3}\times\frac{15}{16}=\frac{5}{16}$$

(4) $\frac{4}{1\times3\times5}=\frac{5-1}{1\times3\times5}=\frac{5}{1\times3\times5}-\frac{1}{1\times3\times5}$

$=\frac{1}{1\times3}-\frac{1}{3\times5}$ より，

$\frac{4}{3\times5\times7}=\frac{1}{3\times5}-\frac{1}{5\times7}$

$\frac{4}{5\times7\times9}=\frac{1}{5\times7}-\frac{1}{7\times9}$ だから，

$$\frac{4}{1\times3\times5}+\frac{4}{3\times5\times7}+\frac{4}{5\times7\times9}$$

$$=\left(\frac{1}{1\times3}-\frac{1}{3\times5}\right)+\left(\frac{1}{3\times5}-\frac{1}{5\times7}\right)$$

$$+\left(\frac{1}{5\times7}-\frac{1}{7\times9}\right)$$

$$=\frac{1}{3}-\frac{1}{63}=\frac{21}{63}-\frac{1}{63}=\frac{20}{63}$$

参考

分母が整数の積になっているとき，2つの分数に分けることができる。これを**部分分数に分解する**という。例をあげるので，必ず覚えておこう。

① $\frac{1}{5\times6}=\frac{6-5}{5\times6}=\frac{1}{5}-\frac{1}{6}$

② $\frac{2}{5\times7}=\frac{7-5}{5\times7}=\frac{1}{5}-\frac{1}{7}$

③ $\frac{1}{4\times7}=\frac{1}{3}\times\frac{7-4}{4\times7}=\frac{1}{3}\times\left(\frac{1}{4}-\frac{1}{7}\right)$

④ $\frac{4}{5\times7\times9}=\frac{9-5}{5\times7\times9}=\frac{1}{5\times7}-\frac{1}{7\times9}$ など

❹ 千の位の数2がないことから，え＝3 とわかる。百の位がくり上がるため，あ＝9，お＝0 となる。残りの数 1，5，6，7 の中から，「い」に順に数を入れて調べると，い＝7

よって，き＝1，う＝6，か＝5

❺ 20★(4★1)の 4★1 から約束にあてはめて計算する。

(4★1)＝(4＋1)×(4－1)＝5×3＝15

よって，20★15 となるので，

20★15＝(20＋15)×(20－15)＝35×5＝175

❻ 30÷9＝3 あまり 3 なので，〔30〕＝3

2018÷9＝224 あまり 2 なので，〔2018〕＝2

113÷9＝12 あまり 5 なので，〔113〕＝5

よって，〔〔30〕＋〔2018〕×〔113〕〕＝〔3＋2×5〕＝〔13〕

13÷9＝1 あまり 4 なので，〔13〕＝4

❼ (1) 1 m^2＝10000 cm^2 より，

0.3 m^2＝0.3×10000 cm^2＝3000 cm^2

(2) 1日9時間＝(24＋9)時間＝33 時間

＝(33×60)分＝1980 分

また，1740 秒＝(1740÷60)分＝29 分

よって，1980＋29＝2009 (分)

❽ (1) 350 L＋3.5 L＝353.5 L

(2) 2時間 72 分 24 秒－1時間 46 分 56 秒

＝2時間 71 分 84 秒－1時間 46 分 56 秒

＝1時間 25 分 28 秒

❾ (1) 1 L＝1000 mL＝1000 cm^3＝10 dL より，

25 mL＋0.28 L×2－376 cm^3

＝0.025 L＋0.56 L－0.376 L＝0.209 L

＝2.09 dL

(2) 1 ha＝100 a

1 a＝100 m^2＝1000000 cm^2 より，

380000000 cm^2－0.27 ha＋2150 m^2

＝380 a－27 a＋21.5 a＝374.5 a

(3) 19÷7＝2 余り 5 より，

2時間と 60×5＝300 (分)

また，(300＋23)÷7＝46 余り 1 より，

46 分と 60×1＝60 (秒)

よって，(60＋38)÷7＝14

したがって，2時間 46 分 14 秒

3 数の性質

本冊 14 ～ 15 ページ

解答

❶ (1) 618500 人 (2) 141499 人

❷ (1) 195 (2) 39 (3) 3

❸ 252

❹ **13人**
❺ (1)**97**　(2)**90 cm**
❻ **1100**
❼ **20個**
❽ (1)**午前8時24分**
(2)**5回**
(3)**午後1時12分**
❾ **103**
❿ (1)**16個**　(2)**8**

解き方

❶ A市の人口は，375000人以上384999人以下。
B市の人口は，243500人以上244499人以下。
(1)375000＋243500＝618500（人）
(2)384999－243500＝141499（人）

ここに注意　千の位を四捨五入して38万になる整数の中で最大の数は，千の位が4ならば百の位以下はどれだけ大きくてもよいから，384999

❷ (1)72の約数は，1，2，3，4，6，8，9，12，18，24，36，72の12個。よって，その和は，
1＋2＋3＋4＋6＋8＋9＋12＋18＋24＋36＋72＝195
別解　72＝(2×2×2)×(3×3) より，その約数の和は，(1＋2＋2×2＋2×2×2)×(1＋3＋3×3)＝(1＋2＋4＋8)×(1＋3＋9)＝15×13＝195
(2)54と180の最大公約数は，
2×3×3＝18
54と180の公約数は最大公約数18の約数だから，その和は，
1＋2＋3＋6＋9＋18＝39

2)	54	180
3)	27	90
3)	9	30
	3	10

(3)79－1＝78，209－1＝208 より，78と208の最大公約数を求めると，2×13＝26
よって，求める数は1を除く26の約数だから，2，13，26の3個

❸ 8でわると商と余りが等しくなる整数をA，このときの商と余りをBとすると，A＝8×B＋B となるから，A＝(8＋1)×B＝9×B
このとき，8でわったときの余りは8より小さい。
よって，B＝1，2，3，4，5，6，7
このような整数の合計は，
9×(1＋2＋3＋4＋5＋6＋7)＝9×28＝252

❹ 子どもに分けられたのは，りんご26個とみかん143個。26と143の公約数は1と13
子どもは3人以上いるので13人

❺ (1)4でわっても6でわっても1余る数は，4と6の公倍数より1大きくなる数である。
12×8＋1＝97，12×9＋1＝109 より，
100にいちばん近い整数は97
(2)15と18の最小公倍数は，90だから，1辺の長さは90 cm

❻ 偶数の和－奇数の和＝44 だから，奇数の和は偶数である。奇数の和が偶数になるのは奇数が偶数個あるときなので，この25個の整数は，偶数で始まり偶数で終わっていることがわかる。このとき，下の図のように奇数と偶数を組にすると，どの組も偶数のほうが1だけ大きい。

25個の整数
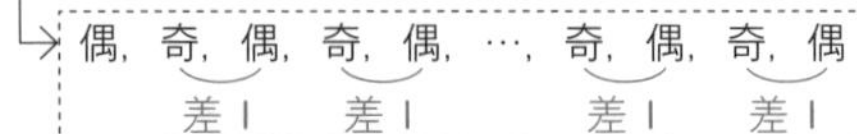

このとき，この組は，(25－1)÷2＝12（組）ある。
よって，最初の偶数は，44－1×12＝32 なので，
最後の偶数は 32＋25－1＝56
したがって，25個の整数の和は，
32＋33＋……＋55＋56＝(32＋56)×25÷2
＝44×25＝1100

❼ 60÷2＝30 より，2の倍数は30個ある。
60÷3＝20 より，3の倍数は20個ある。
次に，2と3の最小公倍数は6だから，2でも3でもわり切れる数は6の倍数である。60÷6＝10 より，6の倍数は10個あるので，右の図より，2または3の倍数の個数は，
30＋20－10＝40（個）
したがって，2でも3でもわり切れない数は，60－40＝20（個）ある。

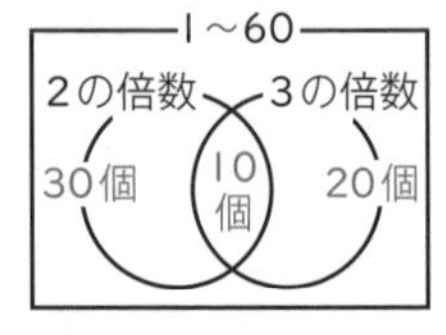

❽ (1)6と8の最小公倍数は24
電車とバスは，24分おきに同時に出発する。
(2)午前9時以降で同時に出発するのは午前9時12分。それ以降，午前11時まで 120－12＝108（分）
108÷24＝4余り12 より，4＋1＝5（回）
(3)午前8時から午後1時まで300分
300÷24＝12余り12
300分間のうち，同時に出発するのは12回と余り12分だから，
24－12＝12 より，午後1時12分

❾ 3－1＝5－3＝7－5＝2 となるから，3でわると1余り，5でわると3余り，7でわると5余る数は，

2 を加えると 3 でも 5 でも 7 でもわり切れる。
よって，3，5，7 の最小公倍数は $3\times5\times7=105$ だから，105 の倍数より 2 だけ小さい数を求めればよい。このような数のうち，3 けたの数の中でいちばん小さい数は，$105-2=103$

❿ (1)分母の 60 を素数の積で表すと，
$60=2\times2\times3\times5$ であるので，分子が{2，3，5}のいずれかの倍数のとき約分できることがわかる。そして，2 と 3 と 5 の最小公倍数は 30 だから，約分できる分数は 30 ごとに規則的にあらわれる。下のように，$\frac{1}{60}$ から $\frac{30}{60}$ までに約分できない分数は 8 個あるから，$\frac{31}{60}$ から $\frac{59}{60}$ までも同じように 8 個ある。(○は分母の 60 と約分できない分子の数)

(1) 2 3 4 5 6 (7) 8 9 10 (11) 12 (13) 14 15
16 (17) 18 (19) 20 21 22 (23) 24 25 26 27 28 (29) 30
(31) 32 33 34 35……
……58 (59)

したがって，約分できない分数は全部で，
$8\times2=16$ (個)

参考
1 とその数自身しか約数がない数を**素数**(そすう)という。
例　2，3，5，7，11，13，17，19，……

(2)(1)より，約分できない分数のうち，$\frac{1}{60}$ から $\frac{30}{60}$ までの分子の和は，
$1+7+11+13+17+19+23+29=120$
また，$\frac{31}{60}$ から $\frac{59}{60}$ までの分子は，これらに 30 ずつ加えたもの$\left(\frac{31}{60}=\frac{1+30}{60},\ \frac{37}{60}=\frac{7+30}{60},\ \cdots\cdots\right)$なので，分子の和は，$120+30\times8=360$
よって，約分できない分数の和は，
$\frac{1}{60}+\frac{7}{60}+\frac{11}{60}+\cdots\cdots+\frac{59}{60}=\frac{120+360}{60}=8$

4 単位量あたりの大きさ

本冊 18 ～ 19 ページ

解答

❶ **14 回**
❷ (1)**83.5 点**　(2)**68 点**
❸ (1)**3 m**　(2)$\frac{9}{8}$ **m²**$\left(1\frac{1}{8}\text{ m}^2\right)$　(3)**310 円**
(4)**毎分 75 m**
❹ **143 人**
❺ **7 km**
❻ (1)**200**　(2)**1224**　(3)①**300**　②**63**
(4)**210**
❼ **時速 12 km**

解き方

❶ 面積図で考える。右の図の㋐と㋑の面積が等しいことを利用して，
㋐の面積は，
$(98-79.8)\times1=18.2$ (点)
$\square=18.2\div(79.8-78.4)=13$
全部で，$13+1=14$ (回)

❷ (1)男子の平均点が 80 点なので，男子の合計点は，
$80\times15=1200$ (点)
クラス全員の合計点は，
$82\times35=2870$ (点)
よって，女子の合計点は，
$2870-1200=1670$ (点) だから，女子の平均点は，$1670\div20=83.5$ (点)

別解　右のような面積図を使って解くことができる。
㋐と㋑の面積が等しくなる。㋐の面積は，$2\times15=30$ (点)
㋑の横が 20 人より，$\square=30\div20=1.5$
よって，女子の平均点は，$82+1.5=83.5$ (点)

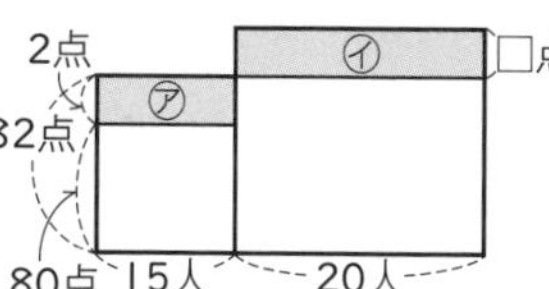

参考
平均の面積図は右の図のようにかき，㋐の面積＝㋑の面積より答えを求める。

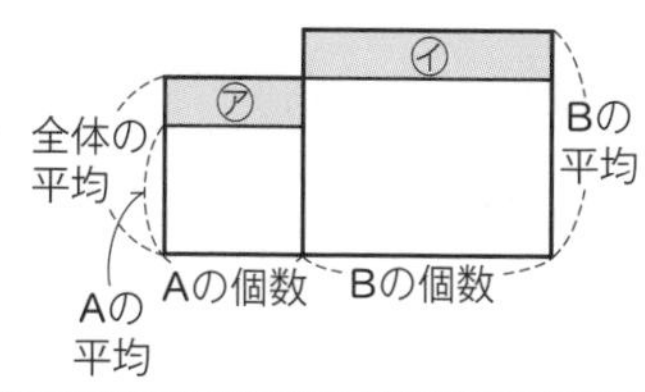

(2)A と B の合計点は，$66\times2=132$ (点)
B と C の合計点は，$71\times2=142$ (点)
A と C の合計点は，$67\times2=134$ (点)
右の 3 つの式をたすと，
$$\begin{cases}A+B=132\\B+C=142\\A+C=134\end{cases}$$
$2\times A+2\times B+2\times C=408$
$2\times(A+B+C)=408$ より，
$A+B+C=408\div2=204$ (点)…3 人の合計点
したがって，A，B，C 3 人の平均点は，
$204\div3=68$ (点)

❸ (1)1 kg あたりの長さは，$5\div7=\frac{5}{7}$ (m)

よって，4.2 kg 分の長さは，$\frac{5}{7}\times4.2=3$ (m)

(2)1 dL のペンキでぬることのできる面積は，

$\frac{3}{4}\div\frac{1}{3}=\frac{3}{4}\times3=\frac{9}{4}$ (m^2)

よって，$\frac{1}{2}$ dL のペンキでぬることのできる面積は，

$\frac{9}{4}\times\frac{1}{2}=\frac{9}{8}$ (m^2)

(3)品物の代金は，1850×4＋40＝7440 (円)

1 kg あたりの代金は，7440÷4.8＝1550 (円)

200 g の代金は，1550×0.2＝310 (円)

(4)2.6 km＝2600 m より，A さんの歩く速さは，

毎分 $2600\div34\frac{40}{60}=2600\times\frac{3}{104}=75$ (m)

❹ 新しい市の面積は，230＋170＝400 (km^2)

人口は，

160×230＋120×170＝36800＋20400

＝57200 (人)

よって，新しい市の人口密度(みつど)は，

57200÷400＝143 (人)

❺ 行きと帰りの速さの比は，

12：10.5＝120：105＝8：7

行きと帰りにかかる時間の比は速さの比の逆比なので，7：8

2 時間－45 分＝1 時間 15 分＝$1\frac{1}{4}$ 時間

行きにかかった時間は，

$1\frac{1}{4}\times\frac{7}{7+8}=\frac{5}{4}\times\frac{7}{15}=\frac{7}{12}$ (時間)

よって，ラーメン屋までの道のりは，

$12\times\frac{7}{12}=7$ (km)

参考

ある道のりを，速さ A，速さ B で進むとき，かかる時間の比は，B：A

❻ (1)12 km＝12000 m より，分速は，

12000÷60＝200 (m)

(2)1 時間＝3600 秒 より，時速は，

340×3600÷1000＝1224 (km)

(3)① 13.5 km＝13500 m より，自転車の分速は，

13500÷45＝300 (m)

②自動車の時速は，

$84\div1\frac{20}{60}=84\div\frac{4}{3}=84\times\frac{3}{4}=63$ (km)

(4)分速 100 m で 20 分歩くと，

100×20＝2000 (m) 進む。

よって，残りは，6200－2000＝4200 (m) なので，

走ったときの分速は，4200÷(40－20)＝210 (m)

❼ AB 間の道のりを①とすると，往復にかかる時間は，$\frac{①}{10}+\frac{①}{15}=\frac{⑤}{30}=\frac{①}{6}$

往復の道のりは ①×2＝② となるから，

時速 $②\div\frac{①}{6}=12$ (km)

ここに注意 往復の平均の速さを求めるとき，行きと帰りの速さの平均をとってはいけない。往復の平均の速さ＝往復の道のり÷往復の時間で求めること。

5 割 合

本冊 22 ～ 23 ページ

解答

❶ (1)**25** (2)**0.12** (3)**840**

❷ (1)**6000** (2)**960，1.2** (3)**1925**

❸ **24 m**

❹ (1)**8 時間** (2)**2.4 時間**

❺ **9600 円**

❻ 本の代金…**1350 円**

残っている金額…**900 円**

❼ **19 枚**

❽ **4.8 %**

❾ (1)**11** (2)**42.5 %**

解き方

❶ (1)75÷300＝0.25 → 25 %

(2)□×0.8＝96 より，

□＝96÷0.8＝120 (g)＝0.12 (kg)

(3)1200×(1－0.3)＝840 (円)

❷ (1)1800 円の 3 割は，1800×0.3＝540 (円)

よって，□＝540÷0.09＝6000

(2)3.2 kg の 30 %は，

3.2×0.3＝0.96 (kg)＝960 (g)

また，□＝0.96÷0.8＝1.2

(3)3080 円の 4.5 割は，3080×0.45＝1386 (円)

よって，□＝1386÷0.72＝1925

❸ 初めのリボンの長さを 1 とすると，残りのリボンの長さは，$1-\frac{3}{8}=\frac{5}{8}$

これが 15 m にあたるから，初めのリボンの長さは，

$15\div\frac{5}{8}=15\times\frac{8}{5}=24$ (m)

❹ (1)1 日＝24 時間より，$24\times\frac{1}{3}=8$ (時間)

(2)残りの時間は，$24-(8+10)=6$ (時間)
この 40 %を勉強時間にするから，
$6\times0.4=2.4$ (時間)

❺ もらったお年玉を 1 とすると，手元に残った金額は，$\frac{2}{3}\times\left(1-\frac{5}{8}\right)=\frac{2}{3}\times\frac{3}{8}=\frac{1}{4}$

これが 2400 円にあたるから，もらったお年玉は，

$2400\div\frac{1}{4}=9600$ (円)

❻ 筆箱の代金は，$3000\times\frac{1}{4}=750$ (円)

よって，本の代金は，

$(3000-750)\times\frac{3}{5}=2250\times\frac{3}{5}=1350$ (円)

また，最後に残っている金額は，
$3000-(750+1350)=3000-2100=900$ (円)

別解 本の代金は，

$3000\times\left\{\left(1-\frac{1}{4}\right)\times\frac{3}{5}\right\}=3000\times\frac{9}{20}=1350$ (円)

最後に残っている金額は，

$\left(3000\times\frac{3}{4}\right)\times\left(1-\frac{3}{5}\right)=2250\times\frac{2}{5}=900$ (円)

❼ C 君が最後に残った枚数（まいすう）の $\frac{3}{4}$ より 1 枚多くとった結果，残りが 5 枚になったので，C 君が最後に残った枚数の $\frac{3}{4}$ をとったとすれば，$5+1=6$ (枚) 残ることになる。つまり，この 6 枚は，C 君がとる前の枚数の，$1-\frac{3}{4}=\frac{1}{4}$ にあたる。よって，B 君がとったあとの残りの枚数は，$6\div\frac{1}{4}=24$ (枚) なので，C 君は，$24\times\frac{3}{4}+1=18+1=19$ (枚) の紙をとったとわかる。

❽ 5 月の売上高を 1 とすると，6 月の売上高は 5 月に比べて 15 %減ったので，$1\times(1-0.15)=0.85$
また，7 月の売上高は 6 月に比べて 12 %増えたので，
$0.85\times(1+0.12)=0.85\times1.12=0.952$
よって，7 月は 5 月に比べて，
$(1-0.952)\div1\times100=4.8$ (%) 減ったことになる。

❾ (1)携帯型（けいたい）ゲーム機を持っているが，携帯電話を持っていない人は，$24-7=17$ (人)
携帯型ゲーム機を持っている人は，
$40-12=28$ (人)
㋐は，$28-17=11$
(2)$17\div40\times100=42.5$ (%)

参考
集合の問題では，表から調べられる数値（すうち）を計算し，表に書きこむ。

6 比

本冊 26 ～ 27 ページ

解答

❶ (1)7，3 (2)15，2

❷ (1)20 (2)$\frac{3}{10}$

❸ 66 枚

❹ 42 kg

❺ (1)9，10 (2)15，12，8

❻ 1440 m

❼ 200 ページ

❽ 105 人

❾ (1)5：4：6 (2)32 kg

❿ 7：5：3

(求め方の例)A と B の量をどちらも 1 とすると，A にふくまれるミカンの量は，

$1\times\frac{1}{1+2}=\frac{1}{3}$

リンゴの量は，$1\times\frac{2}{1+2}=\frac{2}{3}$

同様に，B にふくまれるミカンの量は

$1\times\frac{3}{3+2}=\frac{3}{5}$

レモンの量は，$1\times\frac{2}{3+2}=\frac{2}{5}$

よって，これらを混ぜると，ミカンの量は，

$\frac{1}{3}+\frac{3}{5}=\frac{14}{15}$ **となるので，ミカンとリンゴとレモンの比は，**

$\frac{14}{15}:\frac{2}{3}:\frac{2}{5}$

$=\left(\frac{14}{15}\times15\right):\left(\frac{2}{3}\times15\right):\left(\frac{2}{5}\times15\right)$

$=14:10:6=7:5:3$

解き方

❶ (1)$19.6 : \frac{42}{5} = \frac{98}{5} : \frac{42}{5} = 98 : 42 = 7 : 3$

(2)1 時間 15 分 15 秒＝75 分 15 秒＝$75\frac{15}{60}$ 分

$= 75\frac{1}{4}$ 分＝$\frac{301}{4}$ 分

10 分 2 秒＝$10\frac{2}{60}$ 分＝$10\frac{1}{30}$ 分＝$\frac{301}{30}$ 分

よって，$\frac{301}{4}$ 分：$\frac{301}{30}$ 分＝$\frac{1}{4} : \frac{1}{30} = 15 : 2$

❷ (1)$1\frac{2}{3} : 1.75 = \frac{5}{3} : \frac{7}{4}$

通分すると，$\frac{20}{12} : \frac{21}{12} = 20 : 21$

(2)1 分 20 秒＝80 秒

□時間＝80×27÷2＝1080（秒）

1080 秒＝18 分＝$\frac{3}{10}$ 時間

❸ 50 円こう貨と 100 円こう貨のそれぞれの合計の金額が 3：5 になるのは，例えば，300 円：500 円のとき。

この場合，枚数(まいすう)の比は 6：5 になる。

$121 \times \frac{6}{6+5} = 66$（枚）

❹ A：B＝3：4，B：C＝7：8 より，B を 4 と 7 の最小公倍数 28 にそろえて，

A：B：C＝21：28：32

21：32＝□：64　□＝42

❺ (1)A を 4 と 6 の最小公倍数 12 にそろえると，

A：B＝(4×3)：(3×3)＝12：9

A：C＝(6×2)：(5×2)＝12：10

よって，B：C＝9：10

(2)B を 12 にそろえると，

A：B＝15：12　B：C＝12：8

よって，A：B：C＝15：12：8

❻ 同じきょりを進むとき，速さと時間の比は逆比になる。上がるときと下るときの速さの比は，

120：160＝3：4 なので，時間の比は 4：3

上がるほうが 3 分多くかかるので，比の差の 1 が 3 分にあたる。よって，上がるときにかかった時間は，4×3＝12（分間）

坂道のきょりは，120×12＝1440（m）

❼ 残りのページ数を□ページとすると，

12：13＝96：□

□＝96×13÷12＝104

よって，全部のページ数は，

96＋104＝200（ページ）

❽ 等しい人数を 1 とすると，男子の人数は

$1 \div \frac{1}{6} = 6$，女子の人数は $1 \div \frac{1}{7} = 7$ と表せるから，

男子の人数：女子の人数＝6：7

したがって，女子の人数は，$195 \times \frac{7}{6+7} = 105$（人）

❾ (1)B：C＝2：3，B＝A×(1－0.2)＝0.8×A

よって，B＝$\frac{4}{5}$×A より，A：B＝5：4

B を 4 にそろえると，B：C＝4：6 だから，

A：B：C＝5：4：6

(2)(1)より，B のおもりの重さは，

$120 \times \frac{4}{5+4+6} = 120 \times \frac{4}{15} = 32$（kg）

7 比例と反比例

本冊 30 ～ 31 ページ

解答

❶ (1)**608 g**　(2)$\boldsymbol{y = 80 \times x}$

❷ (1)**3 kg**　(2)**6 m**

❸ (1)$\boldsymbol{y = 75 \times x}$　(2)**2 時間 24 分**

❹ **午後 5 時 59 分 20 秒**

❺ (1)**1.5**　(2)**6**

(式)**B＝1.5×A**$\left(A = \frac{2}{3} \times B\right.$ などでもよい$\left.\right)$

❻ (1)**0.1 cm，10 cm**

(2)**0.15 cm，**右の図

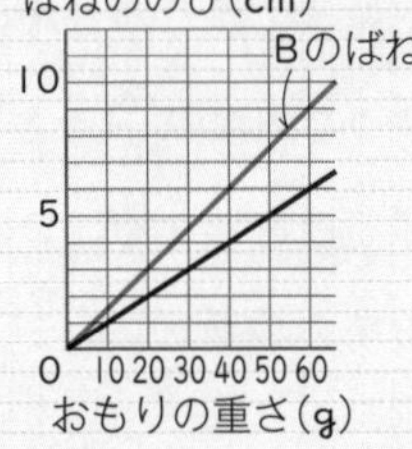

❼ **65**

❽ **54 個**

❾ (1)**2 時間**

(2)$\boldsymbol{3\frac{1}{3}}$ **m**^{3}

解き方

❶ (1)表から，長さ 1 m の針金(はりがね)の重さは 80 g だから，

80×7.6＝608（g）

(2)重さ＝1 m の重さ×長さ より，$y = 80 \times x$

❷ 右の図のように，グラフから，鉄の棒(ぼう)の重さや，長さを読みとる。

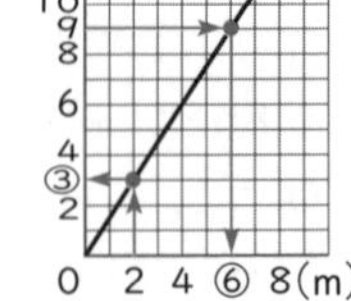

(1)2 m → 3 kg

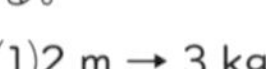

(2)9 kg → 6 m

❸ (1)$y = \frac{150}{2} \times x = 75 \times x$

(2)$y = 75 \times x$ だから，$180 = 75 \times x$

$x=180\div75=2.4$
2.4 時間＝2 時間 24 分

❹ 1 時間におくれる秒数は，
2 分＝120 秒 より，120÷24＝5（秒）
午前 10 時から午後 6 時までは，18－10＝8（時間）
8 時間で，5×8＝40（秒）おくれるから，
午後 5 時 59 分 20 秒

❺ (1)3÷2＝1.5
(2)3×2＝6

❻ (1)A のばねについて，グラフから，10 g のおもりの重さで 1 cm のびることがわかる。よって，1 g 増えると，1÷10＝0.1（cm）のびる。また，60 g のおもりを下げると，0.1×60＝6（cm）のびるから，おもりを下げていないときのばねの長さは，16－6＝10（cm）
(2)B のばねについて，おもりの重さが 1 g 増えると，(17－11)÷(60－20)＝6÷40＝0.15（cm）のびる。よって，B のばねののび＝0.15×おもりの重さ になり，20 g のおもりで 0.15×20＝3（cm）ののびになる。

❼ かみあっている 2 つの歯車には，
A の歯数×A の回転数＝B の歯数×B の回転数
の関係がある。
52×5＝□×4　□＝260÷4＝65
B の歯の数は 65 個

❽ 回転数が 1 割減ったことは，回転数が $\frac{9}{10}$ になったことになる。
歯数×回転数 は一定なので，歯数が $\frac{10}{9}$ になる。
$\frac{10}{9}-1=\frac{1}{9}$　歯数の $\frac{1}{9}$ が 6 になるので，もとの歯の数は，$6\div\frac{1}{9}=54$（個）

❾ (1)$x\times y=24$ だから，$y=24\div12=2$
(2)7 時間 12 分＝$7\frac{12}{60}$ 時間＝$7\frac{1}{5}$ 時間
よって，
$24\div7\frac{1}{5}=24\div\frac{36}{5}=24\times\frac{5}{36}=\frac{10}{3}=3\frac{1}{3}$ (m^3)

8 場合の数

本冊 34 ～ 35 ページ

解答

❶ 24 通り
❷ 52 通り
❸ (1)10 通り　(2)6 通り　(3)20 個
❹ (1)A…2 枚，B…4 枚，C…3 枚
(求め方の例)**7 円の折り紙を 4 枚で，**
7×4＝28（円）　68－28＝40（円）
残り 5 枚を全部 10 円の折り紙にすると，50 円で，10 円多くなるため，10 円の折り紙を 3 枚，5 円の折り紙を 2 枚にする。
(2)**A…2 枚，B…9 枚，C…3 枚**
A…5 枚，B…4 枚，C…5 枚
(求め方の例)**7 円の折り紙を 9 枚買うと，**
7×9＝63（円）　103－63＝40（円）
残り 5 枚を全部 10 円の折り紙にすると，50 円で，10 円多くなるため，10 円の折り紙を 3 枚，5 円の折り紙を 2 枚にする。
また，7 円の折り紙を 4 枚，5 円の折り紙を 1 枚買うと，7×4＋5＝33（円）
103－33＝70（円）
残り 9 枚を全部 10 円の折り紙にすると，90 円で，20 円多くなるため，10 円の折り紙を 5 枚，5 円の折り紙を 4 枚にする。
初めの 5 円の折り紙 1 枚があるので，5 円の折り紙は 5 枚になる。
❺ (1)6 通り　(2)15 通り
❻ (1)2 通り　(2)8 通り
❼ (1)6323　(2)10 個

解き方

❶ 4 色のうち 3 色選ぶことは，残りの 1 色を選ぶことと同じだから 4 通り。
3 色の並べ方は 3×2×1＝6（通り）
よって，6×4＝24（通り）
別解　3 色を使うので，すべてちがう色になる。
㋐をぬる色は 4 色あるので 4 通り，㋑をぬる色は㋐にぬった色以外の 3 通り，㋒をぬる色は㋐と㋑にぬった色以外の 2 通りある。
よって，ぬり分け方は，4×3×2＝24（通り）

❷ 偶数になるのは一の位が 0，2，8 のときである。
一の位が 0 のときは，百の位は 0 以外の 5 通り，十の位は 0 と百の位以外の 4 通りなので，
5×4＝20（通り）
一の位が 2 のときは，百の位は 0 と 2 以外の 4 通り，十の位は 2 と百の位以外の 4 通りなので，
4×4＝16（通り）
一の位が 8 のときは 2 のときと同じなので 16 通り。

全部で，20＋16＋16＝52（通り）

❸ (1)5 人をA，B，C，D，Eとする。2 人の図書係の選び方は，下の図のようになり，

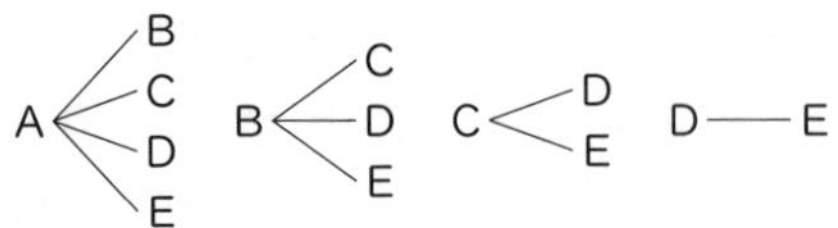

4＋3＋2＋1＝10（通り）である。

別解　5 人から 2 人を選ぶので，

5×4÷2＝10（通り）

(2)分けた個数を(A，B，C)で表すと，分け方は

(1，1，3)，(1，3，1)，(3，1，1)，(1，2，2)

(2，1，2)，(2，2，1)の 6 通りである。

(3)三角形は，6×5×4＝120（個）できるが，この中には，(A，B，C)，(A，C，B)，(B，C，A)，(B，A，C)，(C，A，B)，(C，B，A)のように，同じ三角形になるものが 6 個ずつふくまれているから，

120÷6＝20（個）

別解　6 つの点から 3 つの点を選ぶので，

6×5×4÷(3×2×1)＝20（個）

❺ (1)少ない個数の色がどこにくるかを考える。

6 個のうち，白玉 1 個をどこにおくかは 6 通りあるので，6 通り。

(2)6 個のうち，白玉 2 個をどこにおくかを選ぶとき，その選び方は，6×5÷2＝15（通り）

❻ (1)点 P が頂点 B にくるのは，さいころの目が 1 と 6 のときなので，2 通り。

(2)点 P が頂点 C にくるのは，2 つのさいころの目の和が 2，7，12 のとき。

2 のときの出方は，(1，1)の 1 通り。

7 のときの出方は，(1，6)，(2，5)，(3，4)，(4，3)，(5，2)，(6，1)の 6 通り。

12 のときの出方は，(6，6)の 1 通り。

合わせて，1＋6＋1＝8（通り）

❼ (1)カードを 4 枚使ってできる数は，大きい順に，6332，6331，6330，6323，…となるから，4 番目に大きい数は，6323 である。

(2)0，小数点，1 の 3 枚のカードで，0.1 をつくったあと，残りの 2，3，3，6，0 のカードから，小数第 2 位と小数第 3 位の数を決めればよい。

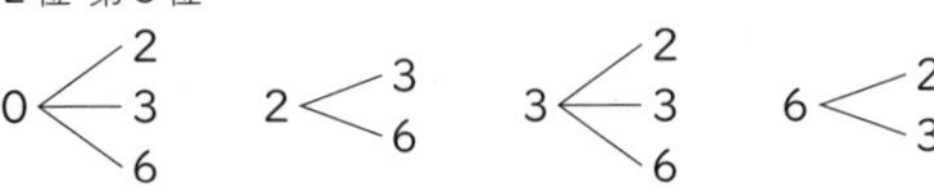

したがって，3＋2＋3＋2＝10（個）

9 データの整理

本冊 38 ～ 39 ページ

解答

❶ **(1)45.5 %　(2)9 人　(3)15 人**

❷ **(1)25 人　(2)48 %**

(3)25 m 以上 30 m 未満

❸ **平均値（へいきんち）…7.4 点，最頻値（さいひんち）…7 点，**

中央値…7 点

❹ **(1)10 %　(2)3200 冊　(3)1.8 cm**

❺ **(1)7.5 %　(2)5 人**

解き方

❶ (1)(14＋7＋3＋1)÷55×100＝25÷55×100

＝45.45…→ 45.5 %

(2)㋐と㋑を合わせた人数は，

55－(1＋2＋3＋14＋7＋3＋1)＝24（人）

㋐は㋑の $\frac{3}{5}$ なので，㋐：㋑＝$\frac{3}{5}$：1＝3：5

㋐の人数は，24×$\frac{3}{3+5}$＝9（人）

(3)24－9＝15（人）

❷ (1)2＋4＋7＋8＋4＝25（人）

(2)(8＋4)÷25×100＝48（%）

(3)4＋8＝12（番），12＋7＝19（番）だから，13 番目は，25 m 以上 30 m 未満にはいる。

❸ 人数の合計は，1＋3＋3＋9＋7＋4＋3＝30（人）

平均値は，点数の合計÷人数の合計 で求めるので，

(4×1＋5×3＋6×3＋7×9＋8×7＋9×4

＋10×3)÷30＝7.4（点）

最頻値は最も人数が多い点数なので，9 人の 7 点。

中央値は，人数の合計が偶数（ぐうすう）のとき，真ん中の 2 人の平均となる。30 人の真ん中は 15 番目と 16 番目。

1＋3＋3＝7（番目），7＋9＝16（番目）より，15 番目と 16 番目は両方とも 7 点なので，中央値は 7 点。

❹ (1)100－(27＋25＋15＋23)＝10（%）

(2)800÷0.25＝3200（冊）

(3)100 %は 12 cm だから，1 %は 0.12 cm と考える。0.12×15＝1.8（cm）

別解　もとになる長さが 12 cm で，その 15 %なので，12×0.15＝1.8（cm）

❺ (1)円グラフ全体は 360° なので，中心角 27° の国語の割合は全体の，27÷360＝$\frac{3}{40}$

$100\times\frac{3}{40}=7.5$ (%)

(2)国語の人数は，$40\times\frac{3}{40}=3$ (人)

よって，数学と答えた生徒の人数は，

$40-(3+13+7+12)=5$ (人)

10 平面図形の性質

本冊 42 ～ 43 ページ

解答

❶ イ，エ

❷ (1)○　(2)○　(3)×　(4)○　(5)×

❸ 101.4 cm

❹ (1)円周，直径

(2)右の図 1 より，正六角形の周の長さは，

(図1)

半径×6＝直径×3　……①

円周の長さは，直径×円周率　……②

②は①より長いので，円周率は 3 より大きい。

(3)右の図 2 のように円の外側に正方形をつくる。正方形の周の長さは，

(図2)

半径×8＝直径×4　……③

円周の長さは(2)の②，②は③より短いので，円周率は 4 より小さい。

❺ 11.25 cm

❻ 36.56 cm

❼ 8 個

解き方

❶ つくることのできる形は，次のようなものである。

①表側と表側の組み合わせでは，一方を裏返(うらがえ)して他方と同じ形になるもの。つまり，**ア**と**ウ**

②表側と裏側の組み合わせでは，一方を，裏返さずにずらしたり，まわしたりして，他方と同じ形になるもの。つまり**オ**と**カ**

よって，つくることのできない形は，**イ**と**エ**

❷ (3)正方形を対角線で切ってできる三角形は，底辺 4 cm，高さ 4 cm になる。また，1 辺が 4 cm の正三角形の高さは 4 cm より小さいので，面積は小さくなる。

(5)直角三角形ができる。

❸ 円柱とひもが接している部分は，中心角 60° のおうぎ形の曲線部分の長さになる。

直線部分は直径の長さになる。

$\left(5\times2\times3.14\times\frac{1}{6}+5\times2\right)\times6$

$=10\times3.14+60=91.4$ (cm)

結び目に 10 cm 必要だから，

$91.4+10=101.4$ (cm)

❹ (1)円周÷直径＝円周率 である。

(2)円の内側にぴったりはいる正六角形の 1 辺の長さは半径に等しい。よって，正六角形の周の長さは，半径×6

(3)円の外側に正方形を作ると，正方形の 1 辺の長さは半径の 2 倍，つまり直径に等しい。

❺ 長方形の横が 5 cm で，①と②の横が同じ長さなので，2.5 cm となる。正方形の 1 辺の長さは，

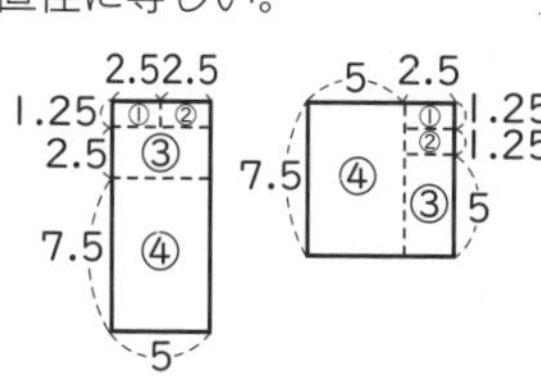

$5+2.5=7.5$ (cm) だから，

①と②の縦(たて)は $(7.5-5)\div2=1.25$ (cm)

よって，求める長方形の縦の長さは，

$7.5+2.5+1.25=11.25$ (cm)

❻ 直線部分の 1 か所の長さは $2\times2=4$ (cm) で，これが 6 か所あるので $4\times6=24$ (cm)

曲線部分の長さは，右の図のように，色をぬったおうぎ形の中心角の合計が，

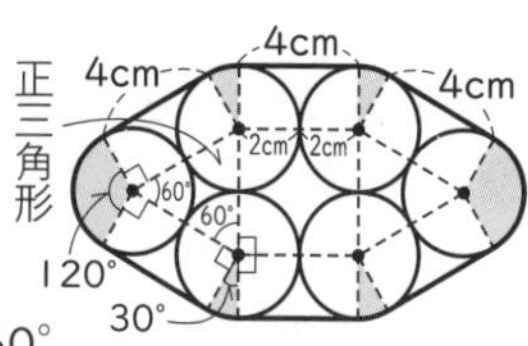

$120°\times2+30°\times4=360°$

となるので，円周の長さと一致(いっち)し，

$2\times2\times3.14=12.56$ (cm)

よって，ひもの長さは $24+12.56=36.56$ (cm)

❼ 1 辺が 4 cm の正六角形は 1 辺が 4 cm の正三角形 6 個を集めたもの，また，1 辺が 4 cm の正三角形は 1 辺が 1 cm の正三角形を $1+3+5+7=16$ (個) 集めたものになっている。よって，1 辺が 4 cm の正六角形は，1 辺が 1 cm の正三角形を $16\times6=96$ (個) 集めたものになる。

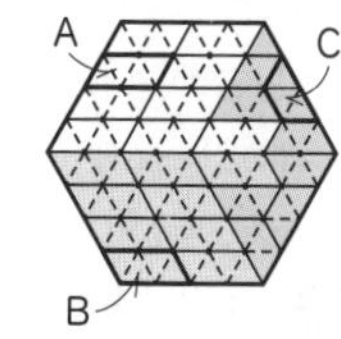

ここで，平行四辺形 A, B を合わせて 26 個用いると，1 辺が 1 cm の正三角形の個数は，

$4\times26=104$ (個) であるが，台形 C を 1 個使うご

とに正三角形の個数は，4－3＝1（個）ずつ減っていく。よって，前のページの図のように，台形 C を，(104－96)÷1＝8（個）用いていることがわかる。

11 図形と角

本冊 46 ～ 47 ページ

解答

❶ (1)**130°**　(2)**70°**
❷ (1)**52°**　(2)**115°**
❸ **60°**
❹ (1)**108°**　(2)**72°**
❺ (1)**135°**　(2)**22.5°**
❻ (1)**100°**　(2)**85°**
❼ **15°**
❽ (1)角 x…**30°**，角 y…**70°**　(2)**20°**
❾ (1)**45°**　(2)**45°**

解き方

❶ (1)180°－50°＝130°
(2)錯角(さっかく)は等しいから，角 DAC＝50°
角 x＝180°－(60°＋50°)＝70°

❷ (1)右の図で 105°－20°＝85°
角 x＝85°－33°＝52°

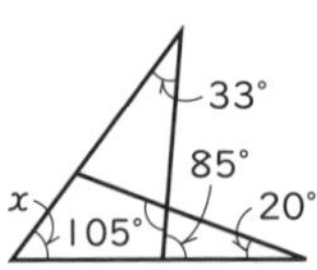

(2)角 x＝25°＋60°＋30°＝115°

❸ 右の図のように考えて，
角 x＋60°＝45°＋75°
角 x＝120°－60°＝60°

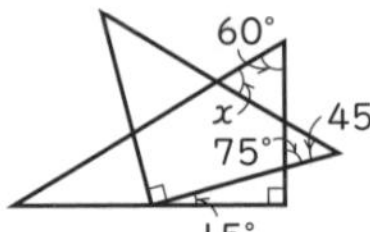

❹ 正三角形の内角は 60°
正六角形の内角は 120°
(1)角 x＝60°＋48°＝108°
(2)右の図より，
108°－60°＝48°
角 y＝180°－(48°＋60°)＝72°

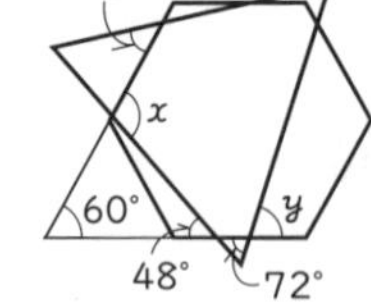

❺ (1)八角形の内角の和は，180°×(8－2)＝1080°
だから，正八角形の 1 つの内角 x は，
1080°÷8＝135°
(2)右の図のように補助線(ほじょせん)をひくと，
360°÷8＝45°
180°－45°＝135°
角 y＝(180°－135°)÷2
＝22.5°

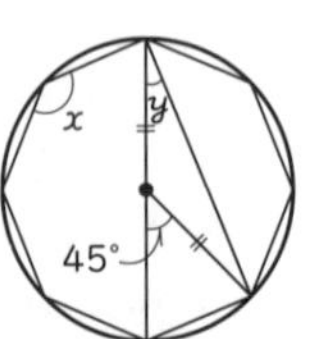

❻ (1)六角形の内角の和は，180°×(6－2)＝720°
720°－(90°×2＋120°＋80°×2)
＝720°－460°＝260°
よって，角 x＝360°－260°＝100°
別解　右の図のように，補助線をひいて，2 つの四角形に分ける。
左の四角形において，
角 a＝360°－(90°＋90°＋80°)
＝100°
角 b＝180°－100°＝80°
右の四角形において，
角 c＝360°－(80°＋120°＋80°)＝80°
よって，角 x＝180°－80°＝100°

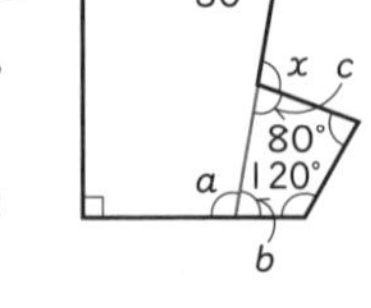

(2)正五角形の 1 つの内角の大きさは
180°×(5－2)÷5＝108°
正三角形の 1 つの内角は 60°
よって，右の図の色のついた四角形において，180°－83°＝97° より
360°－(108°＋97°＋60°)＝95°

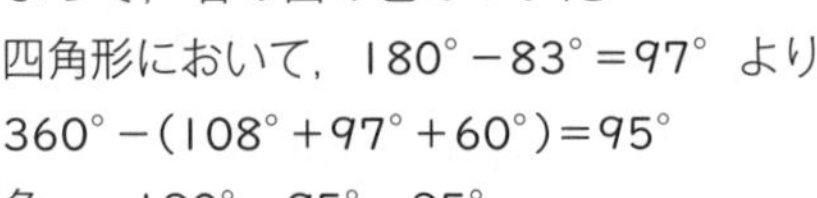

角 x＝180°－95°＝85°

❼ 右の図のように，同じ印をつけた辺はすべて等しいから，三角形 ECF は直角二等辺三角形である。
よって，角 x＝60°－45°＝15°

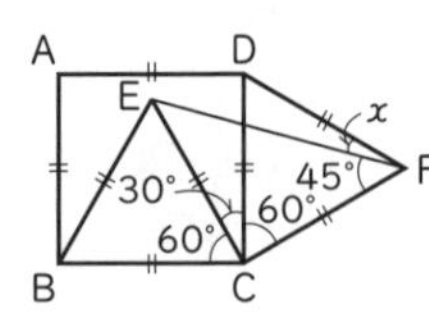

❽ (1)右の図で，
角 a＝180°－45°×2＝90°
角 x＝180°－(60°＋角 a)
＝180°－(60°＋90°)＝30°
角 A＝180°－(60°＋40°)＝80° より，
角 b＝180°－(45°＋80°)＝55°
よって，角 y＝180°－55°×2＝70°

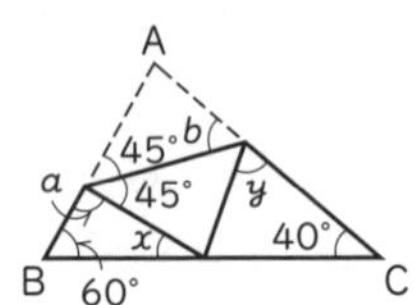

(2)右の図で，
角 ADE＝180°－(30°＋50°)
＝100°
角 CDE＝180°－100°＝80°
よって，角 x＝角 FDE－80°＝角 ADE－80°
＝100°－80°＝20°

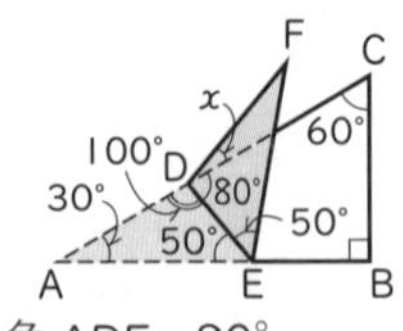

❾ (1)a の角をふくむ三角形は直角二等辺三角形なので，a の角度は 45°である。
(2)右の図で，平行な 2 直線に交わってできる錯角は等しいので，
角 b＝角 d

三角形 ABC は直角二等辺三角形なので，c の角度と d の角度の和は，45° であるから，b の角度と c の角度の和は 45° である。

12 図形の合同と拡大・縮小

本冊 50 ～ 51 ページ

解答

❶ **18 cm**

❷

❸ (1)**3：8**　(2)**6：5**

❹ **9.6 cm**

❺ (1)**エ**　(2)**8**

❻ (1)**36 cm²**　(2)**4 cm**

❼ (1)**㋐：㋑：㋒＝1：3：5**

(2)**㋓：㋔：㋕＝5：7：9**

❽ **2 m**

解き方

❶ $6+3+6+3=18$ (cm)

❷ 4 つの合同な図形の 1 つ分は，次の 4 種類できる。

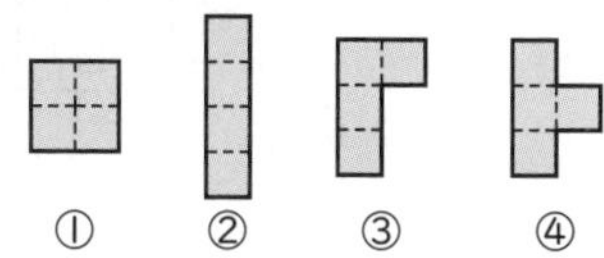

③を使って 2 通り，④を使って 1 通りできる。

❸ (1)AF：FD＝3：1 より，

AF：BH＝3：(3＋1)×2＝3：8

三角形 AGF と三角形 HGB は相似だから，

FG：GB＝3：8

(2)(1)より，AG：GH＝3：8

AH の長さを 3＋8＝11 と表すと，

AG＝3，GE＝11÷2－3＝2.5 と表せるから，

AG：GE＝3：2.5＝6：5

❹

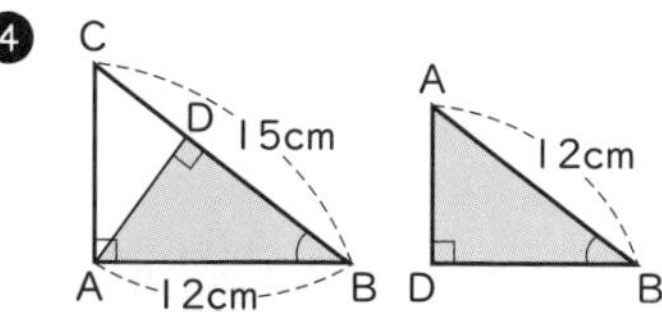

三角形 ABC と三角形 DBA で，

角 BAC＝角 BDA＝90° で，角 ABC＝角 DBA(同じ角)だから，三角形 ABC と三角形 DBA は相似である。

よって，BA：BD＝BC：BA＝15：12＝5：4 だから，$BD=BA\times\frac{4}{5}=12\times\frac{4}{5}=9.6$ (cm)

❺ (1)右の図は，問題の図の縮図である。このとき，縮図の AB，BC の長さを測って，$\frac{AB}{BC}$ を求めると，約 2.73 になる。よって，BC＝3 m より，AB＝3×2.73＝8.19 (m) となるので，最も近いものは**エ**である。

(2)縮尺(しゅくしゃく)が $\frac{1}{50000}$ のとき，地図上の面積は実際の

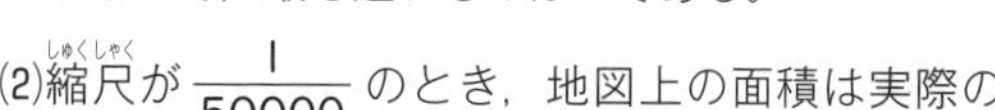

面積の $\frac{1}{50000}\times\frac{1}{50000}$ となる。

6 km² は (6×1000000×10000)cm² なので，地図上の面積は，

$$\frac{6\times1000000\times10000}{50000\times50000}=24\ (\text{cm}^2)$$

よって，地図上の長方形の縦(たて)の長さは，

24÷3＝8 (cm)

❻ (1)12×6÷2＝36 (cm²)

(2)三角形 ABC と三角形 ADF は相似だから，

AF：DF＝AC：BC＝6：12＝1：2

DF＝FC より，AF：FC＝1：2 となるので，

$$FC=6\times\frac{2}{1+2}=4\ (\text{cm})$$

別解　正方形の 1 辺の長さを x cm とする。三角形 ADC の面積は，$6\times x\div2=3\times x$ (cm²)

三角形 BDC の面積は，$12\times x\div2=6\times x$ (cm²)

三角形 ADC と三角形 BDC の面積の和は，三角形 ABC の面積で 36 cm² である。

よって，$3\times x+6\times x=36$　$(3+6)\times x=36$

$9\times x=36$ より，$x=36\div9=4$

❼ (1)㋐：(㋐＋㋑)：(㋐＋㋑＋㋒)

＝(1×1)：(2×2)：(3×3)＝1：4：9

㋐＝1 とすると，㋐＋㋑＝4 より，㋑＝3

さらに，㋐＋㋑＋㋒＝9 より，㋒＝5

よって，㋐：㋑：㋒＝1：3：5

(2)右の図で，三角形 ABC と三角形 ADE，AFG，AHI は相似で，辺の比は，2：3：4：5

よって，㋓，㋔，㋕の面積の比は，

(3×3－2×2)：(4×4－3×3)：(5×5－4×4)

＝5：7：9

参考

相似な 2 つの図形の辺の長さの比が 1：2 のとき，面積比は，1：4　体積比は，1：8

❽ AC：BC＝6：2＝3：1 より，AB：BC＝2：1

よって，BC＝4 m
AD：CD＝6：2＝3：1 より，AC：CD＝2：1
よって，CD＝(8＋4)÷2＝6 (m)
求める長さは，6－4＝2 (m)

13 面　積

本冊 54 ～ 55 ページ

解答

❶ (1)**72 cm²**　(2)**8.5 cm²**
❷ **9.6 cm²**
❸ **71.5 cm²**
❹ **100.48 cm²**
❺ **12.5 cm²**
❻ **42 cm²**
❼ **157 cm²**
❽ **18.5 cm²**
❾ **4.71 cm²**
❿ (1)**4.56 cm²**　(2)**61.68 cm²**

解き方

❶ (1)右の図のように，四角形 BFDE を三角形 DBF と三角形 BDE に分けて面積を求める。

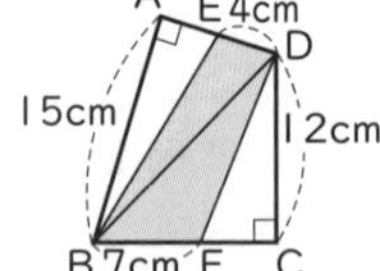

三角形 DBF の面積は，
7×12÷2＝42 (cm²)
三角形 BDE の面積は，4×15÷2＝30 (cm²)
よって，42＋30＝72 (cm²)
(2)右の図のように，長方形から，4 つの直角三角形を除く。

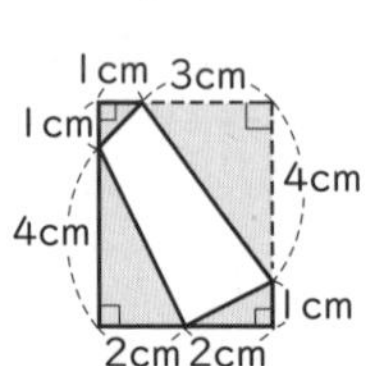

5×4－(1＋8＋2＋12)÷2
＝8.5 (cm²)

参考
補助線をひいて，簡単に面積が求められる図形に変形する。

❷ 三角形 ABD の面積は，4×3÷2＝6 (cm²)
AD を底辺としたときの三角形 ABD の高さは，
6×2÷5＝2.4 (cm)
これは台形の高さでもあるから，台形の面積は
(5＋3)×2.4÷2＝9.6 (cm²)

❸ 色のついた部分の面積は，正方形の半分から㋐の直角三角形と㋑のおうぎ形をひけばよいから，

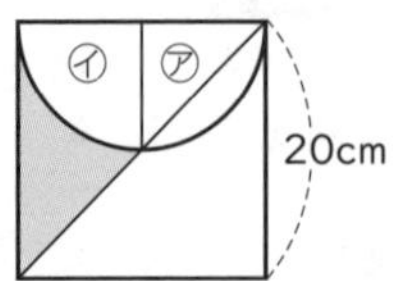

20×20÷2－10×10÷2－10×10×3.14÷4
＝200－50－78.5＝71.5 (cm²)

❹ 等積変形すると，右の図のようになる。求める面積は，
半径 8 cm の円－半径 6 cm の円
　＋半径 2 cm の円 だから，
8×8×3.14－6×6×3.14
　＋2×2×3.14
＝(8×8－6×6＋2×2)×3.14
＝32×3.14＝100.48 (cm²)

❺ 右の図のように，下側の三角形を上側へ移動してから，三角形の頂点を 1 つに集める。

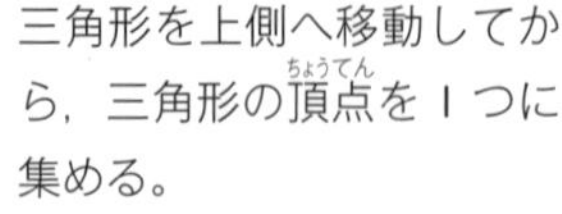

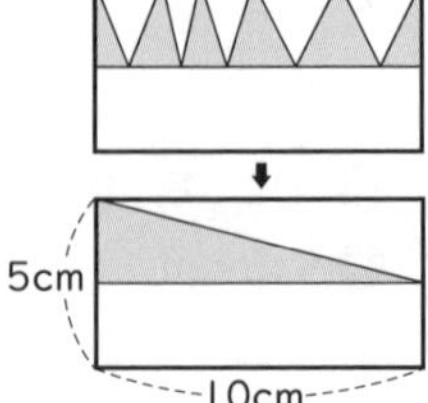

よって，求める面積は，
$10\times\frac{5}{2}\div2=12.5$ (cm²)

❻ 色のついた部分を長方形の縦，横の辺にそって移動させると，

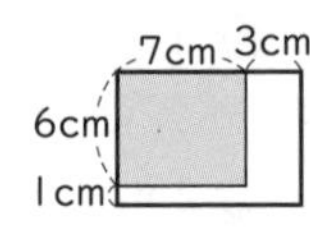

縦が 7－1＝6 (cm)，
横が 3＋2＋2＝7 (cm) の長方形になる。
よって，その面積は，6×7＝42 (cm²)

❼ この正方形の面積は，
10×10＝100 (cm²)

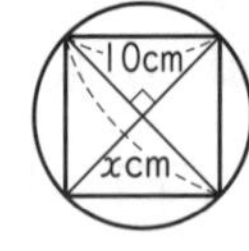

右の図のように対角線をひき，その長さを x cm とすると，正方形の面積は，$x\times x\div2$ (cm²)であるから，
$x\times x\div2=100$
よって，$x\times x=200$
このとき，円の半径は，$x\times\frac{1}{2}$ (cm)だから，円の面積は，
$\left(x\times\frac{1}{2}\right)\times\left(x\times\frac{1}{2}\right)\times3.14=\frac{1}{4}\times x\times x\times3.14$
$=\frac{1}{4}\times200\times3.14=157$ (cm²)

❽ 右の図で，㋐と㋒の面積の和は，台形 ABED の面積で，
(10＋2)×10÷2＝60 (cm²)

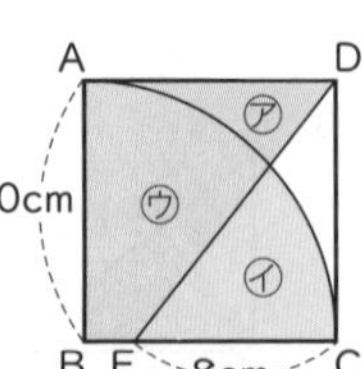

㋑と㋒の面積の和は，
$10\times10\times3.14\times\frac{1}{4}$
＝78.5 (cm²)
よって，
(㋑＋㋒)－(㋐＋㋒)＝㋑－㋐＝78.5－60
＝18.5 (cm²)

❾ 半円の中心をOとして，右の図のように正三角形を4個の三角形に分けると，4個はすべて合同な正三角形になる。よって，色のついた部分の一部を右の図のように移動すると，半径が $6\div2=3$ (cm) で，中心角が60°のおうぎ形になる。

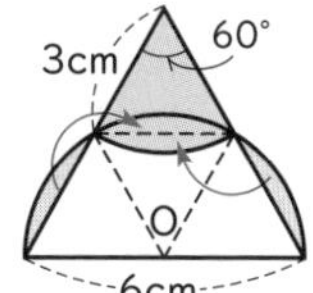

よって，色のついた部分の面積の合計は，

$3\times3\times3.14\times\frac{60}{360}=4.71$ (cm²)

❿ (1)右の図のように，半円の中心をそれぞれP，Qとして，直線PRをひく。このとき，㋐の色のついた部分の面積は，

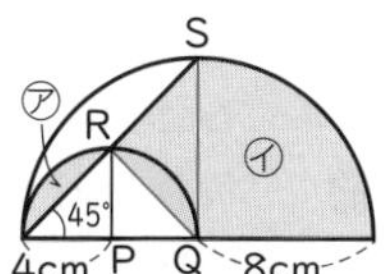

$4\times4\times3.14\times\frac{1}{4}-4\times4\times\frac{1}{2}=12.56-8$

$=4.56$ (cm²)

(2)上の図のように，直線QRとSQをひくと，㋑の部分は，半径8cmの円の $\frac{1}{4}$ と直角をはさむ2辺の長さが8cmの直角二等辺三角形の半分を合わせた図形から，㋐と合同な部分を除いたものである。よって，㋑の色のついた部分の面積は，

$8\times8\times3.14\times\frac{1}{4}+8\times8\times\frac{1}{2}\div2-4.56$

$=50.24+16-4.56=61.68$ (cm²)

14 面積と比

本冊 58 ～ 59 ページ

解答

❶ **3 cm²**

❷ **㋐：㋑＝3：8**

❸ **(1)42 cm²　(2)25 cm²**

❹ **(1)AD：DB＝2：3　(2)12.8 cm²**

❺ **27.5 cm²**

(求め方の例)**三角形ADEは，三角形ABCの**

$\frac{3}{3+6}\times\frac{2}{2+6}=\frac{1}{3}\times\frac{1}{4}=\frac{1}{12}$ **となるので，**

四角形DBCEは，

三角形ABCの $1-\frac{1}{12}=\frac{11}{12}$

よって，$30\times\frac{11}{12}=27.5$ **(cm²)**

❻ **2 cm²**

❼ **166.5 cm²**

❽ **2.72 cm²**

❾ **6.4 cm²**

解き方

❶ 右の図1のように点DとBを結ぶ。このとき，三角形DCEと三角形DBEは，底辺と高さが等しいので，面積も等しくなる。よって，両方の三角形から共通にふくまれる三角形DFEを除(のぞ)くと，三角形EFCと三角形DBFの面積も等しくなる。したがって，求める面積は，

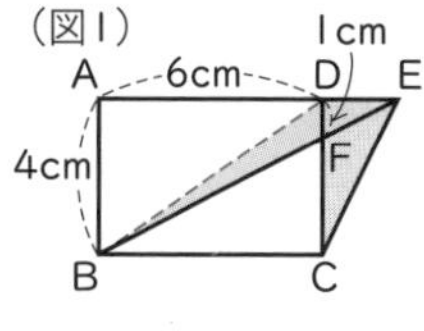

$1\times6\div2=3$ (cm²)

別解　右の図2で，三角形DFEと三角形CFBは相似だから，

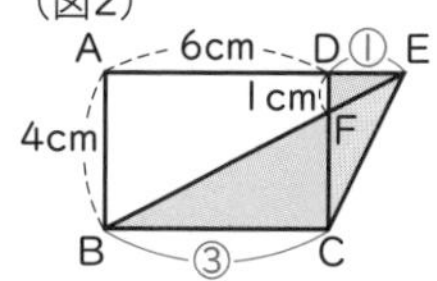

DF：CF＝1：(4－1)＝1：3

よって，DE：CB＝1：3

$DE=6\times\frac{1}{3}=2$ (cm)

CF＝3 cm より，三角形EFCの面積は，

$3\times2\div2=3$ (cm²)

別解　BF：FE＝3：1 で三角形BCEの面積は，$6\times4\div2=12$ (cm²) だから，求める面積は，

$12\times\frac{1}{3+1}=3$ (cm²)

❷ 1辺が3cmの正三角形は，1辺が1cmの正三角形 $1+3+5=9$ (個) に分けることができる。同じく，1辺が2cmの正三角形は，1辺が1cmの正三角形4個に分けることができる。また，1辺が2cmの正六角形は，1辺が2cmの正三角形6個に分けることができる。

よって，㋐：㋑＝9：(4×6)＝9：24＝3：8

❸ (1)三角形ABEの面積は，BE：EC＝3：2 より，

$105\times\frac{3}{5}=63$ (cm²)

よって，三角形BEDの面積は，AD：DB＝1：2 より，$63\times\frac{2}{3}=42$ (cm²)

別解　三角形BEDの面積は，

三角形ABCの $\frac{BD}{BA}\times\frac{BE}{BC}$ で求められる。

$\frac{BD}{BA}\times\frac{BE}{BC}=\frac{2}{2+1}\times\frac{3}{3+2}=\frac{2}{3}\times\frac{3}{5}=\frac{2}{5}$

よって，三角形BEDの面積は，$105\times\frac{2}{5}=42$ (cm²)

参考

右の図の三角形 ADE の面積は，三角形 ABC の $\frac{AD}{AB}\times\frac{AE}{AC}$ で求められる。

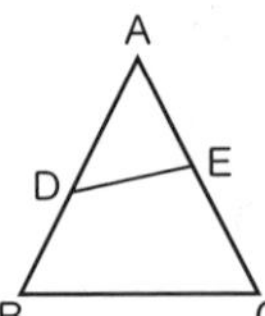

(2)(1)と同様に，三角形 AEC の面積は，

$105\times\frac{2}{5}=42\ (cm^2)$

三角形 CEF の面積は，

$42\times\frac{3}{7}=18\ (cm^2)$

同様に，三角形 ADF の面積は，

$105\times\frac{4}{7}\times\frac{1}{3}=20\ (cm^2)$

よって，三角形 DEF の面積は，

$105-(42+18+20)=25\ (cm^2)$

別解 (1)と同様に，三角形 ADF と三角形 CEF を求める。

三角形 ADF の面積は，

$105\times\frac{1}{1+2}\times\frac{4}{4+3}=105\times\frac{4}{21}=20\ (cm^2)$

三角形 CEF の面積は，

$105\times\frac{2}{2+3}\times\frac{3}{3+4}=105\times\frac{6}{35}=18\ (cm^2)$

三角形 DEF の面積は，

$105-(42+20+18)=25\ (cm^2)$

4 (1)三角形 ABC の面積は，

$10\times12\div2=60\ (cm^2)$

三角形 ADF の面積は $16\ cm^2$ より，

三角形 DCF の面積は，$16\div2=8\ (cm^2)$

よって，三角形 ADC の面積は，

$16+8=24\ (cm^2)$

三角形 DBC の面積は，$60-24=36\ (cm^2)$

AD：DB＝24：36＝2：3

(2)三角形 DBE の面積は，$36\times\frac{7}{7+3}=25.2\ (cm^2)$

三角形 FEC の面積は，$3\times4\div2=6\ (cm^2)$

よって，三角形 DEF の面積は，

$60-(16+25.2+6)=12.8\ (cm^2)$

5 別解 右の図のように，点 B と E を結ぶ。AE：EC＝2：6＝1：3 より，三角形 ABE の面積は，

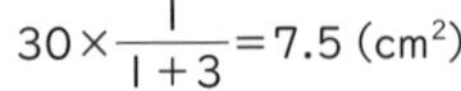
$30\times\frac{1}{1+3}=7.5\ (cm^2)$

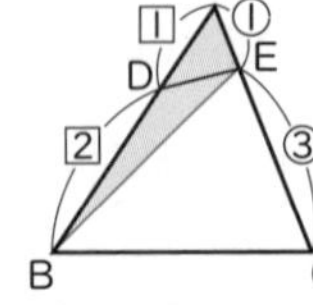

また，AD：DB＝3：6＝1：2 より，

三角形 ADE の面積は，$7.5\times\frac{1}{1+2}=2.5\ (cm^2)$

よって，四角形 DBCE の面積は，

$30-2.5=27.5\ (cm^2)$

6 図の 2 つの直角三角形は，底辺：高さがともに 2：1 で相似であるから，色のついた三角形は 2 つの角が等しいので二等辺三角形。

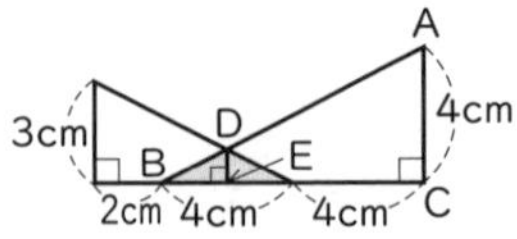

E は底辺のまん中より，BE：BC＝1：4

よって，DE：AC＝1：4 より，DE＝1 cm

求める面積は，$4\times1\div2=2\ (cm^2)$

7 三角形 ABC の面積は，$3\times3\div2=4.5\ (cm^2)$

三角形 BDC の面積は，$4.5\times3=13.5\ (cm^2)$

三角形 BDE の面積は，$13.5\times4=54\ (cm^2)$

同様に，三角形 CEF の面積も，

$4.5\times3\times4=54\ (cm^2)$

三角形 ADF の面積も，$4.5\times3\times4=54\ (cm^2)$

よって，三角形 DEF の面積は，

$54\times3+4.5=166.5\ (cm^2)$

8 右の図より，色のついた部分の面積は，三角形 ABC の面積から半円の面積をひいて求めることができる。AC と BC は円に接しているので，角 ODC＝角 OEC＝90°

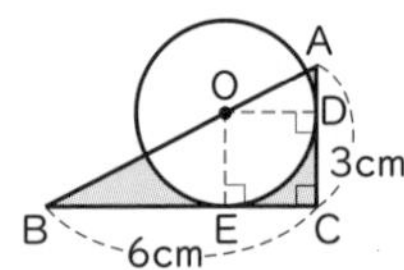

また，半径は等しいから，OD＝OE

よって，四角形 OECD は正方形である。次に三角形 ABC と三角形 AOD は相似であり，

BC：AC＝6：3＝2：1 より，OD：AD＝2：1

OD＝DC より，$DC=3\times\frac{2}{2+1}=2\ (cm)$

よって，円の半径は 2 cm

色のついた部分の面積は，

$6\times3\div2-2\times2\times3.14\div2=9-6.28=2.72\ (cm^2)$

9 右の図で，

BI：DI＝AB：FD＝8：4＝2：1 より，三角形 ABI の面積は，三角形 ABD の $\frac{2}{3}$ である。また，

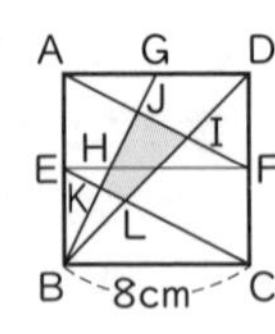

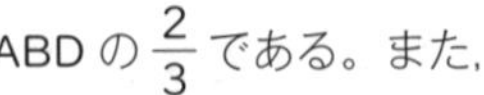
$HF=EF-EH=8-4\times\frac{1}{2}=6\ (cm)$ より，

AJ：FJ＝AG：FH＝4：6＝2：3，

AI：FI＝AB：FD＝2：1 だから，

$AJ：JI=\frac{2}{5}：\left(\frac{2}{3}-\frac{2}{5}\right)=3：2$

三角形 JBI の面積は，三角形 ABI の面積の $\frac{2}{5}$ であ

る。KL：JI＝1：2 より，三角形 KBL の面積は，三角形 JBI の $\frac{1}{2\times2}=\frac{1}{4}$ だから，色のついた部分の面積は，

$8\times8\div2\times\frac{2}{3}\times\frac{2}{5}\times\left(1-\frac{1}{4}\right)=6.4\ (\text{cm}^2)$

15 点や図形の移動

本冊 62 ～ 63 ページ

解答

❶ (1)**32 cm²**　(2)**28 cm²**　(3)下の図　(4)**5 回**

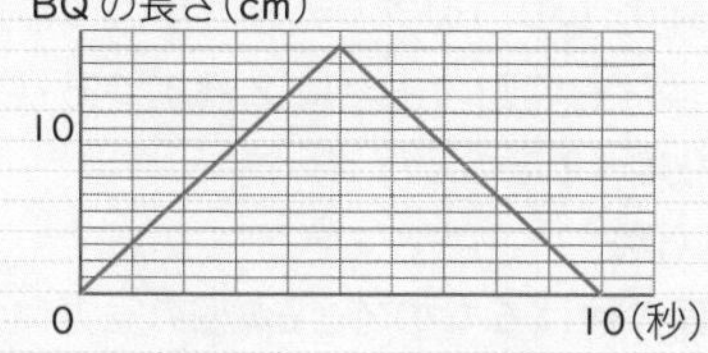

❷ (1)**12.75 m²**　(2)**133.5 m²**

❸ (1)**12.875 cm²**

(2)**8 秒後から 10.4 秒後まで**

❹ (1)**18.84 cm**　(2)**51.25 cm²**

❺ (1)**18.28 cm**　(2)**36.56 cm²**

解き方

❶ (1)$(6+10)\times4\div2$

$=32\ (\text{cm}^2)$

(2)$(5+9)\times4\div2$

$=28\ (\text{cm}^2)$

(4)グラフから求める。

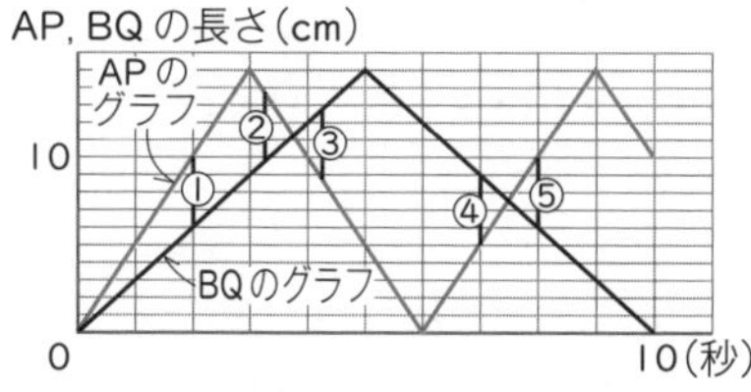

ここに注意　差が 4 cm というとき，次の 2 つの場合がある。

AP－BQ＝4 (cm)　BQ－AP＝4 (cm)

整数秒のときだけを考えると，2 秒後，7 秒後，8 秒後の 3 回であるが，実際にはその間にもあるので，グラフを利用して考えるとよい。

❷ (1)$4\times4\times3\div4+1\times1\times3\div4$

$=(4\times4+1\times1)\times3\div4=12.75\ (\text{m}^2)$

(2)右の図より，求めるはん囲の面積は，

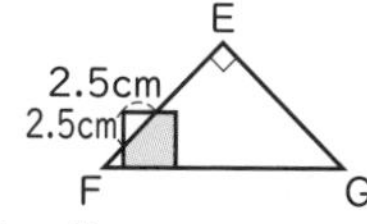

$8\times8\times3\times\frac{360-(90+36)}{360}$

$+3\times3\times3\times\frac{36}{360}$

$+3\times4\div2$

$=64\times3\times\frac{234}{360}+9\times3\times\frac{1}{10}+6$

$=124.8+2.7+6=133.5\ (\text{m}^2)$

❸ (1)$2.5\times7=17.5$ (cm) 動いているから，重なった部分は右の図のとおり。

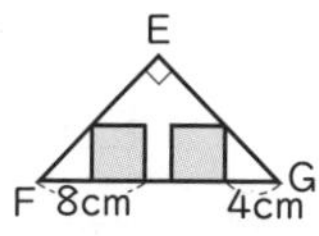

$4\times4-2.5\times2.5\div2=12.875\ (\text{cm}^2)$

(2)右の図のように，正方形が直角二等辺三角形 EFG の中にすべて入っている間だから，

$(12+8)\div2.5=8$ (秒後) から，$18-4=14$ (cm)

$(12+14)\div2.5=10.4$ (秒後) まで。

❹ 頂点(ちょうてん) A は，右の図の曲線部分のように移動する。

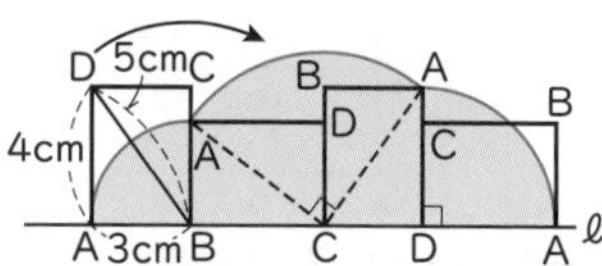

(1)$(3\times2+5\times2$

$+4\times2)\times3.14\div4=18.84$ (cm)

(2)3 つのおうぎ形と 2 つの直角三角形の面積の和だから，

$(3\times3+5\times5+4\times4)\times3.14\div4+3\times4\div2\times2$

$=51.25\ (\text{cm}^2)$

❺ (1)頂点 A，B，C のところでは，半径 1 cm の円周上を通る。頂点 A では，

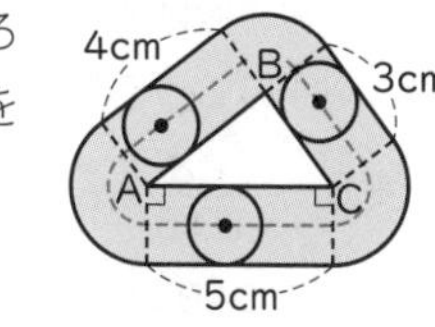

$360°-(90°\times2+$角 A$)$

$=180°-$角 A

の角度だけ回転する。

頂点 B，C でも同様に回転するから，3 頂点を合計すると，$180°\times3-($角 A＋角 B＋角 C$)=360°$

よって，求める長さは，

$4+3+5+1\times2\times3.14=18.28$ (cm)

(2)頂点 A，B，C では半径 2 cm の円をえがき，中心角の合計は(1)と同じ 360° である。

よって，求める面積は，

三角形の 3 辺の長さ×2＋半径 2 cm の円の面積

$=(4+3+5)\times2+2\times2\times3.14=36.56\ (\text{cm}^2)$

16 立体図形の性質

本冊 66 ～ 67 ページ

解答

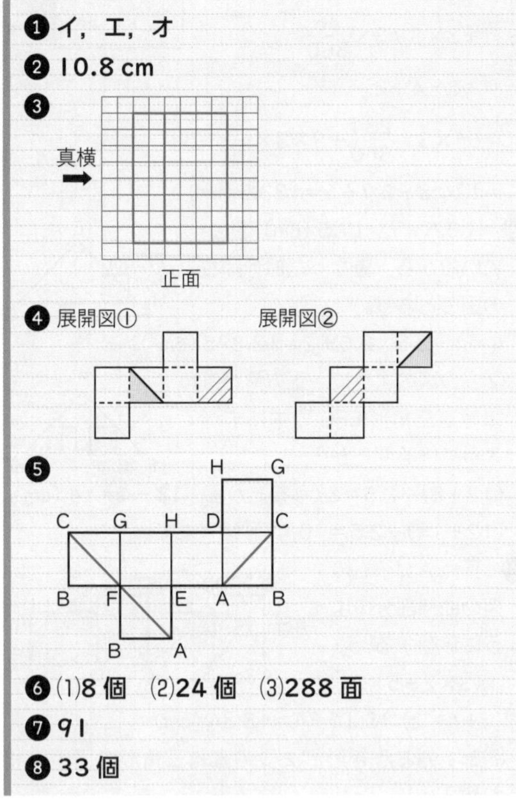

解き方

❶ ア…頂点の数は 8 個だから，ちがう。
ウ…辺の数は 12 本だから，ちがう。

❷ 側面のおうぎ形の中心角は，

$$360° \times \frac{1.8}{10.8} = 60°$$

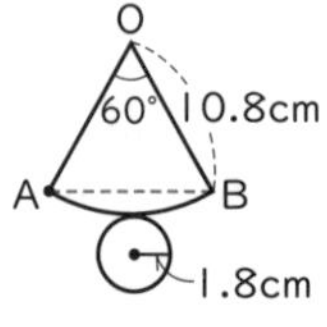

三角形 OAB は正三角形だから，
AB＝10.8 cm

❸ この体育館の模型は例えば右の図のようなものであり，これを真上から見る。

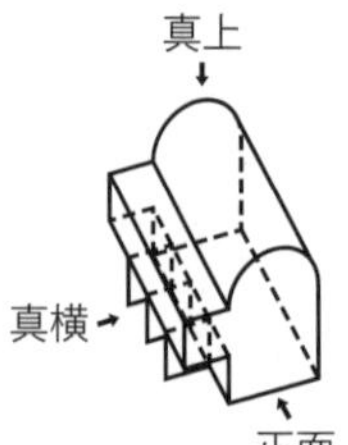

❹ まず，展開図を組み立てたときに向かいあう面をさがす。
次に，対角線が平行になるような，対応する頂点を考える。

❺ 重なる頂点を点線で結び，頂点の記号を書き入れ，AC，AF，CF を結ぶ。

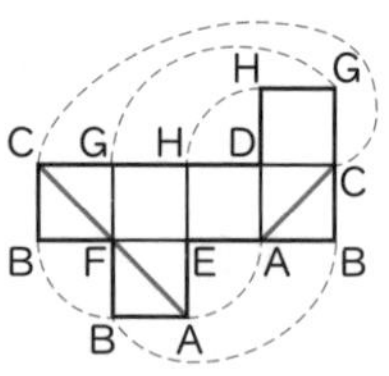

❻ (1)3 つの面に色がぬられているのは，大きな立方体で頂点の部分にあたる立方体だから，8 個ある。

(2)2 つの面に色がぬられているのは，大きな立方体で頂点を除く辺の部分にあたる立方体である。

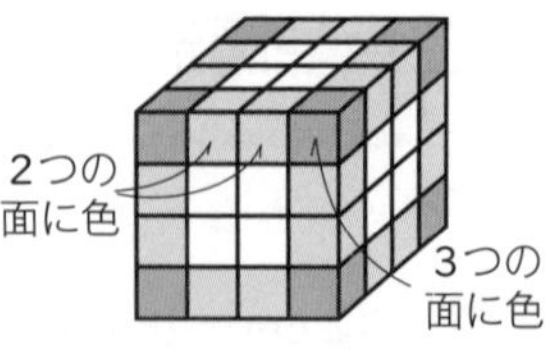

大きな立方体の 1 つの辺で，大きな立方体の頂点にない立方体は右の図のように 2 個ずつあり，立方体の辺の数は 12 なので，
2×12＝24 (個)

(3)立方体の面の数は 6 なので，64 個の立方体の面の総数は，
6×64＝384 (面)
大きな立方体の表面にある面の数は，
4×4×6＝96 (面) だから，
色がぬられていない面は全部で，
384－96＝288 (面)

❼ この展開図を組み立てると，1 と 6，2 と 5，3 と 4 がそれぞれ向かいあっている。よって，図 2 の立体を，正面から見ると 3 が 6 個，反対側から見ると 4 が 6 個見え，真上から見ると 1 が 4 個，真下から見ると 6 が 4 個見え，右横から見ると 2 が 3 個，左横から見ると 5 が 3 個見える。このことから，表面の数字の和は，

$$3\times6+4\times6+1\times4+6\times4+2\times3+5\times3$$
$$=(3+4)\times6+(1+6)\times4+(2+5)\times3$$
$$=7\times(6+4+3)$$
$$=91$$

❽ 右のような図が考えられる。高さ別にかぞえていくと，

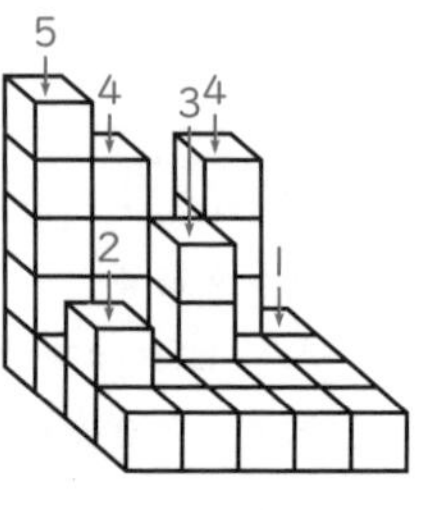

5×1＝5 (個)，
4×2＝8 (個)，
3×1＝3 (個)，
2×1＝2 (個)，
1×15＝15 (個) だから，
5＋8＋3＋2＋15＝33 (個)

17 体積・表面積

本冊 70 ～ 71 ページ

解答

❶ (1)**720 cm^3**　(2)**7.5 cm**
❷ **217.2 cm^3**
❸ (1)**718 cm^3**　(2)**610 cm^2**
❹ **65.94 cm^3**
❺ **216 cm^3**
❻ **192 cm^3**

(求め方の例) **直方体の縦(たて)の長さを a cm，横の長さを b cm，高さを c cm とすると，**
$a\times b=48$，$b\times c=24$，$a\times c=32$
となる。
$a\times b\times b\times c=48\times 24=1152$
$a\times b\times b\times c\div(a\times c)=b\times b$ となるので，
$b\times b=1152\div 32=36$ より，$b=6$
$a=48\div 6=8$
$c=24\div 6=4$
よって，直方体の体積は，
$8\times 6\times 4=192$ (cm^3)

❼ **7.5 cm**
❽ (1)**3：2**　(2)**26.25 cm**
❾ **2000 cm^3**

解き方

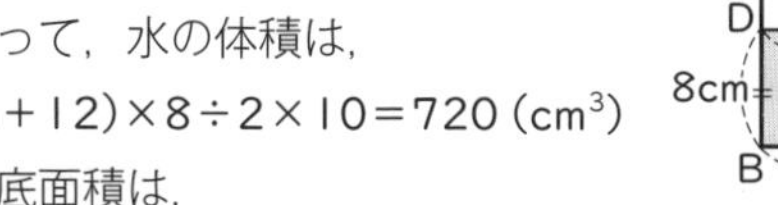

❶ (1)右の図で，AD：AB＝1：2 より，DE＝12÷2＝6 (cm)
よって，水の体積は，
$(6+12)\times 8\div 2\times 10=720$ (cm^3)
(2)底面積は，
$12\times 16\div 2=96$ (cm^2)
水の深さは，$720\div 96=7.5$ (cm)

❷ 右の図より，この立体の底面積は，

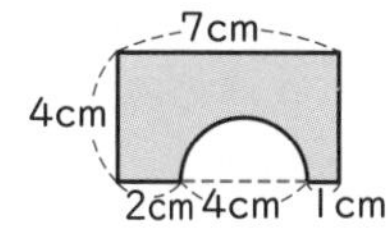

$4\times 7-2\times 2\times 3.14\div 2$
$=21.72$ (cm^2)
よって，体積は，
$21.72\times 10=217.2$ (cm^3)

❸ (1)どのような大きさの立方体や直方体があるかを考える。
$5\times 5\times(5+4+3)+5\times 4\times(4+3)\times 2$
　$+(5\times 3+4\times 4+3\times 5)\times 3$
$=300+280+138=718$ (cm^3)

(2)右から見える面と左から見える面，前から見える面と後ろから見える面，上から見える面と下から見える面は，それぞれ面積が等しい。

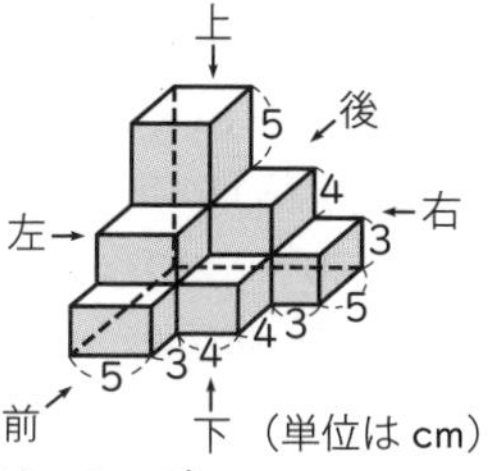

$\{3\times(5+4+3)+4\times(5+4)+5\times 5\}\times 4$
　$+(5\times 5+5\times 4\times 2+5\times 3+4\times 4+3\times 5)\times 2$
$=610$ (cm^2)

参考
この問題のような階段(かいだん)状の立体の表面積では，前から見える面と後ろから見える面のように，反対方向から見える部分の面積は等しい。

❹ できるのは，右の図のような立体になる。

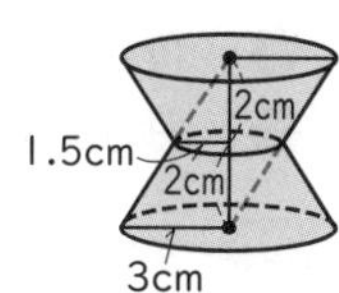

$(3\times 3\times 3.14\times 4\div 3$
　$-1.5\times 1.5\times 3.14\times 2\div 3)\times 2$
$=(3\times 3\times 4-1.5\times 1.5\times 2)\times 3.14\div 3\times 2$
$=65.94$ (cm^3)

❺ 長方形でない形を底面と考えると高さは 6 cm になる。
底面積は，
$3\times 10+(10-6)\times(6-3)\div 2=36$ (cm^2)
よって，体積は，$36\times 6=216$ (cm^3)

❼ ㋐の底面積は㋑の底面積の半分で，㋐の高さは㋑の高さの 2 倍だから，㋐と㋑の体積は等しい。
㋒の部分の体積は，$5\times 5\times 3.14\div 2\times 8=314$ (cm^3)
㋐と㋑の体積の和は，$1814-314=1500$ (cm^3)
㋑の体積は，$1500\div 2=750$ (cm^3)
よって，㋑の高さは，$750\div(10\times 10)=7.5$ (cm)

❽ (1)容器 A，B の底面積の比は，
$(12\times 12):(8\times 8)=144:64=9:4$
水の深さの比は，$10:15=2:3$
水の量の比は，
$(9\times 2):(4\times 3)=18:12=3:2$
(2)石の体積は，
$12\times 12\times 3.14\times(15-10)=2260.8$ (cm^3)
これは容器 B の水のはいっていない部分の体積と等しいから，
$2260.8\div(8\times 8\times 3.14)=11.25$ (cm)
$11.25+15=26.25$ (cm)

❾ 右の図の部分を底面とする角柱とみる。このとき，

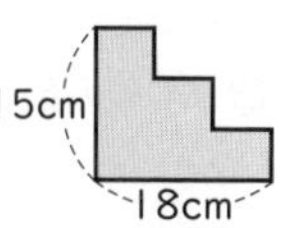

側面積＝底面の周りの長さ×高さ

より，側面積は，
$(15\times2+18\times2)\times20=1320$ (cm²)
表面積が 1520 cm² より，底面積は，
$(1520-1320)\div2=100$ (cm²)
よって，体積は，$100\times20=2000$ (cm³)

18 2量の関係を表すグラフ

本冊 74～75 ページ

解答

❶ (1)毎分 80 m　(2)11 分間
❷ (1)分速 300 m　(2)分速 400 m
(3)分速 375 m
❸ (1)毎分 4.5 L　(2)15 cm　(3)13.5 分
❹ (1)毎分 5000 cm³　(2)18

解き方

❶ (1)25 分間に 2 km 進むから
分速 $2000\div25=80$ (m)
(2)駅までの残り 3 km にかかる時間は
$(5000-2000)\div125=24$ (分) だから，
休けいから出発したのは 9 時－24 分＝8 時 36 分
よって，$36-25=11$ (分間)
❷ (1)20 分間に 6000 m 進むから，
分速 $6000\div20=300$ (m)
(2)妹は，10 時 10 分から 10 時 25 分の 15 分間に 6000 m 走ったことになる。
よって，分速 $6000\div15=400$ (m)
(3)妹は，10 時 10 分から 10 時 42 分の 32 分間に 12000 m 走ったことになる。
よって，分速 $12000\div32=375$ (m)
❸ (1)3 分の所でグラフが折れているので底面積が変わったことがわかる。3 分間にはいった水の量は，
$30\times30\times15=13500$ (cm³)
1 分間では，$13500\div3=4500$ (cm³)＝4.5 (L)
(2)6 分間に 20 cm 水面が上がることから，底面の横の長さを求める。
$(4500\times6)\div(30\times20)=45$ (cm)
x の長さは，$45-30=15$ (cm)
(3)満水まで，あと 15 cm だから，
$45\times30\times15\div4500=4.5$ (分)
よって，$9+4.5=13.5$ (分)
❹ (1)A の部分に 20 cm の深さまで水がはいるのに 2 分かかっているので，
$50\times10\times20\div2=5000$ (cm³)
(2)□分のときに，C の②のしきりの高さまで水がはいっている。
②のしきりの高さはグラフより，30 cm
$50\times(10+20+30)\times30\div5000=18$ (分間)

19 和と差についての文章題 ①

本冊 78～79 ページ

解答

❶ 200 円
❷ 64800 円
❸ 子ども…13 人，カード…110 枚
❹ 140 g
❺ (1)83.2 点　(2)74 点
❻ (1)17 cm　(2)162 cm
❼ 長いす…34 きゃく，生徒数…245 人
❽ 77 点
❾ 59 人
❿ 15

解き方

❶ 右の線分図より，A と C の所持金の和は，

$(1700-300)\div2=700$ (円)
A の所持金は，
$(700-100)\div(1+2)=200$ (円)
❷ 15 人分のバス代は，$180\times120=21600$ (円)
1 人分は，$21600\div15=1440$ (円)
1 台分のバス代は，$1440\times135\div3=64800$ (円)
❸ 10 枚ずつ配ると，2 人分不足するということは，
$10\times2=20$ (枚) 不足するということになるから，
子どもの人数は，$(6+20)\div(10-8)=13$ (人)
カードの枚数は，$8\times13+6=110$ (枚)
❹ 4 個のみかんを重いほうから，A，B，C，D とすると，

$$\begin{array}{r} A+B+C=170\times3=510\ (g)\\ A+B+D=160\times3=480\ (g)\\ A+C+D=150\times3=450\ (g)\\ +)\ B+C+D=110\times3=330\ (g)\\ \hline (A+B+C+D)\times3=1770\ (g) \end{array}$$

$A+B+C+D=1770\div3=590$ (g)
$B=590-(A+C+D)=590-450=140$ (g)
❺ (1)A，B，C 3 人の合計点は，$82\times3=246$ (点)
D，E 2 人の合計点は，$85\times2=170$ (点)
5 人の平均点は，$(246+170)\div5=83.2$ (点)

(2)A，B，C の合計点は，
75.6×5－75－83＝220（点）
下の線分図から B の得点は，
(220－5－8)÷3＝69（点）
A の得点は，69＋5＝74（点）

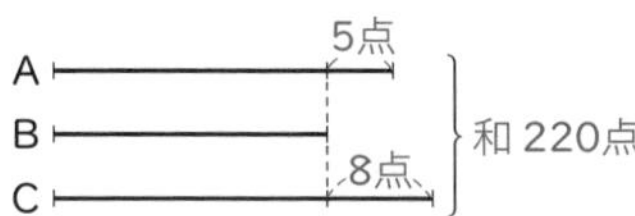

❻ (1)縦(たて)と横の和は，80÷2＝40（cm）
差が 6 cm だから，縦の長さは，
(40－6)÷2＝17（cm）
(2)3 人の身長の合計は，161×3＝483（cm）
下の線分図から，A 君の身長は，
(483＋6－3)÷3＝162（cm）

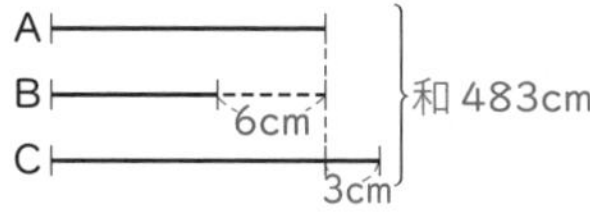

❼ 6 人ずつ座ると，41 人余り，8 人ずつ座ると，あと，(8－5)＋8×3＝27（人）座ることができる。
右の面積図から，
全体の差は，
41＋27＝68（人）
1 きゃくの差は，
8－6＝2（人）
よって，長いすの数は，68÷2＝34（きゃく）
生徒の人数は，6×34＋41＝245（人）
別解　下の図のように，6 人ずつ座(すわ)ると 41 人が座れなくなり，8 人ずつ座ると，あと，(8－5)＋8×3＝27（人）座ることができる。（下の図の①）

6 人ずつ→66……66666
（41 人座れない）
8 人ずつ→88……85000
①

よって，6 人ずつ座ったときと 8 人ずつ座ったときに座ることができる人数の差は，
41＋27＝68（人）
これは，8－6＝2（人）の差が長いすの数だけ集まったものなので，長いすの数は，
68÷2＝34（きゃく）
生徒の人数は，6×34＋41＝245（人）

❽ 1 回目と 2 回目の合計点は 3 回目と 4 回目の合計点より，5×2＝10（点）高く，1 回目の得点は 3 回目の得点より 4 点高いので，2 回目の得点は 4 回目の得点より，10－4＝6（点）高いことになる。
よって，4 回目の得点は，83－6＝77（点）

❾ 定員を 5 人ずつにすると 4 人余り，6 人ずつにすると，あと，(6－5)＋6＝7（人）宿はくすることができる。
右の面積図から，
全体の差は，
4＋7＝11（人）
1 室の差は，
6－5＝1（人）
よって，部屋の数は 11÷1＝11（室）だから，
生徒の人数は，5×11＋4＝59（人）
別解　下の図のように，1 室の定員を 5 人にすると，4 人の生徒がはいれなくなり，定員を 6 人にすると，あと，(6－5)＋6＝7（人）の生徒を入れることができる。

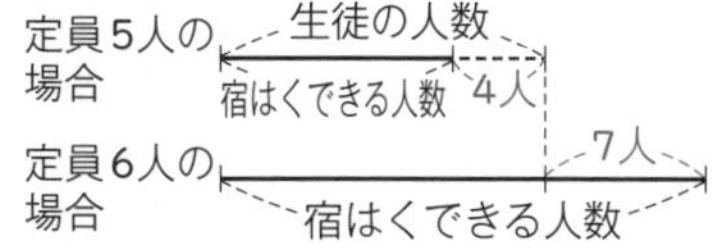

よって，1 室の定員を 5 人にするときと 6 人にするときで，宿はくできる人数の差は，4＋7＝11（人）
これは，6－5＝1（人）の差が部屋の数だけ集まったものだから，部屋の数は，11÷1＝11（室）
よって，生徒の人数は，5×11＋4＝59（人）

❿ 1 束あたりのえん筆の本数×束の数＝3600 だから，積が 3600 になる 2 つの数を考える。
1×3600，2×1800，3×1200，…，12×300，15×240，…
よって，15－12＝3（本）で，300－240＝60（束）だから，1 束を 3 本ずつ減らしたとき 60 束増えるのは，はじめに分けた束が 15 本ずつのときである。

20 和と差についての文章題 ②

本冊 82 ～ 83 ページ

解答

❶ **6 年後**
❷ (1)**3450 円**
(2)バス代…**300 円**，昼食代…**550 円**
❸ **4 冊(さつ)**
❹ (1)**14 回**
(2)5 点…**29 回**，3 点…**5 回**，
当たらなかった回数…**6 回**

❺ **24 年後**
❻ かき…**80 円**，みかん…**50 円**，
りんご…**100 円**
❼ (1)かき…**130 円**，なし…**160 円**，
りんご…**220 円**
(2)**5 個**
❽ (1)**35 人**　(2)**3 人**

解き方

❶ 子どもの年れいの和の 2 倍が，父母の年れいの和と等しくなるのが□年後として，線分図に表す。
10+8+5+2=25 (才)
45+37=82 (才)
右の線分図より，
□×6+25×2=82
□=(82−50)÷6=5.33…

よって，子どもの年れいの和の 2 倍が，父母の年れいの和より大きくなるのは，5+1=6 (年後)

❷ (1)3 人のはらった金額を線分図にまとめると，右のようになる。
入場料
=昼食代+(350×2+1100)
=昼食代+1800
バス代の 2 倍
よって，バス代は，1800÷2=900 (円)
入場料は，900+1100×2+350=3450 (円)
(2)(1)より，3 人のバス代は 900 円だから，1 人分は，
900÷3=300 (円)
また，3 人分の昼食代は，
900+1100−350=1650 (円)
よって，1 人分の昼食代は，1650÷3=550 (円)

❸ 80 円のノートの冊数は，$20\times\frac{3}{4}=15$ (冊)
残りの値段(ねだん)は，1670−80×15=470 (円)
90 円のノートを 5 冊買ったと仮定すると，
90×5=450 (円)
470−450=20 (円)　20÷(110−90)=1
よって，110 円のノートを 1 冊。
5−1=4 (冊) より，90 円のノートを 4 冊。

❹ (1)40 回とも 3 点の部分に当たっていたと仮定すると，得点は，3×40=120 (点)
実際の得点より，148−120=28 (点) たりないから，5 点の部分に当てた回数は，
28÷(5−3)=14 (回)
(2)40 回とも 5 点の部分に当たっていたと仮定すると，得点は，5×40=200 (点)
実際の得点より，200−148=52 (点) 多い。
5 点の部分に当てたときと，的に当たらなかったときの得点の差は，1 回あたり 5+2=7 (点) だから，
52÷7=7 余り 3 より，最大で 7 回まで，的をはずしてもよい。
7 回はずしたとき，33 回当てたから，
(5×33−2×7)−148=3 (点)
3 点の部分に当たった回数は，
3÷(5−3)=1.5 (回) となり，整数にならないので問題にあわない。
6 回はずしたとき，34 回当てたから，
(5×34−2×6)−148=10 (点)
3 点の部分に当たった回数は，
10÷(5−3)=5 (回)
よって，5 点の部分に当たった回数は，
34−5=29 (回)，当たらなかった回数は 6 回

❺ 9 年後の 2 人の年れいの和は，42+9×2=60 (才) で，いちろうさんとお父さんの年れいの比が 1：3 になるから，9 年後にいちろうさんは，
60÷(1+3)=15 (才) になる。
よって，現在いちろうさんは，15−9=6 (才)，
お父さんは，42−6=36 (才)
したがって，2 人の年れいの差は，36−6=30 (才) なので，いちろうさんがお父さんの年れいの $\frac{1}{2}$ になるのは，上の線分図のように，いちろうさんが 30 才のときである。
よって，現在から 30−6=24 (年後)

❻ (か)3+(み)4+(り)5=940 …(ア)
(か)5+(み)4+(り)3=900 …(イ)
(り)=(み)+50 …(ウ)
(ア)と(イ)の式のりんごをみかんにおきかえると，
(か)3+(み)4+(み)5=940−50×5
(か)3+(み)9=690 …(エ)
(か)5+(み)4+(み)3=900−50×3
(か)5+(み)7=750 …(オ)
(エ)の式を 5 倍，(オ)の式を 3 倍すると，
　(か)15+(み)45=3450
−) (か)15+(み)21=2250
　　　(み)24=1200
みかん 1 個の値段は，1200÷24=50 (円)
りんご 1 個の値段は，50+50=100 (円)
かき 3 個の値段は，690−50×9=240 (円)
よって，かき 1 個の値段は，240÷3=80 (円)

❼ ⑴なし＝かき＋30　りんご
りんご＝なし＋60　なし　60円
　　＝かき＋90　かき　30円

として，かきだけの式にすると，
㋕1＋㋕2＋㋕3＝1110－30×2－90×3＝780
よって，かき1個の値段は，780÷6＝130（円）
なしは，130＋30＝160（円）
りんごは，160＋60＝220（円）
⑵かきとなしのセットは，130＋160＝290（円）
すべてりんごを買ったとしたら，
220×17＝3740（円）
実際より，3740－2840＝900（円）多くなる。
りんご2個と，かきとなしのセットをおきかえると，
220×2－290＝150（円）
1セットおきかえるごとに150円安くなる。
900÷150＝6（セット）をおきかえる。
よって，りんごの個数は，17－2×6＝5（個）

❽ ⑴クラスの人数の80％が，15＋9＋4＝28（人）なので，クラスの人数は，28÷0.8＝35（人）
⑵クラス全員の合計点は，3.2×35＝112（点）で，3点以上の人の合計点は，
3×15＋4×9＋5×4＝101（点）だから，
1点と2点の人の合計点は，112－101＝11（点）
1点と2点の人はあわせて，35－28＝7（人）である。7人全員が2点だとすると，2×7＝14（点）
実際より14－11＝3（点）多い。
よって，1点の人は，3÷(2－1)＝3（人）

21 割合と比についての文章題 ①

本冊86～87ページ

解答

❶ ⑴A…**45**，B…**35**　⑵**1500**
❷ ⑴**6：5**　⑵**2500円**
❸ ⑴**2250**　⑵**450**　⑶**300**
❹ **1250円**
❺ ⑴**50g**　⑵**35g**
❻ ⑴**120g**　⑵**30g**
❼ ⑴**60円**　⑵**30ふくろ**

解き方

❶ ⑴80－5＝75は，Aの，$1+\frac{2}{3}=\frac{5}{3}$にあたる。

よって，$A=75\div\frac{5}{3}=75\times\frac{3}{5}=45$である。

B＝80－45＝35となる。
⑵大きいほうの数より75大きい数は，小さいほうの数の6倍である。
大きいほうの数より75大きい数と小さいほうの数との差は，1050＋75＝1125
これが小さいほうの数の，6－1＝5（倍）にあたるので，小さいほうの数は，1125÷5＝225
よって，大きいほうの数は225＋1050＝1275
だから，2数の和は，225＋1275＝1500

❷ ⑴最初に持っていたお金の比は，
兄：弟＝(③＋③)：(③＋②)
　　＝6：5

⑵右の線分図より，比の関係を式に表すと，

兄 5 1000円 ③
弟 4 1000円 ②

△5＝1000円＋③ …㋐
△4＝1000円＋② …㋑

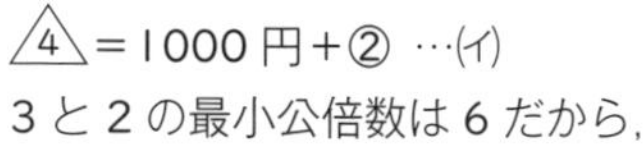

3と2の最小公倍数は6だから，
㋑を3倍，㋐を2倍すると，
　△12＝3000円＋⑥
－) △10＝2000円＋⑥
　△2＝1000円
　△1＝500円
よって，兄が持っているお金は，
500×5＝2500（円）
別解　線分図より，比の差に注目すると，
△5－△4＝③－②　△1＝①
△4－②＝△4－△2＝1000（円）だから，
△1＝500円
よって，兄が持っているお金は，
500×5＝2500（円）

❸ ⑴□×(1－0.2)＝1800より，
□＝1800÷0.8＝2250
⑵□×(1＋0.04)＝468
□＝468÷1.04＝450
⑶□×(1＋0.15)＝345
□＝345÷1.15＝300

❹ 仕入れ値（ね）を1とすると，売り値は，
(1＋0.4)×(1－0.2)＝1.12だから，
利益は，1.12－1＝0.12
仕入れ値を□円とすると，□×0.12＝150
□＝150÷0.12＝1250

❺ 6％の食塩水200gにふくまれる食塩の重さは，
200×0.06＝12（g）

(1)蒸発させる水の重さを□gとすると，

$12 \div (200 - \square) = 0.08$

$\square = 200 - 12 \div 0.08 = 50$

(2)20％の食塩水の水の重さは，

200－12＝188（g）なので，

20％の食塩水の重さは，

188÷(1－0.2)＝235（g）

よって，加える食塩の重さは，

235－200＝35（g）

❻ (1)右の図のような面積図を使って求めることができる。

ア　イ　9%　7.2%　6%　Aの食塩水の重さ　Bの食塩水の重さ

㋐の縦の長さは，

9－7.2＝1.8（％）

㋑の縦の長さは，

7.2－6＝1.2（％）となり，1.8：1.2＝3：2

㋐と㋑の面積は等しいので，横の長さは縦の長さの逆比になる。よって，

Aの食塩水の重さ：Bの食塩水の重さ＝2：3

食塩水の重さの和は300gよりAの食塩水の重さは，$300 \times \frac{2}{2+3} = 300 \times \frac{2}{5} = 120$（g）

別解　次のようなてんびん図をかいて考えてもよい。

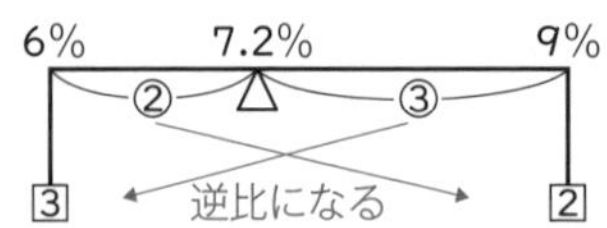

食塩水の濃度の差の比は重さの比の逆比になるので，Aと B の食塩水の重さの比は 2：3

食塩水の重さの和は300gよりAの食塩水は，

$300 \times \frac{2}{2+3} = 300 \times \frac{2}{5} = 120$（g）

(2)7.2％の食塩水300gの食塩の重さは，

300×0.072＝21.6（g）

食塩が21.6gで8％の食塩水の重さは，

21.6÷0.08＝270（g）

300－270＝30（g）の水を蒸発させる。

❼ (1)30kg（＝30000g）の仕入れ値が30000円なので，1gあたりの仕入れ値は1円である。よって，200gの仕入れ値は200円だから，1ふくろの定価は，200×(1＋0.5)＝200×1.5＝300（円）

Ⓑの売り方では，1ふくろの量を200×(1＋0.2)＝240（g）とし，これを定価(つまり300円)で売ることになる。このとき，1ふくろあたりの仕入れ値は，240円だから，1ふくろあたりの利益は，300－240＝60（円）

(2)Ⓐの売り方では，1ふくろの量は200gのままであり，これを300×(1－0.2)＝240（円）で売る。このとき，1ふくろあたりの仕入れ値は200円だから，Ⓐの売り方をする場合の1ふくろあたりの利益は，240－200＝40（円）

よって，1gあたりの利益は，40÷200＝0.2（円）

Ⓑの売り方をする場合の1gあたりの利益は，(1)より，60÷240＝0.25（円）なので，その差は，

0.25－0.2＝0.05（円）

これが何gか集まって利益の差1200円になるのだから，大安売りの期間中に売った品物は，

1200÷0.05＝24000（g）

したがって，はじめに定価で売った品物は，

30000－24000＝6000（g）だから，

6000÷200＝30（ふくろ）

22 割合と比についての文章題 ②

本冊 90 ～ 91 ページ

解答

❶ **558**

（求め方の例）**1日目に読んだのは，**

全体の $\frac{4}{9}$

2日目に読んだのは，

全体の $\left(1 - \frac{4}{9}\right) \times \frac{7}{10} = \frac{7}{18}$

3日目に読んだのは，

全体の $\left(1 - \frac{4}{9} - \frac{7}{18}\right) \times \frac{2}{3} = \frac{1}{9}$

よって残りは，

全体の $1 - \left(\frac{4}{9} + \frac{7}{18} + \frac{1}{9}\right) = \frac{1}{18}$

残りは31ページなので，全体は，

$31 \div \frac{1}{18} = 558$ **（ページ）**

❷ (1)**6日**　(2)**12日**

❸ (1)**5.12 m**　(2)**15.625 m**　(3)**73.6 cm**

❹ **18**

❺ (1)$\frac{5}{8}$　(2)**15分**

❻ (1)**36日**　(2)**6日目**

❼ (1)**90人**　(2)**5分**

❽ **午前10時24分**

解き方

❶ 別解　3日目に残っていたページ数は，

$31\div\left(1-\frac{2}{3}\right)=31\times3=93$（ページ）なので，

2日目に残っていたのは，

$93\div\left(1-\frac{7}{10}\right)=93\times\frac{10}{3}=310$（ページ）

よって，本全体のページ数は，

$310\div\left(1-\frac{4}{9}\right)=310\times\frac{9}{5}=558$（ページ）

❷ (1)全体の仕事量を1とすると，1日でA君は $\frac{1}{10}$，B君は $\frac{1}{15}$ の仕事をする。よって，2人ですると，

$1\div\left(\frac{1}{10}+\frac{1}{15}\right)=1\div\frac{1}{6}=6$（日）

別解　全体の仕事量を日数の最小公倍数とする。
10と15の最小公倍数30を全体の仕事量とすると，
それぞれの1日の仕事量は，$A=30\div10=3$，
$B=30\div15=2$ となる。
2人でこの仕事をするとき，$30\div(3+2)=6$（日）かかる。

(2)3人が1日でする仕事量は $\frac{1}{4}$ だから，C君は1日で $\frac{1}{4}-\left(\frac{1}{10}+\frac{1}{15}\right)=\frac{1}{4}-\frac{1}{6}=\frac{1}{12}$ の仕事をする。

よって，$1\div\frac{1}{12}=12$（日）

別解　A，B，Cの1日の仕事量の和は，
$30\div4=7.5$ より，Cの1日の仕事量は
$7.5-(3+2)=2.5$ となる。
よって，Cがこの仕事を1人ですると，
$30\div2.5=12$（日）かかる。

❸ (1)10 mの高さから落とすと，

1回目は，$10\times\frac{4}{5}=8$（m）

2回目は，$8\times\frac{4}{5}=\frac{32}{5}=6.4$（m）

3回目は，$6.4\times\frac{4}{5}=5.12$（m）

(2)$8\div\frac{4}{5}\div\frac{4}{5}\div\frac{4}{5}=15.625$（m）

(3)$100\times\frac{4}{5}=80$（cm）

$(80-20)\times\frac{4}{5}=48$（cm）

$(48+32)\times\frac{4}{5}=64$（cm）

$(64+28)\times\frac{4}{5}=73.6$（cm）

❹ のべ，$5\times30=150$（人）の人が仕事をすればよい。初め6人で10日働くから，
$150-6\times10=90$（人）より，$90\div5=18$（日）

❺ (1)水そういっぱいの水の量を1とすると，1分あたり，A管からは $\frac{1}{40}$，B管からは $\frac{1}{60}$ の量の水がはいっているから，A管とB管から同時に15分間水を入れると，

$\left(\frac{1}{40}+\frac{1}{60}\right)\times15=\frac{5}{120}\times15=\frac{5}{8}$

別解　全体の仕事量を40と60の最小公倍数120とすると，それぞれの1分の仕事量は，
$A=120\div40=3$，$B=120\div60=2$ となる。
はじめの15分間ではいった水は，
$(3+2)\times15=75$ となり，全体の $\frac{75}{120}=\frac{5}{8}$

(2)A管だけで入れる水の量は，$1-\frac{5}{8}=\frac{3}{8}$

$\frac{3}{8}\div\frac{1}{40}=\frac{3}{8}\times40=15$（分）

別解　A管とB管で15分間水を入れたあとの残りは，$120-75=45$
これをA管だけで入れるので，$45\div3=15$（分）かかる。

❻ (1)3人の仕事量から，A，Bの仕事量をひくと，Cの仕事量になる。

$\frac{1}{12}-\frac{1}{18}=\frac{1}{36}$　よって，36日かかる。

別解　12と18の最小公倍数36を全体の仕事量とすると，A+B+Cの1日の仕事量は，
$36\div12=3$
A+Bの1日の仕事量は，$36\div18=2$
よって，Cの1日の仕事量は $3-2=1$ となる。
Cが1人でこの仕事をすると，$36\div1=36$（日）かかる。

(2)3人で4日した残りの仕事量は，$1-\frac{1}{12}\times4=\frac{2}{3}$

これをB，Cの2人ですると16日で終わるから，B，Cの2人の仕事量は，$\frac{2}{3}\div16=\frac{1}{24}$

よって，Aの仕事量は，$\frac{1}{12}-\frac{1}{24}=\frac{1}{24}$

A，Cの2人の仕事量は，$\frac{1}{24}+\frac{1}{36}=\frac{5}{72}$

Aだけで6日間したあとの残りは，

$1-\frac{1}{24}\times6=\frac{3}{4}$

B，C の 2 人で 9 日間したあとの残りは，

$\frac{3}{4}-\frac{1}{24}\times 9=\frac{3}{4}-\frac{3}{8}=\frac{3}{8}$

よって，A，C の 2 人のかかった日数は，

$\frac{3}{8}\div\frac{5}{72}=\frac{3}{8}\times\frac{72}{5}=\frac{27}{5}=5\frac{2}{5}$

これより，6 日目で終わる。

別解 B＋C の 1 日の仕事量は，
(36－3×4)÷16＝1.5 となり，
B の 1 日の仕事量は，1.5－1＝0.5，
A の 1 日の仕事量は，2－0.5＝1.5 となる。
A で 6 日，B と C で 9 日仕事した後の残りは，
36－(1.5×6＋1.5×9)＝13.5
この残りを A と C でするので，
13.5÷(1.5＋1)＝5.4 となる。
よって，仕事が終わるのは 6 日目。

❼ (1)20 分間に 3 つの入場ゲートを通る人数は，
3000＋120×20＝5400 (人)
1 分間に 1 つの入場ゲートを通れるのは，
5400÷20÷3＝90 (人)
(2)1 分間に 8 つのゲートを通る人数は，
90×8＝720 (人)
1 分ごとに 120 人が行列に加わり，720 人が入場ゲートを通過していくので，行列がなくなるまでにかかる時間は，
3000÷(720－120)＝5 (分)

❽ 1 つの窓口(まどぐち)で売るとき，行列がなくなるまでの時間は，11 時 20 分－10 時＝1 時間 20 分＝80 分なので，この間に新しく行列に加わった人数(下の図の㋐)は，3×80＝240 (人)
したがって，初めから並(なら)んでいた人もふくめると，1 つの窓口で売った人数(下の図の㋑)は，
180＋240＝420 (人) であるから，1 つの窓口で 1 分間に売る人数は，420÷80＝5.25 (人)
よって，2 つの窓口で売ると 1 分間で 5.25×2＝10.5 (人) に売ることができ，一方で毎分 3 人が新しく行列に加わるから，1 分間に，10.5－3＝7.5 (人) ずつ行列が減っていく。これらのことより，180 人の行列がなくなるのに，180÷7.5＝24 (分) かかるので，行列がなくなる時刻は，午前 10 時＋24 分＝午前 10 時 24 分

80分で売った人数(㋑)
180人　80分で加わった人数(㋐)

23 速さについての文章題 ①

本冊 94 ～ 95 ページ

解答

❶ **3 時間後**
❷ **(1)45 秒後　(2)112.5 秒後**
❸ **245 m**
❹ **秒速 16 m，620 m**
❺ **2040 m**
(求め方の例)**5.1 km＝5100 m だから，兄の分速は，5100÷60＝85 (m)**
21 分後に 105 m 差ができたので，初めの兄弟の分速の差は，105÷21＝5 (m)
よって，弟が速さを変えてから，兄が駅に着くまでの時間は，
(105－60)÷(20－5)＝45÷15＝3 (分)
したがって，家から駅までのきょりは
85×(21＋3)＝85×24＝2040 (m)
❻ **毎分 80 m**
❼ **秒速 30 m**
❽ **(1)1230 m　(2)650 m　(3)70 m**

解き方

❶ 2 時間でイチローさんは 3×2＝6 (km) 進んでいるから，ヒデキさんがイチローさんに追いつくのは，6÷(5－3)＝3 (時間後)

❷ (1)A さんの秒速は，12000÷60÷60＝$\frac{10}{3}$ (m)
B さんの秒速は，20000÷60÷60＝$\frac{50}{9}$ (m)
18 秒後，A さんと B さんの間かくは，
$300-\frac{10}{3}\times 18=240$ (m)
A さんと B さんが初めて出会うのは，B さんが出発してから
$240\div\left(\frac{10}{3}+\frac{50}{9}\right)=27$ (秒後)
A さんが出発してから，18＋27＝45 (秒後)
(2)初めて出会ってから 3 回目に出会うまでに，A さんと B さんの進んだ道のりの和は，
300×2＝600 (m)
A さんが出発してから，3 回目に出会うまでにかかる時間は，
$45+600\div\left(\frac{10}{3}+\frac{50}{9}\right)=112.5$ (秒)

❸ 電信柱を通過するまでの 4 秒間に，電車が進む

道のりは，電車の長さに等しいから，電車の速さは，
秒速 $140 \div 4 = 35$ (m)
11 秒間に進む道のりは，$35 \times 11 = 385$ (m)
これは，電車と鉄橋の長さの和に等しいから，鉄橋の長さは，$385 - 140 = 245$ (m)

❹ 列車 B が列車 A と同じ速さで走ると，
$110 \div 2 = 55$ (秒) で通過する。
その差は，列車の長さである。
列車 A の速さは，
秒速 $(260 - 180) \div (55 - 50) = 16$ (m)
鉄橋の長さは，$16 \times 50 - 180 = 620$ (m)

❻ 姉と妹が同じ方向に歩くとき，2 人のへだたりは 560 m だから，2 人の速さの差は，
分速 $560 \div 28 = 20$ (m)
また，2 人が反対方向に歩くとき，2 人のへだたりは 560 m だから，2 人の速さの和は，
分速 $560 \div 4 = 140$ (m)
2 人の速さ(分速)を図に表すと右のようになるから，和差算の考えを使って，姉の歩く速さは，毎分 $(140 + 20) \div 2 = 80$ (m)

姉 20m 140m
妹

❼ 追いこす時間＝両列車の長さの和÷両列車の速さの差
だから，列車 B と列車 A の速さの差は，
秒速 $(130 + 150) \div 56 = 5$ (m)
よって，列車 B の速さは，秒速 $25 + 5 = 30$ (m)

❽ (1)時速 108 km を秒速になおすと，
秒速 $108000 \div 3600 = 30$ (m)
トンネルの中にかくれていたのは 41 秒なので，その間に電車が進んだ長さは，$30 \times 41 = 1230$ (m)
(2)トンネルにかくれていた間に進む道のりはトンネルの長さより電車の長さの分だけ短い道のりである。鉄橋をわたり始めてからわたり終わるまで進む道のりは鉄橋の長さより電車の長さ分だけ長い道のりである。よって，これらを合わせると，ちょうどトンネルと鉄橋の長さの和になり，かかる時間が，
$41 + 24 = 65$ (秒) だから，その長さは，
$30 \times 65 = 1950$ (m)
トンネルの長さは鉄橋の長さの 2 倍だから，鉄橋の長さの 3 倍が 1950 m になる。よって，鉄橋の長さは，$1950 \div 3 = 650$ (m)
(3)(1)より，トンネルの中にかくれていた間に進んだ道のりは 1230 m だから，電車の長さは，
$650 \times 2 - 1230 = 70$ (m)
別解　鉄橋の長さより電車の長さの分だけ長い道のりが $30 \times 24 = 720$ (m) になるので，電車の長さは，$720 - 650 = 70$ (m)

24 速さについての文章題 ②

本冊 98 ～ 99 ページ

解答

❶ 毎時 3 km
❷ (1)時速 6 km　(2)5.76 km
❸ 8
❹ (1)160　(2)①$21\frac{9}{11}$　②$54\frac{6}{11}$
❺ (1)時速 9 km　(2)時速 1 km　(3)10 km
❻ 11 時 44 分
(求め方の例)**時計 B は，12 時までに 11 回重なる。**
$64 \times 11 \div 60 = 11$ 余り 44
よって，11 時 44 分をさしている。
❼ (1)毎時 3 km　(2)18 km
(3)午後 2 時 45 分

解き方

❶ この船の上りの時速は，$10 \div 1\frac{40}{60} = 6$ (km)
この船の下りの時速は，$10 \div \frac{50}{60} = 12$ (km)
よって，川の流れの時速は，$(12 - 6) \div 2 = 3$ (km)

❷ (1)行きと帰りにかかった時間は速さの比の逆比なので，行きの速さ：帰りの速さ＝72：48＝3：2
行きと帰りの速さの差は川の流れの速さの 2 倍なので，帰りの速さは，分速 $20 \times 2 \times \frac{2}{3-2} = 80$ (m)
よって，静水時の船の分速は，$80 + 20 = 100$ (m)
時速は，$100 \times 60 \div 1000 = 6$ (km)
(2)$80 \times 72 = 5760$ (m)　5760 m＝5.76 km

❸ A の船の上りの時速を①とすると，下りの時速は⑤になるから，静水での時速は，(①＋⑤)÷2＝③
これが時速 6 km になるから，①＝6÷3＝2 (km)
よって，上りの時速が 2 km だから，流れの時速は，
$6 - 2 = 4$ (km)
次に，B の船の上りの時速を[1]とすると，下りの時速は[3]だから，静水での時速は，([1]＋[3])÷2＝[2]
流れの時速は，([3]－[1])÷2＝[1] であるから，B の船の静水での速さは，流れの速さの 2 倍。
よって，$4 \times 2 = 8$ (km)

❹ (1)1 分間に長針(ちょうしん)は 6°，短針は 0.5° 回転する。2 時 0 分のときの両針のつくる角度は 30°×2＝60°

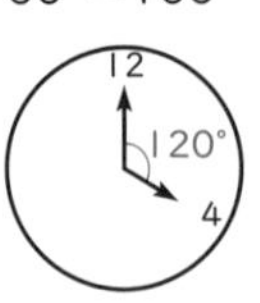

40 分間にできる両針のつくる角度の差は，(6°－0.5°)×40＝5.5°×40＝220°

よって，小さいほうの角度は，220°－60°＝160°

(2)① 4 時 0 分のときの両針のつくる角度は 30°×4＝120° なので，長針と短針が重なるのは，

12
120°
4

120°÷(6°－0.5°)＝120°÷5.5°

$=120\times\frac{2}{11}=21\frac{9}{11}$ (分後) だから，4 時 $21\frac{9}{11}$ 分。

②長針と短針の間の角度が 180° になるのは，

(120°＋180°)÷(6°－0.5°)＝300°÷5.5°

$=54\frac{6}{11}$ (分後) だから，4 時 $54\frac{6}{11}$ 分。

❺ (1)グラフから B 町が川下，A 町が川上であることがわかる。

下りの速さは，時速 40÷4＝10 (km)

上りの速さは，時速 40÷(9－4)＝8 (km)

よって，船の静水での速さは，

時速 (10＋8)÷2＝9 (km)

(2)川の流れの速さ＝下りの速さ－静水での速さ

より，時速 10－9＝1 (km)

(3)CB 間が下り，BC 間が上りである。下りにかかる時間と上りにかかる時間の比は，速さの逆比だから，

川下(km)
B町40
C地点
A町
川上 0
④4⑤
9
(時間)
2時間15分

8：10＝④：⑤

よって，行きにかかる時間は，2 時間 15 分の

$\frac{4}{4+5}$ なので，$2\frac{1}{4}\times\frac{4}{9}=1$ (時間)

下りの速さは時速 10 km だから，10×1＝10 (km)

❻ 別解 時計 A の両針が重なるのは，

$360°\div5.5°=\frac{720}{11}$ (分) ごとだから，

時計 A と B の速さの比は，逆比をとって，

$A:B=64:\frac{720}{11}=704:720=44:45$

よって，B が 12 回転するときの A の回転は，

$12\times\frac{44}{45}=\frac{176}{15}=11\frac{11}{15}$ (回転)

$11\frac{11}{15}$ 回転を時刻(じこく)に直して，11 時 44 分。

❼ (1)上りと下りの速さの比は，かかる時間の逆比だから，3：4

上りの速さが毎時 18 km だから，下りの速さは，

毎時 $18\times\frac{4}{3}=24$ (km)

よって，川の流れの速さは，

毎時(24－18)÷2＝3 (km)

(2)初めてすれちがうまでの時間は，

42÷(18＋24)＝1 (時間)

18×1＝18 (km)

→P毎時24km ←Q毎時18km
A 川上
出会う ←1時間→
B 川下

(3)P と Q の船が 3 回目にすれちがうのは，1 往復したあとに初めてすれちがうところである。船 Q で考えると，1 往復に

$\underset{上り}{\underline{42\div18}}+\underset{Aで休み}{\underline{\frac{20}{60}}}+\underset{下り}{\underline{42\div24}}=\frac{7}{3}+\frac{1}{3}+\frac{7}{4}$

$=4\frac{5}{12}$ (時間)

よって，(2)より，3 回目にすれちがうまでに，

$\underset{1往復}{\underline{4\frac{5}{12}}}+\underset{Bで休み}{\underline{\frac{20}{60}}}+\underset{Pとすれちがうまで}{\underline{1}}=4\frac{5}{12}+\frac{1}{3}+1=5\frac{9}{12}=5\frac{3}{4}$ (時間)

かかる。

午前 9 時＋$5\frac{3}{4}$ 時間＝午前 14 時 45 分

＝午後 2 時 45 分

25 規則性についての文章題 ①

本冊 102 ～ 103 ページ

解答

❶ (1)1024 (2)4 (3)514

❷ (1)26 (2)12 段目(だんめ)の左から 4 枚目(まいめ)

❸ (1)56 番目 (2)$\frac{5}{14}$

❹ 210

❺ (1)△ (2)23 個 (3)106 個

❻ 木曜日

❼ 10 月 16 日の水曜日

(求め方の例)芝田君は月曜日から始まる 1 週間で 1×3＋5＝8 (km) 走る。

これを 1 周期とすると，50÷8＝6 余り 2 より，6 周期と 2 km 余る。

余った 2 km を走り終えるのは，水曜日。
よって，50 km 走り終わるのに
7×6+3=45 (日間) かかる。
9 月 2 日から 45 日間なので，
9 月 2+45−1=46 (日) と考える。
9 月は 30 日までだから，
10 月 1 日から 46−30=16 (日間) と
なるので，10 月 16 日の水曜日。

❽ (1)33　(2)144　(3)6 段目の 13 列目

解き方

❶ (1)前の数の 2 倍となる規則だから，2 を 10 回かけあわせると，2×2×……×2=1024
(2)一の位の数だけに注目すると，2 をかけるごとに，2，4，8，6，2，4，8，6，2，……と 4 つの数字 2，4，8，6 がくり返されていくので，
1502÷4=375 余り 2 より，2 番目の数の 4 である。
(3)103÷4=25 余り 3 より，
(2+4+8+6)×25+2+4+8=514

❷ (1)各段の右はしの数は，1 段目が 1=1×1，2 段目が 4=2×2，3 段目が 9=3×3 になっている。よって，5 段目の右はしの数は，5×5=25 で，6 段目の 1 番左の数は，25+1=26
(2)11×11=121，12×12=144 より，125 枚目は 12 段目にならぶ。11 段目の右はしの数は 121 なので，125 は 12 段目の左から，
125−121=4 (枚目)

❸ (1)分母が同じ分数ごとに組にしていくと，次のようになる。
$\left(\frac{1}{2}\right)\ \left(\frac{2}{3},\ \frac{1}{3}\right)\ \left(\frac{3}{4},\ \frac{2}{4},\ \frac{1}{4}\right)$，……
1 組目は分母が 2 で 1 個，2 組目は分母が 3 で 2 個，3 組目は分母が 4 で 3 個，……となっている。
よって，$\frac{11}{12}$ は 12−1=11 (組目) の 1 番目の数なので，
(1+2+3+……+9+10)+1=55+1=56 (番目)
(2)(1)より 10 組目までの分数の個数は
56−1=55 (個) なので，11 組目までの分数は，
55+11=66 (個)
12 組目までの分数は，66+12=78 (個)
13 組目までの分数は，78+13=91 (個)
よって，87 番目の分数は，13 組目の 87−78=9 (番目) の分数。13 組目の分数の分母は 14 で，13 組目の 9 番目の分子は 13−9+1=5 だから，87 番目の分数は $\frac{5}{14}$

❹ 差が 2，3，4，5，6…と等差数列になっている。
20 番目までに間の数は 19 個あり，最後の差は 20 である。
最初の数の 1 に差の和をくわえればよく，
差の和は，2+3+4+…+20 だから，
1+(2+20)×19÷2=210

❺ (1)△●△●●△の 6 個 1 組がくり返されているから，21÷6=3 余り 3 より，3 つ目の△になる。
(2)45 番目までに 6 個の組が，
45÷6=7 余り 3 より，7 組ある。△の積み木は 1 組に 3 個で，余りの 3 個は△●△だから，
3×7+2=23 (個)
(3)△の積み木は 1 組に 3 個だから，
107÷3=35 余り 2 より，35 組と 2 個になる。
2 個は△●△となるから，●は 35 組と 1 個。
●の積み木は 1 組に 3 個だから，
3×35+1=106 (個)

参考

●に目をつけて，●が 1 個の両側には必ず△が 1 個ずつある，●が 2 個並(なら)んだ次には必ず△がきている，といった部分ごとのきまりを見つけ，部分ごとにえん筆で囲んでいくと，大きなきまりを見つけやすい。

❻ まず，2 月 1 日から 12 月 31 日まで何日間あるか求める。2020 年はうるう年なので 2 月は 29 日まであり，365+1=366 (日) ある。
1 月の 31 日分をひけばいいので，
366−31=335 (日間)
1 週間を 1 周期と考えるので，
335÷7=47 余り 6 より，47 週間と 6 日間ある。
よって，12 月 31 日は木曜日。

参考

2 月，4 月，6 月，9 月，11 月は 31 日までない月で，2 月は 28 日(うるう年では 29 日)まで，その他の月は 30 日までである。
31 日までない月は「西(にし)向(む)く士(さむらい)」で覚えておくとよい。(2 4 6 9 11)
(士は十一を一字にしたものである。)

❽ (1)5 段目の 1 列目の次は，6 段目の 1 列目になる。
そして，最後は 1 段目の 6 列目になる。
1 段目の 2 列目は 2×2，4 列目は 4×4 になることから，6 列目も 6×6=36
4 段目は 3 つもどることから，36−3=33

⑵ 1 段目の偶数列目は，
その列の数×その列の数
になることから，12×12＝144
⑶⑵より，1 段目の 12 列目が 144 より，1 段目の 13 列目は 145
したがって，150 は 5 つ後より，6 段目の 13 列目。

26 規則性についての文章題 ②

本冊 106 ～ 107 ページ

解答

❶ **5**
❷ ⑴**36 個** ⑵**15 個**
❸ ⑴**24** ⑵**196** ⑶**76**
❹ **456 m**
❺ **26 人**
❻ ⑴**B チーム**
⑵1 位…**A チーム，**2 位…**C チーム，**
3 位…**B チーム**
❼ **13**
❽ **B 君，A 君，D 君，C 君**

解き方

❶ 50 cm ずつ切ると 6 個に分けるので，5 回切る。
切る時間は，14×5＝70（分）
1 時間 30 分＝90 分 だから，休けい時間は，
90－70＝20（分）
5 か所目を切り終えたときに休けいは必要ないので，休けいした回数は，5－1＝4（回）
20÷4＝5（分）より，1 回 5 分間の休けいになる。

❷ ⑴長方形の 4 つのかどに置かれているご石は，縦にも横にもふくまれているから，横には，
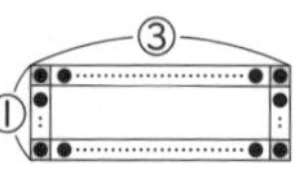

5×3＝15（個）
周りには，(5＋15)×2－4＝36（個）
⑵$(116+4)\div 2\times\frac{1}{1+3}$＝15（個）

❸ ⑴25＝5×5 より，黒石の 1 辺の数は 5 個である。右の図のように，1 辺に並ぶ白石はそれより 2 個多い 7 個だから，周りの白石の数は，(7－1)×4＝24（個）
6個
⑵⑴と逆の順序で考えて，1 辺に並ぶ白石は，
60÷4＋1＝16（個）
黒石の 1 辺の数は 16－2＝14（個）だから，
黒石の数は，14×14＝196（個）
⑶400＝20×20 だから，1 辺に並ぶ白石の数は，20 個。よって，周りに並んでいる白石の数は，
(20－1)×4＝76（個）

❹ 間を 6 m にするときと，間を 8 m にするときの，きょりの差は，6×9＋8×10＝134（m）
これは，間かくの差 8－6＝2（m）が集まったものなので，差集め算の考えを用いて，くいを全部たてたときの間の数は 134÷2＝67
よって，くいの数は 67＋1＝68（本）
したがって，きょりは，
6×(68＋9－1)＝6×76＝456（m）

❺ A か B のどちらか一方にしか乗らなかった人は，
40－(15＋6)＝19（人）
その 19 人の料金の合計は，
12400－(200＋300)×15＝4900（円）
A だけに乗ったのが 19 人とすると，料金は，
4900－200×19＝1100（円）
たりないから，B だけに乗ったのは，
1100÷(300－200)＝11（人）
よって，B に乗った人数は，15＋11＝26（人）

❻ A がうそ，B と C が正しいとすると，
A は 2 位か 3 位，B は 2 位，C は 2 位か 3 位となり，1 位のチームがいないので，×
C がうそ，A と B が正しいとすると，
A が 1 位，C も 1 位となり，1 位のチームが 2 つあるので，×
B がうそ，A と C が正しいとすると，
A は 1 位，B は 1 位か 3 位，C は 2 位か 3 位となる。
これは，3 チームの順位(A，C，B)が決定できるので，○

❼ 右の図より，弟だけいる人は，16－4＝12（人）
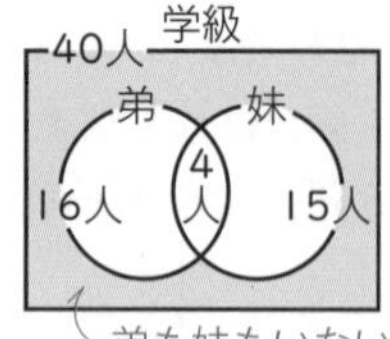

妹だけいる人は，
15－4＝11（人）
よって，どちらもいない人は，40－(12＋11＋4)＝13（人）

❽ B 君の得点は，A 君と C 君の得点の合計より多く，A 君と D 君の得点の合計と等しいので，B 君の得点は，A 君，C 君，D 君より多く，D 君の得点は C 君より多い。また，D 君の得点は A 君より少ないので，得点の多い順に，B 君，A 君，D 君，C 君となる。

実戦力強化編

1 数の計算

本冊 108 ～ 109 ページ

解答

1 (1)**2010** (2)**170** (3)**4**

2 (1)**12** (2)**4.8**

3 (1)$\frac{2}{41}$ (2)$\frac{1}{48}$ (3)**10**

4 (1)**8** (2)**5**

5 (1)**0.18** (2)**22**

6 (1)$\frac{35}{12}\left(2\frac{11}{12}\right)$ (2)$\frac{6}{11}$ (3)**12** (4)$\frac{1}{3}$

(5)**2** (6)$\frac{9}{10}$(**0.9**)

7 (1)$\frac{25}{6}\left(4\frac{1}{6}\right)$ (2)**85** (3)$\frac{5}{3}\left(1\frac{2}{3}\right)$ (4)**8**

8 a…**3**, b…**4**, c…**5**, d…**1**

9 (1)$\frac{3}{4}$ (2)$\frac{33}{64}$ (3)$\frac{255}{64}\left(3\frac{63}{64}\right)$

10 (1)**4** (2)**490** (3)**10**

解き方

1 計算は，①かっこの中(　)→{　}の順
②かけ算・わり算
③たし算・ひき算の順にする。

(1)$3\times4\times5\times6\times7-2\times3\times4\times5\times6+5\times6\times7$
$=5\times6\times(3\times4\times7-2\times3\times4+7)$
$=30\times(84-24+7)=30\times67=2010$

(2)$\left\{12+\left(3-\frac{1}{14}\right)\times7\right\}\times8-90$
$=\left(12+21-\frac{1}{2}\right)\times8-90=\left(33-\frac{1}{2}\right)\times8-90$
$=264-4-90=170$

(3)$(33\times5-117\div9)\div76\times2=(165-13)\div76\times2$
$=152\div76\times2=2\times2=4$

2 (1)$30.3\times20.2-6\times100.01$
$=3\times10.1\times2\times10.1-6\times100.01$
$=6\times102.01-6\times100.01$
$=6\times(102.01-100.01)=6\times2=12$

(2)$(7.2+9.6)\div(4.1-0.4\times1.5)$
$=16.8\div(4.1-0.6)=16.8\div3.5=4.8$

3 約分は計算のとちゅうでもすること。
(1)分母が大きくて，通分がしづらい場合は，分母を素数(解答 5 ページ参照)の積で表して考える。

$\frac{1}{24}+\frac{1}{246}+\frac{1}{328}$
$=\frac{1}{2\times2\times2\times3}+\frac{1}{2\times3\times41}+\frac{1}{2\times2\times2\times41}$
$=\frac{41+4+3}{2\times2\times2\times3\times41}=\frac{48}{3\times8\times41}=\frac{2}{41}$

(2)帯分数は仮分数になおして，かけ算·わり算をする。
$3\frac{5}{6}\div\left(4\frac{4}{5}\times5\frac{3}{4}\right)\div6\frac{2}{3}=\frac{23}{6}\div\left(\frac{24}{5}\times\frac{23}{4}\right)\div\frac{20}{3}$
$=\frac{23}{6}\div\frac{138}{5}\div\frac{20}{3}=\frac{23}{6}\times\frac{5}{138}\times\frac{3}{20}=\frac{1}{48}$

(3)$7\frac{1}{2}+2\frac{1}{3}\times\left(2\frac{1}{2}\times\frac{4}{5}-\frac{13}{14}\right)$
$=7\frac{1}{2}+\frac{7}{3}\times\left(\frac{5}{2}\times\frac{4}{5}-\frac{13}{14}\right)$
$=7\frac{1}{2}+\frac{7}{3}\times\left(2-\frac{13}{14}\right)=7\frac{1}{2}+\frac{7}{3}\times\frac{15}{14}$
$=7\frac{1}{2}+\frac{5}{2}=7\frac{1}{2}+2\frac{1}{2}=10$

4 逆算の考えを使って，x の値(あたい)を求める。
(1)$123456789\times x+9=987654321$
$123456789\times x=987654321-9=987654312$
$x=987654312\div123456789=8$

(2)$10\times\{(6\times x+2)-3\}-169=121$
$10\times\{(6\times x+2)-3\}=121+169=290$
$(6\times x+2)-3=290\div10=29$
$6\times x+2=29+3=32$
$6\times x=32-2=30\quad x=30\div6=5$

5 (1)$0.55\div0.025-x\div0.025+0.63\div0.025=40$
$(0.55-x+0.63)\div0.025=40$
$1.18-x=40\times0.025=1$
$x=1.18-1=0.18$

(2)$\left[\left\{\left(x-\frac{1}{2}\right)\times\frac{1}{3}-\frac{1}{4}\right\}\div\frac{1}{5}-\frac{1}{6}\right]\div7=4\frac{11}{12}$
$\left\{\left(x-\frac{1}{2}\right)\times\frac{1}{3}-\frac{1}{4}\right\}\div\frac{1}{5}-\frac{1}{6}=\frac{59}{12}\times7=\frac{413}{12}$
$\left\{\left(x-\frac{1}{2}\right)\times\frac{1}{3}-\frac{1}{4}\right\}\div\frac{1}{5}=\frac{413}{12}+\frac{1}{6}=\frac{415}{12}$
$\left(x-\frac{1}{2}\right)\times\frac{1}{3}-\frac{1}{4}=\frac{415}{12}\times\frac{1}{5}=\frac{83}{12}$
$\left(x-\frac{1}{2}\right)\times\frac{1}{3}=\frac{83}{12}+\frac{1}{4}=\frac{43}{6}$
$x-\frac{1}{2}=\frac{43}{6}\div\frac{1}{3}=\frac{43}{2}\quad x=\frac{43}{2}+\frac{1}{2}=22$

6 小数と分数の混じった計算は，小数を分数になおして，分数だけの計算にする。
(1)$5.5\times1\frac{1}{3}+1\frac{5}{6}-\left(2.5-1\frac{1}{4}\right)\div0.2$

$=\frac{55}{10}\times\frac{4}{3}+\frac{11}{6}-\left(\frac{25}{10}-\frac{5}{4}\right)\div\frac{1}{5}$

$=\frac{11}{2}\times\frac{4}{3}+\frac{11}{6}-\left(\frac{5}{2}-\frac{5}{4}\right)\times 5=\frac{22}{3}+\frac{11}{6}-\frac{5}{4}\times 5$

$=\frac{44}{6}+\frac{11}{6}-\frac{25}{4}=\frac{55}{6}-\frac{25}{4}=\frac{110}{12}-\frac{75}{12}=\frac{35}{12}$

(2) $\left(1.5+2\frac{1}{6}\right)\div 30.25\times 4.5=\left(\frac{3}{2}+\frac{13}{6}\right)\div\frac{121}{4}\times\frac{9}{2}$

$=\frac{11}{3}\div\frac{121}{4}\times\frac{9}{2}=\frac{11}{3}\times\frac{4}{121}\times\frac{9}{2}=\frac{6}{11}$

(3) $2.5\div\left(\frac{5}{18}\div 1.5\right)\times\left(\frac{1}{9}\div 0.5+\frac{2}{3}\right)$

$=\frac{5}{2}\div\left(\frac{5}{18}\div\frac{3}{2}\right)\times\left(\frac{1}{9}\div\frac{1}{2}+\frac{2}{3}\right)$

$=\frac{5}{2}\div\left(\frac{5}{18}\times\frac{2}{3}\right)\times\left(\frac{1}{9}\times 2+\frac{2}{3}\right)$

$=\frac{5}{2}\div\frac{5}{27}\times\left(\frac{2}{9}+\frac{6}{9}\right)$

$=\frac{5}{2}\times\frac{27}{5}\times\frac{8}{9}=12$

(4) $1-\left(\frac{2}{3}-0.16\right)\div\frac{19}{25}=1-\left(\frac{2}{3}-\frac{4}{25}\right)\div\frac{19}{25}$

$=1-\frac{38}{75}\div\frac{19}{25}=1-\frac{38}{75}\times\frac{25}{19}=1-\frac{2}{3}=\frac{1}{3}$

(5) $5.2\div\left\{2\frac{4}{5}-1.5\times\left(\frac{2}{3}-0.2\right)+0.5\right\}$

$=\frac{26}{5}\div\left\{\frac{14}{5}-\frac{3}{2}\times\left(\frac{2}{3}-\frac{1}{5}\right)+\frac{1}{2}\right\}$

$=\frac{26}{5}\div\left(\frac{14}{5}-\frac{3}{2}\times\frac{7}{15}+\frac{1}{2}\right)$

$=\frac{26}{5}\div\left(\frac{14}{5}-\frac{7}{10}+\frac{1}{2}\right)$

$=\frac{26}{5}\div\frac{26}{10}=\frac{26}{5}\times\frac{10}{26}=2$

(6) $\left(0.28+1\frac{2}{5}\right)\times 2\frac{1}{7}-1.125\div\frac{5}{12}$

$=\left(\frac{7}{25}+\frac{7}{5}\right)\times\frac{15}{7}-\frac{9}{8}\times\frac{12}{5}=\frac{42}{25}\times\frac{15}{7}-\frac{9}{8}\times\frac{12}{5}$

$=\frac{18}{5}-\frac{27}{10}=\frac{9}{10}$

7 逆算の考えを使って，x の値を求める。

(1) $\left(3\frac{1}{7}-x\div 8.75\right)\times 1\frac{1}{2}=4$

$\left(\frac{22}{7}-x\div\frac{35}{4}\right)\times\frac{3}{2}=4$

$\frac{22}{7}-x\div\frac{35}{4}=4\div\frac{3}{2}=\frac{8}{3}$

$x\div\frac{35}{4}=\frac{22}{7}-\frac{8}{3}=\frac{10}{21}$

$x=\frac{10}{21}\times\frac{35}{4}=\frac{25}{6}$

(2) $31-29\frac{37}{68}\div\frac{82}{x}=0.375$

$31-\frac{2009}{68}\div\frac{82}{x}=\frac{3}{8}$

$31-\frac{2009}{68}\times\frac{x}{82}=\frac{3}{8}$

$31-\frac{49}{136}\times x=\frac{3}{8}$

$\frac{49}{136}\times x=31-\frac{3}{8}=\frac{245}{8}$

$x=\frac{245}{8}\div\frac{49}{136}=\frac{245}{8}\times\frac{136}{49}=85$

(3) $\left(3-1\frac{2}{3}\right)\times 0.375+\frac{5}{6}\div\left(1\frac{1}{6}+x\right)=\frac{27}{34}$

$\left(3-\frac{5}{3}\right)\times\frac{3}{8}+\frac{5}{6}\div\left(\frac{7}{6}+x\right)=\frac{27}{34}$

$\frac{4}{3}\times\frac{3}{8}+\frac{5}{6}\div\left(\frac{7}{6}+x\right)=\frac{27}{34}$

$\frac{1}{2}+\frac{5}{6}\div\left(\frac{7}{6}+x\right)=\frac{27}{34}$

$\frac{5}{6}\div\left(\frac{7}{6}+x\right)=\frac{27}{34}-\frac{1}{2}=\frac{5}{17}$

$\frac{7}{6}+x=\frac{5}{6}\div\frac{5}{17}=\frac{17}{6}$

$x=\frac{17}{6}-\frac{7}{6}=\frac{10}{6}=\frac{5}{3}$

(4) $\left(12\frac{1}{2}-\frac{1}{4}\right)\times\left(31\frac{3}{4}+x\right)-15\times\left(4\frac{1}{2}+20\right)\div 8=21\times 21$

$12\frac{1}{4}\times\left(31\frac{3}{4}+x\right)-15\times 24\frac{1}{2}\div 8=441$

$\frac{49}{4}\times\left(31\frac{3}{4}+x\right)-15\times\frac{49}{2}\div 8=441$

$\frac{49}{4}\times\left(31\frac{3}{4}+x\right)-\frac{735}{16}=441$

$\frac{49}{4}\times\left(31\frac{3}{4}+x\right)=441+\frac{735}{16}=\frac{7791}{16}$

$31\frac{3}{4}+x=\frac{7791}{16}\div\frac{49}{4}=\frac{159}{4}=39\frac{3}{4}$

$x=39\frac{3}{4}-31\frac{3}{4}=8$

8

```
        8 ア 9 イ 9               8 1 9 2 9
  ×          4 ウ ◎       ×            4 0 7
  ------------------       ------------------
       □ ◎ □ □ 0 3    →        5 7 3 5 0 3
   □ □ ◎ ◎ □ □             3 2 7 7 1 6
  ------------------       ------------------
   □ a 3 b c d 0 3         3 3 3 4 5 1 0 3
```

上の計算で，ウ＝0 である。

9 と◎の積の一の位の数が 3 なので，◎は 7 である。

次に，9×7＝63 より，イと 7 との積と 6 の和の一の位は 0 になる。つまり，イ×7 の一の位の数は，10−6＝4 より，イ＝2

さらに，4×9＝36，4×2＋3＝11，4×9＋1＝37

より，(ア×4+3)の一の位は 7 なので，アは 1 か 6 である。
ア=1 のとき，81929×7=573503 より，一万の位が 7 になる。
ア=6 のとき，86929×7=608503 より，一万の位が 7 にならない。よって，ア=1
したがって，この計算は，
81929×407=33345103
よって，$\boxed{a}$=3，$\boxed{b}$=4，$\boxed{c}$=5，$\boxed{d}$=1

9 (1)1 番目は 1 だから，
2 番目は，$\left(1+\frac{1}{2}\right)\div 2=\frac{3}{2}\times\frac{1}{2}=\frac{3}{4}$
(2)順に計算して，6 番目まで求める。
3 番目は，$\left(\frac{3}{4}+\frac{1}{2}\right)\div 2=\frac{5}{4}\times\frac{1}{2}=\frac{5}{8}$
4 番目は，$\left(\frac{5}{8}+\frac{1}{2}\right)\div 2=\frac{9}{8}\times\frac{1}{2}=\frac{9}{16}$
5 番目は，$\left(\frac{9}{16}+\frac{1}{2}\right)\div 2=\frac{17}{16}\times\frac{1}{2}=\frac{17}{32}$
6 番目は，$\left(\frac{17}{32}+\frac{1}{2}\right)\div 2=\frac{33}{32}\times\frac{1}{2}=\frac{33}{64}$
(3)1 番目から 6 番目までをたすと，
$1+\frac{3}{4}+\frac{5}{8}+\frac{9}{16}+\frac{17}{32}+\frac{33}{64}$
$=\frac{64+3\times16+5\times8+9\times4+17\times2+33}{64}$
$=\frac{255}{64}$

10 (1)$\frac{2}{5}=0.4$，$\frac{4}{5}=0.8$，$\frac{6}{5}=1.2$，$\frac{8}{5}=1.6$，
$\frac{10}{5}=2$ だから，
$\left[\frac{2}{5}\right]+\left[\frac{4}{5}\right]+\left[\frac{6}{5}\right]+\left[\frac{8}{5}\right]+\left[\frac{10}{5}\right]$
$=0+0+1+1+2=4$
(2)$\frac{12}{5}=2+\frac{2}{5}$ のように考えて(1)の結果を使うと，
$\left[\frac{12}{5}\right]+\left[\frac{14}{5}\right]+\left[\frac{16}{5}\right]+\left[\frac{18}{5}\right]+\left[\frac{20}{5}\right]$
$=\left[2+\frac{2}{5}\right]+\left[2+\frac{4}{5}\right]+\left[2+\frac{6}{5}\right]+\left[2+\frac{8}{5}\right]+\left[2+\frac{10}{5}\right]$
$=2+2+3+3+4=14=4+10$
同じように考えると，前から 5 個ずつの和は 10 ずつ大きくなっていくので，求める和は，
4+14+24+34+44+54+64+74+84+94
=(4+94)×10÷2=490
(3)初めの 10 個について考えると，
$\left[\frac{100}{5}\right]-\left[\frac{98}{5}\right]+\left[\frac{96}{5}\right]-\left[\frac{94}{5}\right]+\left[\frac{92}{5}\right]-\left[\frac{90}{5}\right]$
$+\left[\frac{88}{5}\right]-\left[\frac{86}{5}\right]+\left[\frac{84}{5}\right]-\left[\frac{82}{5}\right]$
$=20\underline{-19+19}\,\underline{-18+18}$
$-18\underline{+17-17}\,\underline{+16-16}$
=20−18=2 となる。
同じようにして 10 個ずつ考えると，
(20−18)+(16−14)+(12−10)+(8−6)+(4−2)
=2×5=10

2 いろいろな計算

本冊 110 ～ 111 ページ

解答

1 (1)**3.14** (2)**936** (3)**2010** (4)**667** (5)**7**
2 (1)**225** (2)**217** (3)**1** (4)$\mathbf{\frac{105}{2}\left(52\frac{1}{2}\right)}$
3 (1)$\mathbf{\frac{9}{10}}$ (2)$\mathbf{\frac{5}{18}}$
4 $\mathbf{\frac{35}{429}}$
5 (1)**159** (2)**898** (3)**27.4**
6 (1)**712** (2)**3, 7, 14, 30**
(3)**1, 18, 35** (4)**6, 24**
7 (1)**1350** (2)**2** (3)$\mathbf{2\frac{17}{18}\left(\frac{53}{18}\right)}$
8 (1)**67** (2)**24**
9 (1)① $\mathbf{\frac{1}{24}}$ ② $\mathbf{\frac{1}{10}}$ (2)**1, 2, 3, 4, 6, 8**
10 $\mathbf{\frac{9}{22}}$

解き方

1 (1)$3.14\times2.3+0.314\times6-3.14\times1\frac{9}{10}$
$=\underline{3.14}\times2.3+\underline{3.14}\times0.1\times6-\underline{3.14}\times1.9$
=3.14×(2.3+0.6−1.9)
=3.14×1=3.14
(2)52×18−12×39+13×36
=52×18−2×2×3×3×13+2×2×3×3×13
=52×18=936
(3)2.01×930−2.01×130+2.01×300
−1.005×200
$=\underline{2.01}\times930-\underline{2.01}\times130+\underline{2.01}\times300$
$-\underline{2.01}\div2\times200$
=2.01×(930−130+300−100)
=2.01×1000=2010

(4) $2668\times13-1334\times12-667\times27$
$=\underline{667}\times4\times13-\underline{667}\times2\times12-\underline{667}\times27$
$=667\times(52-24-27)$
$=667\times1=667$

(5) $2.8\times1\frac{1}{2}+5.6\times2\frac{1}{2}-8.4\times1\frac{1}{3}$
$=\underline{2.8}\times\frac{3}{2}+\underline{2.8}\times2\times\frac{5}{2}-\underline{2.8}\times3\times\frac{4}{3}$
$=2.8\times\left(\frac{3}{2}+5-4\right)$
$=2.8\times\frac{5}{2}=7$

2 (1) 21 から 29 まで 1 ずつ増えているから，
$21+22+23+24+25+26+27+28+29$
$=(21+29)\times9\div2=225$

(2) 10 から 33.4 まで 2.6 ずつ増えているから，
$10+12.6+15.2+17.8+20.4+23+25.6$
$+28.2+30.8+33.4$
$=(10+33.4)\times10\div2=434\div2=217$

(3) $\frac{1}{256}+\frac{1}{256}=\frac{2}{256}=\frac{1}{128}$ であるから，最後の 2 数から計算していく。
$\frac{1}{2}+\frac{1}{4}+\frac{1}{8}+\frac{1}{16}+\frac{1}{32}+\frac{1}{64}+\frac{1}{128}+\underline{\frac{1}{256}+\frac{1}{256}}$
$=\frac{1}{2}+\frac{1}{4}+\frac{1}{8}+\frac{1}{16}+\frac{1}{32}+\frac{1}{64}+\underline{\frac{1}{128}+\frac{1}{128}}$
$=\frac{1}{2}+\frac{1}{4}+\frac{1}{8}+\frac{1}{16}+\frac{1}{32}+\underline{\frac{1}{64}+\frac{1}{64}}$
$=\frac{1}{2}+\frac{1}{4}+\frac{1}{8}+\frac{1}{16}+\underline{\frac{1}{32}+\frac{1}{32}}$
$=\frac{1}{2}+\frac{1}{4}+\frac{1}{8}+\underline{\frac{1}{16}+\frac{1}{16}}=\frac{1}{2}+\frac{1}{4}+\underline{\frac{1}{8}+\frac{1}{8}}$
$=\frac{1}{2}+\underline{\frac{1}{4}+\frac{1}{4}}=\frac{1}{2}+\frac{1}{2}=1$

(4) 分母が同じ分数ごとに計算すると
$\frac{1}{2}$，$\frac{1}{3}+\frac{2}{3}=1=\frac{2}{2}$，$\frac{1}{4}+\frac{2}{4}+\frac{3}{4}=\frac{6}{4}=\frac{3}{2}$，……
となり，和は $\frac{1}{2}$ ずつ大きくなっていくので，与えられた式は，
$\frac{1}{2}+\frac{2}{2}+\frac{3}{2}+\cdots\cdots+\frac{13}{2}+\frac{14}{2}$
$=\frac{1+2+3+\cdots\cdots+13+14}{2}=\frac{(1+14)\times14\div2}{2}$
$=\frac{105}{2}$

3 (1) $\frac{1}{12}=\frac{4-3}{3\times4}=\frac{1}{3}-\frac{1}{4}$ になることを利用する。
あたえられた式は，
$\frac{1}{1\times2}+\frac{1}{2\times3}+\frac{1}{3\times4}+\frac{1}{4\times5}+\frac{1}{5\times6}+\frac{1}{6\times7}$
$+\frac{1}{7\times8}+\frac{1}{8\times9}+\frac{1}{9\times10}=\left(\frac{1}{1}-\frac{1}{2}\right)+\left(\frac{1}{2}-\frac{1}{3}\right)$
$+\left(\frac{1}{3}-\frac{1}{4}\right)+\left(\frac{1}{4}-\frac{1}{5}\right)+\left(\frac{1}{5}-\frac{1}{6}\right)+\left(\frac{1}{6}-\frac{1}{7}\right)$
$+\left(\frac{1}{7}-\frac{1}{8}\right)+\left(\frac{1}{8}-\frac{1}{9}\right)+\left(\frac{1}{9}-\frac{1}{10}\right)=1-\frac{1}{10}$
$=\frac{9}{10}$

(2) $\frac{3}{3\times6}=\frac{6-3}{3\times6}=\frac{1}{3}-\frac{1}{6}$ になることを利用する。
あたえられた式は，
$\left(\frac{1}{3}-\frac{1}{6}\right)+\left(\frac{1}{6}-\frac{1}{9}\right)+\left(\frac{1}{9}-\frac{1}{12}\right)$
$+\left(\frac{1}{12}-\frac{1}{15}\right)+\left(\frac{1}{15}-\frac{1}{18}\right)=\frac{1}{3}-\frac{1}{18}=\frac{5}{18}$

4 あたえられた式は，
$\left(\frac{1}{1\times3}-\frac{4}{3\times5}\right)+\left(\frac{4}{3\times5}-\frac{9}{5\times7}\right)$
$+\left(\frac{9}{5\times7}-\frac{16}{7\times9}\right)+\left(\frac{16}{7\times9}-\frac{25}{9\times11}\right)$
$+\left(\frac{25}{9\times11}-\frac{36}{11\times13}\right)=\frac{1}{3}-\frac{36}{11\times13}$
$=\frac{11\times13-36\times3}{3\times11\times13}=\frac{143-108}{429}=\frac{35}{429}$

5 (1) 1 km＝1000 m，1 cm＝0.01 m，
1 mm＝0.001 m だから，
300 m－13 m＋72 m－200 m＝159 m

(2) 1 L＝1000 cm^3，1 m^3＝1000000 cm^3，
1 dL＝100 cm^3 だから，
1200 cm^3－62 cm^3－240 cm^3＝898 cm^3

(3) (0.3 L＋9.7 L)×2.7＋0.02 L×20
＝10 L×2.7＋0.4 L＝27 L＋0.4 L＝27.4 L

6 (1) 1 時間＝60 分，1 日＝60×24 分＝1440 分
60 秒＝1 分だから，
3 時間－20 分＋0.8 日－36000 秒
＝(3×60)分－20 分＋(0.8×1440)分
　－(36000÷60)分
＝180 分－20 分＋1152 分－600 分＝712 分

(2) 小さい単位から順に計算していく。
25 秒×6＝150 秒＝2 分 30 秒
12 分×6＋2 分＝74 分＝1 時間 14 分
13 時間×6＋1 時間＝79 時間＝3 日 7 時間
よって，3 日 7 時間 14 分 30 秒になる。

(3) 大きい単位から順に計算していく。
7 時間÷6＝$1\frac{1}{6}$ 時間＝1 時間 10 分

51 分 $\div 6=\dfrac{51}{6}$ 分 $=8\dfrac{3}{6}$ 分 $=8$ 分 30 秒

30 秒 $\div 6=5$ 秒

よって，1 時間 10 分 $+8$ 分 30 秒 $+5$ 秒

$=1$ 時間 18 分 35 秒

(4) 24 時間 $\times\dfrac{4}{11+4}=\dfrac{32}{5}$ 時間 $=6\dfrac{2}{5}$ 時間

$\dfrac{2}{5}$ 時間 $=\left(\dfrac{2}{5}\times 60\right)$ 分 $=24$ 分

よって，6 時間 24 分である。

7 (1) $1\text{ L}=1000\text{ mL}$ だから，

$\square\text{ mL}:6.3\text{ L}=7\dfrac{1}{2}:35$ のとき，

$\square:6300=\dfrac{15}{2}:35=15:70=3:14$

よって，$\square\times 14=6300\times 3=18900$ より，

$\square=18900\div 14=1350$

(2) $\left(1\dfrac{2}{7}+\square\right):4.6=5:7$

$\left(\dfrac{9}{7}+\square\right):4.6=5:7$

よって，$\left(\dfrac{9}{7}+\square\right)\times 7=4.6\times 5=23$

$\dfrac{9}{7}+\square=\dfrac{23}{7}$　$\square=\dfrac{23}{7}-\dfrac{9}{7}=\dfrac{14}{7}=2$

(3) $3:2=7:\left\{4\times(\square-1)\div\dfrac{2}{3}-7\right\}$

$3\times\left\{4\times(\square-1)\div\dfrac{2}{3}-7\right\}=2\times 7=14$

$4\times(\square-1)\times\dfrac{3}{2}-7=\dfrac{14}{3}$

$6\times(\square-1)=\dfrac{14}{3}+7=\dfrac{35}{3}$

$\square-1=\dfrac{35}{3}\div 6=\dfrac{35}{18}$

$\square=\dfrac{35}{18}+1=1\dfrac{17}{18}+1=2\dfrac{17}{18}$

8 (1) $2\times(872-\square)=7\times(297-\square)$

$1744-2\times\square=2079-7\times\square$

$7\times\square-2\times\square=2079-1744$

$(7-2)\times\square=335$　$\square=335\div 5=67$

(2) $0.375=\dfrac{3}{8}$ だから，

$(\square+8):(\square-14)=\dfrac{6}{5}:\dfrac{3}{8}=16:5$

よって，$5\times(\square+8)=16\times(\square-14)$

$5\times\square+40=16\times\square-224$

$(16-5)\times\square=40+224$

$11\times\square=264$　$\square=264\div 11=24$

9 (1)約束にしたがって計算する。

①$\langle 8,\ 3\rangle+\langle 3,\ 8\rangle=\dfrac{1}{8\times(8+3)}+\dfrac{1}{3\times(3+8)}$

$=\dfrac{1}{8\times 11}+\dfrac{1}{3\times 11}=\dfrac{3+8}{3\times 8\times 11}=\dfrac{1}{3\times 8}=\dfrac{1}{24}$

②$\langle 3,\ 6\rangle+\langle 7,\ 2\rangle+\langle 6,\ 3\rangle+\langle 5,\ 2\rangle$

$=\langle 3,\ 6\rangle+\langle 6,\ 3\rangle+\langle 7,\ 2\rangle+\langle 5,\ 2\rangle$

$=\dfrac{1}{3\times 6}+\dfrac{1}{7\times(7+2)}+\dfrac{1}{5\times(5+2)}$

$=\dfrac{1}{18}+\dfrac{1}{7\times 9}+\dfrac{1}{5\times 7}=\dfrac{1}{18}+\dfrac{5+9}{5\times 7\times 9}$

$=\dfrac{1}{18}\times\dfrac{2}{5\times 9}$

$=\dfrac{1}{2\times 9}+\dfrac{2}{5\times 9}=\dfrac{5+4}{2\times 5\times 9}=\dfrac{1}{2\times 5}=\dfrac{1}{10}$

(2) $\langle\boxed{\text{ア}},\ \boxed{\text{イ}}\rangle=\dfrac{1}{\boxed{\text{ア}}\times(\boxed{\text{ア}}+\boxed{\text{イ}})}=\dfrac{1}{72}$ であるから，

$\boxed{\text{ア}}\times(\boxed{\text{ア}}+\boxed{\text{イ}})=72$

$72=1\times 72,\ 2\times 36,\ 3\times 24,\ 4\times 18,\ 6\times 12,$

8×9 で，$\boxed{\text{ア}}$は$\boxed{\text{ア}}+\boxed{\text{イ}}$より小さいから，

$\boxed{\text{ア}}=1,\ 2,\ 3,\ 4,\ 6,\ 8$

10 あたえられた式は，$1-1\div\left\{2-1\div\left(3+\dfrac{1}{4}\right)\right\}$

$=1-1\div\left(2-1\div\dfrac{13}{4}\right)=1-1\div\left(2-\dfrac{4}{13}\right)$

$=1-1\div\dfrac{22}{13}=1-\dfrac{13}{22}=\dfrac{9}{22}$

3 数の性質についての問題

本冊 112 ～ 113 ページ

解答

1 **11，22**

2 (1)**88**　(2)**52**　(3)**364**

3 (1)**36 人**　(2)**320 円**

4 分子が 14 の分数… $\mathbf{\dfrac{14}{17}}$

分母が 14 の分数… $\mathbf{\dfrac{11}{14}}$

5 (1)**6，54**　(2) $\mathbf{\dfrac{76}{21}\left(3\dfrac{13}{21}\right)}$

6 **3**

7 **8853**

8 **359**

9 (1)A さん…**33 枚**，B さん…**34 枚**

(2)A さん…**5 の倍数**，B さん…**4 の倍数**

(求め方の例)**A さんは 20 枚取ることから，$100\div 20=5$ より，5 の倍数。**

Bさんも20枚ということから，5より小さい4，3，2のうちどれかの倍数になる。
4の倍数は，100÷4＝25（個）そのうち，4と5の公倍数である20の倍数を除く。
100÷20＝5（個）　25－5＝20（個）
したがって，Bさんは4の倍数になる。

10 (1)13　(2)39

11 (1)285714　(2)$\frac{2}{7}$

12 (1)100個　(2)75個　(3)33個　(4)24個

解き方

1 92－4＝88 であるから，ある数は，88と132と154の公約数で，4より大きい数だから，11と22

$$\begin{array}{r|rrr} 2 & 88 & 132 & 154 \\ 11 & 44 & 66 & 77 \\ & 4 & 6 & 7 \end{array}$$

2 (1)3－1＝2，5－3＝2 より，3と5の最小公倍数15の倍数から2をひいた数を考える。
13，28，43，58，73，88，103，……の中で，7でわると4余る整数のうち，最も小さいものは88である。（88÷7＝12余り4 である）
(2)7でわると3余る数は，3，10，<u>17</u>，24，……
5でわると2余る数は，2，7，12，<u>17</u>，……
17の次に共通な数は，17に7と5の最小公倍数35を加えていって，
17，52，87，……
このうち，3でわると1余る最も小さい数は，52
(3)12でわったとき，商と余りを□とすると，
わられる数は，12×□＋□＝13×□ で表される。
□＝1 のとき 13×1＝13，
□＝2 のとき 13×2＝26，…………，
□＝7 のとき 13×7＝91
この<u>7</u>個の数の和は，
13＋26＋……＋91＝(13＋91)×<u>7</u>÷2
＝364

3 (1)児童に返したお金の枚数は，それぞれ，
100円玉…(11800－1000)÷100＝108（枚）
10円玉…(1000－280)÷10＝72（枚）
であるから，児童の人数は，108と72の公約数と考えられる。10円玉が28枚残ったことから，公約数のうち，28より大きい数なので，36人とわかる。
(2)11800円のうち280円を返さなかったので，
(11800－280)÷36＝320（円）

4 7と6と14の最小公倍数42を分子とする分数を考える。$\frac{7}{9}=\frac{42}{54}$ と $\frac{6}{7}=\frac{42}{49}$ の2つの分数の間にある分数は，$\frac{42}{53}$，$\frac{42}{52}$，$\frac{42}{51}$，$\frac{42}{50}$
この中で，分子が14になるものは，$\frac{42}{51}=\frac{14}{17}$
9と7と14の最小公倍数126を分母とする分数を考える。$\frac{7}{9}=\frac{98}{126}$ と $\frac{6}{7}=\frac{108}{126}$ の2つの分数の間にある分数は，
$\frac{99}{126}$，$\frac{100}{126}$，$\frac{101}{126}$，$\frac{102}{126}$，$\frac{103}{126}$，$\frac{104}{126}$，$\frac{105}{126}$，$\frac{106}{126}$，$\frac{107}{126}$
この中で，分母が14になるものは $\frac{99}{126}=\frac{11}{14}$

5 (1)2と3の最小公倍数は6だから，最小の正方形をつくるには，1辺の長さを6 cmにすればよい。縦に2枚，横に3枚並べるから，全部で
2×3＝6（枚）
また，面積が324 cm^2 となるのは，1辺の長さが18 cmのときだから，縦に18÷3＝6（枚），
横に18÷2＝9（枚）並べることになり，
6×9＝54（枚）必要となる。
(2)求める分数を $\frac{△}{□}$ すると，$\frac{△}{□}\div\frac{19}{42}=\frac{△}{□}\times\frac{42}{19}$ と $\frac{△}{□}\div\frac{4}{63}=\frac{△}{□}\times\frac{63}{4}$ がともに整数になるので，□は42と63の公約数，△は19と4の公倍数である。最も小さい分数を求めるため，□はできるだけ大きく，△はできるだけ小さくする。よって，□は42と63の最大公約数の21，△は19と4の最小公倍数の76なので，求める分数は，$\frac{76}{21}$ である。

6 数の並べ方は次の2種類ある。
(8，9，7，10，6，11)，(9，8，10，7，11，6)
どちらも両はしの差は3

参考
差が5となる組み合わせは，6と11しか残っていないので，まず，右はしに11を置いて考える。そして，差は右側が大きい場合と左側が大きい場合があることを考える。

7 3の倍数は，4けたの各位の数の和が3の倍数になる。最も大きい数は9876で，最も小さい数は1023だから，
差は，9876－1023＝8853

8 小数第2位を四捨五入して8.3になる数は，

8.25 以上 8.35 未満である。したがって，43 でわって，小数第 2 位を四捨五入したら 8.3 になる数は，8.35×43＝359.05 未満より，このような整数のうちいちばん大きい整数は 359 である。

9 (1)100 までの 3 の倍数は，
100÷3＝33 余り 1 より，33 個。A は 33 枚。
偶数（ぐうすう）のうち 3 の倍数でもあるのは，6 の倍数で，
100÷6＝16 余り 4 より，16 個。
偶数は，100÷2＝50 (個)
よって，B は，50－16＝34 (枚)

10 (1)A と B の最大公約数を G とすると，A＝G×C，B＝G×D と表されるので，A×B＝G×C×G×D
7098＝2×3×7×13×13 なので，
C×D＝2×3×7，G＝13 となり，A と B の最大公約数は 13 である。
(2)B－A＝143＝11×13 のとき，
B－A＝G×D－G×C＝G×(D－C) より，
G＝13 だから D－C＝<u>11</u>，
(1)より，C×D＝2×3×7，2×7－3＝<u>11</u> だから，
D＝2×7，C＝3
よって，A＝13×3＝39
このとき，B＝13×2×7＝182 で，
B－A＝182－39＝143 が成り立つので正しい。

11 (1)5 けたの整数 BCDEF を N とすると，6 けたの整数 ABCDEF は，A×100000＋N と表せる。また，6 けたの整数 BCDEFA は，N×10＋A と表せる。
つまり，BCDEFA がもとの数の 3 倍になるとき，
N×10＋A＝(A×100000＋N)×3 より，
N×10－N×3＝A×100000×3－A
N×(10－3)＝A×(300000－1)
N×7＝A×299999 より，
N＝A×299999÷7＝A×42857
N は 5 けたの整数だから，A は 1 か 2 になる。したがって大きいほうは，N＝2×42857＝85714
なので，x＝2×100000＋85714＝285714
(2)$\frac{285714}{999999}=\frac{31746}{111111}=\frac{2886}{10101}=\frac{962}{3367}$
（9 で約分，11 で約分，3 で約分）
962＝2×13×37 より，$\frac{962}{3367}=\frac{74}{259}=\frac{2}{7}$
（13 で約分，37 で約分）

12 (1)連続した 3 つの整数のうちの 1 個は必ず 3 の倍数であり，また 2 の倍数が少なくとも 1 個ある。よって，すべて，3×2＝6 の倍数になっているから，100 個ある。
(例 7×8×9＝7×4×3×(2×3)＝7×4×3×6)
(2)次の表のように，100 個の数を並（なら）べかえると，1 段目（だんめ）の偶数は 4 ずつ大きくなるので，4 ではわり切れない。よって，1 段目の数は 12 の倍数でない。2 段目～4 段目の各式には，3 と 4 の倍数が 1 個ずつか，12 の倍数が 1 個ある。よって，12 の倍数は，100×$\frac{3}{4}$＝75 (個)

1 段目	1×2×3	5×6×7	9×10×11	……	97×98×99
2 段目	2×③×④	⑥×7×⑧	10×11×[12]	……	98×(99)×(100)
3 段目	③×④×5	7×⑧×⑨	11×[12]×13	……	(99)×(100)×101
4 段目	④×5×⑥	⑧×⑨×10	[12]×13×14	……	(100)×101×(102)

○は 3，4 の倍数，□は 12 の倍数

(3)18＝2×3×3 より，18 の倍数は 3 で 2 回わり切れるが，3 個の連続する整数のうち 3 の倍数は 1 個だけだから，18 の倍数になるためには，9 の倍数がふくまれていなければならない。
ここで，102÷9＝11 余り 3 より，1 から 102 までの整数の中に 9 の倍数は 11 個。9 の倍数 1 個について 3 通りずつの式がある(例 7×8×<u>9</u>，8×<u>9</u>×10，<u>9</u>×10×11)から，18 の倍数は全部で，
11×3＝33 (個)
(4)36 の倍数(36 と 72)をふくむ式は，すべて 36 の倍数になるから，2×3＝6 (個)
36＝2×2×9 より，36 と 72 以外の 9 の倍数では，偶数が 2 個か 4 の倍数が 1 個ふくまれていればよい。
例えば，7×8×9，8×9×10，9×10×11 のうち，7×<u>8</u>×<u>9</u>，<u>8</u>×<u>9</u>×10 は 36 の倍数になるが，<u>9</u>×10×11 は 36 の倍数にならない。よって，36 と 72 以外の 9 の倍数((3)より 11 個ある)をふくむ式が 2 個ずつあるから，(11－2)×2＝18 (個)
よって，36 の倍数は全部で 6＋18＝24 (個)

4 場合の数

本冊 114 ～ 115 ページ

解答

1 **12 通り**
2 (1)**15 通り** (2)**200 通り**
3 **96 通り**
4 (1)**20 通り** (2)**45 通り**
(3)**12 通り，最大…29，最小…23**
5 (1)**4 種類** (2)**44 個**
6 (1)**27 通り** (2)**189 通り** (3)**37 通り**
7 (1)**6 通り** (2)**18 通り**
8 **6 通り**
(求め方の例)**770＝2×5×7×11 より，**

$A \times B \times C = 770 (A < B < C)$ となる２以上である３つの整数 A, B, C の組は,
$A=2$ のとき, $(B, C)=(5, 77)$, $(7, 55)$, $(11, 35)$ の３通りある。
次に $A=5$ のとき, $(B, C)=(7, 22)$, $(11, 14)$ の２通りあり, $A=7$ のときは, $(B, C)=(10, 11)$ の１通りある。
よって, A, B, C の組は全部で,
$3+2+1=6$ (通り)

9 (1)776 (2)476 (3)96個

10 (1)45 (2)24

11 (1)4005 (2)495000

解き方

1 ㋐にはいるのは, 赤, 黄, 青の３通り。
㋑にはいるのは残り２通り。
㋑以外の色は, ㋒か㋓にはいるので２通り。
$3 \times 2 \times 2 = 12$ (通り)

2 (1)取り出した４個のボールがすべて同じ色の場合は, その４個が赤の場合, 白の場合, 黒の場合で３通り
３個が同じ色で, あと１個がちがう色の場合は, 同じ色の３個が赤, 白, 黒の３色のどれかで３通り, あとの１個が残りのどちらかで２通りあるので,
$3 \times 2 = 6$ (通り)
２色が２個ずつの場合は, その２個ずつの組み合わせが, 赤と白, 赤と黒, 白と黒の場合で３通り
２個が同じ色で, 残りが１個ずつちがう色の場合は, 同じ色の２個が赤, 白, 黒の３色のどれかの場合で３通り
これ以外にボールの取り出し方はないので, 全部で,
$3+6+3+3=15$ (通り)
(2)下の図より, 200通り

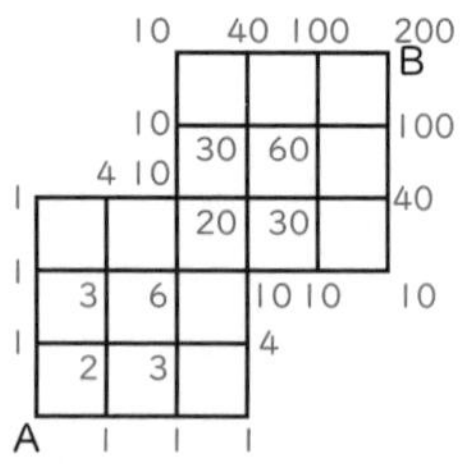

別解 右の図のように, ２点 M, N をとる。
A から M への行き方は 10 通り。
M から B への行き方も 10 通り。
よって, M を通る行き方は,
$10 \times 10 = 100$ (通り)

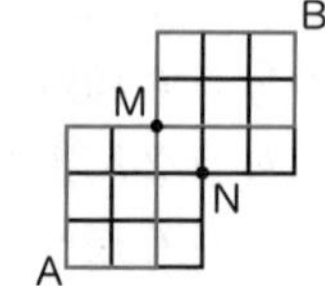

同様に, N を通る行き方も 100 通りあるので, A から B への行き方は全部で, $100 \times 2 = 200$ (通り)

3 C さんは運転できないので, ２台の車を運転する人の決め方は, C さんを除(のぞ)く４人で考える。赤色の車の運転手の決め方は４通りあり, それぞれについて青色の車の運転手の決め方は３通りずつあるから, $4 \times 3 = 12$ (通り)
残り３人が赤色か青色のどちらかの車に乗ることになり, 赤色の車に乗る人が決まると, 自動的に青色の車に乗る人が決まる。そこで, A さんが赤色, B さんが青色の車を運転するときを考えると, 赤色の車には,
①だれも乗らない, ② C が乗る, ③ D が乗る,
④ E が乗る, ⑤ C と D が乗る, ⑥ C と E が乗る,
⑦ D と E が乗る, ⑧ C, D, E ３人とも乗る
の８通りが考えられる。運転する人の決め方は 12 通りあり, そのそれぞれの場合について同じように８通りずつあるから, 車の乗り方は全部で,
$12 \times 8 = 96$ (通り)

4 (1)ふせられたカードを左から, A, B, C, D とすると, A が１のとき, 下の 10 通り。

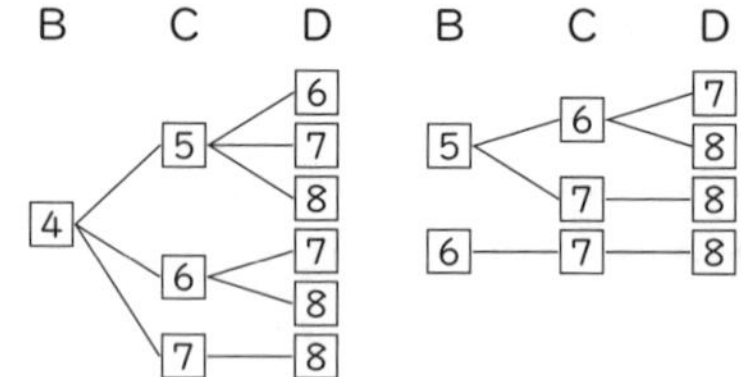

A が２のときも同様に 10 通り考えられるから, 全部で, $10 \times 2 = 20$ (通り)
(2)ふせられたカードを左から A, B, C, D とすると, A が１のとき, B は２か３, A が２のとき B は３
よって, A と B の並(なら)び方は３通り考えられる。
また, C と D の並び方は,
C が４のとき, D は, 4, 5, 6, 7, 8 の５通り
C が５のとき, D は, 5, 6, 7, 8 の４通り
C が６のとき, D は, 6, 7, 8 の３通り
C が７のとき, D は 7, 8 の２通り
C が８のとき, D は８の１通り
よって, $5+4+3+2+1=15$ (通り)
以上のことより全部で, $3 \times 15 = 45$ (通り)
(3)図３に並んでいるカードは,
②, ③, ④, ⑤, ⑧, ⑨, [1], [3], [5], [6], [7], [9]
のうち, ６枚(まい)。
図３のカードを左から A, B, C, D, E, F とすると, E は左に○が３枚あり, 前から５枚目だから, [5],

[6]，[7]のどれかである。
Dは左に○が２枚あることから，④か⑤になる。
Cは左に○が２枚あることとDのカードから考えて[3]になるから，Aは②，Bは③と決まる。
Dが④のとき，E，Fの並び方は，右の樹形図の６通り考えられる。
Dが⑤のときも同様に６通り考えられるので，図３のカードの並び方は，$6\times2=12$（通り）

D　E　F
④ ─ [5] ─ [6]，[7]，[9]
④ ─ [6] ─ [7]，[9]
④ ─ [7] ─ [9]

６枚のカードの和は，最大で，
②＋③＋[3]＋⑤＋[7]＋[9]＝29
最小で，②＋③＋[3]＋④＋[5]＋[6]＝23

5 ⑴下の図１の㋐～㋓のように，全部で４種類の直角三角形ができる。

（図１）
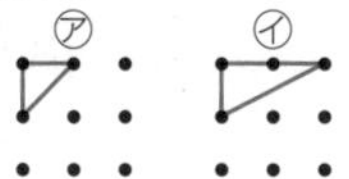
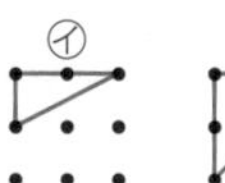
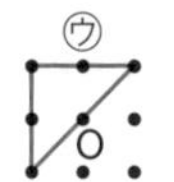
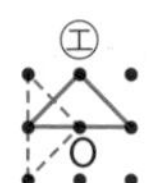

（図２）㋐の場合

（図３）㋑の場合

⑵点と点の間かくを１とする。
㋐の場合，図２のように，１辺の長さが１の正方形の中に４個できる。この図形の中に１辺の長さが１の正方形は $2\times2=4$（個）あるので，直角三角形は，$4\times4=16$（個）できる。
㋑の場合，図３のように，２辺の長さが１と２の長方形の中に４個できる。この図形の中に２辺の長さが１と２の長方形は，$2\times2=4$（個）あるので，直角三角形は $4\times4=16$（個）できる。
㋒の場合，点Oを中心に90°ずつ回転させると４個できる。
㋓の場合，実線の三角形と点線の三角形を点Oを中心に90°ずつ回転させると，それぞれ４個ずつあるので，$4\times2=8$（個）できる。
よって，直角三角形は全部で，
$16+16+4+8=44$（個）できる。

6 ⑴大のさいころの目が６のとき，中＋小＝4 より，（中，小）＝(3，1)，(2，2)，(1，3)の３通り。
大のさいころの目が５のとき，
（中，小）＝(4，1)，(3，2)，(2，3)，(1，4)
の４通り。
同様に，大のさいころの目が４のとき，
（中，小）＝(5，1)，(4，2)，(3，3)，(2，4)，(1，5)
の５通り。
大のさいころの目が３のとき，
（中，小）＝(6，1)，(5，2)，(4，3)，(3，4)，(2，5)，(1，6）の６通り。
大のさいころの目が２のとき，
（中，小）＝(6，2)，(5，3)，(4，4)，(3，5)，(2，6)
の５通り。
大のさいころの目が１のとき，
（中，小）＝(6，3)，(5，4)，(4，5)，(3，6)
の４通り。
よって，全部で，$3+4+5+6+5+4=27$（通り）
⑵積が奇数（きすう）になるのは３つとも奇数の目のときで，
$3\times3\times3=27$（通り）
３つのさいころの目の出方は全部で，
$6\times6\times6=216$（通り）だから，偶数（ぐうすう）になるのは，
$216-27=189$（通り）
⑶３つのさいころの目がすべて４以下となるのは，
$4\times4\times4=64$（通り）
３つのさいころの目がすべて３以下となるのは，
$3\times3\times3=27$（通り）
よって，最も大きい目が４となるのは，
$64-27=37$（通り）

7 ⑴㋐に赤色をぬると，㋑，㋒，㋓には赤色はぬれないことに注意する。２色を使ってぬり分けるには，㋐が赤色のとき，㋑，㋒，㋓は青色と黄色の２通りのぬり方がある。㋐が青色，黄色のときもそれぞれ２通りずつできるから，$2\times3=6$（通り）である。
⑵右の図のように，㋐が赤色のとき，６通りできる。㋐が青色，黄色のときにもそれぞれ６通りずつできるから，全部で，
$6\times3=18$（通り）

㋐　㋑　㋒　㋓
赤 ─ 青 ─ 青─黄，黄─青，黄─黄
赤 ─ 黄 ─ 青─黄，黄─青，青─青

9 ⑴百の位→十の位→一の位 の順に，できるだけ大きい数字を並べればよいから，最も大きい整数は776である。
⑵百の位に０を並べることはできないので，最も小さい整数は300である。よって，最も大きい整数と最も小さい整数の差は，$776-300=476$
⑶

百の位　十の位　一の位
3 ─ 0 ─ 0，3，4，6，7
3 ─ 3 ─ 0，4，6，7
3 ─ 4 ─ 0，3，4，6，7
3 ─ 6 ─ 0，3，4，6，7
3 ─ 7 ─ 0，3，4，6，7

百の位が３の場合で考えると，上の図のように，十の位が０，４，６，７のときは，一の位に５通り

の数字を並べることができるが，十の位が 3 のときは，一の位に 4 通りの数字しか並べることができない。
よって，百の位が 3 の整数は，5×4+4=24 (個) できる。同様に，百の位が 4，6，7 の場合も 24 個ずつできる。したがって，整数は全部で，
24×4=96 (個) 作ることができる。

10 (1)和が 3 けたの整数になる組み合わせは，たす数が 1 のときはたされる数が 99 の 1 通り，2 のときはたされる数が 98 と 99 の 2 通り，……，8 のときはたされる数が 92，93，…，99 の 8 通り，9 のときはたされる数が 91，92，…，99 の 9 通り。したがって，全部で，
1+2+……+8+9=45 (通り)
(2)一の位の数に関係するのは，一の位どうしのかけ算部分だけで，一の位の数が 7 になる計算は，1×7，3×9，7×1，9×3 のみである。積が 3 けたの整数になるのは，1×7，つまり，かける 1 けたの数が 7 のときはかけられる数の十の位が 2 ～ 9 の 8 通り。
3×9，つまり，かける 1 けたの数が 9 のときはかけられる数の十の位が 1 ～ 9 の 9 通り。
7×1 のときはない。
9×3，つまり，かける 1 けたの数が 3 のときはかけられる数の十の位が 3 ～ 9 の 7 通り。
したがって，全部で，8+9+7=24 (通り)

11 (1)DCBA が ABCD より大きい 4 けたの整数のとき，D>A …①，または，D=A，C>B …②である。
①の場合，A=8 のとき D=9，
A=7 のとき D=8，9 である。
A=6，5，…，2 のときを順に考えて，
A=1 のとき D=2，3，4，…，9 なので，A，D の組は全部で，
1+2+3+……+8=36 (通り) あり，それぞれの場合につき，B と C は 0 から 9 までの 10 通りずつある。
②の場合，A と D の組は 1 から 9 までの 9 通り，
B と C の組は，C=1 のとき B=0，
C=2 のとき B=0，1 である。
C=3，4，…，8 のときを順に考えて，
C=9 のとき B=0，1，2，…，8 であるから，
1+2+3+……+9=45 (通り) ある。
よって，①，②を満たす 4 けたの整数はそれぞれ，
36×10×10=3600 (個)，9×45=405 (個) あるので，このような 4 けたの整数 ABCD は全部で，
3600+405=4005 (個)
(2)DCBA が ABCD と等しいとき，A=D，B=C となり，千の位の数が 1，2，3，…，9 である整数はそれぞれ 10 個ずつあるから，千の位の数の和は，
(1+2+3+…+9)×10=45×10=450 である。
百の位の数が 0，1，2，…，9 である整数は 9 個ずつあるので，百の位の数の和は
(0+1+2+…+9)×9=45×9=405 であり，同様に考えて，十の位の数の和は 405，一の位の数の和は 450 である。よって，このような 4 けたの整数のすべての合計は，
1000×450+100×405+10×405+1×450
=495000

5 平面図形の性質についての問題

本冊 116 ～ 117 ページ

解答

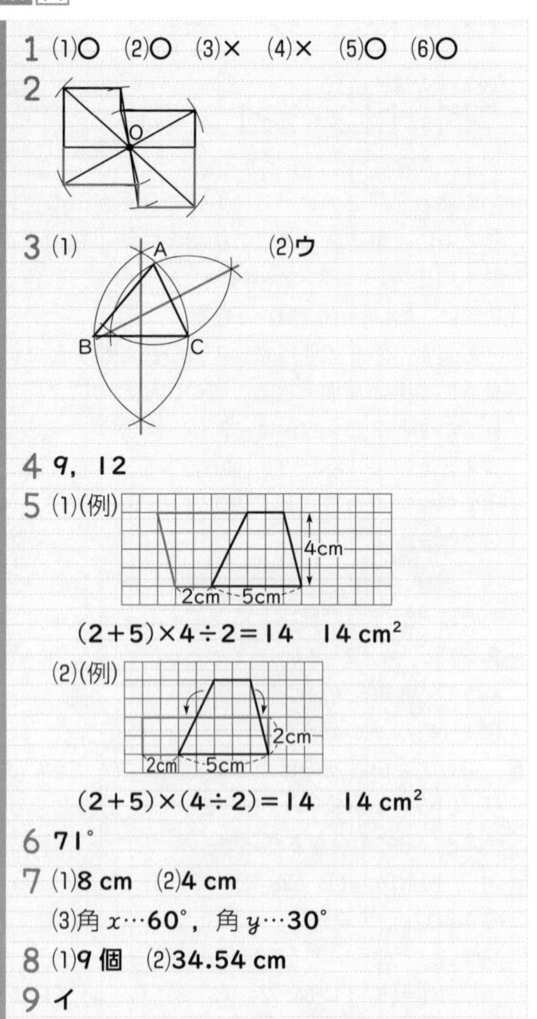
1 (1)○ (2)○ (3)× (4)× (5)○ (6)○
2

3 (1) (2)ウ

4 9，12
5 (1)(例)

(2+5)×4÷2=14　14 cm^2
(2)(例)

(2+5)×(4÷2)=14　14 cm^2
6 71°
7 (1)8 cm (2)4 cm
(3)角 x…60°，角 y…30°
8 (1)9 個 (2)34.54 cm
9 イ

解き方

1 (3)1 辺が 3 cm の正方形を対角線で切ってできる三角形は，底辺 3 cm，高さ 3 cm とみることができる。1 辺が 3 cm の正三角形の高さは 3 cm より短くなるので，正三角形のほうが面積は小さい。

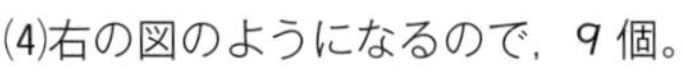
(4)右の図のようになるので，9 個。

(5)3 つの角が，30°，60°，90°の直角三角形ができる。

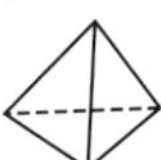

(6)正三角すい(正四面体)ができる。

2 図形の頂点と対称の中心を結び，反対方向に等しい長さの点をとる。

3 (2)OB＝OC，OC＝OA より OB＝OC＝OA
したがって，**ウ**である。

4 右の図のように，2 つの正三角形ができる。頂点の数字の和は，

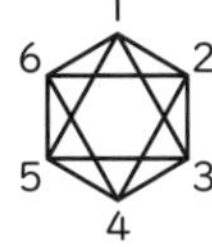

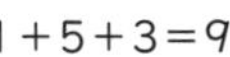
1＋5＋3＝9

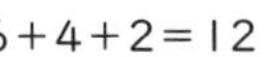
6＋4＋2＝12

6 EF と AC の交点を G とすると，

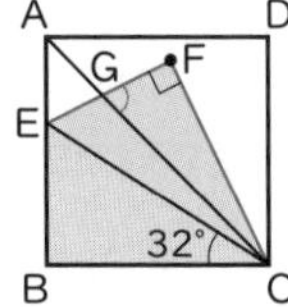

角 ACE＝45°－32°＝13°
角 ECF＝角 ECB＝32° より，
角 ACF＝32°－13°＝19°
よって，
角 FGC＝180°－(90°＋19°)＝71°

7 (1)三角形 OBC は正三角形だから，
OB＝BC＝8 cm
(2)四角形 ABOF はひし形だから，
AG＝8÷2＝4 (cm)

(3)角 x＝360°÷6＝60°
DF を結ぶと，三角形 BDF は正三角形。
よって，角 BDF＝60° 角 y＝60°÷2＝30°

8 (1)右の図のようにできるから，

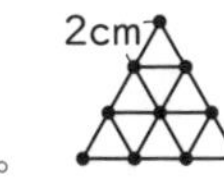

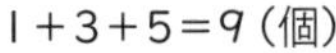
1＋3＋5＝9 (個)

(2)半円の曲線部分が 6 個，中心角 300°のおうぎ形の曲線部分が 3 個あるから，

$$1\times2\times3.14\times\frac{1}{2}\times6+1\times2\times3.14\times\frac{300}{360}\times3$$

$$=(6+5)\times3.14=34.54\ (\text{cm})$$

9 下の図のように，逆にもどして考える。

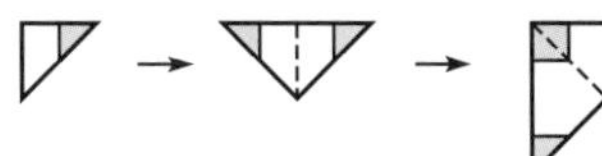

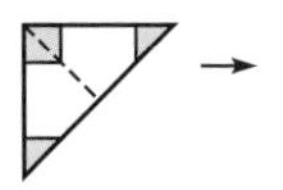

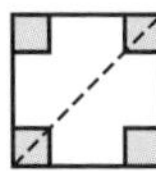

したがって，**イ**である。

6 角度を求める問題

本冊 118 ～ 119 ページ

解答

1 角 x…**108°**，角 y…**17°**
2 **24°**
3 角 a…**30°**，角 b…**30°**，角 c…**45°**
4 (1)**4 cm** (2)**83°**
5 **68°**
6 角 x…**62°**，角 y…**34°**
7 **360°**
8 (1)角 a…**30°**，角 b…**15°** (2)**48°**
9 (1)**140** (2)**28** (3)A…**2**，B…**3**
10 **189**
11 角 x…**22.5**，角 y…**7.5**
12 (1)**120°** (2)**30°**

解き方

1 五角形の内角の和は，

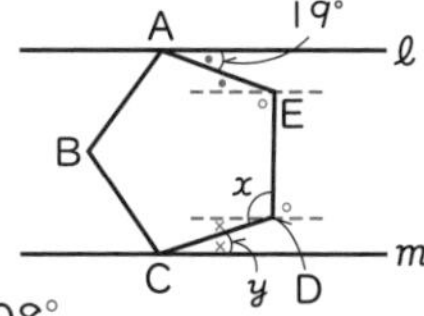

180°×(5－2)＝540°
だから，正五角形の 1 つの内角は，
540°÷5＝108°， 角 x＝108°
点 D，E を通り，ℓ，m に平行な直線をひくと，●印，○印，×印をつけた角(錯角)の大きさはそれぞれ等しい。●印の大きさが 19°なので，○印は
108°－19°＝89°
よって，×印の大きさは
108°－(180°－89°)＝17° より，角 y＝17°

2 2 直線が交わってできる向かい合った角(対頂角)は等しく，正三角形の 1 つの内角の大きさは 60°だから，右の図より 角 x＋90°＝60°＋54°

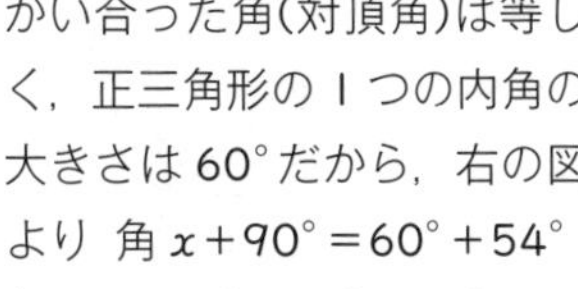

角 x＝114°－90°＝24°

別解 正三角形の 1 つの内角の大きさは 60°だから，右の図のように，点 E から辺 AD に平行な直線をひくと，同位角と錯角は等しいから，

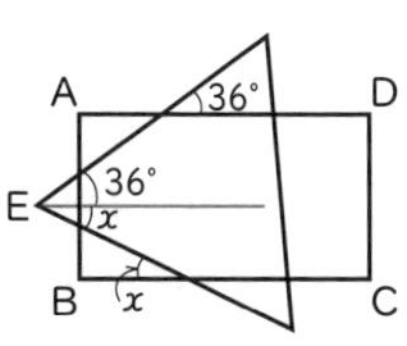

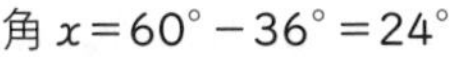
角 x＝60°－36°＝24°

3 右の図で，正方形 ABCD と正三角形 ADE があるから，辺 AB，BC，CD，DA，AE，ED の 6 つの辺はすべて等しい。また，

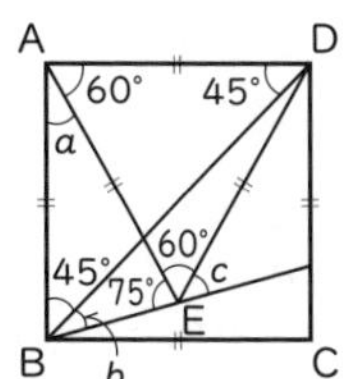

角 DAE＝60°，角 ABD＝45°である。
よって，角 a＝90°－60°＝30°
また，三角形 ABE は二等辺三角形より，
角 ABE＝角 AEB＝(180°－30°)÷2＝75°
よって，角 b＝75°－45°＝30°
角 BDE＝60°－45°＝15° より，
角 c＝角 b＋15°＝30°＋15°＝45°
別解　角 c＝180°－(75°＋60°)＝45°

4 (1)右の図で，
角 AEB＝角 CED＝60°
だから，角 AEC＝角 BED
また，正三角形の辺は等しいから，AE＝BE，EC＝ED
したがって，三角形 AEC と三角形 BED は合同なので，AC＝BD
BD＝AC＝8＋1＝9 (cm) より，OD＝9－5＝4 (cm)
(2)角 EAC＝角 x＝23° のとき，
角 y＝角 EAC＋角 AEB＝23°＋60°＝83°

5 右の図で，三角形 CDE の内角の和は 180°より，

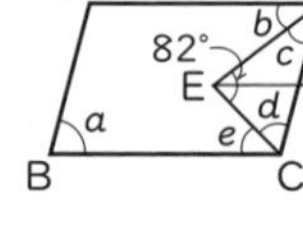

角 c＝180°－(82°＋角 d)
＝98°－角 d
また，点 E で辺 AD，BC に平行な直線をひくと，
角 b＋角 e＝82° だから，角 b＝角 c＝82°－角 e
よって，98°－角 d＝82°－角 e となり，
角 d－角 e＝98°－82°＝16°
角 d：角 e＝4：3，角 a＋(角 d＋角 e)＝180° より，
角 a＝180°－(角 d－角 e)×(4＋3)
＝180°－16°×7＝68°

6 右の図で，角 BEF＝角 AEF，

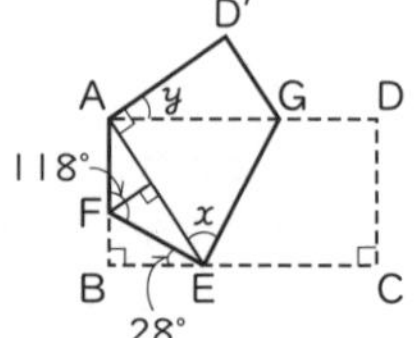

角 x＝角 CEG，
角 BEF＝118°－90°＝28°
より，
角 x＝(180°－28°×2)÷2
＝90°－28°＝62°
また，辺 AD と BC は平行だから，角 GAE＝角 BEA，
角 D′AE＝角 DCE＝90° より，
角 y＝90°－28°×2＝90°－56°＝34°

7 右の図で，a と b とⒶの角度の合計は 180°である。同様に，c と d とⒷの角度の合計は 180°，e と f とⒸの角度の合計は 180°である。

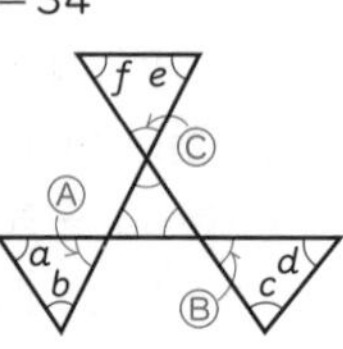

よって，a ～ f とⒶ～Ⓒの角度の合計は
180°×3＝540°
また，Ⓐ～Ⓒの対頂角の角度の合計は 180°だから，
a ～ f の角度の合計は，540°－180°＝360°

8 (1)右の図から，
角 b＝60°－45°＝15°
角 c＝90°－60°＝30°
三角形 ADE は二等辺三角形より，
角 ADE＝(180°－30°)÷2＝75°
角 a＝75°－45°＝30°
(2)右の図から，角 C＝60°

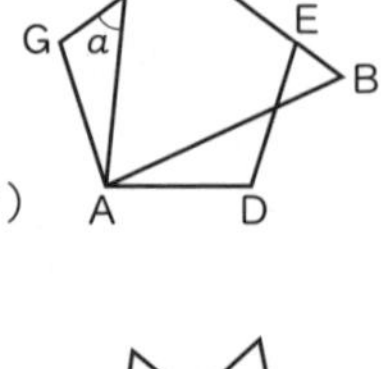

角 x は正五角形の外角より，
180°－180°×3÷5
＝180°－108°＝72°
角 a＝角 y＝180°－(60°＋72°)
＝48°

9 (1)正三角形の 1 つの内角の大きさは 60°だから，右の図から，

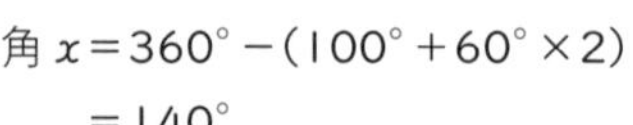
角 x＝360°－(100°＋60°×2)
＝140°

(2)右の図で 角 B＝60°

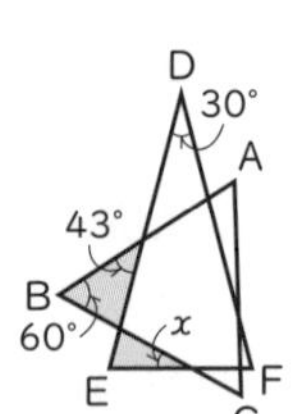

三角形 DEF は二等辺三角形だから，
角 E＝(180°－30°)÷2＝75°
よって，角 x＋75°＝43°＋60°
角 x＝103°－75°＝28°

参考

右のようなちょうちょ型の図形では
角 a＋角 b＝角 c＋角 d
となる。

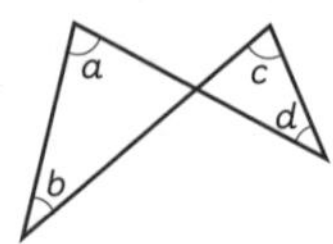

(3)右の図で，三角形 ADE は三角形 EAB と合同だから，
角 c＝角 d，角 e は三角形 AGE の外角だから，
角 e＝角 c＋角 d＝角 c×2
辺 CD と BG は平行だから，角 f＝角 e＝角 c×2
よって，角 a＝角 f＝角 c×2 となるので，角 a は角 c の 2 倍。辺 AB と DF は平行だから，
角 b＝角 a＋角 c＝角 c×2＋角 c＝角 c×3
したがって，角 b は角 c の 3 倍である。

10 右の図のように，BO，CO を結んで二等辺三角形をつくり，同じ大きさの角度に同じ記号●，○，×を入れる。五角形 ABCDO の内角の和は 540°なので，

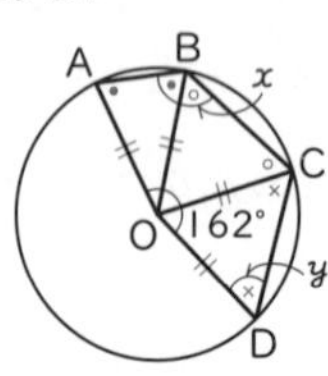

●＋●＋○＋○＋×＋×＝540°－162°＝378°

よって，$x+y$＝●＋○＋×＝378°÷2＝189°

11　右の図で，三角形 AOB は直角二等辺三角形なので，
角 OBD＝45°
また，三角形 BDO は二等辺三角形なので，
角 DOB＝(180°－45°)÷2
＝67.5° となり，
角 x＝90°－67.5°＝22.5°

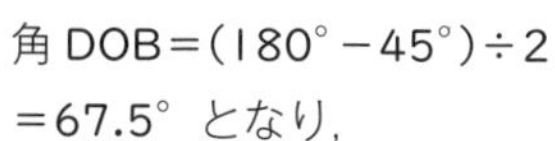

次に，直線 BC を軸として点 D と対称の位置にある点を E とし，B と E，O と E をそれぞれ結ぶ。
このとき，色をつけた 2 つの三角形は合同だから，
BD＝BE，OB＝OE(半径) なので，
OB＝OE＝BE となり，
三角形 EOB は正三角形である。
よって，角 y＝(60°－45°)÷2＝7.5°

12　(1)○×2＋××2＝180°－60°＝120°
よって，○＋×＝120°÷2＝60°
したがって，
角 x＝180°－(○＋×)＝180°－60°＝120°
(2)60°＋○×2＝××2 であるから，
30°＋○＝× だから，×－○＝30°
○＋角 y＝× より，角 y＝×－○＝30°

7 周の長さ・面積を求める問題 ①

本冊 120 ～ 121 ページ

解答

1 **38 cm**
2 **87.92 cm**
3 (1)太線の長さ…**71.4 cm,**
　色のついた部分の面積…**21.5 cm²**
　(2)太線の長さ…**61.4 cm,**
　色のついた部分の面積…**4.25 cm²**
4 **イが 3.5 cm² 大きい。**
5 **15 cm²**
6 **8 cm**
7 **46.26 cm²**
8 **55.04 cm²**
9 **22 cm²**
10 **8.3 cm²**
11 (1)**青の部分の面積が 0.5 cm² だけ大きい。**
　(2)**青の部分と白の部分の面積は等しくなる。**
12 **7.85 cm²**
13 **4.56 cm²**
14 (1)**22**　(2)$\frac{19}{80}$

解き方

1　縦(たて) 10 cm，横 7 cm の長方形の辺に移動させて考えると，
(10＋7)×2＋2×2
＝38 (cm)

2　AB＝CD＝6 cm，BC＝20－6×2＝8 (cm)
AC＝BD＝6＋8＝14 (cm)
よって，太線部分の長さは，
①＋②＋③＋④
$=20\times3.14\times\frac{1}{2}+8\times3.14\times\frac{1}{2}+\left(14\times3.14\times\frac{1}{2}\right)\times2$
＝(10＋4＋14)×3.14＝28×3.14
＝87.92 (cm)

3　(1)円の半径 4 つ分で 20 cm なので，
円の半径は 20÷4＝5 (cm)
右の図のように太線は，半径 5 cm の円周の $\frac{1}{4}$ の長さ 4 個分と，長さ 5 cm が，2×4＝8 (個分) になるので，

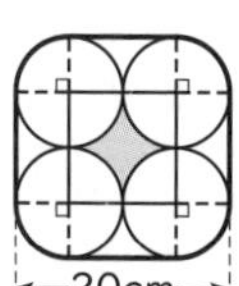

$5\times2\times3.14\times\frac{1}{4}\times4+5\times8=71.4$ (cm)
色のついた部分は，1 辺が 5×2＝10 (cm) の正方形から半径 5 cm の円の $\frac{1}{4}$ の 4 個分を除(のぞ)いた形になるので，面積は，
10×10－5×5×3.14÷4×4＝21.5 (cm²)
(2)右の図のように，円の中心を結んで正三角形をつくり，円の中心から太線に垂直(すいちょく)な線をひいて考えると，太線は，半径 5 cm で，中心角が
360°－(90°×2＋60°)＝120° のおうぎ形の曲線部分 3 個分と，長さ 5 cm が 3×2＝6 (個分) になるので，その長さは，

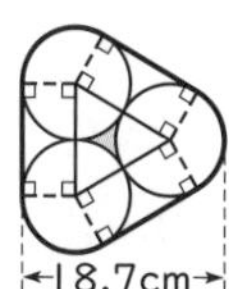

$5\times2\times3.14\times\frac{120}{360}\times3+5\times6=61.4$ (cm)
色のついた部分は，底辺が 5×2＝10 (cm) で，高さが 18.7－5×2＝8.7 (cm) の三角形から，半径 5 cm で，中心角が 60° のおうぎ形 3 個分を除いた形になるので，面積は，
$10\times8.7\div2-5\times5\times3.14\times\frac{60}{360}\times3$
＝4.25 (cm²)

4 右の図より，(**ア**＋**ウ**)と(**イ**＋**ウ**)の差が，**ア**と**イ**の差である。
(**ア**＋**ウ**)の面積は，
$10\times10-10\times10\times3.14\div4$
$=21.5\ (\mathrm{cm}^2)$
(**イ**＋**ウ**)の面積は，
$5\times10\div2=25\ (\mathrm{cm}^2)$
差は，$25-21.5=3.5\ (\mathrm{cm}^2)$
よって，**イ**が 3.5 cm² 大きい。

5 三角形 DBC の面積は，$12\times5\div2=30\ (\mathrm{cm}^2)$
三角形 DBC と三角形 ADC の底辺を BD，AD とみると，高さが同じなので，面積の比は，
底辺の比 13：6.5＝2：1 になる。
よって，三角形 ADC の面積は，
$30\div2=15\ (\mathrm{cm}^2)$

6 右の図の三角形 AED の面積は，

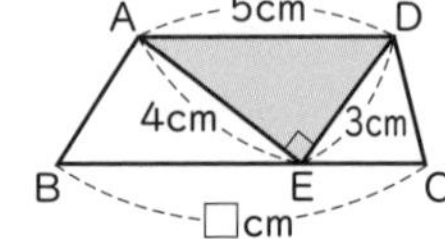

$4\times3\div2=6\ (\mathrm{cm}^2)$
底辺が AD のときの三角形 AED の高さは，$6\times2\div5=2.4\ (\mathrm{cm})$
$(5+\square)\times2.4\div2=15.6\ (\mathrm{cm}^2)$
$\square=15.6\times2\div2.4-5=8\ (\mathrm{cm})$

7 図のように補助線をひくと，正方形の半分と半円の半分から，三角形を取り除いた形になる。

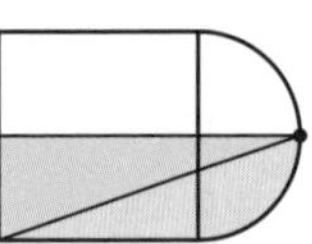

$12\times12\div2+6\times6\times3.14\div4-6\times(12+6)\div2$
$=72+28.26-54=46.26\ (\mathrm{cm}^2)$

8 色のついた部分の面積は，1 辺 8 cm の正方形から，半径 8 cm の円の $\frac{1}{4}$ のおうぎ形の面積をひいたものを 4 倍したものだから，
$\left(8\times8-8\times8\times3.14\times\frac{1}{4}\right)\times4=(64-50.24)\times4$
$=13.76\times4=55.04\ (\mathrm{cm}^2)$

9 色のついた部分と白い部分の面積の和は，
$5\times5+2\times2+(5-2)\times2\div2=32\ (\mathrm{cm}^2)$
AB＝CD＝2 cm，
BD＝BC＋CD＝(5－2)＋2＝5 (cm) だから，
白い部分の面積は $2\times5\div2\times2=10\ (\mathrm{cm}^2)$
よって，$32-10=22\ (\mathrm{cm}^2)$

10 正方形 EFGH の面積は，
$5\times5-2\times3\div2\times4=13\ (\mathrm{cm}^2)$
四角形 EFLJ の面積は，
$13\div2=6.5\ (\mathrm{cm}^2)$

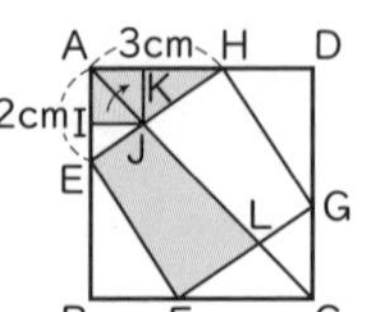

また，左下の図のように三角形 AIJ を三角形 AJK に移動させると，
三角形 AIJ＋三角形 HKJ＝三角形 AJH
三角形 AEJ と三角形 AJH の高さ IJ，KJ は等しいから，面積の比は，2：3
よって，三角形 AJH の面積は，
$2\times3\div2\times\frac{3}{5}=1.8\ (\mathrm{cm}^2)$
よって，色のついた部分の面積は，
$6.5+1.8=8.3\ (\mathrm{cm}^2)$

11 (1)右の図 1 のように，三角形 ABC を㋐，㋑，㋒，㋓の 4 つの部分に分けて考える。㋐と㋑の面積の差，㋒と㋓の面積の差はどちらも図 2 の色のついた部分で，

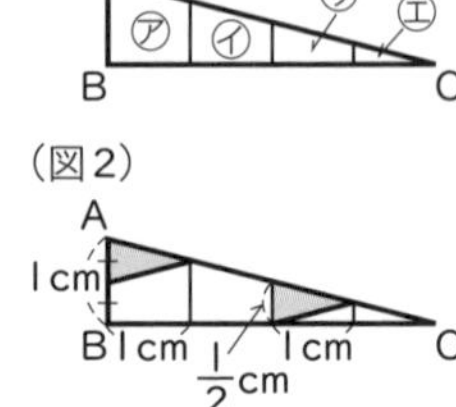

$\frac{1}{2}\times1\div2=\frac{1}{4}\ (\mathrm{cm}^2)$ だから，青の部分の面積が $\frac{1}{4}\times2=0.5\ (\mathrm{cm}^2)$ だけ大きい。

別解 図 1 の㋓の三角形と㋒＋㋓の三角形と㋑＋㋒＋㋓の三角形と㋐＋㋑＋㋒＋㋓の三角形はそれぞれ相似であり，対応する辺の比は 1：2：3：4，
面積の比は 1：4：9：16 である。
よって，㋓，㋒，㋑，㋐の面積の比は 1：3：5：7 となるので，青の部分は三角形 ABC の $\frac{3+7}{16}=\frac{5}{8}$，
白の部分は三角形 ABC の $\frac{1+5}{16}=\frac{3}{8}$
青の部分と白の部分の面積の差は，
$4\times1\div2\times\left(\frac{5}{8}-\frac{3}{8}\right)=2\times\frac{1}{4}=\frac{1}{2}\ (\mathrm{cm}^2)$ より，青の部分の面積が $\frac{1}{2}(0.5)$ cm² 大きくなる。

(2)右の図で，㋐と㋕，㋑と㋔，㋒と㋓はそれぞれ合同だから，三角形 DEF の中の白い部分の面積の和は，1 辺が 1 cm の正方形 12 個分の面積になる。よって，

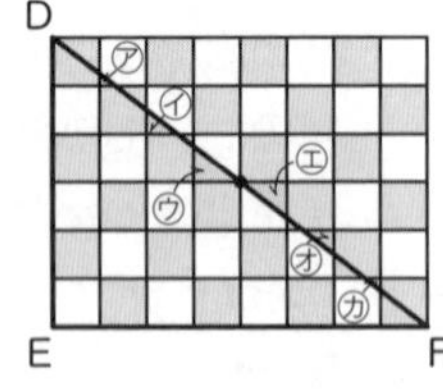

三角形 DEF の面積は，$8\times6\div2=24\ (\mathrm{cm}^2)$
白い部分の面積の和は，$1\times1\times12=12\ (\mathrm{cm}^2)$ なので，$24-12=12\ (\mathrm{cm}^2)$ より，このとき，色のついた部分の面積と白の部分の面積は等しくなる。

12 円にぴったりはいる正方形と円との面積の比は，円の半径を①とすると，

$\left(②\times②\times\frac{1}{2}\right):(①\times①\times3.14)=2:3.14$

ここで，右の図の正方形 ABCD の面積は，

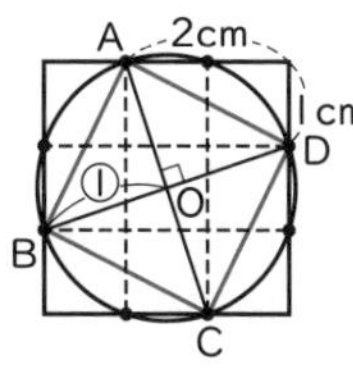

$3\times3-1\times2\div2\times4=9-4$

$=5\ (cm^2)$

よって，この円の面積は，

$5\times\frac{3.14}{2}=7.85\ (cm^2)$ となる。

13 図 1 のように，同じ面積の部分を移すと，図 2 の黒くぬった部分の面積を求めて，それを 2 倍すればよいことがわかる。図 2 で，色のついた正方形の面積は，

(図 1)

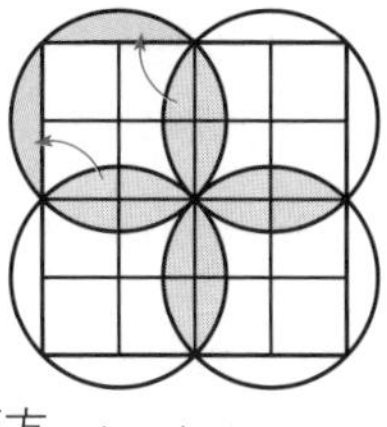

$1\times1=1\ (cm^2)$ だから，この正方形の対角線の長さ(＝円の半径)を □ cm とすると，

(図 2)

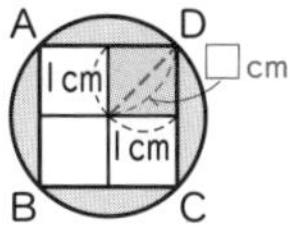

□×□÷2＝1 (cm²) だから，

□×□＝2 (cm²)

よって，円の面積は，

□×□×3.14＝2×3.14＝6.28 (cm²)

正方形 ABCD の面積は $1\times4=4\ (cm^2)$ なので，求める色のついた部分の面積は，

$(6.28-4)\times2=2.28\times2=4.56\ (cm^2)$

14 (1)右の図より，色をつけた 3 つの三角形の周の長さの和と，白い部分の周の長さの和を比べると，平行四辺形の内部の辺はすべて共通になっているから，平行四辺形 ABCD の周上の長さの差と等しくなっている。すなわち，色をつけた図形の周の長さの和は，白い部分の図形の周の長さの和より，

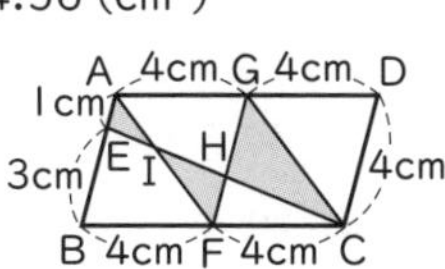

$4\times5+3-1=22\ (cm)$ 短い。

(2)$HF:EB=CF:CB=4:8=1:2$ より，

$HF=3\times\frac{1}{2}=\frac{3}{2}\ (cm)$，$GH=4-\frac{3}{2}=\frac{5}{2}\ (cm)$

だから，$AE:HF=1:\frac{3}{2}=2:3$　$GH:HF=5:3$

したがって，三角形 ABF の面積を 1 とすると，三角形 AEI，三角形 HFI，三角形 GHC の面積はそれぞれ，$1\times\frac{1}{1+3}\times\frac{2}{2+3}=\frac{1}{4}\times\frac{2}{5}=\frac{1}{10}$，

$1\times\frac{3}{2+3}\times\frac{3}{5+3}=\frac{9}{40}$

$1\times\frac{5}{5+3}=\frac{5}{8}$ となるから，色をつけた 3 つの三角形の面積の和は，平行四辺形 ABCD の面積の

$\left(\frac{1}{10}+\frac{9}{40}+\frac{5}{8}\right)\div(1\times4)=\left(\frac{4}{40}+\frac{9}{40}+\frac{25}{40}\right)\times\frac{1}{4}$

$=\frac{38}{40}\times\frac{1}{4}=\frac{19}{80}$ (倍)

8 周の長さ・面積を求める問題 ②

本冊 122 ～ 123 ページ

解答

1 **75.36 cm**

2 (1)**637.813 cm²**　(2)**255.125 cm**

(3)**左に 8.75 cm だけはなれている**

3 **4 cm²**

4 (1)**9 cm**

(2)AD…**3 cm**，BE…**2 cm**，CF…**4 cm**

(3)$\frac{9}{35}$ **倍**　(4)$\frac{8}{35}$ **倍**

5 (1)**1：2**　(2)**10：7**

6 **12 cm²**

7 (1)**1：2：3**　(2)**1：3**

8 (1)**2.4 cm**　(2)$\frac{10}{3}$ **倍**$\left(3\frac{1}{3}\text{倍}\right)$　(3)**5：8**

9 **1.57 cm²**

10 **11：2**

11 **2：9**

12 **21 cm²**

解き方

1 $8\times2\times3.14\div2+8\times3.14\div2\times3+4\times3.14\div2\times2=(8+12+4)\times3.14=24\times3.14=75.36\ (cm)$

2 半円の半径は，小さいほうから順に，10 cm，$10\times1.5=15\ (cm)$，$15\times1.5=22.5\ (cm)$，$22.5\times1.5=33.75\ (cm)$ となっている。

(1)色のついた部分は，半径が 22.5 cm の半円から，半径が 10 cm の半円を除(のぞ)いたものなので，面積は，

$22.5\times22.5\times3.14\div2-10\times10\times3.14\div2$

$=(253.125-50)\times3.14=203.125\times3.14$

$=637.8125\ (cm^2)$

小数第 4 位を四捨五入(ししゃごにゅう)して 637.813 cm²

(2)太線の長さは，$10\times2\times3.14\div2+15\times2\times3.14\div2+22.5\times2\times3.14\div2+33.75\times2\times3.14\div2$

$=(10+15+22.5+33.75)\times3.14=81.25\times3.14$

$=255.125\ (cm)$

(3)半円の直径は，小さいほうから順に，

$10\times2=20$ (cm)，

$15\times2=30$ (cm)，

$22.5\times2=45$ (cm)，

$33.75\times2=67.5$ (cm)

なので，図の a，b，c，d の長さはそれぞれ，

$a=67.5-45=22.5$ (cm)，$b=30-20=10$ (cm)，$c=20$ cm，$d=45-30=15$ (cm) となり，上の図のようになる。よって，いちばん小さい半円の中心と点 C の間のきょりは，

$22.5+10+10=42.5$ (cm)

また，いちばん大きい半円の中心と点 C の間のきょりは，いちばん大きい円の半径にあたるので，33.75 cm である。よって，いちばん大きい半円の中心は，いちばん小さい半円の中心と比べて，左に，

$42.5-33.75=8.75$ (cm) だけはなれている。

3 三角形 EBC と三角形 ADC の面積は，それぞれ四角形 FDCE をふくんでいるから，三角形 BDF と三角形 AFE の面積の差は，三角形 EBC と三角形 ADC の面積の差と等しい。

$(4+4)\times4\div2-4\times(2+4)\div2=4$ (cm^2)

4 (1)AD＝AF，BE＝BD，CF＝CE より，

$(AD+BE+CF)\times2=AB+BC+CA$

よって，$AD+BE+CF=(5+6+7)\div2=9$ (cm)

(2)$AD=9-6=3$ (cm)

$BE=9-7=2$ (cm)

$CF=9-5=4$ (cm)

(3)三角形 ABC の面積を 1 とすると，三角形 ADC の面積は，

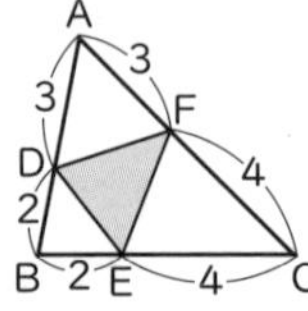

$\dfrac{3}{3+2}=\dfrac{3}{5}$

三角形 ADF の面積は，

$\dfrac{3}{5}\times\dfrac{3}{3+4}=\dfrac{9}{35}$

(4)(3)と同様にして，三角形 DBE の面積は，

$\dfrac{2}{2+4}\times\dfrac{2}{3+2}=\dfrac{4}{30}=\dfrac{2}{15}$

三角形 FEC の面積は，

$\dfrac{4}{2+4}\times\dfrac{4}{3+4}=\dfrac{16}{42}=\dfrac{8}{21}$

三角形 DEF の面積は，

$1-\left(\dfrac{9}{35}+\dfrac{2}{15}+\dfrac{8}{21}\right)=\dfrac{8}{35}$

5 三角形 ABC の面積を 12，辺 AB の長さを 21 として考える。

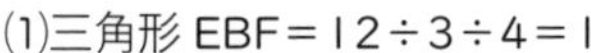

(1)三角形 $EBF=12\div3\div4=1$

三角形 $ABH=12\times\dfrac{3}{4}=9$

三角形 $DBH=9\times\dfrac{2}{3}=6$　三角形 $DGH=6\times\dfrac{1}{3}=2$

よって，三角形 EBF：三角形 DGH＝1：2

別解　等積変形を利用する。BF＝GH より，

三角形 DGH＝三角形 DBF

三角形 EBF，三角形 DBF について，BE，BD を底辺とみると，高さが等しいので，

三角形 EBF：三角形 DGH

＝三角形 EBF：三角形 DBF＝1：2

(2)三角形 $DEG=(6-2)\times\dfrac{1}{2}=2$

$AC=21\times\dfrac{5}{7}=15$

AC：CI＝15：7

三角形 $IHC=12\times\dfrac{1}{4}\times\dfrac{7}{15}=\dfrac{7}{5}$

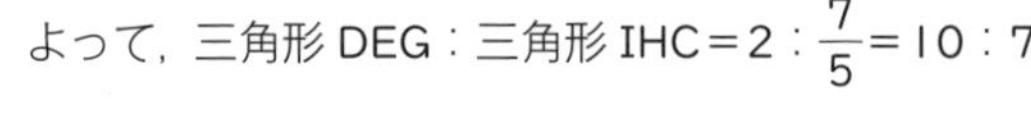

よって，三角形 DEG：三角形 IHC＝$2:\dfrac{7}{5}=10:7$

6 三角形 OAB を反時計回りに 90°回転させると，三角形 OCD になる。

よって，求める面積は，三角形 OAB の 2 個分になるから，

$3\times4\div2\times2=12$ (cm^2)

7 (1)㋐の面積を 1 とすると，

DG：HF＝1：2 より，

三角形 HFI の面積は 4

HI：IG＝2：1 より，

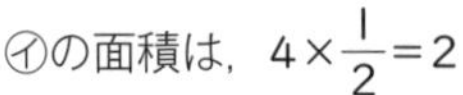

㋑の面積は，$4\times\dfrac{1}{2}=2$

㋒＝㋐＋㋑＝1＋2＝3

よって，㋐：㋑：㋒＝1：2：3

(2)㋐，㋑，㋒の面積をそれぞれ 1，2，3 とすると，

正方形 ABCD の面積は，$(1+2+3)\times4=24$

色のついた平行四辺形の面積は，

三角形 $HFI\times2=4\times2=8$

よって，面積の比は，8：24＝1：3

8 (1)三角形 DBE の面積は，

$4\times(5+3)\times\dfrac{1}{2}=16$ (cm^2)

これと三角形 ABC の面積が等しいので，

$AB=16\times2\div5=6.4$ (cm)

よって，$AD=6.4-4=2.4$ (cm)

別解　面積が等しい三角形の底辺の比と高さの比は

逆比の関係だから,

BC：BE＝5：8 より，AB：DB＝8：5

AB：4 cm＝8：5　AB＝4×8÷5＝6.4 (cm)

よって，AD＝6.4－4＝2.4 (cm)

(2)三角形 ADF の面積を 1 とすると,

AD：DB＝3：5 より，三角形 DBF の面積は $\frac{5}{3}$

三角形 ADF と三角形 FCE の面積は等しいから,

BC：CE＝5：3 より，三角形 FBC の面積は $\frac{5}{3}$

よって，四角形 DBCF の面積は,

$\frac{5}{3}\times2=\frac{10}{3}$ (倍)

(3)DF と FE の長さの比は，三角形 DBF と三角形 FBE の面積の比と等しいから，(2)より,

$\frac{5}{3}:\left(\frac{5}{3}+1\right)=\frac{5}{3}:\frac{8}{3}=5:8$

9　2 つの三角形は底辺がどちらも 3 cm，高さが同じなので，面積は等しいから，A と B の面積の差は，おうぎ形の面積の差と同じである。

よって，A の面積－B の面積

$=3\times3\times3.14\times\frac{100}{360}-3\times3\times3.14\times\frac{80}{360}$

$=\left(\frac{5}{18}-\frac{2}{9}\right)\times9\times3.14=\frac{1}{18}\times9\times3.14$

$=1.57$ (cm^2)

10　右の図で，三角形 AFD と三角形 CFE は相似であり，対応する辺の比は,

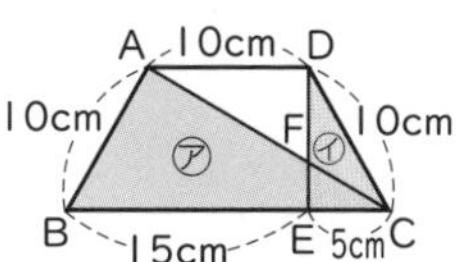

AD：CE＝10：5＝2：1

なので，DF：FE＝2：1

よって，三角形 CFE の面積を 1 とすると，三角形 DFC の面積は 2，三角形 DEC の面積は，1＋2＝3

また，三角形 ABC と三角形 DEC の面積の比は,

BC：EC＝(15＋5)：5＝4：1 だから, 三角形 ABC の面積は，$3\times\frac{4}{1}=12$

したがって，㋐と㋑の面積の比は,

(12－1)：2＝11：2

11　右の図で，三角形 ABC の面積を 1 とするとき,

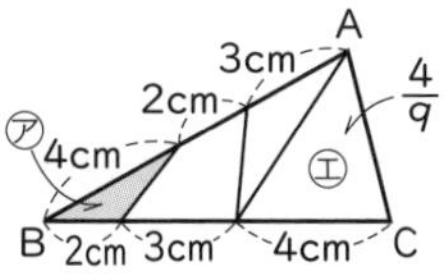

㋐の面積は,

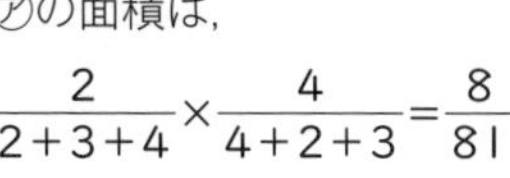
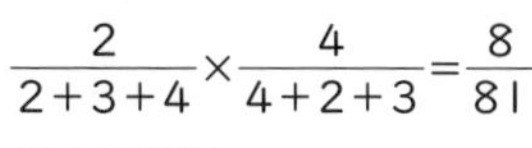

$\frac{2}{2+3+4}\times\frac{4}{4+2+3}=\frac{8}{81}$

㋓の面積は,

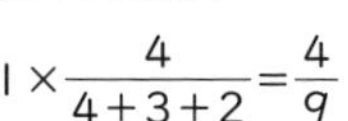

$1\times\frac{4}{4+3+2}=\frac{4}{9}$

よって，㋐：㋓＝$\frac{8}{81}:\frac{4}{9}$＝8：36＝2：9

12　三角形 PQR の面積を 1 とすると，三角形 PQR と三角形 PBQ の面積比は 1：3 だから，三角形 PBQ の面積は,

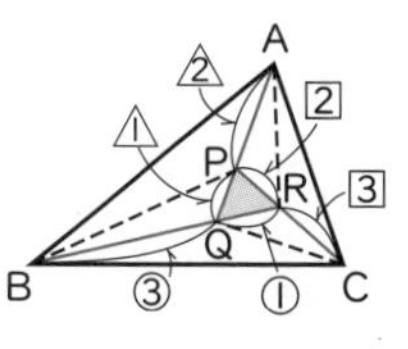

$1\times\frac{3}{1}=3$

また，三角形 PBQ と三角形 ABP の面積の比は 1：2 なので，三角形 ABP の面積は，$3\times\frac{2}{1}=6$

同じように考えて,

三角形 CRQ の面積は，$1\times\frac{3}{2}=1.5$

三角形 CQB の面積は，$1.5\times\frac{3}{1}=4.5$

三角形 APR の面積は，$1\times\frac{2}{1}=2$

三角形 ARC の面積は，$2\times\frac{3}{2}=3$

したがって，三角形 ABC の面積は,

1＋3＋6＋1.5＋4.5＋2＋3＝21 となり，これが 441 cm^2 にあたるので，1 にあたる面積(つまり三角形 PQR の面積)は，441÷21＝21 (cm^2)

9 点や図形の移動についての問題

本冊 124 ～ 125 ページ

解答

1 (1)**640 秒後**
(2)**384 秒後**

2 (1)右の図
(2)**15.7 cm**

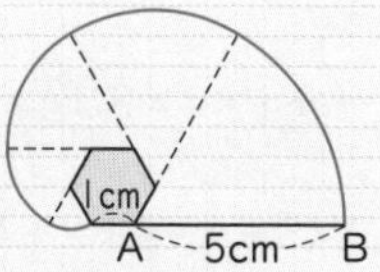

3 (1)**秒速 2 cm**
(2)**6 cm**
(3)**24**
(4)右の図

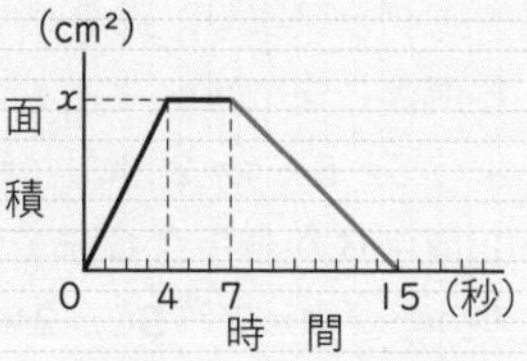

4 **34.54 cm**

5 **12.56 cm^2**

6 (1)**1.5 秒間**　(2)**55.5 cm^2**　(3)**9.75 秒間**

7 (1)$\frac{3}{4}$　(2)$\frac{1}{2}$

8 (1)**直角三角形→台形→五角形→長方形**
(2)**4.5 秒**
(3)**4 cm^2**

9 (1)右の図
(2)**248.26 cm²**

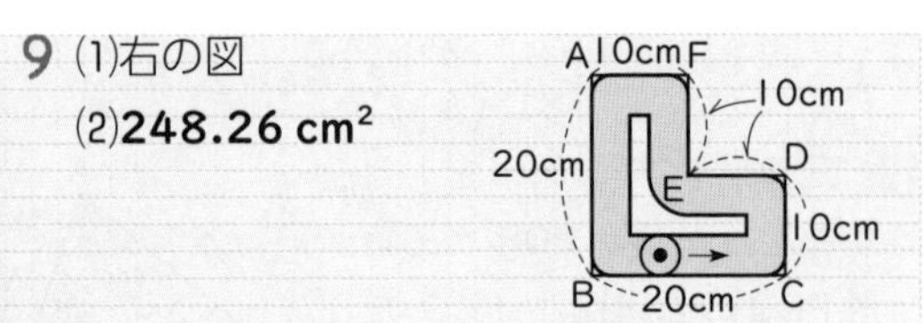

解き方

1 (1)1 分につき 30−21=9 (cm) ずつ点 Q は点 P に近づく。点 P と点 Q は 48×2=96 (cm) はなれているから,

$96\div9=\frac{32}{3}$ (分後)=640 (秒後)

(2)点 P と点 Q の間の長さが 48 cm 以下となるのは,

$48\div(30-21)=5\frac{1}{3}$ (分後) 以降。

$5\frac{1}{3}$ 分後, 点 P は $21\times5\frac{1}{3}=21\times\frac{16}{3}=112$ (cm) 進んでいるから, 辺 CD 上の頂点 C から 16 cm の所にいる。点 Q は $30\times5\frac{1}{3}=30\times\frac{16}{3}=160$ (cm) 進んでいるから, 辺 BC 上の頂点 B から 16 cm の所にいる。

点 Q が頂点 C にきたとき, 点 P はまた, 辺 CD 上にいるので,

48×4÷30=6.4 (分後)=384 (秒後)

2 (2)右の図より,

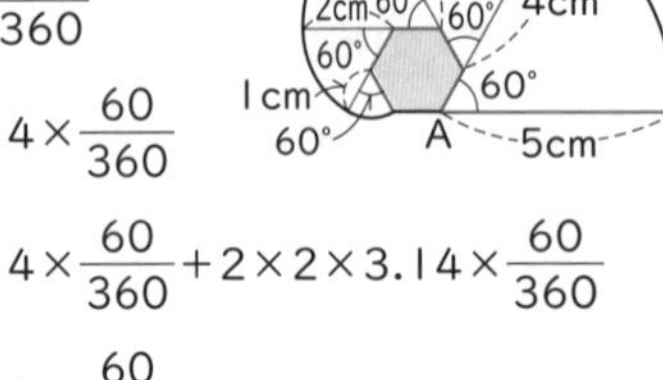

$5\times2\times3.14\times\frac{60}{360}$

$+4\times2\times3.14\times\frac{60}{360}$

$+3\times2\times3.14\times\frac{60}{360}+2\times2\times3.14\times\frac{60}{360}$

$+1\times2\times3.14\times\frac{60}{360}$

$=(5+4+3+2+1)\times2\times\frac{1}{6}\times3.14=15.7$ (cm)

3 (1)グラフより, 点 P は 4 秒間で 8 cm(頂点 A から頂点 B まで)動くことがわかる。

よって, 8÷4=2 より, 秒速 2 cm である。

(2)頂点 B から頂点 C まで動くのに, 7−4=3 (秒) かかる。よって, BC=2×3=6 (cm)

(3)底辺が 8 cm, 高さが 6 cm の三角形の面積を求めればよい。よって, $x=8\times6\times\frac{1}{2}=24$

(4)秒速 1 cm の速さで 8 cm 進むのに, 8÷1=8 (秒) かかる。

よって, 点 P が頂点 D に達するのは, 7+8=15 (秒後) で, そのときの面積は 0 cm²

4

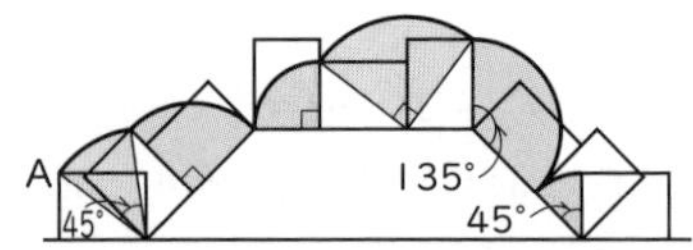

頂点 A が動いたあとは, 上の図のおうぎ形の曲線部分だから,

$10\times3.14\times\frac{45}{360}+8\times3.14\times\frac{90}{360}$

$+6\times3.14\times\frac{90}{360}+10\times3.14\times\frac{90}{360}$

$+8\times3.14\times\frac{135}{360}+6\times3.14\times\frac{45}{360}$

$=10\times3.14\times\left(\frac{1}{8}+\frac{1}{4}\right)+8\times3.14\times\left(\frac{1}{4}+\frac{3}{8}\right)$

$+6\times3.14\times\left(\frac{1}{4}+\frac{1}{8}\right)$

$=10\times3.14\times\frac{3}{8}+8\times3.14\times\frac{5}{8}+6\times3.14\times\frac{3}{8}$

$=(30+40+18)\times\frac{1}{8}\times3.14$

=11×3.14=34.54 (cm)

5 右の図より, 色のついた部分の面積は, 全体の面積(おうぎ形 ACC′ と三角形 ABC)から, おうぎ形 ABB′ と三角形 AB′C′ の面積をひいたものになるので, 2 つのおうぎ形の面積の差に等しくなる。

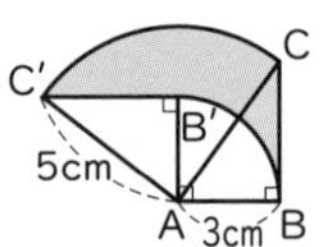

よって, 色のついた部分の面積は,

$5\times5\times3.14\times\frac{1}{4}-3\times3\times3.14\times\frac{1}{4}$

$=(25-9)\times3.14\times\frac{1}{4}=16\times\frac{1}{4}\times3.14$

=4×3.14=12.56 (cm²)

6 (1)右の図において,

$\square=10\times\frac{6}{24}=2.5$

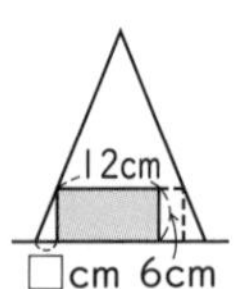

また, 長方形が完全にはいっているのは, 三角形の右はしから 2.5 cm 左のところまでだから,

10×2−(2.5×2+12)=3 (cm) 進むことができる。

よって, 3÷2=1.5 (秒間)

(2)12×2−20=4 (cm) 進んでいる。

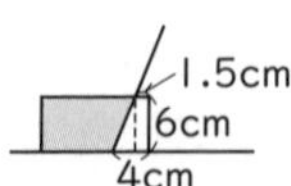

重なっている四角形を三角形と四角形に分けると, 四角形の横の長さは, 4−2.5=1.5 (cm)

よって, 重なっている四角形の面積は,

(1.5+4)×6÷2=16.5 (cm²)

6×12−16.5=55.5 (cm²)

(3)右の図の色のついた部分が
$30-2.5\times6\div2=22.5\,(\text{cm}^2)$
となるときを考えればよい。

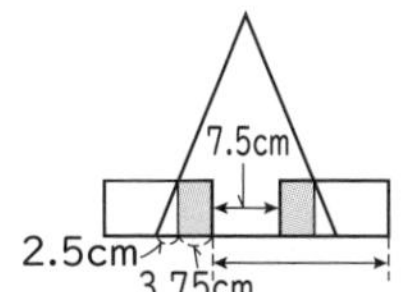

色のついた部分の横の長さは,
$22.5\div6=3.75\,(\text{cm})$ だから,
長方形は三角形と $2.5+3.75=6.25\,(\text{cm})$ 以上重なっていればよいから, $20-6.25\times2=7.5\,(\text{cm})$
$(12+7.5)\div2=9.75$ (秒間)

7 (1)半径 AH で回転したときのおうぎ形は, 右の図の赤くぬった部分で, その中心角の和は,

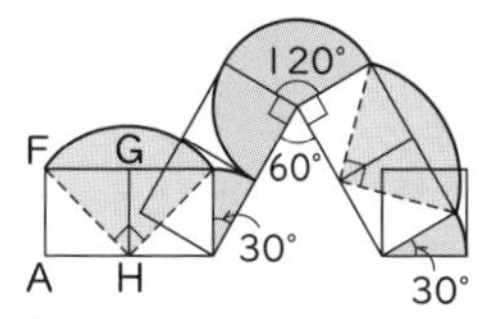

$30°\times2+90°+120°=270°$

これは, 半径 AH の円の円周の $\frac{270}{360}=\frac{3}{4}$ (倍)

(2)半径 FH で回転したときのおうぎ形は, 図の黒くぬった部分で, その中心角の和は, $90°\times2=180°$

これは, 半径 FH の円の円周の $\frac{180}{360}=\frac{1}{2}$ (倍)

8 (1)五角形になるのは, 右の図のように重なったときである。

(2)長方形の動いた長さは,
$1+5+3=9\,(\text{cm})$ で, 毎秒 2 cm の速さで動くから, かかる時間は, $9\div2=4.5$ (秒)

(3)重なった部分の面積が最大であるのは, 右の図のように, この長方形が直角三角形の中に完全に入ったときである。よって, 直角三角形の重なっていない部分の面積は,

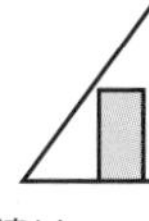

$3\times4\div2-1\times2=4\,(\text{cm}^2)$

9 (2)(1)の図から,

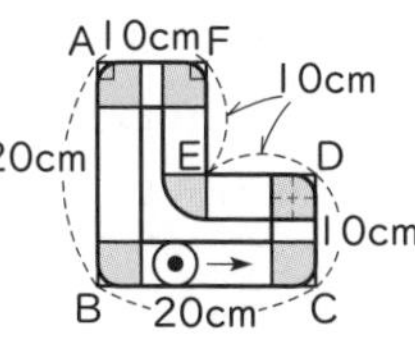

$(12\times4+6\times4+2\times4)\times2$
$+2\times2\times3\times5+2\times2$
$\times3.14\div4\times5+4\times4$
$\times3.14\div4$
$=220+(5+4)\times3.14=248.26\,(\text{cm}^2)$

10 体積・表面積を求める問題

本冊 126 ～ 127 ページ

解答

1 (1)**9 cm** (2)**38 cm³**
2 **24 cm²**
3 (1)**162 cm³** (2)**108 cm³**
4 (1)**1450 cm²** (2)**2750 cm³**
5 **140 cm³**
6 (1)**260.8 cm³** (2)**509.6 cm²**
7 (1)**2215 cm³** (2)**1343 cm²**
8 (1)**10 個以上 15 個以下**
(2)体積…**11 cm³**, 表面積…**38 cm²**
9 (1)①**9 cm³** ②**2 cm**
(2)①**180 cm³** ②**13.5 cm²** ③**180 cm²**

解き方

1 (1)もとの四角すいは右の図のようになるから,

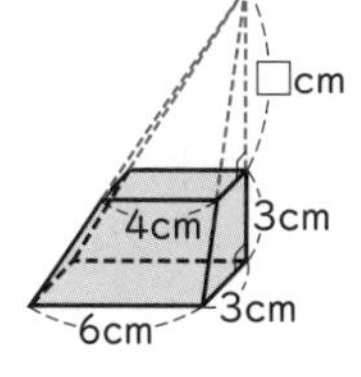

□：3＝4：(6−4)＝2：1
□＝6
よって, 高さは, $6+3=9\,(\text{cm})$
(2)$6\times3\times9\div3-4\times2\times6\div3$
$=54-16=38\,(\text{cm}^3)$

2 もとの直方体から右の図の立体を作るときの, 表面積の増減を考える。図の斜線をつけた部分の面積が減って, 赤くぬった部分の面積が増えることがわかる。
よって, $3\times8\times2-3\times4\times2=48-24=24\,(\text{cm}^2)$
となるから, 立体の表面積はもとの直方体の表面積より 24 cm² 大きい。

3 (1)$6\times6\div2\times9=162\,(\text{cm}^3)$
(2)2 つに切ったとき三角すいになる立体の体積は,
$162\div3=54\,(\text{cm}^3)$
もう一方の立体の体積は, $162-54=108\,(\text{cm}^3)$
大きいほうの立体の体積は, 108 cm³

4 (1)見取図をかくと, 右の図のようになる。真正面から見ると, 面積は,
$5\times15+10\times10$
$=175\,(\text{cm}^2)$
真横から見ると,
$5\times20+5\times10+10\times10$
$=250\,(\text{cm}^2)$
真上から見ると,
$20\times15=300\,(\text{cm}^2)$
よって, 表面積は,
$(175+250+300)\times2=1450\,(\text{cm}^2)$
(2)体積は, 2 つの直方体と立方体の体積の和だから,
$20\times15\times5+10\times5\times5+10\times10\times10$
$=1500+250+1000=2750\,(\text{cm}^3)$

5 穴(あな)がないものとして考えた立体の体積は,
$10\times8\times5=400\,(\text{cm}^3)$

穴のあいた部分について，一方向はつきぬけた部分，残り2方向は残った2つの部分をたすと，
$7\times3\times8+7\times4\times(5-3)+(10-7)\times4\times3$
$=260\ (\text{cm}^3)$
よって，$400-260=140\ (\text{cm}^3)$

6 (1)1辺8 cmの立方体から，2つの円柱を除(のぞ)けばよいから，この立体の体積は，
$8\times8\times8-(4\times4\times3.14\times4+2\times2\times3.14\times4)$
$=512-(64+16)\times3.14=512-251.2$
$=260.8\ (\text{cm}^3)$
(2)立体の底面積は，
$8\times8-2\times2\times3.14=64-12.56=51.44\ (\text{cm}^2)$
$51.44\times2=102.88\ (\text{cm}^2)$
円柱の側面積は，
$8\times3.14\times4+4\times3.14\times4=(32+16)\times3.14$
$=150.72\ (\text{cm}^2)$
よって，この立体の表面積は，
$8\times8\times4+102.88+150.72=509.6\ (\text{cm}^2)$

7 (1)$20\times30\times5-10\times10\times3.14\div4\times2\times5$
$=3000-785=2215\ (\text{cm}^3)$
(2)$20\times30-10\times10\times3.14\div4\times2=443\ (\text{cm}^2)$
$5\times20\times2=200\ (\text{cm}^2)$　$5\times10\times2=100\ (\text{cm}^2)$
$5\times(20\times3.14\div4\times2)=157\ (\text{cm}^2)$
$443\times2+200+100+157=1343\ (\text{cm}^2)$

8 (1)真上から見た図に，その場所に積んである積み木の数をかき入れてみると，
最も少ない場合(の例)として右の図1，
最も多い場合として，右の図2のようになる。
積み木の数の合計は，
図1の場合，
$1\times5+3+2=10$ (個)
図2の場合，
$1\times2+3\times3+2\times2=15$ (個)
だから，考えられる積み木の数は10個以上15個以下である。

(図1)最も少ない場合

	1個	1個
1個	1個	2個
1個	3個	
↑1個	↑3個	↑2個

真正面から見える数

(図2)最も多い場合

	3個	2個
1個	3個	2個
1個	3個	
↑1個	↑3個	↑2個

真正面から見える数

(2)真横から見える数も考えに入れると，右の図3のようになる。したがって，積み木の数の合計は，
$1\times4+3+2\times2$
$=11$ (個)

(図3)

	1個	1個	←1個
1個	3個	2個	←3個
1個	2個		←2個
↑1個	↑3個	↑2個	

真横から見える数
真正面から見える数

であるから，体積は，$(1\times1\times1)\times11=11\ (\text{cm}^3)$
また，真上から見える正方形の数は，
$2+3+2=7$ (個)
真正面から見える正方形の数は，$1+3+2=6$ (個)
真横から見える正方形の数は $2+3+1=6$ (個) であり，それぞれの方向の反対側から見ても同じ数の正方形が見えるから，表面に出ている正方形の数は，
$(7+6+6)\times2=38$ (個)
よって表面積は，$(1\times1)\times38=38\ (\text{cm}^2)$

9 (1)①右の図のような三角すいになる。
体積は， 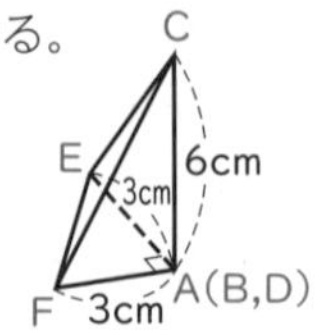
$\frac{1}{3}\times(3\times3\div2)\times6=9\ (\text{cm}^3)$
②三角形CEFの面積は，
$6\times6-(3\times3\div2+3\times6\div2\times2)$
$=36-(4.5+18)=36-22.5=13.5\ (\text{cm}^2)$
だから，三角形CEFを底面としたときの高さを x cmとすると，
$\frac{1}{3}\times13.5\times x=9$　$13.5\times x=27$
$x=27\div13.5=2$
(2)① 4つの三角すいの体積の和は，(1)①より，$9\times4=36\ (\text{cm}^3)$
だから，残りの立体の体積は，
$6\times6\times6-36=180\ (\text{cm}^3)$

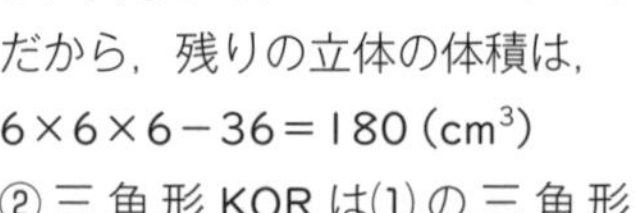

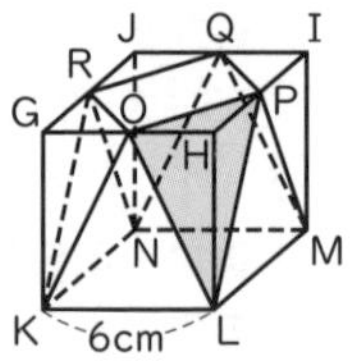

② 三角形KORは(1)の三角形CEFの面積と等しくなるので，$13.5\ \text{cm}^2$
③(1)より，残りの立体の側面積は，
$13.5\times4+6\times6\div2\times4=54+72=126\ (\text{cm}^2)$
四角形OPQRは対角線が6 cmの正方形だから，
残りの立体の表面積は，
$6\times6\div2+6\times6+126=180\ (\text{cm}^2)$

11 いろいろな立体の問題

本冊128～129ページ

解答

1 30個
2 (1)**90本**
(求め方の例)**五角形12枚(まい)と六角形20枚の辺の数の合計は，**
$5\times12+6\times20=60+120=180$ **(本)**
これらがすべて2つずつ重なってこの立体の1つの辺になっているから，この立体の辺の数は， $180\div2=90$ **(本)**

(2)**60 個**

(求め方の例)**五角形 12 枚と六角形 20 枚の頂点の数の合計は,**

$5\times12+6\times20=180$ (個)

これらがすべて 3 つずつ重なってこの立体の 1 つの頂点になっているから,この立体の頂点の数は,$180\div3=60$ (個)

3 (1)**42 cm** (2)**36 cm³**

4 (1)右の図

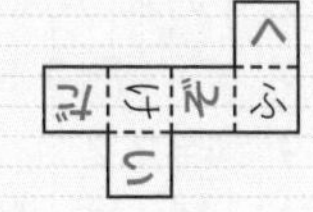

(2)**だ**

5 (1)**135 個**

(2)1 面…**62 個,** 2 面…**44 個**

3 面…**8 個,** ぬられていないもの…**21 個**

6 **40.5**

7 (1)**144 本** (2)**1944 本** (3)**729 個**

8 右の図

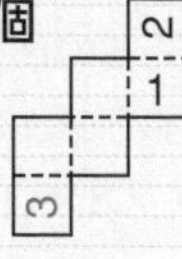

9 ①**エ** ②**キ** ③**カ**

④**キ** ⑤**エ**

解き方

1 いちばん上の段は 1 個,上から 2 段目は $2\times2=4$ (個),上から 3 段目は $3\times3=9$ (個),上から 4 段目は $4\times4=16$ (個)

よって,$1+4+9+16=30$ (個)

3 (1)この展開図を組み立てると,右の図のような三角柱ができる。この三角柱には,3 cm,4 cm,5 cm の辺がそれぞれ 2 本ずつと,6 cm の辺が 3 本あるので,辺の長さの合計は,

$(3+4+5)\times2+6\times3=24+18=42$ (cm)

(2)底面の三角形の面積は $4\times3\div2=6$ (cm²) であり,高さは 6 cm だから,体積は $6\times6=36$ (cm³)

4 (1)図 1 の見取図から,それぞれの文字の向きと位置を考える。

(左側の見取図から)

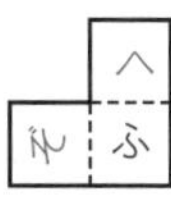

(右側の見取図から)

これらを組み合わせる。

(2)(1)で完成した展開図から考える。

5 (1)縦,横,高さの各辺にそれぞれ立方体が,3 個,9 個,5 個あるから,全部で,$3\times9\times5=135$ (個)

(2)右の図のように,色が 1 面にぬられている立方体は,全部で

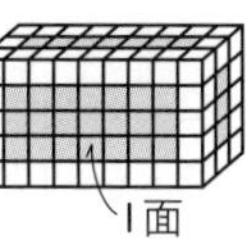

$\{(5-2)\times(9-2)+(3-2)\times(9-2)+(3-2)\times(5-2)\}\times2$

$=(3\times7+1\times7+1\times3)\times2$

$=(21+7+3)\times2=31\times2=62$ (個)

2 面に色がぬられている立方体は,右の図のように,直方体の頂点のある立方体を除いた各辺にあるから,

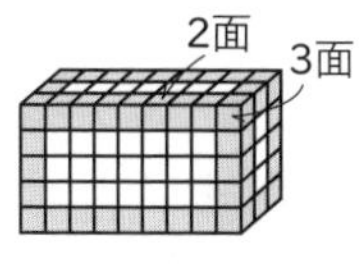

$\{(9-2)+(3-2)+(5-2)\}\times4$

$=(7+1+3)\times4=44$ (個)

3 面に色がぬられている立方体は,直方体の頂点のある立方体だから,$4\times2=8$ (個)

ぬられていない立方体は,$1\times7\times3=21$ (個)

別解 ぬられていない立方体は,色のぬられた立方体を除けばよいから,

$135-(62+44+8)=21$ (個)

6 切り口の図形は,右の図の四角形 AJIC である。AJ,CI,BF の延長線の交わる点を K とすると,三角形 KFI は三角形 KBC の $\frac{1}{2}$ の縮図になるから,三角すい K-ABC は,底面が AB=CB=6 cm の直角二等辺三角形,高さが $BK=6\times2=12$ (cm) である。

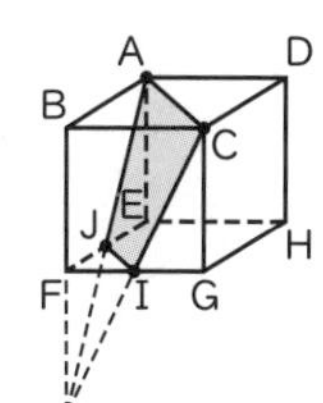

右の図のように,三角すい K-ABC の展開図を考えると,三角形 KAC の面積は,

12×12

$-\left(12\times6\times\frac{1}{2}\times2+6\times6\times\frac{1}{2}\right)$

$=144-90=54$ (cm²)

三角形 KJI は三角形 KAC の $\frac{1}{2}$ の縮図になっているので,三角形 KAC の面積:三角形 KJI の面積 $=(2\times2):(1\times1)=4:1$ だから,切り口(四角形 AJIC)の面積は,

三角形 KAC の面積$\times\frac{4-1}{4}=54\times\frac{3}{4}=40.5$ (cm²)

7 (1)1 辺の長さが 80 cm の立方体の模型を作ると,いちばん上の面は右の図のようになり,縦,横とも 9 本の辺ができる。1 つの辺に 8 本の棒があるから,

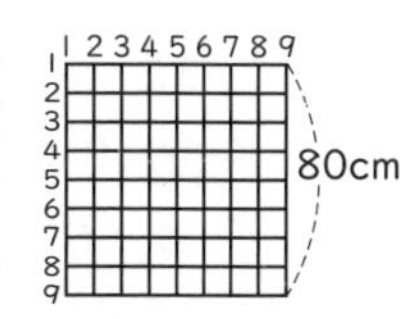

$(8\times9)\times2=72\times2=144$ (本)

(2)いちばん上からいちばん下まで面が 9 面あるから,水平方向に棒は $144\times9=1296$ (本)

また,垂直方向には棒が $8\times9\times9=648$ (本) 必要。よって,全部で,$1296+648=1944$ (本) 必要で

ある。

⑶金具は全部で（8＋1）×（8＋1）×（8＋1）＝9×9×9＝729（個）必要である。

8 立方体の各頂点に記号をつけ，その記号を展開図にかきこむと，3とかかれた面の位置と文字の向きがわかる。

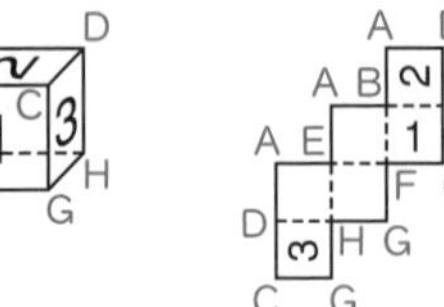

9 ①頂点Gにあるとき正三角形で**エ**

②辺GF上にあるとき台形で**キ**

③頂点Fにあるとき長方形で**カ**

④辺FE上にあるとき台形で**キ**

⑤頂点Eにあるとき正三角形で**エ**

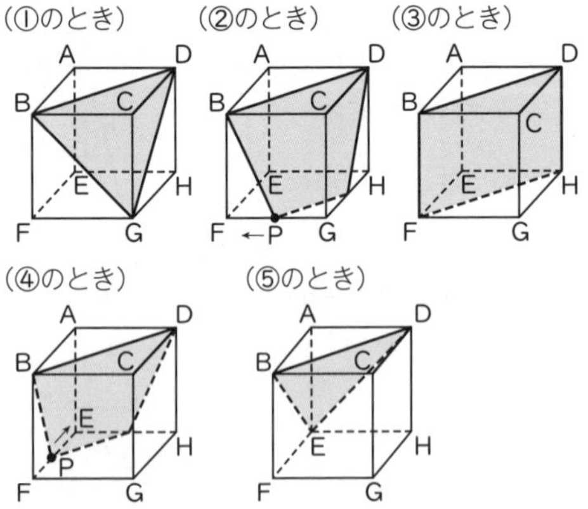

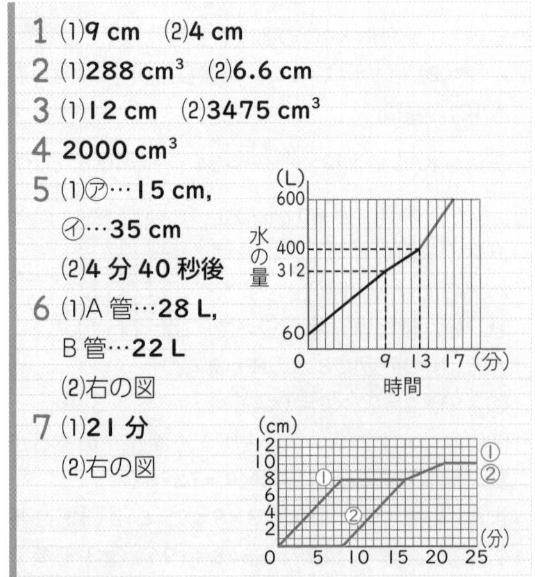

12 容積とグラフの問題

本冊130〜131ページ

解答

1 ⑴**9 cm** ⑵**4 cm**

2 ⑴**288 cm³** ⑵**6.6 cm**

3 ⑴**12 cm** ⑵**3475 cm³**

4 **2000 cm³**

5 ⑴㋐…**15 cm,** ㋑…**35 cm** ⑵**4分40秒後**

6 ⑴A管…**28 L,** B管…**22 L** ⑵右の図

7 ⑴**21分** ⑵右の図

解き方

1 ⑴5 cmが，Aの容器と，同じ高さのBの容器にはいる水の量の差だから，

18×18×5÷（18×18−12×12）＝9（cm）

⑵等しい水の量での水面の高さの比は，底面積の逆比だから，

A：B＝18×18：12×12＝9：4

図4の水のない部分の高さを□cmとすると，

9：4＝（9−1.8）：□

9：4＝7.2：□　9×□＝4×7.2　□＝3.2

よって，高くなる長さは，7.2−3.2＝4（cm）

2 ⑴右の図を底面（台形）とする四角柱の体積を求めればよいから，

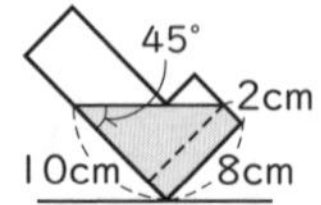

（2＋10）×8÷2×6

＝48×6＝288（cm³）

⑵右の図のように，下の直方体の部分の水の量は，

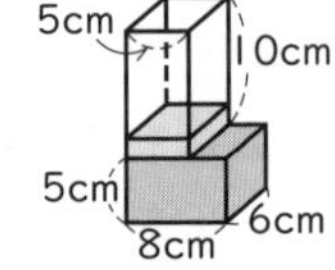

6×8×（15−10）＝6×8×5

＝240（cm³）

よって，（288−240）÷（6×5）＝48÷30＝1.6（cm）

となり，㋐＝5＋1.6＝6.6（cm）

3 ⑴㋑の体積は，15×24×2＝720（cm³）

㋑の底面積は，720÷10＝72（cm²）

等しい辺の長さを□cmとすると，

□×□÷2＝72

□×□＝72×2＝144　□＝12

⑵出した水の量は，水そう㋐の深さ 5＋5＝10（cm）分の水の量から，右のおもり㋑の色のついた部分の体積をひいた量である。

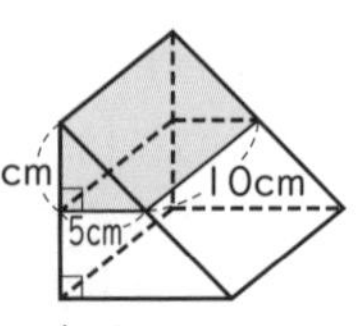

15×24×10−5×5÷2×10＝3475（cm³）

4 水の体積は，右の図の㋐を底面とする高さ10 cmの三角柱と，㋑を底面とする高さ20 cmの三角柱の体積の合計だから，

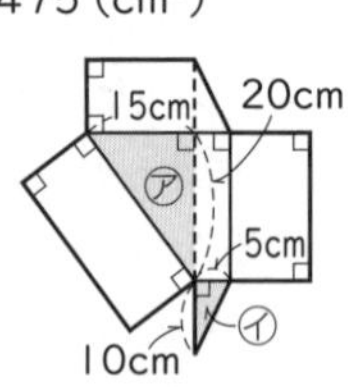

（15×20÷2）×10

＋（5×10÷2）×20＝1500＋500

＝2000（cm³）

5 ⑴グラフから，㋐の高さまで水がはいるのに6分かかる（グラフの直線が折れている所）ことがわかる。毎分2Lの割合（わりあい）で水を入れるから，

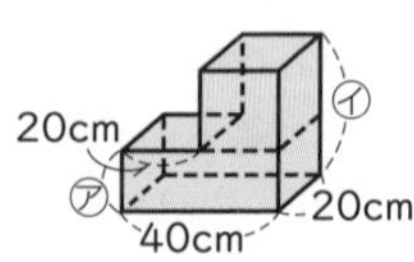

2×6＝12（L）＝12000（cm³）

よって，20×40×㋐＝12000

㋐$=12000\div20\div40=15$ (cm)
また，$10-6=4$ (分) で㋑の高さまで水がはいる。
図の黒くぬった部分の体積は，
$2\times4=8$ (L) $=8000$ (cm^3) だから，
$8000\div\{20\times(40-20)\}=8000\div400=20$ (cm)
よって，㋑$=20+15=35$ (cm)
(2)入れた水の体積は，
$20\times40\times15+20\times20\times(20-15)$
$=12000+2000=14000$ (cm^3)
3 L$=3000$ cm^3 だから，
$14000\div3000=4\frac{2}{3}$ (分) $=4$ 分 40 秒

6 (1)A 管は，1 分間に，$(312-60)\div9=28$ (L)
B 管は，1 分間に，$(400-312)\div(13-9)=22$ (L)
(2)$(600-400)\div(28+22)=200\div50=4$ (分)
$13+4=17$ (分) より，17 分後に 600 L になる。

7 (1)仕切り板の左側の部分が満水になるまでの時間は，$(10\times5\times8)\div50=8$ (分)
残りの部分は，
$10\times10\times10-10\times(5+1)\times8=520$ (cm^3)
$520\div(50-10)=13$ (分)
この容器が満水になるのは，
$8+13=21$ (分)
(2)①(1)より，赤色の船底の高さは水を入れ始めてから 8 分後に 8 cm となり，その後，仕切り板の右側の部分が満水になるまでの
$10\times4\times8\div(50-10)=8$ (分間) は，船底の高さは変わらない。
その後，$10\times10\times(10-8)\div(50-10)=5$ (分) で満水になるので，高さは 10 cm となる。
②①より水を入れ始めてから 8 分間は，青色の船底の高さは 0 cm である。その後の 8 分間で船底の高さは 8 cm となり，さらにその後 5 分間で満水となるので，高さは 10 cm となる。

13 和と差についての文章題

本冊 132 ～ 133 ページ

解答

1 **午後 5 時 3 分**
2 **12200 円**
3 **22 個**
4 **30 個**
5 **48 部屋**
6 **141 枚**

7 **11 個**
(求め方の例) **合計金額の一の位が 7 であることから 73 円のおかしの個数を決める。**
一の位が 7 になる個数は，9 個か 19 個。
73 円が 9 個のとき，60 円と 80 円の合計金額が，$1777-73\times9=1120$ (円)，
合計の個数は
$24-9=15$ (個) となる。
このとき 80 円の個数はつるかめ算で，
$(1120-15\times60)\div(80-60)=11$ (個)
と求められる。
73 円が 19 個のときは個数が整数にならないので，80 円のおかしは 11 個になる。
8 **6 回**
9 **18 才**
10 (1)**40 才** (2)**7 年後**
11 **62.5 点**
12 (1)**10 枚** (2)**76 点**
13 **1.6 倍**

解き方

1 昼の長さと夜の長さの時間の和が 24 時間，差が 3 時間 24 分の和差算で求める。
昼の時間は，
(24 時間－3 時間 24 分)$\div2=$10 時間 18 分 だから，日の出の 10 時間 18 分後に日の入りとなる。
6 時 45 分＋10 時間 18 分＝17 時 3 分
＝午後 5 時 3 分

2 逆にすると 400 円安くなることから，予定通りの個数だと Q のほうを多く買っている。個数が 1 個逆になるごとに $500-300=200$ (円) の差がでるので，$400\div200=2$ (個) が P と Q の個数の差になるから，
Q の個数は，$(30+2)\div2=16$ (個)，
P の個数は $30-16=14$ (個) となる。
よって，予定通りに買うと，
$300\times14+500\times16=12200$ (円) かかる。

3 $(30\times100-1500)\div(100-30)=21$ あまり 30 より，みかんを 22 個以上買う必要がある。

4 P さん，Q さんの 2 人がそれぞれ 21 個以上買っていたとすると，$(50-5)\times45=2025$ (円) より，2100 円に足りないので，買った個数が P さんより少ない Q さんが買った個数は 20 個以下となる。
P さんの買った個数をつるかめ算で求めると，

(50×45－2100)÷5＝30(個)

5 6人部屋を②部屋，7人部屋を①部屋とすると，8人部屋の部屋数は ①＋②－10＝③－10 となる。
6×②＋7×①＝8×(③－10)
⑫＋⑦＝㉔－80
⑲＝㉔－80
⑤＝80
①＝16(部屋)
よって，③＝16×3＝48(部屋)

6 袋の数を□袋，6枚ずついれたときの最後の袋の6枚にたりない分を○枚として線分図で表すと，図のようになる。
4×□枚　17枚　(6×7+○)枚
6×□枚
○は1以上5以下の数字がはいる。
○＝1 のとき，□＝(17＋6×7＋1)÷(6－4)＝30
○＝3 のとき，□＝(17＋6×7＋3)÷(6－4)＝31
○＝5 のとき，□＝(17＋6×7＋5)÷(6－4)＝32
○＝2，4 のときは□が整数にならない。
よって，クッキーの枚数は，
□＝30 のとき 4×30＋17＝137(枚)
□＝31 のとき 4×31＋17＝141(枚)
□＝32 のとき 4×32＋17＝145(枚)
3の倍数になるのは141枚のときなので，クッキーの枚数は141枚。

8 10回すべてが表だったとき合計点数は，
10＋2×10＝30(点)
表を1回裏にすると，合計点数から 2＋1＝3(点)減る。よって，裏が出た回数は，(30－18)÷3＝4(回)となるので，表が出た回数は，10－4＝6(回)

9 5人の年れいの合計は，30×5＝150(才)
父と母の年れいの合計は，49.5×2＝99(才)より，桜さん，兄，弟の年れいの合計は，
150－99＝51(才)
弟より兄は7才，桜さんは5才年上なので，弟の年れいは，(51－7－5)÷3＝13(才)
よって，桜さんの年れいは，13＋5＝18(才)

10 (1)8年前の三男以外の年れいの合計が71才より，現在の4人の年れいの合計は，
71＋8×4＝103(才)
よって，現在の三男の年れいは，109－103＝6(才)
1年前の母と次男と三男の年れいの合計は，
(109－5)÷2＝52(才)
よって，現在の3人の合計の年れいは
52＋3＝55(才)
母の年れいは，55－(6＋9)＝40(才)
(2)父の現在の年れいは，40＋2＝42(才)
長男の現在の年れいは，109－(55＋42)＝12(才)
合計が2倍になるのが①年後とすると，
42＋40＋②＝(6＋9＋12＋③)×2
82＋②＝(27＋③)×2
82＋②＝54＋⑥
⑥－②＝82－54
④＝28
①＝7

11 女子の人数は変わらないので，テストの日と次の日の全体の人数の比は，女子の割合の比の逆比になる。0.64：0.6＝16：15 より，テストの日と次の日の全体の人数の比は，15：16
比の差の1が5人にあたるので，テストの日の全体の人数は 15×5＝75(人)，女子の人数は 75×0.64＝48(人)となる。
男子全員の合計の点数は，
68×75－71.5×48＋66.4×5＝2000(点)となり，男子全員の平均点は，
2000÷(80－48)＝62.5(点)

12 (1)つるかめ算の面積図をかくと，右の図のようになる。

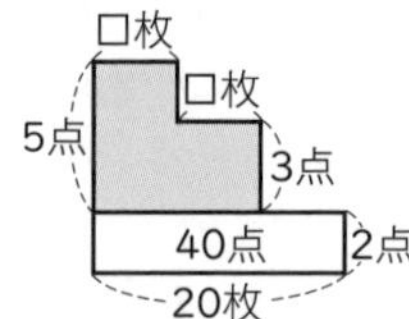

色をぬった部分の面積は40点になり，バナナとリンゴの絵のカードを□枚とすると，
(7－2)×□＋(5－2)×□＝40
5×□＋3×□＝40
8×□＝40
□＝5
カニの絵のカードは，20－5×2＝10(枚)
(2)それぞれのカードの枚数と点数を表に表すと下のようになる。

カニ	バナナ	リンゴ	合計得点
2	1	17	96
4	2	14	92
6	3	11	88

バナナの枚数が1枚増えるごとに4点ずつ減るので，80点になるのは，バナナのカードが
(96－80)÷4＋1＝5(枚)のとき。
よって，80点より低くなるのは，バナナのカードが6枚以上のときになる。
バナナのカードが6枚のとき，カニのカードは12枚，リンゴのカードは2枚になる。バナナのカードが7枚のとき，カニのカードが14枚になり，20枚より多くなるから，バナナのカードが6枚の

ときの組み合わせしかない。

合計得点は，7×6＋2×12＋5×2＝76（点）

13 やりとりをまとめると右の図のようになる。

④の弟は120個で，これは③の弟の $1-\frac{1}{4}=\frac{3}{4}$ にあたるので，③の弟は，

$120\div\frac{3}{4}=160$（個）

また，④の姉は③より

160−120＝40（個）増えたので，③の姉は，

120−40＝80（個）

次に，③の妹は④と等しく120個になり，これは②の妹の $1-\frac{1}{3}=\frac{2}{3}$ にあたるので，

$120\div\frac{2}{3}=180$（個）

さらに，②の姉は③と等しく80個になり，これは①の姉の $1-\frac{1}{2}=\frac{1}{2}$ にあたるので，①の姉は，

$80\div\frac{1}{2}=160$（個）

②の妹は①より，160−80＝80（個）増えたので，①の妹は，180−80＝100（個）

よって，最初に姉が持っていたビー玉の個数は，妹の個数の，160÷100＝1.6（倍）

14 割合と比についての文章題

本冊 134 ～ 135 ページ

解答

1 425人

2 (1)130日間 (2)24日間

3 A…20円，B…180円

（求め方の例）今日，AもBも定価どおりで買ったなら，340＋30×2＝400（円）

A，Bを1個ずつ買うと，

400÷2＝200（円）

また，Aを定価の1割引きで6個買ったときの値段は，定価で 0.9×6＝5.4（個）買ったときの値段に等しい。昨日の買い物から，A，B 1個ずつを除けば，

Aの 5.4−1＝4.4（個）が，288−200＝88（円）であることがわかる。

よって，A 1個の定価は，

88÷4.4＝20（円）

B 1個の定価は，200−20＝180（円）

4 25％

5 3.5％

6 (1)16：5 (2)525人

7 360ページ

8 (1)2000円 (2)42000円 (3)40個

9 (1)200 (2)7.6

10 13人

11 2400円

解き方

1 今日の男女の入場者数の和は1000人で，差が20人であることから，

今日の女性の人数は，（1000＋20）÷2＝510（人）

また，昨日の女性の人数×（1＋0.2）＝510 より，

昨日の女性の人数は，510÷（1＋0.2）＝425（人）

2 (1)1日あたり，1人がする仕事量を1とすると，

予定日を過ぎてからした仕事の量は，

1×12×10＝120 と表される。

12人で働いた分を14人で働いていた場合にかかる日数は，120÷（14−12）＝60（日間）

よって，予定の日数は，70＋60＝130（日間）

別解 右の図で，㋐と㋑の面積は等しいから，

（14−12）×□

＝12×10

2×□＝120 より，□＝60

よって，予定の日数は，70＋60＝130（日間）

(2)とちゅうから15人に増やすと，6日早く仕事が終わる。12人で行った6日分の仕事量は，

1×12×6＝72 と表される。

これを 15−12＝3（人）が行えばよいから，

72÷3＝24（日間）

4 花子さんのもらった砂糖の量を1とすると，器にはいっていた量は，

$\left(\frac{2}{5}+\frac{3}{10}\right)\div\frac{17.5}{100}=\frac{7}{10}\times\frac{1000}{175}=4$

花子さんのもらった割合は，1÷4×100＝25（％）

5

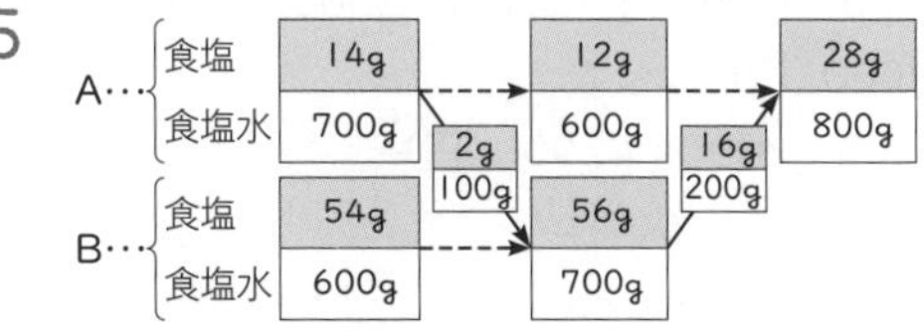

よって，28÷800＝0.035 → 3.5％

6 ⑴100 点を取った生徒の人数を面積図に表すと，右の図のようになり，㋐と㋑の面積は等しい。㋐と㋑の縦の長さの比は，

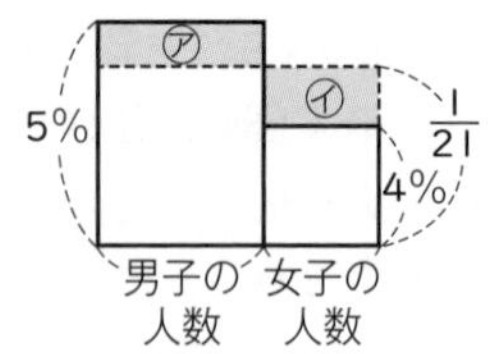

$\left(\frac{5}{100}-\frac{1}{21}\right):\left(\frac{1}{21}-\frac{4}{100}\right)=5:16$

男子と女子の人数の比は逆になるので，16：5

別解　男子生徒全体を$\boxed{1}$，女子生徒全体を△1とし，生徒全体を㉑として，消去法の式にする。

$\boxed{1}$ ＋△1 ＝㉑　　　　$\boxed{1}$＋△1 ＝㉑

$\boxed{0.05}$＋△0.04＝① → −）$\boxed{1}$＋△0.8＝⑳

　　　　　　　　　　　　　△0.2＝①

　　　　　　　　　　　　　△1 ＝⑤

$\boxed{1}$＝㉑−⑤＝⑯

よって，男子生徒と女子生徒の人数の比は，

16：5

⑵4％が整数になるには，100÷4＝25 で，女子は 25 の倍数。16＋5＝21 より，

全体の人数は，$25\times\frac{21}{5}=105$ より，105 の倍数。

500 人以上 600 人以下より，

105×5＝525（人）

7 本全体のページ数を 1，1 日目の残りのページ数を①とすると，右の線分図より，

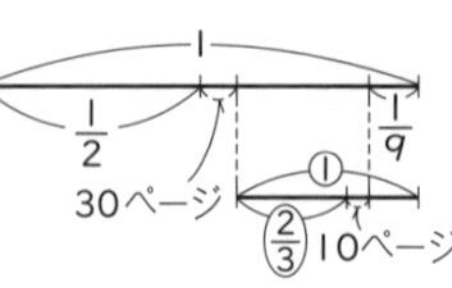

$\frac{1}{3}$（丸数字）$=\frac{1}{9}+10$ ページ だから，

$①=\left(\frac{1}{9}+10\text{ページ}\right)\times3=\frac{1}{3}+30$ ページ

$\left(\frac{1}{2}+30\text{ページ}\right)+\left(\frac{1}{3}+30\text{ページ}\right)=1$ より，

$\frac{5}{6}+60$ ページ$=1$

よって，$60\div\left(1-\frac{5}{6}\right)=60\div\frac{1}{6}=360$（ページ）

8 ⑴50000÷100÷0.25＝2000（円）

⑵1 個あたりの利益は 50000÷100＝500（円）

500×80＝40000（円）

16％引きで売った残り 20 個の利益は，

{2000×1.25×(1−0.16)−2000}×20

＝2000（円）

40000＋2000＝42000（円）

⑶25％引きの損失は，

2000−2000×1.25×(1−0.25)＝125（円）

1 個あたり 125 円の損失。

25％引きにすれば，定価で売れたときとの差は，

1 個あたり，500＋125＝625（円）の損失。

全部定価で売れたときの利益は，50000 円。

50000−12500＝37500（円）

37500÷625＝60（個）

定価で売ったのは，100−60＝40（個）

9 ⑴容器 A は，4％の食塩水と 10％の食塩水を混ぜて 8％の食塩水をつくることになるので，混ぜる 4％の食塩水と 10％の食塩水の重さの比は，

$\frac{1}{8-4}:\frac{1}{10-8}=\frac{1}{4}:\frac{1}{2}=1:2$

混ぜ合わせた食塩水の重さは 300 g なので，容器 B から取り出し，容器 A に入れた食塩水は，

$300\times\frac{2}{1+2}=200$（g）

⑵容器 B の食塩水は 4％の食塩水 200 g と 10％の食塩水 500−200＝300（g）を混ぜ合わせた食塩水になるので，とけている食塩の重さは，

200×0.04＋300×0.1＝8＋30＝38（g）

したがって，B の食塩水のこさは，

38÷500×100＝7.6（％）

別解　⑴混ぜたあとの A の食塩水は右の図のような面積図になる。

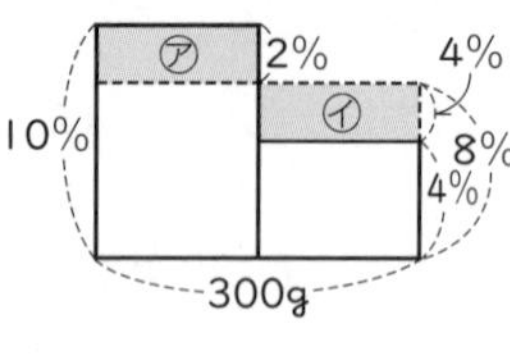

㋐と㋑の面積は等しく，縦(たて)の長さが

2：4＝1：2 となるので，横の長さは逆比で 2：1 となる。食塩水の合計の重さは 300 g となるので，B から取り出し A に混ぜた食塩水は，

$300\times\frac{2}{2+1}=200$（g）

⑵混ぜたあとの B の食塩水は右の図のような面積図になる。

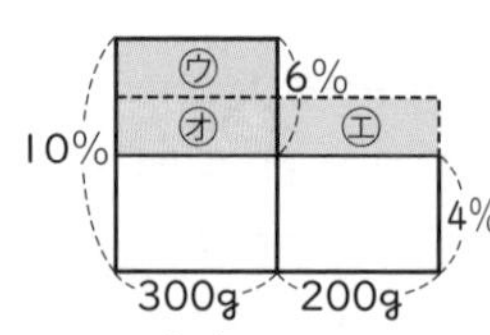

㋒＋㋔と㋓＋㋔の面積は等しく ㋒＋㋔＝6×300＝1800 となる。

㋓＋㋔の長方形の縦は，1800÷(300＋200)＝3.6 となるので，混ぜたあとの食塩水のこさは，

4＋3.6＝7.6（％）

10 5 年生と 6 年生の予定者数の比は，2：2＝6：6 で，参加者数の比は 6：5

ここで，5 年生は予定者数と参加者数が同じで，6 年生の参加者数は予定者数よりも，2＋2＝4（人）減っている。したがって，比の 6−5＝1 にあたる数が 4 人になるので，5 年生と 6 年生の予定者数はどちらも 4×6＝24（人）とわかる。このとき，

4年生の予定者数は，$24\times\frac{1}{2}=12$（人）となるから，

予定者数の合計は，

$12+24+24$

$=60$（人）

となり，さらに，男子が女子より2人多いことから，男子の予定者数は，

（予定者数）

	男子	女子	合計
4年生			12人
5年生			24人
6年生			24人
合計	31人	29人	60人

$(60+2)\div2=31$（人）…右の表

次に，参加者数は男女ともに予定者数よりも，

$4-2=2$（人）ずつ増えていて，男子の参加者数は3学年とも同じなので，5年生の男子の参加者数は，

$(31+2)\div3=11$（人）

よって，5年生の女子の参加者数は，

$24-11=13$（人）

11 右の図のように，値段の高いほうの商品の値引き後の値段はもとの値段の$\frac{2}{3}$だから，値引きした金額はもとの値段の $1-\frac{2}{3}=\frac{1}{3}$

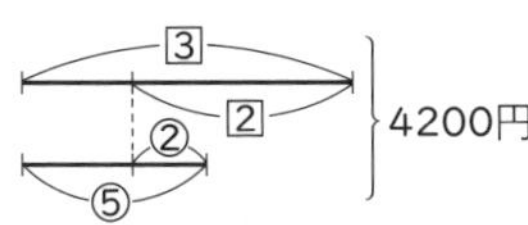

同様に，値段の低いほうの商品の値引きした金額はもとの値段の $1-\frac{2}{5}=\frac{3}{5}$

よって，値引きした金額を1とすると，値段の高いほうの商品のもとの値段は，$1\div\frac{1}{3}=3$

値段の低いほうの商品のもとの値段は，$1\div\frac{3}{5}=\frac{5}{3}$

なので，4200円は，$3+\frac{5}{3}=\frac{14}{3}$ にあたる。よって，

$4200\div\frac{14}{3}=4200\times\frac{3}{14}=900$（円）ずつ値引きしたことになるから，値引き後の2つの商品の合計金額は，$4200-900\times2=2400$（円）

別解 値引きした金額は，高いほうの $1-\frac{2}{3}=\frac{1}{3}$，低いほうの $1-\frac{2}{5}=\frac{3}{5}$ となり，等しくなるので，

最初の値段の高いほうと低いほうの値段の比は，

$\frac{1}{3}:\frac{3}{5}=5:9$ の逆比の $9:5$ となる。

高いほうの値段を⑨，低いほうの値段を⑤とすると，

値引き後の値段の合計は，⑨×$\frac{2}{3}$+⑤×$\frac{2}{5}$=⑧

最初の値段は⑨+⑤=⑭=4200円 より，

①=300円

よって，値引き後の2つの商品の合計金額⑧は，

$300\times8=2400$（円）

15 速さについての文章題

本冊136～137ページ

解答

1 (1)**60分** (2)**午前10時27分** (3)**800 m** (4)**午前10時40分**

2 (1)**12秒後** (2)**5回**

3 (1)**毎分200 m** (2)**7分後** (3)**37分後** (4)**3.8 km**

4 (1)**120 m** (2)**14秒**

5 (1)**2：3** (2)**4：5**

6 (1)**1：7** (2)**45分**

7 (1)**午後9時24分** (2)**午後4時36分**

解き方

1 (1)$3000\div50=60$（分）

(2)$3000\div200=15$（分）

$12+15=27$（分）より，午前10時27分。

(3)兄さんが出発するときの差は，

$50\times12=600$（m）

1分間に縮まるのは，$200-50=150$（m）

$600\div150=4$（分後）に追いつく。

$200\times4=800$（m）より，家から800 mの所。

(4)兄さんが図書館を出るのは，

午前10時27分+8分=午前10時35分

そのとき，明子さんは図書館まで，

$3000-50\times35=1250$（m）の位置にいる。

出会うまでには，$1250\div(200+50)=5$（分）かかるから，午前10時35分+5分=午前10時40分

2 (1)1回目は，$(56\div2)\div(3+4)=4$（秒後）

2回目は，1回目から，$56\div(3+4)=8$（秒後）

よって，$4+8=12$（秒後）

(2)点Pが2周する時間は，

$56\times2\div3=\frac{112}{3}$（秒間）

2点は，1回目は4秒後に出会い，その後は8秒後ごとに出会う。$\left(\frac{112}{3}-4\right)\div8=4\frac{1}{6}$ より，2回目以降は4回出会うので，全部で，$1+4=5$（回）

3 (1)毎分 $12000\div60=200$（m）

(2)10分30秒後の差は，$80\times10.5=840$（m）

$840\div(200-80)=7$（分後）

(3)兄が B 地点にとう着するのは，兄が出発してから，
$5600 \div 200 = 28$（分後）
そのとき，弟のいる位置は B 地点から，
$5600 - 80 \times (10.5 + 28) = 2520$（m）
$2520 \div (200 + 80) = 9$（分後）
$28 + 9 = 37$（分後）
(4)$5600 - 200 \times 9 = 3800$（m）$= 3.8$（km）

4 (1)急行列車が A 列車，B 列車とすれちがうのに進む道のりの和とかかる時間は，A 列車の長さを□m とすると，それぞれ右の線分図のとおり。

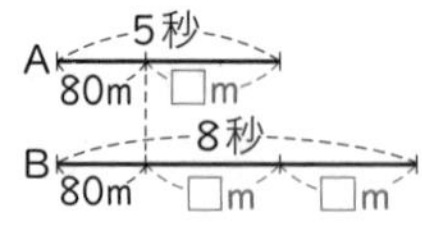

2 つの列車があわせて□m 進むのに，
$8 - 5 = 3$（秒）かかっているから，急行列車と A 列車があわせて 80 m 進むのにかかる時間は，
$5 - 3 = 2$（秒）
よって，$80 \div 2 = 40$（m）より，
$□ = 40 \times 3 = 120$
(2)(1)より，A 列車の長さは，120 m
急行列車と A 列車の 1 秒間に進むきょりの和は，
$(80 + 120) \div 5 = 40$（m）
よって，C 列車とすれちがう時間は，
$(80 + 120 \times 4) \div 40 = 14$（秒）
別解　(1)より，A 列車の長さ 120 m をすすむのに 3 秒かかるから，急行列車と C 列車がすれちがう時間は，$2 + 3 \times 4 = 14$（秒）

5 (1)初めの 1.6 秒は電車 A の長さを走り，残りの時間は電車 B の長さを走る。
$1.6 : (4 - 1.6) = 1.6 : 2.4 = 2 : 3$
(2)速さは時間の逆比になるから，
速さの和と差の比は，$14.4 : 1.6 = 9 : 1$
電車 A の速さは，$(9 - 1) \div 2 = 4$
電車 B の速さは，$(9 + 1) \div 2 = 5$
よって，A : B = 4 : 5

6 (1)増水した日の上りと下りの速さの比はかかった時間の逆比だから，$40 : 72 = 5 : 9$
上りの速さを⑤，下りの速さを⑨とすると，川の流れの速さは，(⑨−⑤)÷2=②
ふつうの日の流れの速さは，②÷2=①
静水での船の速さは，⑨−②=⑦
よって，①：⑦=1：7
(2)ふつうの日の下りの速さは，
⑦+①=⑧
増水した日とふつうの日の下りの速さの比は，
⑨：⑧=9：8 だから，
$40 \times \frac{9}{8} = 45$（分）

7 (1)24 時間で 5 分おくれるから，1 分あたり
$5 \div 24 \div 60 = \frac{1}{288}$（分）おくれる。
3 分進んでいるから，3 分おくれるのにかかる時間は，$3 \div \frac{1}{288} = 864$（分）
864 分後に正確な時刻（じこく）をさすから，
864 分後＝14 時間 24 分後
午前 7 時の 14 時間 24 分後は午後 9 時 24 分。
(2)午前 7 時から午後 4 時 34 分まで
9 時間 34 分＝574 分 たっている。
実際に経過した時間を 1 とすると，おくれた時間は $\frac{1}{288}$ と表せるから，実際に経過した時間は，

実際に経過した時間
574分
おくれた時間

$574 \div \left(1 - \frac{1}{288}\right) = 576$（分）＝9 時間 36 分
午前 7 時の 9 時間 36 分後は，午後 4 時 36 分。

16 速さとグラフの問題

本冊 138 ～ 139 ページ

解答

1 **10 時 15 分**
2 (1)**14**　(2)**分速 80 m**　(3)**18 分後**
3 (1)**40 分間**　(2)**40 km**
4 (1)**分速 75 m**　(2)**6 分間，分速 117 m**
5 (1)**6.9 時間**　(2)**2.4 時間**　(3)**2.6 時間**
6 (1)**分速 80 m**　(2)**2160 m**　(3)**3.6 km**
(4)**7 分 30 秒**

解き方

1 春子さんは 2 km＝2000 m 進むのに 25 分かかっているので，分速 $2000 \div 25 = 80$（m）
また，秋子さんは 2000 m を進むのに $19 - 9 = 10$（分）かかっているので，分速 $2000 \div 10 = 200$（m）
秋子さんが出発するまでに春子さんは，
$80 \times 9 = 720$（m）進んでいるので，秋子さんが春子さんに追いつくのは，秋子さんが出発してから
$720 \div (200 - 80) = 6$（分後）
よって，秋子さんが春子さんに追いついたのは，
10 時 9 分＋6 分＝10 時 15 分

2 (1)$840 \div 60 = 14$
(2)1 回目に出会うまでに B さんは，$60 \times 6 = 360$（m）進んでいるので，A さんは $840 - 360 = 480$

(m) 進んでいる。よって，A さんの速さは，
分速 480÷6＝80 (m)

別解　A さんと B さんが出会うまでに 6 分かかるから，2 人の速さの和は，分速 840÷6＝140 (m)
よって，A さんの速さは，分速 140－60＝80 (m)

(3)A さんが Q 地点に着くのは，
840÷80＝10.5 (分後)
B さんが P 地点を出発するまでに，
80×(14－10.5)＝280 (m) 進んでいるので，B さんが P 地点を出発してから 2 回目に出会うまでに，
(840－280)÷(80＋60)＝4 (分) かかる。
よって，2 回目に出会うのは，14＋4＝18 (分後)

別解　2 人が 1 回目に出会ってから 2 回目に出会うまでに移動するきょりの和は
840×2＝1680 (m) だから，
2 人が 2 回目に出会うのは 1 回目に出会ってから，
1680÷140＝12 (分後)
よって，2 回目に出会うのは，6＋12＝18 (分後)

3 (1)P が川を上る速さは，
分速 64000÷80＝800 (m)，川を下る速さは，
分速 45000÷(280－235)＝1000 (m) となるので，この川の流れの速さは，
分速(1000－800)÷2＝100 (m)
Q の上りの速さは，分速 45000÷150＝300 (m) となるので，Q の静水での速さは，
分速 300＋100＝400 (m)
Q が B 町から A 町まで下るのにかかる時間は，
45000÷(400＋100)＝90 (分) となり，B 町を出発したのが，280－90＝190 (分) のときだとわかる。
よって，Q が B 町で止まっていた時間は，
190－150＝40 (分間)

(2)Q が B 町を出るまでに P は A 町から，
800×(190－150)＝32000 (m) 進んでいるので，P と Q が 2 回目に出会うのは，Q が B 町を出発してから，
(45000－32000)÷(800＋500)＝10 (分後)
よって，P，Q が 2 回目に出会ったのは，A 町から，
800×(40＋10)＝40000 (m)＝40 (km) の所である。

4 (1)8 分で 600 m 進んだから，
分速 600÷8＝75 (m)

(2)グラフより，12 分後から 18 分後までの間の 6 分間は，2 人のきょりの差が増加しているので，しげるさんは休けいしていることがわかる。また，のぶおさんが 39 分間歩いたきょりを，しげるさんは，
39－(8＋6)＝25 (分間) で歩いている。よって，しげるさんの速さは，
分速 75×39÷25＝117 (m)

5 (1)川の流れの速さを①とすると，P の静水時の速さは③，Q の静水時の速さは⑦となる。P の上りの速さは ③－①＝② より，川の流れの速さと P の上りの速さの比は，1：2
同じきょりを進むときにかかる時間は逆比になるので，2：1
P が 1 時間川に流されたきょりを上るのにかかる時間は，$1\times\frac{1}{2}=0.5$ (時間)
エンジンを止めずに進んだとするとかかる時間は，
8.4－(1＋0.5)＝6.9 (時間)

(2)A 地点から B 地点までのきょりは，
②×6.9＝(13.8)
P が A 地点を出発してから Q に出会うまでの時間は，
4.3－1＝3.3 (時間) なので，Q が B 地点を出発してから P と出会うまでにかかる時間は，
((13.8)－②×3.3)÷(⑦＋①)＝0.9 (時間)
よって，Q は P より，3.3－0.9＝2.4 (時間) おくれて出発した。

(3)Q が P に出会った地点から A 地点までは，(6.6) はなれている。エンジンを止めたら A 地点に向かって，①のきょりを流されるので，残りのきょりを進むのにかかる時間は，((6.6)－①)÷⑧＝0.7 (時間)
よって，Q が B 地点を出発してから A 地点に着くまでにかかる時間は，0.9＋1＋0.7＝2.6 (時間)

6 (1)15 分間で 300 m の差だから，1 分間で
300÷15＝20 (m) の差になる。
よって，分速 100－20＝80 (m)

(2)兄が自宅(じたく)にもどって，2 分間忘(わす)れ物を準備していたとき，弟は分速 80 m で駅に向かったから，
2000＋80×2＝2160 (m)

(3)兄が弟に追いつくまでにかかった時間は，
2160÷(200－80)＝18 (分)
自宅から追いついた所までの道のりは，
200×18＝3600 (m)＝3.6 (km)

(4)追いついたところから駅までの道のりは，
4600－3600＝1000 (m)
兄のかかる時間は，1000÷200＝5 (分)
弟のかかる時間は，
1000÷80＝12.5 (分)＝12 (分) 30 (秒)
2 人の差は，12 分 30 秒－5 分＝7 分 30 秒

17 規則性についての問題

本冊 140 ~ 141 ページ

解答

1 (1)**89** (2)**299 番目**
2 (1)**303** (2)**3**
3 (1)**192 人** (2)**76 人**
4 (1)**21** (2)**10 段目の左から 5 番目**
(3)**211** (4)**4641**
5 (1)A…**8 点**, B…**6 点**, C…**4 点**
(2)**A は総合 1 位にはなれない。**
(理由)A は最高点のときで 2×3=6 (点) だから, これが総合 1 位のとき, 3 人とも 6 点となるが, B と C が 3 回のゲームで 1 位と 3 位だけで 6 点をとることはできないから。
6 (1)**36 枚** (2)**8 回目** (3)**105 枚**
7 (1)**17 枚** (2)**77 枚** (3)**31 番目**
8 (1)**109** (2)**8000**
(3)**15 組目の 14 番目**
9 (1)①**58** ②**7** (2)③**143** ④**6**

解き方

1 (1)8 番目は, 13+21=34
9 番目は, 21+34=55 となるから,
10 番目は, 34+55=89
(2)並んでいる数は, 1, 2, 3, 5, 8, 13, 21, 34, 55, 89, ……となり, 奇数, 偶数, 奇数の 3 つの数をくり返す。よって, 100 個目の偶数は, 最初から数えて, 3×100−1=299 (番目)

2 (1)$\frac{23}{148}$=0.155405405…… より, 小数第 3 位からの数は, 5, 4, 0 の 3 つの数をくり返す。
(100−3+1)÷3=98÷3=32 余り 2 より, 小数第 3 位から第 100 位までの数は, 5, 4, 0 を 32 回くり返し, 残りは 5 と 4 になるので, 小数第 1 位から第 100 位までの数の和は,
1+5+(5+4+0)×32+5+4=303
(2)7 をかけ合わせていくとき, 一の位だけ考えると, 1 個目は 7, 2 個目は 7×7=49 の 9, 3 個目は, 9×7=63 の 3, ……となっていく。順に求めると, 7, 9, 3, 1, 7, 9, 3, 1, ……となり, 7, 9, 3, 1 を 1 周期とした規則であることがわかる。
2019 個かけたとき, 2019÷4=504 余り 3 より, 504 周期と 3 個余るので, 2019 個かけたときの一の位は 3 となる。

3 (1)右の図のように, 6 年生全体を 1 とすると, A の正解者は $\frac{5}{8}$, B の正解者は $\frac{7}{12}$ である。少なくとも 1 題正解だった人は, $1-\frac{3}{16}=\frac{13}{16}$ だから,

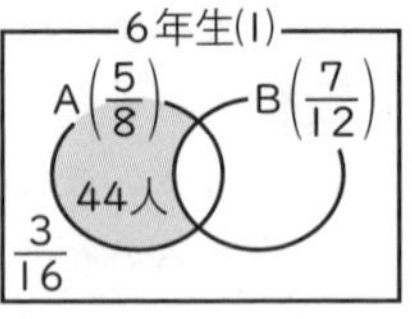

A だけ正解した人は, $\frac{13}{16}-\frac{7}{12}=\frac{11}{48}$
よって, 6 年生全体の人数は, $44\div\frac{11}{48}=192$ (人)
(2)A の正解者の人数は, $192\times\frac{5}{8}=120$ (人)
よって, 120−44=76 (人)

4 (1)1+2+3+4+5+6=(1+6)×6÷2=21
(2)1+2+……+9=10×9÷2=45,
1+2+……+10=11×10÷2=55 より, 10 段目。
50−45=5 より左から 5 番目。
よって, 10 段目の左から 5 番目である。
(3)20 段目の右はしにある数は,
1+2+3+……+20=21×20÷2=210
よって, 21 段目の左はしにある数は,
210+1=211
(4)21 段目の右はしにある数は,
211+21−1=231
よって, (211+231)×21÷2=4641

5 (1)3 人の得点の和は, (3+2+1)×3=18 (点)
A と B が 2 点差なので, A と B の得点の和は偶数になる。よって, C の点数は偶数になる。
C は 1+1+1=3 (点) 以上で, 18÷3=6 (点) よりは少ないので, C の得点は 4 点である。
A と B の得点の和は 18−4=14 (点), 差は 2 点だから, A の得点は, (14+2)÷2=8 (点)
B の得点は, 14−8=6 (点)

6 (1)△の数は,
1+2+3+4+5+6=7×6÷2=21
▽の数は,
1+2+3+4+5=15
よって, 21+15=36 (枚)
(2)36=1+2+3+……+8 より, 8 回目。
(3)91=1+2+3+……+13, 13+1=14 より, 14 回目である。
よって, △のタイルは 91+14=105 (枚) ある。

7 n 番目の図の黒いタイルの枚数は，
$n\times4-3$（枚）である。
(1)$5\times4-3=17$（枚）
(2)$20\times4-3=77$（枚）
(3)$(121+3)\div4=31$（番目）

参考

模様（もよう）がくり返されているときは，きまりを見つけて式にすると，簡単（かんたん）に計算できる。この問題では，まん中で重なっていると考えれば，（－（ひく）3）をすれば解決する。

別解　1 番目は 1 枚，あとは周りを囲むタイルのうち，四すみ分だけ増える。
つまり，4 枚ずつ増えるとすると，
(1)$1+4\times(5-1)=17$（枚）
(2)$1+4\times(20-1)=77$（枚）
(3)$(121-1)\div4=30$　$30+1=31$（番目）

8 (1)この数の列は奇数が小さい順に並んでいて，a 番目の組には a 個の数が並んでいる。したがって，10 組目の最後の数は小さいほうから，
$1+2+3+\cdots\cdots+9+10=(1+10)\times10\div2$
$=55$（番目）
の奇数になるので，$2\times55-1=109$
(2)19 組目の最後の数は小さいほうから，
$1+2+\cdots\cdots+18+19=(1+19)\times19\div2$
$=190$（番目）の奇数で，
$2\times190-1=379$
20 組目の最後の数は小さいほうから，
$190+20=210$（番目）の奇数で，
$2\times210-1=419$
したがって，20 組目の数は，$379+2=381$ から 419 までの 20 個の奇数が並ぶ。それらをすべてたすと，
$381+383+\cdots\cdots+417+419$
$=(381+419)\times20\div2=800\times20\div2$
$=8000$
別解　□番目までの奇数の和は□×□なので，はじめから 20 組目の最後の数までの和から，19 組目の最後の数までの和をひけばよい。
$210\times210-190\times190=8000$
(3)(1)，(2)より，237 は 11 組目から 19 組目までの間にある。順に調べていくと，
11 組目の最後の数は，$109+2\times11=131$
12 組目の最後の数は，$131+2\times12=155$
13 組目の最後の数は，$155+2\times13=181$
14 組目の最後の数は，$181+2\times14=209$
15 組目の最後の数は，$209+2\times15=239$
したがって，237 は 15 組目の最後の数より 1 つ前の数なので，15 組目の 14 番目。

9 (1)上から 1 行目，2 行目，……とすると，各行には 7 個の数字が並んでいる。また，奇数行目には右はしが，偶数行目には左はしがそれぞれの行で 1 番大きい数になっている。
$400\div7=57$ 余り 1　より，57 行目の右はしが 399 で，400 はその下にある。
よって，400 は 58 行目の右はしだから，**【58・7】**である。
(2)$1000\div7=142$ 余り 6　より，142 行目の左はしは $1000-6=994$ で，1000 は 143 行目の左から 6 番目の数だから，**【143・6】**である。

思考力強化編

1 数についての問題

本冊 142 ページ

解答

(1)20，24，28　(2)4 枚
(3)①1 行目，3 行目，7 行目，21 行目
②10 枚
(4)9 枚
(5)24 枚
(とちゅうの式や考え方)**「36」が書かれている 1 行目は 3 枚。**
36 の約数は，1，2，3，4，6，9，12，18，36 で，「1」，「2」以外は 1 行目に 3 枚ずつある。
合わせて 3+1+2+3×6=24(枚)

解き方

(1)1 行目の 5 列目に並ぶ数は，「5」，「6」，「7」。4 行目はその 4 倍になるので，それぞれ「20」，「24」，「28」になる。
(2)「5」が書かれているのは，1 行目の 3 列目，1 行目の 4 列目，1 行目の 5 列目，5 行目の 1 列目の 4 枚。
(3)①その数が書かれているのは，1 行目の 3 枚と，その数の約数(その数自身以外)が書かれている 1 行目の何倍かの行にある。
21 の約数は 1，3，7，21 なので，それぞれの数を 21 倍，7 倍，3 倍，1 倍した行数に「21」は書かれている。よって，1 行目，3 行目，7 行目，21 行目となる。
②「21」が書かれているのは，1 行目に 3 枚。21 の約数の「1」は 1 行目に 1 枚，「3」は 1 行目に 3 枚，「7」は 1 行目に 3 枚あるので，合わせて
3+1+3+3=10(枚)
(4)「10」が書かれているのは，1 行目に 3 枚。10 の約数の「1」は 1 行目に 1 枚，「2」は 1 行目に 2 枚，「5」は 1 行目に 3 枚あるので，合わせて
3+1+2+3=9(枚)

2 順位についての問題

本冊 143 ページ

解答

(1)総合優勝できない場合がある
(理由)**赤組の得点は 73+7+10=90 より 90 点になる。黄組が大なわとび 3 位，リレー 2 位だと，81+3+7=91 より 91 点になるので，そのときは総合優勝できない。**
(2)346
(3)赤組の合計得点…**88 点**
青組 2 位，黄組 4 位，緑組 3 位

解き方

(2)大なわとびの得点の合計は，7+5+3+1=16(点)
全員リレーの得点の合計は，
10+7+4+1=22(点)
よって，73+76+81+78+16+22=346
(3)(2)より全種目終えたときの合計得点の和は 346 点。
合計得点に 1 点ずつの差ができたので，4 位は 1 位との差が 3 点，2 位との差が 2 点，3 位との差が 1 点となる。これより 4 位の点数は，
(346−3−2−1)÷4=85(点)となり，他の順位の点数は 1 位から順に，88 点，87 点，86 点となる。
赤組は 1 位だったので 88 点。
「大なわとび」を終えたあとの青組の点数は
76+7=83(点)
「全員リレー」の点数との組み合わせで可能なのは，3 位の 4 点となり，合計得点は 2 位の 87 点。
黄組と緑組も同じように合計得点とそれぞれの種目との組み合わせを考えると，黄組は「大なわとび」が 3 位，「全員リレー」が 4 位で，合計得点は 4 位の 85 点。緑組は「大なわとび」が 4 位，「全員リレー」が 2 位で，合計得点は 3 位の 86 点。

3 速さについての問題

本冊 144 ページ

解答

(1)あ…**29452.5**，い…**49087.5**
(2)471240
(3)6
(4)京ヨリ下ル者　四十五里宛　江戸ヨリ登ル者　七十五里宛ヲ　歩来会ス

解き方

(1)あ 3927×7.5＝29452.5

い 3927×12.5＝49087.5

(2)問題の続きを読むと，京都から江戸まで道のりの和は百二十里と書かれているので，

3927×120＝471240

(3)百二十里の道のりを京から1日七里半，江戸から1日十二里半で向かい合って進んで出会うので，

120÷(7.5＋12.5)＝6（日後）

(4)京都から江戸には，7.5×6＝45（里），江戸から京都には，12.5×6＝75（里）それぞれ進むので，それを原文に合わせて書けば良い。

4 平面図形についての問題

本冊 145 ページ

解答

(1)

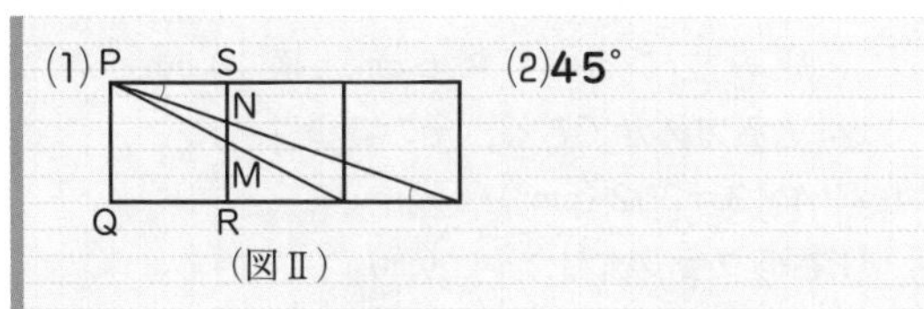

（図Ⅱ）

(2)45°

解き方

(2)図Ⅲに角 a と同じ角度を書きこむと右の図のようになる。また，角 c も右の図のように同じ角度になり，

角 a＋角 c＝90°

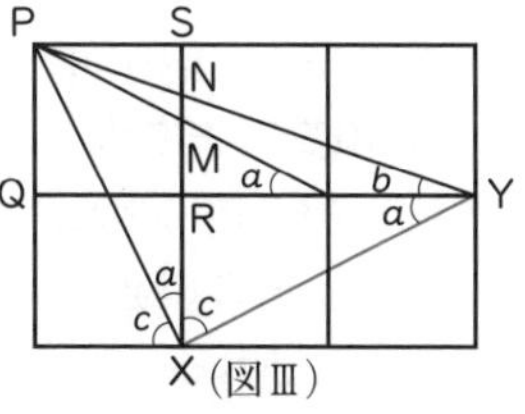

（図Ⅲ）

XP＝XY より，三角形 XYP は直角二等辺三角形になる。よって，角 a＋角 b は直角二等辺三角形の等しい角の大きさにあたるので，45°

入試完成編

中学入試 模擬テスト〔第1回〕

本冊 146 ～ 147 ページ

解答

1 (1)2　(2)9

2 (1)6　(2)$2\frac{1}{2}\left(\frac{5}{2}\right)$　(3)$\frac{77}{9}\left(8\frac{5}{9}\right)$

3 (1)52°　(2)65.94 cm²　(3)13 通り

4 (1)3 cm²　(2)4.5 秒間

(3)1.5 秒後と 11.25 秒後

5 252 cm³

6 (1)2：3　(2)15 cm

(3)(あ)…$3\frac{1}{3}\left(\frac{10}{3}\right)$，(い)…10

7 3.2 km²

解き方

1 (1)$1.8\times\frac{5}{6}\div\left(4\frac{2}{3}-3.75\right)+\frac{4}{11}$

$=\frac{9}{5}\times\frac{5}{6}\div\left(\frac{14}{3}-\frac{15}{4}\right)+\frac{4}{11}$

$=\frac{3}{2}\div\left(\frac{56}{12}-\frac{45}{12}\right)+\frac{4}{11}$

$=\frac{3}{2}\div\frac{11}{12}+\frac{4}{11}=\frac{3}{2}\times\frac{12}{11}+\frac{4}{11}=\frac{18}{11}+\frac{4}{11}$

$=\frac{22}{11}=2$

(2)$\left\{\left(10-\frac{50}{13}\right)\div\frac{27}{26}+\frac{2}{27}\right\}\times\frac{9}{5}-1.8$

$=\left\{\left(\frac{130}{13}-\frac{50}{13}\right)\times\frac{26}{27}+\frac{2}{27}\right\}\times\frac{9}{5}-\frac{9}{5}$

$=\left(\frac{80}{13}\times\frac{26}{27}+\frac{2}{27}\right)\times\frac{9}{5}-\frac{9}{5}=\frac{162}{27}\times\frac{9}{5}-\frac{9}{5}$

$=\frac{54}{5}-\frac{9}{5}=\frac{45}{5}=9$

2 (1)$\left(3\times0.25+4\frac{1}{2}\div\square\right)\div\frac{3}{2}=1$

$3\times\frac{1}{4}+\frac{9}{2}\div\square=1\times\frac{3}{2}=\frac{3}{2}$

$\frac{9}{2}\div\square=\frac{3}{2}-\frac{3}{4}=\frac{3}{4}$

$\square=\frac{9}{2}\div\frac{3}{4}=\frac{9}{2}\times\frac{4}{3}=6$

(2)$\frac{7}{12}\times3\frac{1}{5}-2\frac{1}{3}\div1\frac{3}{4}\div\square=1\frac{1}{3}$

$\frac{7}{12}\times\frac{16}{5}-\frac{7}{3}\div\frac{7}{4}\div\square=\frac{4}{3}$

$\frac{28}{15}-\frac{7}{3}\times\frac{4}{7}\div\square=\frac{4}{3}$

$\frac{4}{3}\div\square=\frac{28}{15}-\frac{4}{3}$

$\frac{4}{3}\div\square=\frac{8}{15}$　$\square=\frac{4}{3}\div\frac{8}{15}=\frac{4}{3}\times\frac{15}{8}=\frac{5}{2}$

⑶求める分数を $\frac{○}{\square}$ とすると，

$\frac{○}{\square}\div\frac{11}{36}=\frac{○}{\square}\times\frac{36}{11}$，$\frac{○}{\square}\div\frac{7}{45}=\frac{○}{\square}\times\frac{45}{7}$ より，

分母の□は 36 と 45 の最大公約数の 9 となり，分子の○は 11 と 7 の最小公倍数 77 になる。よって，

求める分数は $\frac{77}{9}$

3　⑴右の図で，

角 $x=90°-38°=52°$

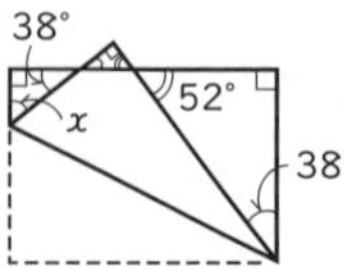

⑵右の図で，色のついた部分の面積は，大きなおうぎ形の面積から，小さなおうぎ形の面積と CD を直径とする円の面積をひいて求めることができる。三角形 AOC と三角形 BOC は合同だから，

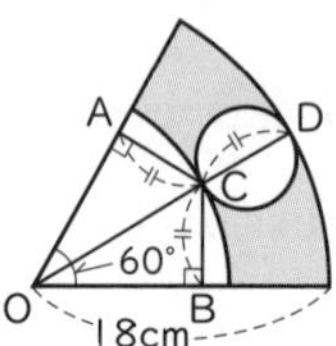

角 $BOC=60°\div2=30°$

よって，三角形 BOC は正三角形を半分にした三角形なので，OC：CB＝2：1，OC：CD＝2：1

OD＝18 cm より，$CD=18\times\frac{1}{2+1}=6$ (cm)

したがって，OC＝18－6＝12 (cm)

色のついた部分の面積は，

$18\times18\times3.14\times\frac{60}{360}-12\times12\times3.14\times\frac{60}{360}$

$-3\times3\times3.14$

$=(54-24-9)\times3.14=21\times3.14=65.94$ (cm²)

⑶2 枚のカードの数の積が 10 の倍数となるのは，[10]のカードを使う場合が 9 通り。[10]のカードを使わない場合は，[5]と[10]以外の偶数(ぐうすう)をかけ合わせればよいから，[5]と[2]，[5]と[4]，[5]と[6]，[5]と[8]の 4 通り。

よって，全部で，9＋4＝13 (通り)

4　⑴12 秒後は右の図の位置にいるから，3×2÷2＝3 (cm²)

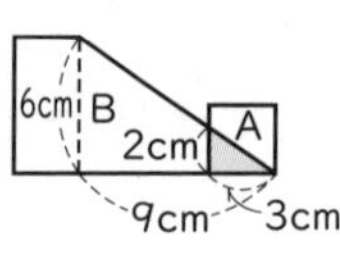

⑵A の面積は 9 cm² だから，A が完全に B に重なるときを考える。右の図より，A が右側の位置にくるのは，A，B が重なり

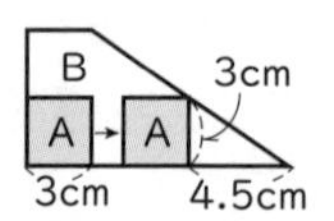

始めてから，12－4.5＝7.5 (秒後)

よって，7.5－3＝4.5 (秒間)

⑶右の図のように 2 回ある。

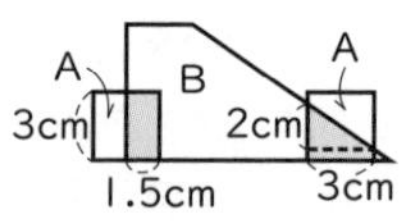

4.5÷3＝1.5 (cm) より，1 回目は，1.5 秒後。2 回目のとき，重なった部分を三角形と長方形に分けると，三角形の面積は，2×3÷2＝3 (cm²) だから，長方形の面積は 4.5－3＝1.5 (cm²)

よって，長方形の縦(たて)の長さは，1.5÷3＝0.5 (cm)

A の右はしから B の右はしまでの長さは，

$0.5\times\frac{3}{2}=0.75$ (cm)

したがって，12－0.75＝11.25 (秒後)

5　右の図で，㋐の長さは，

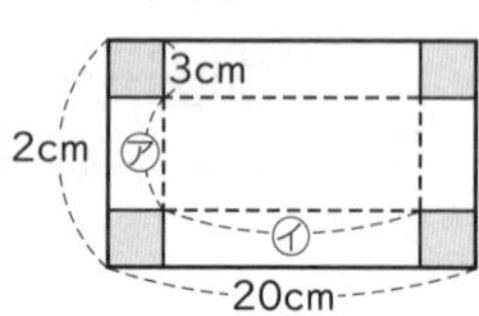

12－3×2＝6 (cm)

㋑の長さは，20－3×2＝14 (cm) だから，これを組み立てると，縦 6 cm，横 14 cm，高さ 3 cm の直方体ができる。その容積は，

6×14×3＝252 (cm³)

6　⑴右のグラフより，

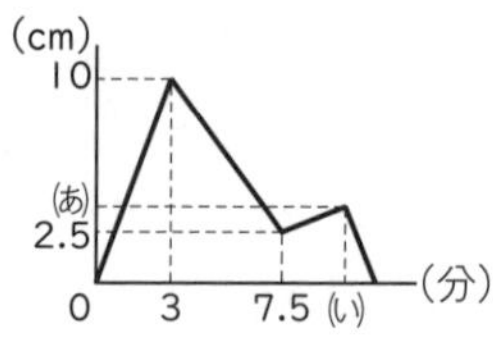

3 分後に㋐の部分に A の高さまで水がはいり，7.5 分後に㋐と㋑の部分に A の高さまで水がはいり，(い)分後に㋐と㋑の部分に B の高さまで水がはいり，その後全体の水面が 20 cm の高さになったと考えられる。

㋐と㋑の部分の縦の長さが等しいので，底面積比は，横の長さの比 x：y と等しくなり，水を入れる割合(わりあい)が一定なので，同じ A の高さまで入れるのにかかった時間の比とも等しくなる。

したがって，入れるのにかかった時間の比より，

x：y＝3：(7.5－3)＝3：4.5＝30：45＝2：3

⑵7.5－3＝4.5 より，㋑の部分に A の高さまで水がはいる，4.5 分間は，㋐の部分の水面の高さは変わらないので，この間に㋒の部分には，10－2.5＝7.5 (cm) 分の水がはいる。したがって，㋐と㋑の部分の水面の高さが B をこえるまで，㋒の部分の水面の高さは 1 分あたり，$7.5\div4.5=\frac{5}{3}$ (cm) 高くなる。よって，水を入れ始めてから 3 分後の㋒の部分の水面の高さは，$\frac{5}{3}\times3=5$ (cm) であり，㋐の部分の水面の高さは，5＋10＝15 (cm) になり，A のしきりの高さは 15 cm とわかる。

(3)7.5 分で(ア)と(イ)の部分には高さ 15 cm まで水がはいり，(い)分で(ア)と(イ)の部分には高さ 20 cm まで水がはいる。水を入れる量は一定なので，20 cm の高さまで水を入れるのにかかる時間は，15 cm の高さまで水を入れる時間の，$20\div15=\frac{4}{3}$（倍）で，(い)は，$7.5\times\frac{4}{3}=10$（分）

このとき，(ア)と(イ)の部分の水面の高さは 20 cm で，(ウ)の部分の水面の高さは，$\frac{5}{3}\times10=\frac{50}{3}$（cm）であるから，(あ)の値は，$20-\frac{50}{3}=\frac{60}{3}-\frac{50}{3}=\frac{10}{3}$（cm）

7 赤道は半径 6400 km の円なので，赤道の長さは，

40192km
8cm

$6400\times2\times3.14=40192$（km）

したがって，赤道に巻いた紙テープを広げると，縦 8 cm，横 40192 km の長方形である。

$8\text{ cm}=\frac{8}{100}\text{ m}=\frac{8}{100\times1000}\text{ km}$ であるから，

$\frac{8}{100\times1000}\times40192=\frac{321536}{100000}$

$=3.21536(\text{km}^2)$

小数第 2 位を四捨五入（ししゃごにゅう）して，3.2 km^2 となる。

(2)$1.25\times0.48-(1.75-0.85)\times0.4$

$=1.25\times0.8\times0.6-0.9\times0.4=0.6-0.36$

$=0.24$

2 (1)12 でわると 7 余る数は，12×□＋7(ただし，□は整数)と表すことができる。そして，12×□を 6 でわるとわり切れ，7 を 6 でわると 1 余るので，12 でわると 7 余る数は，6 でわると 1 余る。したがって，6 でわると 3 余る整数と，12 でわると 7 余る整数の和を 6 でわると，3＋1＝4 余る。

(2)2 けたの整数について，十の位の数字が 1，2，3，……，9 であるものが 10 個ずつあるので，十の位の数字の合計は，

$(1+2+3+\cdots\cdots+9)\times10$

$=\{(1+9)\times9\div2\}\times10=45\times10=450$

また，一の位の数字は 0 から 9 までが 9 個ずつあるので，一の位の数字の合計は，

$(0+1+2+\cdots\cdots+9)\times9=45\times9=405$

したがって，十の位の数字と一の位の数字をすべてたし合わせると，

$450+405=855$

3 川を上るときと下るときの速さの比は，

112：196＝4：7 だから，上りにかかる時間と下りにかかる時間の比は，速さの比の逆比をとって，7：4 である。したがって，上りにかかる時間は，

1 時間 6 分$\times\frac{7}{7+4}=66\times\frac{7}{11}=42$（分）なので，

A 町と B 町の間のきょりは，

$112\times42=4704$（m）

4 (1)右の図のように，AC と平行な直線 DR をひく。FC の長さを 1 とすると，DR の長さは $\frac{1}{3}$ である。よって，三角形 APF と三角形 DPR は相似になっていて，長さの比は，$2:\frac{1}{3}=6:1$ だから，

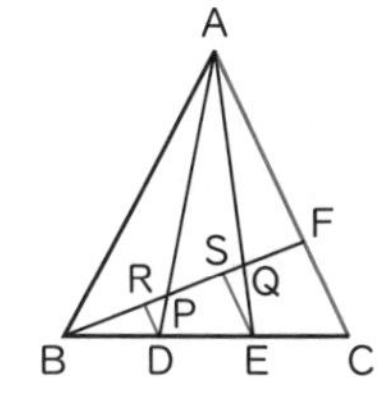

AP：PD＝6：1

(2)AC と平行な直線 ES をひく。FC の長さを 1 とすると，ES の長さは $\frac{2}{3}$ である。よって，三角形 AQF と三角形 EQS は相似になっていて，長さの比は，$2:\frac{2}{3}=6:2=3:1$ だから，AQ：QE＝3：1

ここで，三角形 ADE と三角形 APE，三角形 APE と三角形 APQ のそれぞれの面積の比は，

$(6+1):6=7:6$，$(3+1):3=4:3$

中学入試 模擬テスト〔第 2 回〕

本冊 148 ～ 149 ページ

解答

1 (1)**0.1** (2)**0.24**
2 (1)**4** (2)**855**
3 **4704 m**
4 (1)**6：1** (2)**168 cm²**
5 **100 g**
6 (1)**分速 80 m** (2)**12 分** (3)**37 分後**
7 (1)①**H** ②**A** (2)**3 cm**
8 **12**

解き方

1 (1)$\left(2\frac{2}{3}-3\times\frac{1}{4}\right)\div\frac{5}{6}-\underline{2.64\div1.2}$ （→小数のまま計算）

$=\left(\frac{8}{3}-\frac{3}{4}\right)\times\frac{6}{5}-2.2=\left(\frac{32}{12}-\frac{9}{12}\right)\times\frac{6}{5}-2.2$

$=\frac{23}{12}\times\frac{6}{5}-2.2=\frac{23}{10}-2.2=2.3-2.2$

$=0.1$

となるから，三角形 ADE と三角形 APQ の面積の比は，$7\times2:3\times3=14:9$

このことから，三角形 ADE と四角形 PDEQ の面積比は，$14:(14-9)=14:5$

よって，三角形 ADE の面積は，

$20\div5\times14=56$ (cm^2) であるから，

三角形 ABC の面積は，$56\times3=168$ (cm^2)

5 右の図のような面積図を使って求めることができる。㋐，㋑の面積は等しいから，6 % の食塩水を，

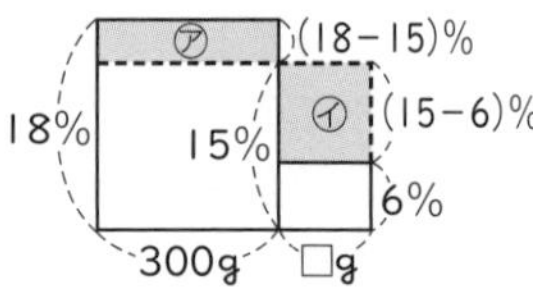

$300\times(18-15)\div(15-6)=300\times3\div9=100$ (g)

混ぜている。

別解　18 % の食塩水の中の食塩の重さは，

$300\times0.18=54$ (g)

6 % の食塩水を□ g 混ぜると 15 % の食塩水ができる。食塩の重さは，混ぜる前後で等しいから，

$54+\square\times0.06=(300+\square)\times0.15$

$5400+\square\times6=(300+\square)\times15$

$5400+\square\times6=4500+\square\times15$

$\square\times(15-6)=5400-4500=900$

$\square=900\div(15-6)=900\div9=100$

6 (1)右のグラフから，花子さんは，1.6 km を 20 分で歩いているから，

1.6 km＝1600 m より，

分速 $1600\div20=80$ (m)

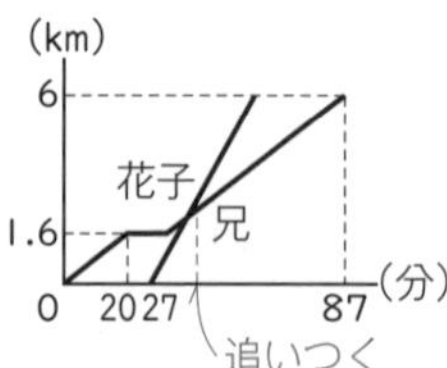

(2)休けいせずに 6 km＝6000 m 歩くと，

$6000\div80=75$ (分) かかるので，

$87-75=12$ (分) 休けいしている。

(3)$(20+12)-27=32-27=5$ (分) であるから，花子さんが休けいを終えるときに，兄さんが進んだきょりは，$200\times5=1000$ (m)

よって，兄さんが花子さんに追いつくのは，

$(1600-1000)\div(200-80)=5$ (分) より，

$20+12+5=37$ (分後)

7 (1)展開図(てんかいず)上の頂点(ちょうてん)は，右の図のようになり，①は H，②は A である。

(2)A から P，Q，R，S，T を通って D にいたる最短の直線は，右の図の赤線で示した AD である。上の図で，三角形 A′TD と三角形 OAD は相似なので，

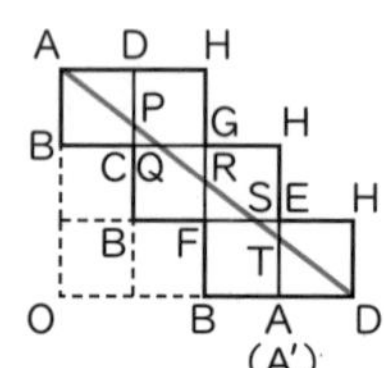

$A'T:OA=A'D:OD=1:4$

したがって，$A'T=(12\times3)\times\frac{1}{4}=9$ (cm) となるから，$ET=12-9=3$ (cm)

8 上段(じょうだん)から，2 段目，3 段目，4 段目において，色がぬられていない立方体を調べると，下の図の黒くぬった部分のように，2 段目は 1 個，3 段目は 4 個，4 段目は 7 個となるので，求める個数は，

$1+4+7=12$ (個)

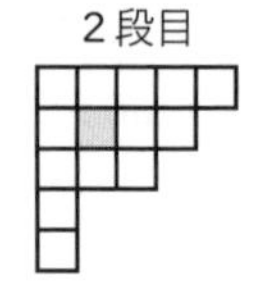

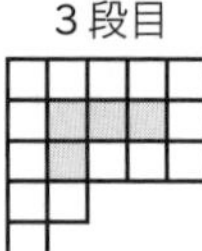

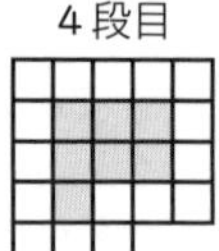

中学入試 模擬テスト〔第 3 回〕

本冊 150 ～ 151 ページ

解答

1 (1)$\frac{3}{4}$　(2)**18**　(3)**193**

2 (1)**36**　(2)**66**　(3)**150**　(4)**84**

3 **21.98 cm^2**

4 (1)**140 円**　(2)**40 個**

5 (1)**131.88 cm^3**　(2)**167.88 cm^2**

6 (1)**54 個**　(2)**25 個**　(3)**133 個**

7 (1)**7 時 35 分**　(2)**7 時 7 分**

解き方

1 (1)$\left\{4\frac{3}{5}\div4.83+\left(1\frac{7}{9}-\frac{4}{15}\div0.6\right)\right\}\div3\frac{1}{21}$

$=\left\{\frac{23}{5}\div\frac{483}{100}+\left(\frac{16}{9}-\frac{4}{15}\div\frac{3}{5}\right)\right\}\div\frac{64}{21}$

$=\left\{\frac{23}{5}\times\frac{100}{483}+\left(\frac{16}{9}-\frac{4}{15}\times\frac{5}{3}\right)\right\}\times\frac{21}{64}$

$=\left\{\frac{20}{21}+\left(\frac{16}{9}-\frac{4}{9}\right)\right\}\times\frac{21}{64}=\left(\frac{20}{21}+\frac{4}{3}\right)\times\frac{21}{64}$

$=\frac{20}{21}\times\frac{21}{64}+\frac{4}{3}\times\frac{21}{64}$

$=\frac{5}{16}+\frac{7}{16}=\frac{3}{4}$

(2)$\left(\square\times0.57+\frac{17}{50}\right)\div\frac{53}{16}=3.2$

$\square\times\frac{57}{100}+\frac{17}{50}=\frac{16}{5}\times\frac{53}{16}=\frac{53}{5}$

$\square\times\frac{57}{100}=\frac{53}{5}-\frac{17}{50}=\frac{513}{50}$

$\square=\frac{513}{50}\div\frac{57}{100}=\frac{513}{50}\times\frac{100}{57}=18$

(3)5 でわって 3 余る整数は，3，8，13，⑱，…… であり，7 でわって 4 余る整数は，4，11，⑱，……である。したがって，このような整数は，最小の数が 18 であり，5 と 7 の最小公倍数の 35 ごとにあらわれるから，35 の倍数より 18 大きい数である。$200 \div 35 = 5$ 余り 25 より，

$35 \times 5 + 18 = 193 \quad 35 \times 6 + 18 = 228$

よって，200 にいちばん近い整数は，193

2 右の図で，正五角形の 1 つの内角は，

$180^\circ \times (5-2) \div 5 = 108^\circ$

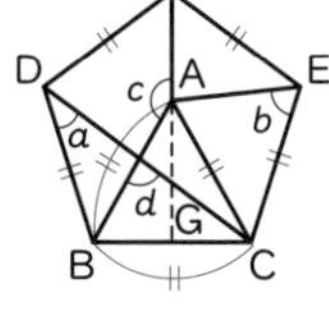

(1)三角形 BCD は二等辺三角形なので，角 $a = (180^\circ - 108^\circ) \div 2 = 36^\circ$

(2)角 ACE $= 108^\circ - 60^\circ = 48^\circ$ で，三角形 CEA も二等辺三角形だから，

角 $b = (180^\circ - 48^\circ) \div 2 = 66^\circ$

(3)正五角形は直線 FG を軸(じく)として線対称(せんたいしょう)な形をしているので，角 BAG $= 60^\circ \div 2 = 30^\circ$ より，

角 $c = 180^\circ - 30^\circ = 150^\circ$

(4)角 BCD $= 36^\circ$ より，

角 $d = 180^\circ - (60^\circ + 36^\circ) = 180^\circ - 96^\circ = 84^\circ$

3 $5 \times 5 \times 3.14 \times \dfrac{60}{360}$

$+ 3 \times 3 \times 3.14 \times \dfrac{60}{360}$

$+ 2 \times 2 \times 3.14 \times \dfrac{120}{360}$

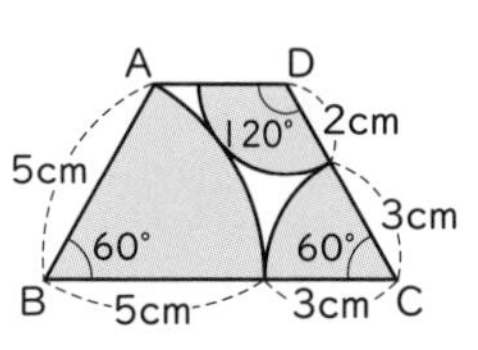

$= 25 \times 3.14 \times \dfrac{1}{6} + 9 \times 3.14 \times \dfrac{1}{6} + 4 \times 3.14 \times \dfrac{2}{6}$

$= (25 + 9 + 4 \times 2) \times 3.14 \times \dfrac{1}{6} = 42 \times 3.14 \times \dfrac{1}{6}$

$= 7 \times 3.14 = 21.98\ (\text{cm}^2)$

4 (1)どちらの場合も，えん筆の本数は 3 本だから，えん筆の代金は同じであり，

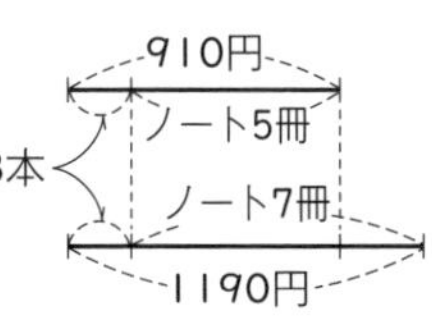

これを図に表すと右のようになる。

この図から，ノートの $7-5=2$ (冊(さつ)) の値段(ねだん)は，

$1190 - 910 = 280$ (円)

したがって，ノート 1 冊の値段は，

$280 \div 2 = 140$ (円)

(2)あゆみさんをもとにして考えると，かおりさんはあゆみさんより 15 個

めぐみ
かおり
あゆみ
30個
15個
和 180個

多く，めぐみさんはあゆみさんより，

$30 + 15 = 45$ (個) 多く持っている。

したがって，あゆみさんが持っているおはじきは，

$\{180 - (45 + 15)\} \div 3 = 120 \div 3 = 40$ (個)

5 (1)底面積は，

$3 \times 3 \times 3.14 \times \dfrac{280}{360} = 21.98\ (\text{cm}^2)$

よって，この立体の体積は，

$21.98 \times 6 = 131.88\ (\text{cm}^3)$

(2)(1)より底面積は $21.98\ \text{cm}^2$

側面の曲面部分の面積は，

$6 \times \left(3 \times 2 \times 3.14 \times \dfrac{280}{360}\right) = 28 \times 3.14 = 87.92\ (\text{cm}^2)$

2 つの長方形の面積の合計は，

$6 \times 3 \times 2 = 36\ (\text{cm}^2)$

したがって，求める表面積は，

$21.98 \times 2 + 87.92 + 36 = 167.88\ (\text{cm}^2)$

6 (1)正三角形を 1 個つくるには，黒のご石が 3 個，白のご石が 9 個の合計 12 個必要になる。この後，正三角形を 1 個つくるのに，黒のご石が 1 個，白のご石が 6 個の合計 7 個ずつ必要になる。

したがって，

$12 + 7 \times (7-1) = 12 + 42 = 54$ (個)

(2)正三角形を 1 個つくったあと，

$(180 - 12) \div 7 = 168 \div 7 = 24$ (個) つくれるので，

$1 + 24 = 25$ (個) つくれる。

(3)正三角形が 1 個のとき，白と黒のご石の差は，

$9 - 3 = 6$ (個)

この後，正三角形を 1 個つくるごとに，

$6 - 1 = 5$ (個) ずつ差が大きくなるので，

$(666 - 6) \div 5 = 132$ (個) つくったことになる。

したがって，$1 + 132 = 133$ (個) つくれる。

7 (1)グラフより，バスは 10 分で 5 km を走るので，走る速さは，分速

$5000 \div 10 = 500$ (m)

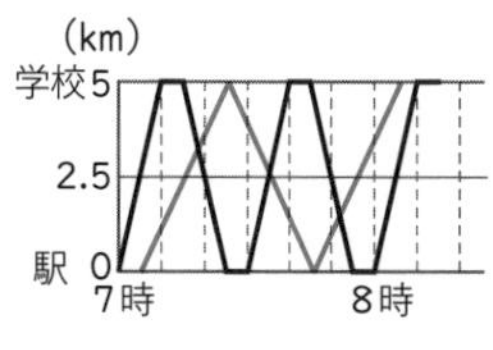

また，7 時から 30 分間で，往復して 2 回停車しているので，停車時間は，

$(30 - 10 \times 2) \div 2 = 5$ (分)

A 君の速さは，時速 15 km＝分速 250 m で 5 km 進むのにかかる時間は，

$5000 \div 250 = 20$ (分) だから，

7 時 5 分＋20 分＝7 時 25 分 に学校に着き，このとちゅうにバスと 1 度目に出会う。A 君は学校からひき返し，7 時 25 分＋20 分＝7 時 45 分 に駅

に着くので，この間に，バスと2度目に出会う。
バスは7時30分に駅を出発するので，それまでの，
7時30分−7時25分＝5分間 にA君は，学校から，250×5＝1250（m）進む。
このときのA君とバスとの間のきょりは，
5000−1250＝3750（m）
この後，A君とバスは，毎分250＋500＝750（m）ずつ近づくので，2度目に出会うのはこの，
3750÷750＝5（分後）だから，
7時30分＋5分＝7時35分
(2)バスとA君の進むようすは(1)の図のようになり，駅から2.5 kmの地点で出会うのは，7時35分だけなので，このときにB君もバスとA君に同時に出会ったことになる。したがって，B君は，この地点から学校までの，5−2.5＝2.5（km）を，
8時3分−7時35分＝28分 で歩いているので，駅から2.5 km地点までも28分かかることになる。
よって，B君が駅を出発したのは，
7時35分−28分＝7時7分